通用智能与大模型丛书

ROS 2
智能机器人开发实践

胡春旭　李乔龙　著

电子工业出版社

Publishing House of Electronics Industry

北京·BEIJING

内 容 简 介

本书以 ROS 2 核心原理为主线，以机器人开发实践为重心，在详细讲解 ROS 2 核心概念、组件工具的基础上，介绍 ROS 2 构建仿真/实物机器人系统的方法，剖析 ROS 2 用于视觉识别、地图构建、自主导航等应用的方法，配有大量图表、源码等，帮助读者在实现 ROS 2 基础功能的同时，深入理解基于 ROS 2 的机器人开发方法，从而将书中的内容用于实践。

本书采用最新稳定版本 ROS 2 系统和全新一代 Gazebo 机器人仿真平台，读者只需准备一台计算机，就可以快速上手学习。同时，本书介绍了实物机器人的搭建方法及相应功能的实现，书中源码都加入了中文注释，并针对核心内容提供了 C++和 Python 两个版本。为方便读者阅读和学习本书，作者团队还专门创建了一个网页，供读者下载配套源码、查看操作指令、学习配套视频教程。

本书不仅适合希望了解、学习、应用 ROS 2 的机器人初学者，也适合有一定经验的机器人开发工程师，同时可以作为资深机器人开发者的参考手册。

图书在版编目（CIP）数据

ROS 2 智能机器人开发实践 / 胡春旭，李乔龙著.
北京 ： 电子工业出版社，2025. 1. -- （通用智能与大模型丛书）. -- ISBN 978-7-121-49173-3

Ⅰ. TP242.6

中国国家版本馆 CIP 数据核字第 2024SH9749 号

责任编辑：郑柳洁
文字编辑：张　晶
印　　刷：三河市君旺印务有限公司
装　　订：三河市君旺印务有限公司
出版发行：电子工业出版社
　　　　　北京市海淀区万寿路 173 信箱　　邮编：100036
开　　本：787×980　　1/16　　印张：30.75　　字数：675 千字
版　　次：2025 年 1 月第 1 版
印　　次：2025 年 1 月第 1 次印刷
定　　价：128.00 元

凡所购买电子工业出版社图书有缺损问题，请向购买书店调换。若书店售缺，请与本社发行部联系，联系及邮购电话：(010) 88254888，88258888。

质量投诉请发邮件至 zlts@phei.com.cn，盗版侵权举报请发邮件至 dbqq@phei.com.cn。

本书咨询联系方式：zhenglj@phei.com.cn，(010) 88254360。

　　从 PC 到智能手机，下一个更大的计算平台是什么？最佳答案可能是机器人。如果设想成真，则需要有人为机器人"造脑"，即打造适配的计算平台及操作系统。

　　在操作系统层面，我们看到了一个很有趣的现象：虽然从操作系统入手做操作系统，都不会实现真正生态意义上有垄断性的操作系统（如汽车行业的 AUTOSAR），但是从垂直应用切入去做操作系统，往往能够有大成（如 Windows 和 Android）。

　　跳出技术思维，更多地从商业和生态的角度思考，大操作系统一定是从一个非常大的主流应用场景里切入，将这个平台展开，同时在平台上支持丰富的应用。大家想想看，如果没有 Office，那么 Windows 不会这么成功；如果没有 GMS 三件套，以及一系列的谷歌垂直应用，那么 Android 不会有这么强大的号召力。

　　机器人操作系统（ROS）生态经过十几年的发展，已经接近机器人时代的大操作系统，其中有不少类似杀手级的应用，如 Navigation、MoveIt、Autoware、RViz 等，可以大幅提高机器人开发的效率，在自动驾驶领域也被广泛使用。在未来的智能机器人时代，ROS 也将成为重要的系统底层基座。

　　所以，要想做好操作系统，一定要有杀手级应用。

　　比操作系统更低层的是计算平台。机器人场景丰富多样，ROS 的运行也需要依赖不同的计算平台。在当前大部分机器人场景中，硬件平台还无法满足软件需求，软件与硬件结合的必要性极为突出。只有软件与硬件高度协同，才能保证计算高效，这就意味着，如果软件在一个芯片架构上优化得很好，那么它将很难迁移到另一个芯片架构上，这是信息产业中软件和硬件发展的规律。

　　地平线机器人从 2015 年诞生时起，就立志"做机器人时代的 Wintel"，也就是做操作系统和计算平台。我们陆续推出了征程和旭日系列计算平台，支持智能驾驶和机器人场景下的应用。2021 年，我们提出打造开源的实时操作系统——TogetherOS，在 ROS 2 的基础上进行深度定制优化，作为一个公共的技术资源，大家携手推进、打造操作系统生态。

在人工智能和大模型时代，未来的机器人将以 AI 计算为核心、以 AI 计算和操作系统为中台，支撑百花齐放的应用。这时，行业会诞生一个全新的计算架构和操作系统——过去的架构和操作系统是以软件为核心的，现在的架构和操作系统是以人工智能计算、数据流的处理为核心的。

2024 年，地瓜机器人从地平线机器人破壳而出，秉承初心，加速智能，志在打造"机器人时代的 Wintel"，针对当前机器人行业面临的效率低、成本高等问题，提供了从芯片、开发者套件、算法应用到云端环境的全方位支持，成为一家专注于底层基础设施的公司。简而言之，地瓜机器人不做机器人，而是为机器人开发者提供全套的开发技术栈。

本书作者胡春旭不仅是机器人领域的专家，更是 ROS 在中国的重要推广者之一，在他的影响下，上百万开发者走上 ROS 机器人开发之路，其中不乏现今机器人行业的众多中流砥柱。同时，本书作者从开发者中来，也能回到开发者中去，正在带领地瓜机器人开发者生态团队，打造全新一代机器人开发者套件 RDK，以及在此之上的多元化软件和应用生态，探索未来机器人开发的新范式。

本书内容翔实、深入浅出，读者看到的不仅是 ROS 2 中丰富的概念和操作，更是其背后的原理和应用效果，机器人初学者可以快速上手实践，经验丰富的开发者也可以有很多收获。

机器人时代终将到来，ROS 是这个新时代的加速器，需要众多开发者加入，共同打造无处不在的智能机器人世界。地平线机器人和地瓜机器人也会持续致力于让科技飞入寻常百姓家，让每一个普通人能够享受科技创造的价值。

余凯博士

地平线机器人创始人&CEO

机器人是我们这个星球上出现的新物种。人类在好奇心的驱使下，没有上帝的帮助，完全凭一己之力，用"泥土"和独立创造出来的科学技术"捏"出了这个新物种。机器人正经历着前所未有的物种演进，它的细胞快速分裂，一变二，二变四，这种指数级别的变化只有细胞分裂到一定的数量才能表现出强大的力量。

2006 年，一群无比好奇的人走在一起，组建了一个机器人研究实验室——柳树车库（Willow Garage）。他们利用开源软件这个诱惑人的"馅饼"，"骗取"这个星球上上万人加入这个宏伟计划。在机器人的历史上，从来没有这样的经历——组织全球的力量去实现一个机器人梦想。

ROS 就是这一宏伟计划的一部分。开源的 ROS 打开了潘多拉魔盒，闸门打开了，洪水汹涌地冲进来。"天上没有白掉的馅饼"，一旦人们尝到馅饼的美味，就欲罢不能。

这也是 ROS 令人着迷的原因。因为闸门打开得太快，很多人还没有做好准备，有些人完全没有意识到是怎么回事，所以不得不与 ROS 牵连在一起，卷入洪流，在其中奋勇搏击。

2013 年，古月（本书作者胡春旭的笔名）发表了古月居第一篇与 ROS 有关的博客，拉开了 ROS 在中国快速推广的序幕。从 1 万人到 10 万人再到 100 万人， 2024 年，古月居社区的开发者超过 200 万人，中国开发者一跃成为 ROS 国际社区中不可或缺的力量，古月居则是背后重要的推动引擎之一。

为了让更多的开发者快速学习 ROS 这一重要的机器人开发技能，2015 年，我在华东师范大学发起了 ROS 暑期学校，此后每年一届，到2024年刚好完成了第十届暑期学校的课程培训，古月也是每年必到的讲师。在过去 10 年中，有超过 200 家企业和高校长情陪伴，有超过 10 万名开发者在 ROS 暑期学校持续成长，继而走入机器人行业。同时，我们联合成立了多个 ROS 培训基地，不仅可以让更多人学 ROS，而且要让更多人讲 ROS，从而继续传播 ROS 技术。

在机器人千变万化的场景中，ROS 遇到的挑战也越来越大。ROS 2 承接机器人通用操作系统的梦想，在 2017 年年底发布后继续前行，预计到 2025 年，ROS 1 将退出历史舞台。

伴随 ROS 2 的迭代，相关资料和图书陆续出版，古月和古月居依然在最前线，推出了广受好评的《ROS 2 入门 21 讲》视频课程和 OriginBot 机器人开源套件。这几乎是大家能够找到的资源最全的 ROS 2 开发集合，能一站式解决开发者从入门到开发的全栈学习需求。本书的内容，更是汇聚了所有精华，内容扎实，深入浅出，无论是对 ROS 2 毫无了解的开发者，还是对正在使用 ROS 2 开发机器人的工程师，都是绝佳的选择。

2024 年，我和古月再次合作，将 ROS 开发者顶级盛会 ROSCon 带到中国，组织并举办了 ROSCon China 2024，之后每年举办一届。希望未来在 ROS 全球社区中看到更多中国开发者的身影和贡献。

古月还在继续，ROS 暑期学校还在继续。欢迎各位开发者加入 ROS 与机器人开发的行列，也希望每一位读者都能跟随本书，探索机器人开发的乐趣。

张新宇博士
华东师范大学教授
ROS 暑期学校发起人

前言

这本书，讲机器人操作系统（ROS），更讲机器人。

ROS 缘起

2007 年，一群怀揣梦想的年轻人，正在斯坦福大学的机器人实验室里进行一场头脑风暴：如果可以开发一款硬件足够强大的机器人，再搭配足够好用的软件系统，那么在此之上开发的应用功能就可以被快速分享了。例如，我做的自主导航功能你可以用，你做的物体抓取功能我也可以用，只需开发一个标准化的软硬件平台，在此之上的应用就会逐渐流行，这将打造机器人领域的一个全新"爆品"。类似的原理造就了以计算机为平台的计算机时代，和以手机为平台的移动互联网时代，下一个以机器人为核心的智能机器人时代，是否也会遵循这样的逻辑？

将近 20 年过去了，以"事后诸葛亮"的视角来看，当时那群年轻人花重金打造的服务机器人并没有走进千家万户。机器人不像计算机或手机，它需要和外界环境产生多种多样的交互，硬件形态非常难以统一，小到纳米医疗机器人、家用娱乐机器人，大到智能驾驶汽车、人形机器人，都是未来会并存的机器人形态。不过，当年遵循"提高机器人软件复用率"思想开发的机器人操作系统——ROS，在 2010 年开源之后快速发展，助推过去十几年机器人行业的繁荣，逐渐成为智能机器人开发的主流标准。

当然，ROS 的快速发展也远超那群年轻人的预期，本来只是为一款家用服务机器人设计的系统，被逐渐用于巡检、运输、农业等众多领域。需求越来越多，问题也越来越多，为了打造一款能够成为通用机器人标准化软件平台的"操作系统"，ROS 2 在 2014 年第一次被提出，之后推出多个测试版本，并于 2017 年年底发布第一个正式版本。截至本书定稿时，ROS 2 全新的稳定版本 Jazzy Jalisco 发布，这也代表着 ROS 2 走向成熟。

智能机器人时代

在 ROS 2 快速迭代的同时，人工智能和机器人行业也发生了天翻地覆的变化。ChatGPT 如一声惊雷，掀开了人工智能的大模型时代。相比过去的深度学习，大模型有更大的模型规模，就像一个有更多神经元的大脑一样，更加聪明、稳定。在 ChatGPT 之后，全球涌现了数百种大模型，这些大模型快速与各行各业结合。在机器人领域，原本遭受诸多诟病的智能化问题，也因为大模型的出现，而拥有了新的可能。

同时，机器人正在从工厂走向生活，餐厅里有送餐机器人，酒店里有送物机器人，家里有扫地机器人，路面上有自动驾驶汽车，再加上已然成为热点的人形机器人，机器人行业从底层硬件，到软件系统，再到智能化应用，正在逐渐成熟，智能机器人时代的序幕已经缓缓拉开。

我从 2008 年开始开发机器人，2011 年接触 ROS，2012 年创办了"古月居"机器人社区，2022 年开始打造 RDK 机器人开发者套件，亲眼见证了 ROS 与机器人行业的相伴快速成长，也有幸和众多伙伴一起助推 ROS 在国内的普及应用。如今，"古月居"已经成为汇聚了 200 多万名开发者的机器人社区，RDK 也正成为智能机器人开发套件的首选，一个全新的智能机器人时代正在向大家招手。

本书特色和内容

本书汇聚了我过去十几年的机器人开发经验，虽然将 ROS 作为贯穿全书的主线，但更重要的是告诉所有读者：ROS 既是开发机器人的软件平台，也是软件工具，在开发机器人时，不仅要会用这个工具，还要懂机器人开发的诸多原理。所以，本书不仅会详细讲解 ROS 2 的基本概念，更会介绍如何将这些概念应用在机器人开发中，同时指导读者从零构建一个完整的机器人系统。

本书共有 9 章，分为三部分。

第一部分（第 1~3 章）介绍 ROS 2 基础原理：主要讲解 ROS 2 的发展历程、核心原理和组件工具，提供大量的编程和使用示例，为读者全面展示 ROS 2 的基础原理和功能。

第二部分（第 4~6 章）介绍 ROS 2 机器人设计：主要讲解如何使用 ROS 2 设计一个仿真机器人和实物机器人，有条件的读者甚至可以根据书中内容自己做一个机器人。

第三部分（第 7~9 章）介绍 ROS 2 机器人应用：主要讲解使用 ROS 2 开发机器人视觉识别、地图构建和自主导航等众多应用的方法，让机器人不仅动得了，还能看懂和理解周围的环境，并且产生进一步的交互运动。

本书采用最新稳定版本 ROS 2 系统和全新一代的 Gazebo 机器人仿真平台，绝大部分功能和源码可以在单独的计算机和 Gazebo 仿真平台上运行。同时，本书介绍实物机器人的搭建方法，并且在实物机器人上实现相应的功能。配套源码都加入了中文注释，同时针对核心内容提供 C++ 和 Python 两个版本，方便读者理解。

所以，本书不仅适合希望了解、学习、应用 ROS 2 的机器人初学者，也适合有一定经验的机器人开发工程师，同时可以作为资深机器人开发者的参考手册。

致谢

本书的出版离不开众多"贵人"的帮助。感谢我的妻子薛先茹，谢谢你陪我辗转多地并一直无条件支持我；感谢两个对世界充满好奇的小朋友胡敬然、胡泽然，是你们给了我前进的动力和思考的源泉；感谢电子工业出版社的支持，郑柳洁编辑为本书提供了很多宝贵建议，并组织推动本书顺利出版，张晶老师为本书的编排付出了大量心血；感谢本书的另一位作者李乔龙，配合我完成了全书的写作和修正工作；感谢当年斯坦福那群打造 ROS 的年轻人：Morgan Quigley、Brian Gerkey、Tully Foote 等，是你们大胆的想法和尝试，带来了机器人开发标准化的可能；感谢 ROS 机器人开发之路上一路同行的伙伴，我们都是智能机器人时代的创造者。要感谢的人太多，无法一一列举，但是我都铭记在心。

说明

为了方便读者阅读和学习本书，"古月居"机器人社区网站（域名为 guyuehome）专门设置了一个主页（在导航栏中单击"图书"选项进入专属页面），供读者下载配套代码、查看操作指令，还可以学习很多配套的视频教程。

机器人系统错综复杂，ROS 版本变化繁多，书中难免有不足和错误之处，欢迎读者朋友批评指正，相关问题都可以在"古月居"机器人社区交流。

最后分享胡适先生的一句名言，愿你我共勉：怕什么真理无穷，进一寸有一寸的欢喜。

胡春旭
2024 年 10 月于广东深圳

读者服务

微信扫码回复：49173
- ✓ 获取本书配套代码及视频课程
- ✓ 加入本书读者交流群，与更多同道中人互动

目录

第 2 部分 ROS 2 机器人设计

第 1 部分

ROS 2

基础原理

1

ROS：智能机器人的灵魂

自 20 世纪七八十年代以来，在计算机技术、传感器技术、电子技术等新技术发展的推动下，机器人技术进入了迅猛发展的黄金时期。机器人技术正从传统工业制造领域向家庭服务、医疗看护、教育娱乐、救援探索、军事应用等领域迅速扩展。如今，随着人工智能的发展，机器人又迎来了全新的发展机遇。机器人与人工智能大潮的喷发，必将像互联网一般，再次为人们的生活带来一次全新的革命。

本章将带大家走入智能机器人的世界，一起掀开 ROS 的神秘面纱，带领大家认识智能机器人的灵魂。

1.1 智能机器人时代

机器人的发展经历了三个重要时期，如图 1-1 所示。

- **电气时代（2000 年前）**：机器人主要应用于工业生产，俗称工业机器人，由示教器操控，帮助工厂释放劳动力，此时的机器人智能程度不高，只能完全按照人类的命令执行动作。在这个时代，人们更加关注电气层面的驱动器、伺服电机、减速机、控制器等设备。
- **数字时代（2000—2015 年）**：随着计算机和视觉技术的快速发展，机器人的种类不断丰富，涵盖了如 AGV、视觉检测等应用。同时，机器人配备的传感器也更为丰富，然而它们仍然缺乏自主思考的能力，智能化水平有限，仅能感知局部环境。这是机器人大时代的前夜。
- **智能时代（2015 年至今）**：随着人工智能技术的兴盛，机器人成为 AI 技术的最佳载体，人形机器人、服务机器人、送餐机器人、四足仿生机器狗、自动驾驶汽车等应用井喷式爆发，智能机器人时代正式拉开序幕。

图 1-1　机器人发展的三个重要时期

硬件是智能机器人的坚实载体，软件则赋予智能机器人灵魂。智能机器人的快速发展，对机器人软件开发提出了更高要求。为了应对这一挑战，并促进智能时代机器人软件的开发与创新，业界亟须开发一款通用的机器人操作系统作为标准平台，机器人操作系统（Robot Operating System，ROS）在 2007 年应运而生。

1.2　ROS 发展历程

对于运行越来越复杂的智能机器人系统，已经不是一个人或者一个团队可以独立完成的，如何高效开发机器人，是技术层面上非常重要的一个问题。针对这个问题，斯坦福大学的有志青年们尝试给出一个答案，那就是 ROS。

1.2.1　ROS 的起源

2007 年，斯坦福大学的有志青年们萌生了一个想法：能否开发一款个人服务机器人，这款机器人能够协助人们完成洗衣、做饭、整理家务等烦琐的任务，也能在人们感到无聊时，陪伴他们聊天解闷、做游戏。最终，他们将这个想法付诸实践，真的研发出了这样的机器人。

当时，他们深知做出这样一款机器人并不容易，机械、电路、软件等都要涉及，横跨很多专业，光靠他们自己肯定做不到——既然自己做不到，那为什么不联合其他人一起干呢？如果设计一个标准的机器人平台，大家都在这个平台上开发应用，那么应用软件都基于同一平台，应用的分享就很容易实现。这就类似于只要有一部苹果手机，就可以使用任何人开发的苹果手机应用。

初期的机器人原型是由实验室可以找到的木头和一些零部件组成的，后期有了充足的资金，才得以实现一款外观精致、性能强悍的机器人——PR2（Personal Robot 2 代）。

在他们的不懈努力下，PR2 已经可以完成叠毛巾、熨烫衣服、打台球、剪头发等一系列复杂的任务（见图 1-2）。以叠毛巾为例，这在当时是轰动机器人领域的重要成果，因为这是机器人第一次实现对柔性物体的处理，虽然在 100 分钟内只处理了 5 条毛巾，但在学术层面，这个成果推动机器人研究向前走了一大步。

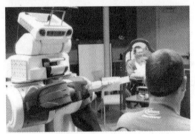

图 1-2　PR2 的应用功能示例

在这款机器人中，开发者构建了一套相对通用的机器人软件框架，以便上百人的团队分工协作，这就是 ROS 的原型。ROS 因 PR2 而生，但很快从中独立出来，成为一个更多开发者使用、更多机器人应用的通用软件系统。

1.2.2　ROS 的发展

PR2 个人服务机器人项目很快被商业公司 Willow Garage 看中（类似于现在流行的风险投资）。Willow Garage 投了一大笔钱给这群年轻人，在资本的助推下，PR2 小批量上市。

2010 年，随着 PR2 的发布，其中的软件系统名称正式确定，叫作机器人操作系统（Robot Operating System，ROS）。同年，ROS 也肩负着让更多人使用的使命，被正式开源，此后，ROS 快速发展，如图 1-3 所示。

PR2 虽好，但是其成本居高不下，几百万元的价格让绝大部分开发者望而却步。2011 年，ROS 领域的爆款机器人 TurtleBot 发布，这款机器人采用扫地机器人的底盘，配合 Xbox 游戏机中的体感传感器 Kinect，可以直接使用笔记本电脑控制，同时，它支持 ROS 中经典的视觉和导航功能，关键是价格便宜。这款机器人的普及大大推动了 ROS 的应用。

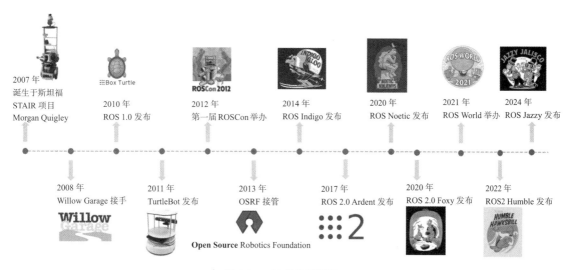

图 1-3　ROS 的发展历程

　　从 2012 年开始，使用 ROS 的人越来越多，ROS 社区开始举办每年一届的 ROS 开发者大会（ROS Conference，ROSCon），来自全球的开发者齐聚一堂，分享自己使用 ROS 开发的机器人应用，其中不乏亚马逊、英特尔、微软等大公司的身影，参与人数也在逐年增多。

　　经历前几年野蛮而快速的发展，ROS 逐渐稳定迭代，2014 年起，ROS 跟随 Ubuntu 操作系统，每两年推出一个长期支持版（Long Time Support，LTS），每个版本支持五年，这标志着 ROS 的成熟，加快了其普及的步伐。

　　回顾 2007 年，ROS 的创始团队原本只想做一款个人服务机器人，却意外成就了一款被广泛应用的机器人软件系统。但由于设计的局限性，ROS 的问题也逐渐暴露，为了能够设计一款适用于所有机器人的操作系统，全新的 ROS——ROS 2 在 2017 年年底正式发布。又历经多年迭代，终于在 2022 年 5 月底，ROS 2 迎来了其首个长期支持版——ROS 2 Humble，这标志着 ROS 2 技术体系已趋成熟，同时宣告了 ROS 2 时代的开启。2024 年 5 月，ROS 2 的第二个长期支持版本 ROS 2 Jazzy 发布，这使 ROS 2 更加稳定、丰满。

　　如图 1-4 所示，从 ROS 2 发展的时间轴中，大家可以看到 ROS 2 的生态正在快速迭代发展。

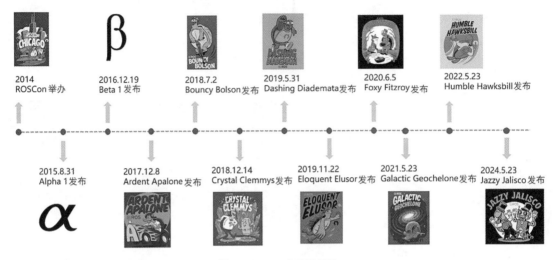

图 1-4　ROS 2 的发展历程

1.2.3　ROS 的特点

ROS 的核心目标是提高机器人的软件复用率。围绕这个核心目标，ROS 在自身的设计上也尽量做到了模块化，ROS 主要由以下四部分组成。

- **通信机制**：为复杂的机器人系统提供高效、安全的数据分发机制。
- **开发工具**：为不同场景下的机器人仿真、可视化、开发调试提供易用性工具。
- **应用功能**：为多种多样的机器人应用提供接口开放、可二次开发的功能包。
- **生态系统**：联合全球机器人开发者，共同建立活跃而繁荣的开源社区与机器人文化。

"减少重复造轮子"的核心理念促使 ROS 社区快速发展和繁荣，时至今日，ROS 已经广泛用于各种机器人的开发，如图 1-5 所示，无论是在机械臂、移动机器人、水下机器人，还是在人形机器人、复合机器人应用中，都可以看到 ROS 的身影，ROS 已经成为机器人领域的普遍标准。

图 1-5　ROS 社区中多种多样的应用

正如汽车制造公司不会从头开始生产所有汽车零部件，而是采购来自各专业制造商的轮子、引擎和多媒体系统，智能机器人的开发也一样。ROS 社区中有丰富的软件模块和工具，开发者可以将这些模块整合，进一步实现机器人创意和应用。这种方式不仅提高了开发效率，还充分利用了社区的集体力量和丰富经验，使项目更加成熟和可靠。

同时，大量开发者将成果分享回社区，这种开源共建的合作模式使每位开发者都能从他人的经验和创新中受益。通过站在巨人的肩膀上，能加速前行，为智能机器人领域的长远进步贡献力量，积累宝贵经验和深厚积淀。

除此之外，ROS 还具备以下特点。

- **全球化的社区**：可以集合全人类的智慧来推进机器人的智能化发展，这些智慧的结晶会以应用案例的形式在社区中沉淀下来。
- **开源开放的生态**：ROS 自身及众多应用都是完全开源的，公司可以直接使用 ROS 开发商业化的机器人产品，缩短了产品的上市时间。
- **跨平台使用**：ROS 可以跨平台使用，在 Linux、Windows、嵌入式系统中都可以运行。
- **工业应用支持**：ROS 2 中新增了很多支持工业应用的新特性和新技术，促使 ROS 在更多领域中被使用。

1.3　ROS 2 与 ROS 1

在学习 ROS 2 之前，你也许听说或使用过 ROS 1，从名称上看，ROS 2 不就是第二代 ROS 吗，变化能有多大？答案是——非常大！

1.3.1　ROS 1 的局限性

为什么会有 ROS 2？当然是因为 ROS 1 有一些问题，具体是什么问题呢？从 ROS 发展的历程中，大家似乎可以找到答案。

ROS 最早的设计目标是开发一款 PR 2 家庭服务机器人，如图 1-6 所示，这款机器人绝大部分时间独立工作，为了让他具备足够的能力，进行了如下设计。

- 搭载工作站级别的计算平台和各种先进的通信设备，不用担心算力问题，有足够的实力支持各种复杂的实时运算和应用处理。
- 由于是单兵作战，绝大部分通信任务在内部完成，因此可以使用有线连接，保证了良好的网络连接，没有数据丢失或者黑客入侵的风险。
- 虽然最终小批量生产，但是由于成本和售价高昂，只能用于学术研究。

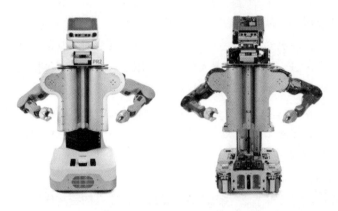

图 1-6　PR 2 家庭服务机器人

随着 ROS 的普及，应用 ROS 的机器人类型已经发生了天翻地覆的变化，绝大部分机器人不具备 PR 2 这样的条件，原本针对 PR 2 设计的软件框架就会出现很多问题，例如：

- 要在资源有限的嵌入式系统中运行。
- 要在有干扰的地方保证通信的可靠性。
- 要做成产品走向市场，甚至用在自动驾驶汽车和航天机器人上。

……

类似的需求导致问题不断涌现，因此，更加适合各种机器人应用的新一代 ROS，也就是 ROS 2，诞生了。

1.3.2　全新的 ROS 2

ROS 2 肩负变革智能机器人时代的历史使命，在设计之初，就考虑到要满足各种各样机器人应用的需求。

1. 多机器人系统

未来，机器人一定不会是独立的个体，机器人和机器人之间也需要通信和协作，ROS 2 为多机器人系统的应用提供了标准方法和通信机制。

2. 跨平台

机器人应用场景不同，使用的控制平台也会有很大差异，例如，人形机器人的算力需求一般比物流机器人高。为了让所有机器人都可以运行，ROS 2 可以跨平台运行于 Linux、Windows、macOS、RTOS 等操作系统，甚至是没有任何系统的微控制器（MCU）上，这样，开发者就不用纠结自己的控制器能不能用 ROS 平台了。

3. 实时性

机器人运动控制和很多行为策略要求机器人具备实时性，例如，机器人要可靠地在 100ms 内发现前方的行人，或者稳定地在 1ms 内完成运动学的解算，ROS 2 为类似于这样的实时性需求提供了基本保障。

4. 网络连接

无论在怎样的网络环境下，ROS 2 都可以尽量保障机器人大量数据的完整性和安全性，例如，在 Wi-Fi 信号不好时也要尽力将数据发送过去，在有黑客入侵风险的场景下要对数据进行加密解密等。

5. 产品化

大量机器人已经走向人们的生活，未来还会更加深入，ROS 2 不仅可以用于机器人研发，还可以直接搭载在产品中，走向消费市场，这对 ROS 2 的稳定性、强壮性提出了很高的要求。

6. 项目管理

机器人开发是一项复杂的系统工程，设计、开发、调试、测试、部署等全流程的项目管理工具和机制，也会在 ROS 2 中体现，方便开发者开发和管理机器人产品。

满足以上需求并不简单。机器人千差万别，开发能够适合尽量多的机器人的系统，远比开发一个标准化的手机系统或者计算机系统复杂。

ROS 开发者面对的选择有两个，第一个是在 ROS 1 的架构之上进行修改和优化，类似于把一个盖好的房子打成毛坯房，再重新装修。这会受制于原有的格局，长远来看并不是最佳选择，于是他们选择了第二个方案，那就是——推倒重来。

所以，ROS 2 是一个全新的机器人操作系统，在借鉴 ROS 1 成功经验的基础上，对系统架构和软件代码进行了重新设计和实现。

- **重新设计了系统架构**。ROS 1 中所有节点都需要在节点管理器 ROS Master 的管理下工作，一旦 Master 出现问题，系统就面临宕机的风险。而 ROS 2 实现了真正的分布式，不再有 Master 这个角色，借助全新的通信框架 DDS、Zenoh，为所有节点的通信提供了可靠保障。
- **重新设计了软件 API**。ROS 1 原有的 API 已经无法满足需求，ROS 2 结合 C++ 最新标准和 Python3 语言特性，设计了更具通用性的 API。这种设计导致原有 ROS 1 的代码无法直接在 ROS 2 中运行，但尽量保留了类似的使用方法，同时提供了大量移植说明。
- **优化升级了编译系统**。ROS 1 中使用的 rosbuild 和 catkin 问题很多，尤其在针对代码较多的大项目及 Python 编写的项目时，编译、链接经常出错。ROS 2 对这些问题进行了优化，优化后的编译系统叫作 ament 和 colcon，它们提供了更稳定、高效的编译和链接过程，减少了出错的可能性，并使整个开发流程更加流畅和可维护。

1.3.3　ROS 2 与 ROS 1 的对比

1. 系统架构

如图 1-7 所示，在 ROS 1 中，应用层（Application Layer）里 Master 节点管理器的角色至关重要，所有节点都得听它指挥。它类似于公司的 CEO，有且只有一个，如果 CEO 突然消失，公司肯定会乱成一团。为了增强系统的健壮性和可扩展性，ROS 2 创新性地摒弃了这一设计，转而采用 Discovery 自发现机制，允许节点自主寻找并建立稳定的通信连接，从而避免了单点故障的风险。

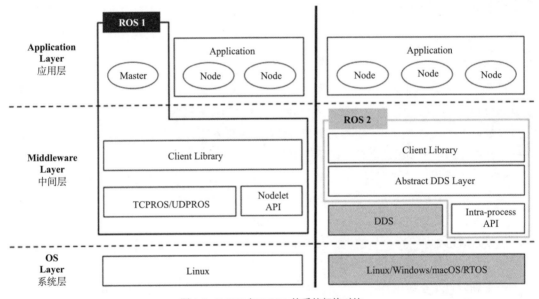

图 1-7　ROS 2 与 ROS 1 的系统架构对比

中间层（Middleware Layer）是 ROS 封装好的标准通信接口，大家写程序的时候，会频繁和这些通信接口打交道，例如发布一个图像的数据、接收一个雷达的信息，客户端会调用底层复杂的驱动和通信协议，让开发变得简单明了。

在 ROS 1 中，ROS 通信依赖底层的 TCP 和 UDP，而在 ROS 2 中，通信协议换成了更加复杂也更完善的数据分发服务（Data Distribution Service，DDS）系统通信机制。

底层是系统层（OS Layer），即可以将 ROS 安装在哪些操作系统上，ROS 1 主要安装在 Linux 上，ROS 2 的可选项很多，Linux、Windows、macOS、RTOS 都可以。

1. 通信系统

大家可能会思考，为什么 ROS 2 要更换成 DDS 系统通信机制？DDS 是什么？ROS 1 是基于 TCP/UDP 的通信系统，由于自身机制问题，在开发中很容易出现延迟、丢数据、无法加密等问题，所以 ROS 2 引入了更复杂也更完善的 DDS 系统通信机制。

DDS 是物联网中广泛应用的一种系统通信机制，类似于大家常听说的 5G 通信，DDS 是一个国际标准，能够实现该标准的软件系统并不是唯一的，所以大家可以选择多个厂家提供的 DDS 系统通信机制，例如 OpenSplice、FastRTPS 等，每家的性能不同，适用的场景也不同。

这就带来一个问题，每个 DDS 厂家的软件接口不一样，如果按照某一家的接口写完了程序，想要切换其他厂家的 DDS，不是要重新写代码吗？这当然不符合 ROS 提高软件复用率的目标。

为了解决这个问题，如图 1-8 所示，ROS 2 中设计了一个 ROS Middleware，简称 RMW，也就是制订一个标准接口，例如如何发送数据、如何接收数据、数据的各种属性如何配置，等等。如果厂家想接入 ROS 社区，就需要按照这个标准写一个适配的接口，把自家的 DDS 移植过来，这样就把问题交给了最熟悉自家 DDS 的厂商。对于用户来讲，某一个 DDS 用得"不顺手"，只要安装另一个，然后做简单的配置，不需要更改应用程序，就可以轻松更换底层的通信系统。

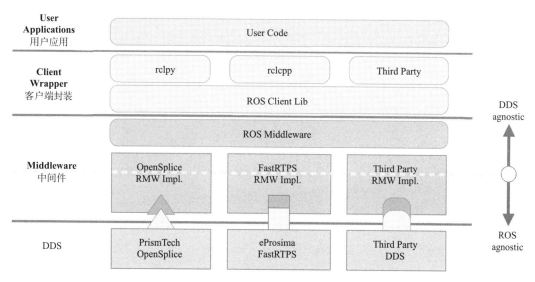

图 1-8 ROS 2 系统架构概览

总之，DDS 的加入，让 ROS 2 系统更加稳定、更加灵活，也更加复杂。开发者不用再纠结 ROS 的通信系统是否稳定、该如何优化等问题，可以把更多精力放在如何实现机器人应用功能上。

2. 核心概念

ROS 1 应用得非常广泛，全球有几百万名开发者，大家已经熟悉了 ROS 1 的开发方式以及其中的很多概念。ROS 2 保留了如下概念，便于开发者从 ROS 1 迁移到 ROS 2。

- **工作空间**（Workspace）：开发过程的大本营，是放置各种开发文件的地方。
- **功能包**（Package）：功能源码的聚集地，用于组织某一机器人功能。
- **节点**（Node）：机器人的工作细胞，是代码编译生成的一个可执行文件。
- **话题**（Topic）：节点间传递数据的桥梁，周期性传递各功能之间的信息。
- **服务**（Service）：节点间的"你问我答"，用于某些机器人功能和参数的配置。
- **通信接口**（Interface）：数据传递的标准结构，规范了机器人的各种数据形态。
- **参数**（Parameter）：机器人系统的全局字典，可定义或查询机器人的配置参数。
- **动作**（Action）：完整行为的流程管理，控制机器人完成某些动作。
- **分布式通信**（Distributed Communication）：多计算平台的任务分配，实现快速组网。
- **DDS**（Data Distribution Service）：机器人的神经网络，完成数据的高效安全传送。

如果大家熟悉 ROS 1，那么对以上概念应该不陌生，在 ROS 2 中，这些概念依然存在，意义也几乎一致。如果大家不熟悉或者没有学习过 ROS 也没关系，第 2 章会讲解这些概念的含义和使用方法。

3. 编码方式

再来看看代码的编写方式，ROS 1 和 ROS 2 实现的核心 API 对比如下。

```python
# 引入 Python API 接口库
import rclpy     # ROS 2
import rospy     # ROS 1


# 创建 Topic 发布者对象
self.pub = self.create_publisher(String, "chatter", 10)          # ROS 2
pub = rospy.Publisher('chatter, String, queue_size=10)           # ROS 1


# 创建 Topic 订阅者对象
self.sub = self.create_subscription(String, "chatter", self.listener_callback, 10) # ROS 2
rospy.Subscriber("chatter", String, listener_callback)                             # ROS 1


# 创建 Service 服务器对象
self.srv = self.create_service(AddTwoInts, 'add_two_ints', self.adder_callback) # ROS 2
srv = rospy.Service('add_two_ints', AddTwoInts, adder_callback)                  # ROS 1


# 创建 Service 客户端对象
self.client = self.create_client(AddTwoInts, 'add_two_ints')     # ROS 2
client = rospy.ServiceProxy('add_two_ints', AddTwoInts)          # ROS 1
```

```
# 输出日志信息
self.get_logger().info('Publishing: "%s" ' % msg.data)        # ROS 2
rospy.loginfo("Publishing: "%s" ", msg.data)                  # ROS 1
```

ROS 2 重新定义了 API 函数接口，但使用方法与 ROS 1 相差不大。此外，ROS 2 会用到更多面向对象的实现方法和语言特性，从编程语言的角度来讲，难度确实会提高，不过当大家迈过这道坎后，就会发现编写的程序更具备可读性和可移植性，也更接近真实企业中机器人软件开发的过程。

具体如何编码，请大家少安毋躁，不要搬来一本大部头的编程语言教程，一页一页学习，更好的方式是在项目开发的过程中一边用一边学，本书后续章节也会带领大家一步一步操作。

4. 命令行工具

命令行是 ROS 开发中最为常用的一种工具，如图 1-9 所示。

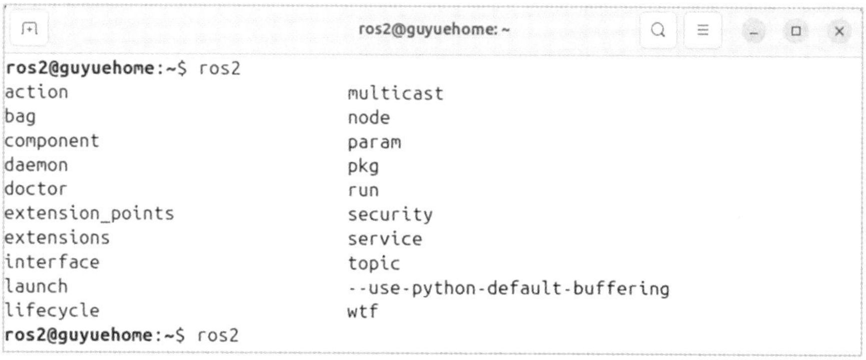

图 1-9　ROS 2 命令行工具示例

与 ROS 1 相比，ROS 2 对命令行做了大幅集成，所有命令都集成在一个 ROS 2 的主命令中，例如，"ros2 run"表示启动某个节点，"ros2 topic"表示话题相关的功能。

如果大家初次上手就选择了 ROS 2，那么先对其有一个大致印象即可，跟随本书学习就会慢慢理解其特性。除此之外，ROS 2 命令行也会有更多功能，本书也会在后续内容中陆续揭秘。

1.4　ROS 2 安装方法

虽然 ROS 名为"操作系统"，但它并不是常规意义中直接安装在硬件上的操作系统，在安装 ROS 之前，大家还需要先在计算机上装一个 Linux 发行版系统——Ubuntu。

1.4.1　Linux 是什么

1991 年，一位热爱计算机的芬兰大学生林纳斯，在熟悉了操作系统原理和 UNIX 系统后，决定自己动手做一个操作系统。实践是检验真理的唯一标准，他参考已有的一些通用标准，重新设计了一套操作系统内核，不仅可以实现多用户、多任务的管理，还可以兼容 UNIX 原有的应用程序。最重要的是，他把这套尚不成熟的操作系统分享到互联网上，并用自己的名字命名了这套系统——Linux。

Linux 操作系统通过互联网快速传播，更多爱好者看到 Linux 后，也把使用过程中的问题和修复方法做了反馈。一石激起千层浪，越来越多的人加入维护 Linux 的行列，一个原本功能有限、Bug 很多的操作系统快速强大起来，伴随其发扬光大的是开源精神。

与 Windows 收费或 macOS 硬件绑定的模式不同，Linux 是一套免费并且开放源代码的操作系统，任何人都可以使用或提交反馈，这就吸引了大量的开发者、爱好者，甚至企业。现在，每年对 Linux 系统提交的代码量已经成为衡量一个大公司技术实力的重要指标之一。

Linux 发展迅猛，已经成为性能稳定的多用户操作系统，在互联网、人工智能领域非常普及，也是 ROS 2 依赖的重要底层系统，可以为机器人开发提供计算机底层软硬件管理的基础功能。

1.4.2　Ubuntu 是什么

在使用 ROS 2 之前，大家需要先安装 Linux，此时会出现另一个概念——发行版。

什么叫发行版呢？准确来讲，前面提到的 Linux 应该叫作操作系统内核，它并没有可视化界面，发行版就是给这个内核加上华丽的外衣，把操作界面和各种应用软件放到一起，打包成一个安装系统的镜像，如图 1-10 所示。

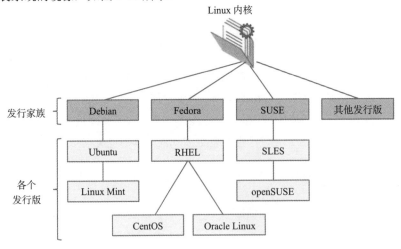

图 1-10　Linux 内核与发行版

大家常用的 Linux 系统是各种各样的发行版，例如 Ubuntu、Fedora、Red Hat 等。每个发行版都有其适用的场景，例如 Red Hat 适合商业应用、CentOS 适合服务器、Ubuntu 和 Fedora 适合个人使用。虽然每个版本的界面不太一样，但内核都是 Linux，操作方法基本相同。

Ubuntu 诞生于 2004 年 10 月，每 6 个月发布一个新版本，用户可以一直免费升级使用，日常使用的浏览器、文件编辑器、通信软件等一应俱全。在软件开发领域，无论是互联网开发，还是人工智能开发，或者是大家关注的机器人开发，Ubuntu 都占据绝对重要的位置。

Ubuntu 的版本迭代比较快，如何选择适合自己的版本很重要，因为软件版本不同会直接影响上层应用的移植效果。在选择版本时，可以关注紧随其后的编号，例如 Ubuntu 24.04，24 代表 2024 年，04 表示 2024 年 4 月发布。除了 04 还可能出现 10，代表 10 月发布，所以从数字编号上就可以看出各个版本发布的顺序。

为了让更多开发者有一个稳定的系统环境，Ubuntu 每隔两年的 4 月会发布一个长期支持版，后缀加"LTS"，保证 5 年之内持续维护更新，例如 Ubuntu 22.04 LTS、Ubuntu 24.04 LTS，除此之外的版本都是普通版，只维护 18 个月，所以推荐大家在选择时，优先考虑长期支持版。

本书将以 Ubuntu 24.04 LTS 为例进行讲解，大家也可以选择其他长期支持版本，原理和操作方法类似。

虽然 ROS 2 支持 Windows 和 macOS，但它对 Ubuntu 操作系统的支持最好。本书主要讲解 Ubuntu 之上的 ROS 2 使用方法，其他操作系统的操作原理基本相同。

1.4.3 Ubuntu 操作系统安装

大家一定已经摩拳擦掌想要试一试 Ubuntu，它的安装方法很多，如表 1-1 所示。如果大家已经熟悉 Linux，那么建议在计算机硬盘上安装 Ubuntu，这样可以充分发挥硬件的性能。如果是第一次接触 Linux，那么建议在已有的 Windows 上通过虚拟机安装，熟悉之后再考虑硬盘安装。

表 1-1　Ubuntu 安装方法及优劣势

属性	通过虚拟机安装	通过硬盘安装
安装难易程度	简单	复杂
硬件支持	一般	好
运行速度	慢	快
安全备份	简单	复杂
适合人群	初次接触或偶尔使用者	有一定经验的开发者

本书主要介绍虚拟机中的安装方法，大家也可以参考课程资料或网络资料，自行学习硬盘安装。

虚拟机是一个应用软件，可以在已有系统之上构建一个虚拟的系统，让多个操作环境同时运行。这里采用的虚拟机软件是 VMware，安装步骤和其他软件相同，请大家自行下载并安装。

虚拟机软件安装完成后，就可以安装操作系统，安装步骤如下。

1. 下载 Ubuntu 操作系统镜像

登录 Ubuntu 官方网站，找到下载页面，如图 1-11 所示，单击"Download"按钮开始下载，镜像文件比较大，根据网络状况需要等待一段时间。下载完成后，就可以进入下一步。

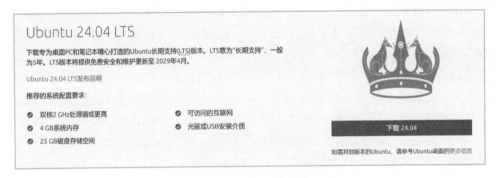

图 1-11　Ubuntu 下载界面

2. 在虚拟机中创建系统

打开 VMware 虚拟机软件，在菜单栏"文件"中选择"新建虚拟机"，然后选择"稍后安装操作系统"，会弹出如图 1-12 所示的窗口，选择"Linux"，版本是"Ubuntu 64 位"，单击"下一步"按钮。

图 1-12　"新建虚拟机向导"窗口

3．设置虚拟机硬盘大小

如图 1-13 所示，给这个虚拟的 Ubuntu 操作系统分配硬盘空间，大家根据计算机中的空间自行配置即可。

图 1-13　设置虚拟机硬盘大小

建议至少分配 20GB 硬盘空间，可以满足后续 ROS 机器人开发的基本需求；若计算机空间允许，也可以分配 50GB 左右的硬盘空间，满足各种软件和文档的安装需求。

4．设置 Ubuntu 镜像路径

配置完成后，再次点击虚拟机软件中的"虚拟机设置"选项，如图 1-14 所示，在弹出的窗口中找到"CD/DVD"选项，然后单击"浏览"按钮，找到之前下载好的 Ubuntu 操作系统镜像文件。

图 1-14　设置 Ubuntu 镜像路径界面

5. 启动虚拟机

准备工作完成，单击"开启此虚拟机"，与安装计算机操作系统的方法类似，从虚拟的 CD 盘中加载系统，在安装界面中单击"Install Ubuntu"按钮。

6. 设置用户名和密码

接下来，根据个人情况完成用户名和密码的设置。

7. 等待系统安装完成

等待系统安装完成，自动重启。重启后就可以看到全新的 Ubuntu 操作系统，如图 1-15 所示。

图 1-15　Ubuntu 24.04 LTS 界面图

1.4.4　ROS 2 系统安装

Ubuntu 操作系统准备好之后，就可以安装 ROS 2，安装过程需要使用 Ubuntu 操作系统中的命令行工具——Terminal，也称终端，大家可以直接在系统中使用快捷键"Ctrl+Alt+T"打开。启动后，可依次输入以下命令安装 ROS 2，本书选择的 ROS 2 版本为 Jazzy，对应 Ubuntu 24.04 LTS。

以下是 ROS 官方给出的详细安装步骤，如果大家是第一次使用或者希望通过更简单的方式安装，那么可以使用本书配套代码中的快捷安装脚本——ros_install.sh，在脚本所在的路径下，通过终端输入./ros_install.sh 指令，跟随提示即可完成安装。

1. 设置编码格式

确保系统使用正确的本地化设置和语言环境，以便在安装和运行软件时能够正确地显示语言并进行本地化支持。

启动一个终端，输入如下命令。

```
$ sudo apt update && sudo apt install locales
$ sudo locale-gen en_US en_US.UTF-8
$ sudo update-locale LC_ALL=en_US.UTF-8 LANG=en_US.UTF-8
$ export LANG=en_US.UTF-8
```

2. 添加软件源

安装 ROS 2 之前还需要告诉系统从哪里下载 ROS 2 的安装包，这些安装包所放置的服务器被称为软件源。从软件源中下载安装包还需要配置好密钥，这样才能打开下载的"大门"。

在打开的终端中继续输入如下命令，将 ROS 2 的签名密钥签署到系统密钥环中，并添加软件源的地址信息，系统才可以通过 APT 管理器安装 ROS 2 软件包。

```
$ sudo apt install software-properties-common
$ sudo add-apt-repository universe
$ sudo apt update && sudo apt install curl -y
$ sudo curl -sSL [ROS 官方 GitHub 密钥 URL] -o /usr/share/keyrings/ros-archive-keyring.gpg
$ echo "deb [arch=$(dpkg --print-architecture)
signed-by=/usr/share/keyrings/ros-archive-keyring.gpg] [ROS 软件源基地址] $(. /etc/os-release &&
echo $UBUNTU_CODENAME) main" | sudo tee /etc/apt/sources.list.d/ros2.list > /dev/null
```

以上[ROS 官方 GitHub 密钥 URL]及[ROS 软件源基地址]需要参考 ROS 官方手册中的 Installation 章节修改为最新的链接地址。

3. 安装 ROS 2

准备工作已完成，接下来在终端中输入如下命令，开始下载并安装 ROS 2 的桌面版软件，大家只需等待。

```
$ sudo apt update
$ sudo apt upgrade
$ sudo apt install ros-jazzy-desktop        # 安装 ROS 2 Jazzy 桌面版
```

4. 设置环境变量

现在，ROS 2 已经成功安装到计算机中了，默认在/opt 路径下。由于后续会频繁使用终端输入 ROS 2 命令，所以在使用前还需要设置系统环境变量，让系统知道 ROS 2 的各种功能在哪里，设置的命令如下。

```
$ source /opt/ros/jazzy/setup.bash
$ echo "source /opt/ros/jazzy/setup.bash" >> ~/.bashrc
```

5. 测试示例

安装完成，可以通过以下示例测试 ROS 2 是否安装成功。

启动第一个终端，通过以下命令启动一个数据的发布者节点。

```
$ ros2 run demo_nodes_cpp talker
```

运行过程如图 1-16 所示。

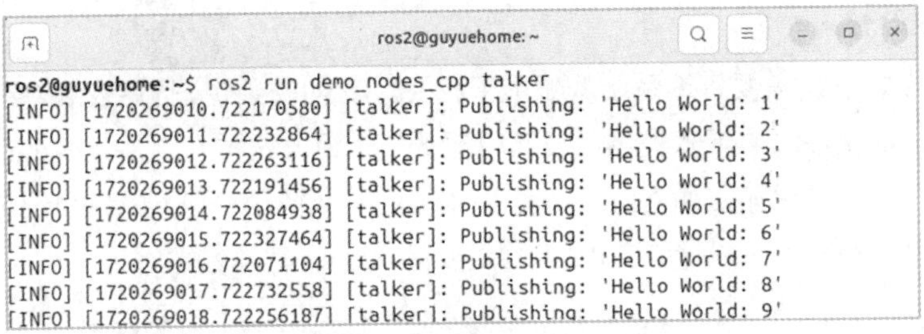

图 1-16　发布者节点的运行过程

启动第二个终端，通过以下命令启动一个数据的订阅者节点。

```
$ ros2 run demo_nodes_py listener
```

运行过程如图 1-17 所示。

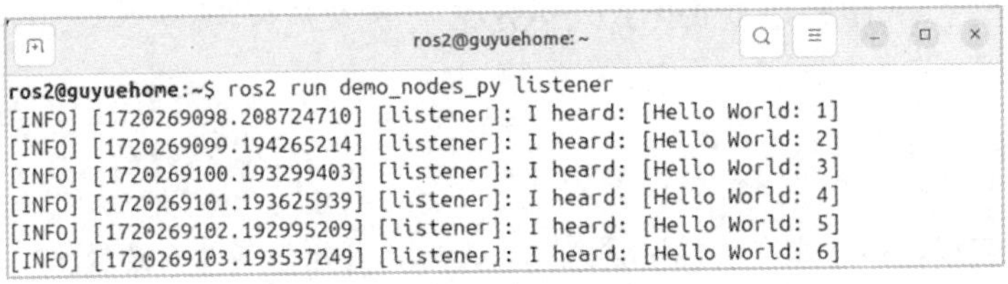

图 1-17　订阅者节点的运行过程

如果"Hello World"字符串在两个终端中正常传输，则说明 ROS 2 的通信系统没有问题。至此，ROS 2 已经在系统中安装好了。

1.5　ROS 2 命令行操作

在安装 ROS 2 的过程中，大家接触到了 ROS 2 中一种重要的调试工具——命令行，第一次使用可能会不太适应，本节将带领大家进一步使用 ROS 2 中的更多命令，随着学习的深入，大家一定可以感受到命令行的魅力。

1.5.1　Linux 中的命令行

类似于科幻电影中的片段，命令行操作异常酷炫，但是上手并不容易。为什么这样一种看似并不便捷的方式会被保留至今呢？无论对于 Linux 还是 ROS，命令行都是必不可少的，大家先来想象一个场景。

在购物时，尽管商场内的衣物种类繁多，但难以完全迎合所有人的需求。如果商家能提供服装定制服务，则情况会大为不同。这种服务允许顾客基于现有款式，结合个人喜好，进行自主设计，尽管操作稍显烦琐，但其灵活性的优势明显。顾客可以依据自身意愿，精确地塑造所需的服装，毫不受现成规则的束缚。

在这一场景中，其他商家所提供的现成衣物，类似于预先设计好的可视化软件，虽经过精心设计，却不一定能完全满足顾客的个性化需求。而定制服务则宛如命令行，为顾客提供布料、工具等素材，让他们能够以更灵活的方式，按照个人偏好和需求，进行个性化定制。

1. 启动方式

命令行的命令都是通过字符的方式输入的，需要使用专门的软件——Terminal，即终端。

启动终端的方式有以下几种。

- 在应用列表中打开。
- 使用快捷键"Ctrl+Alt+T"打开。
- 右击鼠标，在弹出的快捷菜单中单击"在此处打开终端"。

终端界面如图 1-18 所示，因为都是命令的输入和输出，所以很少会用到鼠标（这也是科幻电影中的黑客会随身带笔记本电脑，但是从来不用鼠标的原因）。

图 1-18　终端界面

初次上手，大家一定会觉得命令行既枯燥，又难以记忆。随着在实践中对这一工具的熟悉，大家会体会到命令行操作的魅力。至于命令行指令及功能参数的数量，确实多到令人发指，不过不用死记硬背，常用的命令也就一二十个，其他命令在需要用时搜索一下即可。

2. 常用命令

大家先来体验 Linux 的常用命令，找找感觉。

1）cd。

语法：cd <目录路径>。

功能：改变工作目录。若没有指定"目录路径"，则回到用户的主目录。

2）pwd。

语法：pwd。

功能：显示当前工作目录的绝对路径，如图 1-19 所示。

```
ros2@guyuehome:~$ pwd
/home/ros2
ros2@guyuehome:~$ cd dev_ws/
ros2@guyuehome:~/dev_ws$ pwd
/home/ros2/dev_ws
ros2@guyuehome:~/dev_ws$ █
```

图 1-19　cd 与 pwd 命令使用示例

3）ls。

语法：ls [选项] [目录名称…]。

功能：列出目录/文件夹中的文件列表，如图 1-20 所示。

```
ros2@guyuehome:~/dev_ws$ ls
build  install  log  src
ros2@guyuehome:~/dev_ws$ cd ..
ros2@guyuehome:~$ ls
Desktop   Documents  Music     Public                      snap       Videos
dev_ws    Downloads  Pictures  rosbag2_2024_07_03-00_15_57  Templates
ros2@guyuehome:~$
```

图 1-20　ls 命令使用示例

4）mkdir。

语法：mkdir [选项] <目录名称>。

功能：创建一个目录/文件夹，如图 1-21 所示。

图 1-21　mkdir 命令使用示例

5）gedit。

语法：gedit <文件名称>。

功能：打开 gedit 编辑器编辑文件，若没有此文件则会新建，如图 1-22 所示。

图 1-22　gedit 命令使用示例

如果输入 gedit 发现报错 "command 'gedit' not found"，则需要执行 "sudo apt install gedit"
指令安装 gedit。

6）mv。

语法：mv [选项] <源文件或目录> <目的文件或目录>。

功能：为文件或目录改名或将文件由一个目录移入另一个目录，如图 1-23 所示。

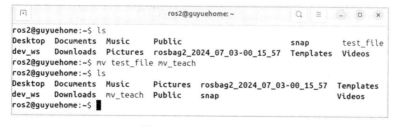

图 1-23　mv 命令使用示例

7）cp。

语法：cp [选项] <源文件名称或目录名称> <目的文件名称或目录名称>。

功能：把一个文件或目录复制到另一文件或目录中，或者把多个源文件复制到目标目录中，如图 1-24 所示。

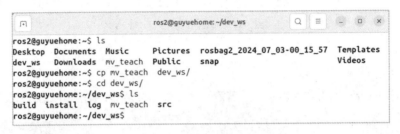

图 1-24　cp 命令使用示例

8）rm。

语法：rm [选项] <文件名称或目录名称…>。

功能：删除一个目录中的一个或多个文件或目录，也可以将某个目录及其下的所有文件及子目录删除。对于链接文件，只是删除了链接，原有文件保持不变，如图 1-25 所示。

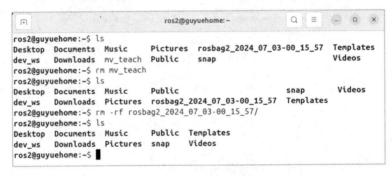

图 1-25　rm 命令使用示例

9）sudo。

语法：sudo [选项] [指令]。

功能：以系统管理员权限执行指令，如图 1-26 所示。

这些命令大家不需要死记硬背，在开发中用得多了，就会熟悉。

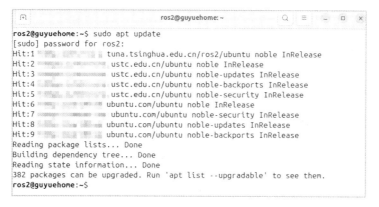

图 1-26　sudo 命令使用示例

1.5.2　海龟仿真实践

了解了 Linux 的命令行操作方法，接下来回到 ROS 2，通过命令行的方式，一起运行 ROS 中的经典示例——海龟仿真器。

首先启动第一个终端，运行如下指令，启动海龟仿真器。

```
$ ros2 run turtlesim turtlesim_node
```

然后启动第二个终端，运行如下指令，启动键盘控制的功能。

```
$ ros2 run turtlesim turtle_teleop_key
```

第一句指令将启动一个蓝色背景的海龟仿真器，第二句指令将启动一个键盘控制节点，在该终端中点击键盘上的方向键，如图 1-27 所示，就可以控制海龟运动啦！

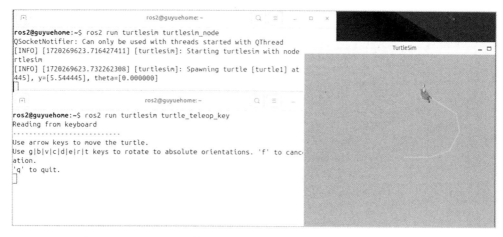

图 1-27　海龟运动控制示例

1.5.3　ROS 2 中的命令行

ROS 2 命令行的操作机制与 Linux 相同,不过所有操作都集成在一个 ROS 2 的总命令中,如图 1-28 所示。"ros2"后边第一个参数表示不同的操作目的,例如 node 表示对节点的操作,topic 表示对话题的操作,后边还可以添加一系列参数,说明具体操作。

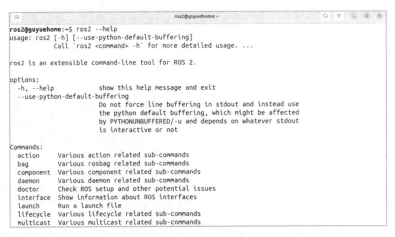

图 1-28　ROS 2 中的命令行

1.　运行节点程序

想要运行 ROS 2 中某个节点,可以使用 ros2 run 命令进行操作,之后第一个参数表示功能包的名称,第二个参数表示功能包内节点的名称,对于运行海龟仿真节点和键盘控制节点的命令:

```
$ ros2 run turtlesim turtlesim_node
$ ros2 run turtlesim turtle_teleop_key
```

运行过程如图 1-29 所示。

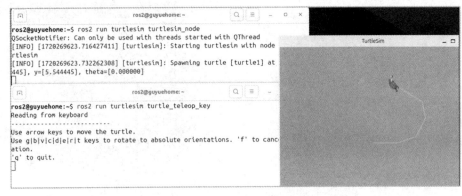

图 1-29　ros2 run 命令运行过程

2. 查看节点信息

当前运行的 ROS 2 系统中有哪些节点呢？可以使用如下命令查看。

```
$ ros2 node list
```

节点信息如图 1-30 所示。

图 1-30　ROS 2 系统节点信息

如图 1-31 所示，可以使用 info 子命令查看某个节点的详细信息。

```
$ ros2 node info /turtlesim
```

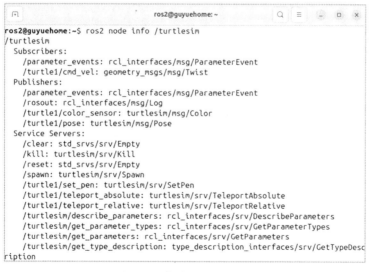

图 1-31　查看节点详细信息

3. 查看话题信息

当前系统中都有哪些话题呢，使用如下命令即可查看。

```
$ ros2 topic list
```

运行过程如图 1-32 所示。

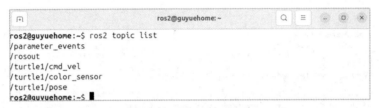

图 1-32 查看话题信息

加上 echo 子命令就可以看到某个话题中的消息数据，如图 1-33 所示。

```
$ ros2 topic echo /turtle1/pose
```

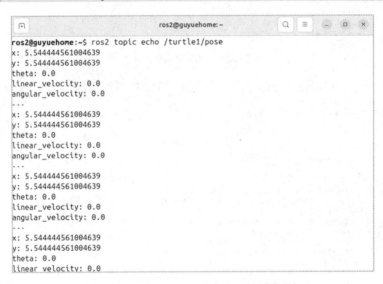

图 1-33 使用 echo 子命令查看话题中的消息数据

4. 发布话题信息

想控制海龟运动，还可以直接通过命令行发布话题指令，如图 1-34 所示。

```
$ ros2 topic pub --rate 1 /turtle1/cmd_vel geometry_msgs/msg/Twist "{linear: {x: 2.0, y: 0.0, z: 0.0}, angular: {x: 0.0, y: 0.0, z: 1.8}}"
```

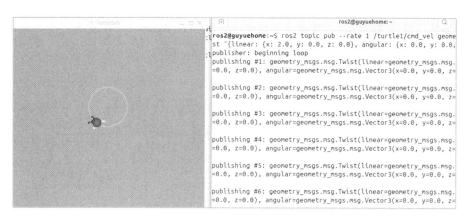

图 1-34　通过命令行发布话题指令

5. 发布服务请求

若希望界面中有多只海龟，仿真器还提供一个服务——产生海龟，运行以下指令启动服务调用。

```
$ ros2 service call /spawn turtlesim/srv/Spawn "{x: 2, y: 2, theta: 0.2, name: ''}"
```

如图 1-35 所示，可以看到左下角出现了第二只海龟。

图 1-35　服务调用产生新的海龟

6. 发送动作目标

想让海龟完成一个具体动作，例如转到指定角度，可以使用仿真器中提供的 action，通过命令行发送动作目标。

```
$ ros2 action send_goal /turtle1/rotate_absolute turtlesim/action/RotateAbsolute "theta: 3"
```

如图 1-36 所示，对比图 1-35，第一只海龟在角度上有一些偏移。

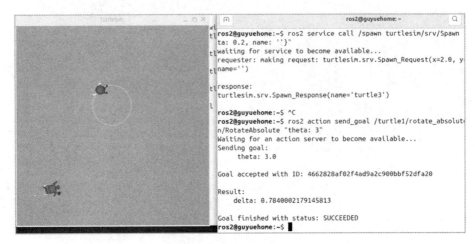

图 1-36 发送动作目标

7. 数据录制与播放

机器人系统中运行的数据很多，若想把某段数据录制下来，以便回到实验室复现，该如何操作呢？此时，ROS 2 中的 rosbag 命令就可以派上用场，轻松实现数据的录制与播放。

```
# 数据录制
$ ros2 bag record /turtle1/cmd_vel

# 数据播放
$ ros2 bag play rosbag2_2024_07_06-21_21_23/ rosbag2_2024_07_06-21_21_23_0.mcap
```

录制后在终端按下快捷键"Ctrl+C"，即可保存录制信息，命令运行的过程如图 1-37 所示。

图 1-37 数据录制与播放

此处，rosbag2_2024_07_06-21_21_23 文件的名称是根据当前计算机时间自动生成的，使用中需要修改为实际生成的 bag 文件名。

以上就是 ROS 2 中常用的命令，每个命令的子命令还有很多，大家可以继续尝试。

1.6 本章小结

本章带大家走入 ROS 的世界，一起了解 ROS 的发展现状，对比了 ROS 1 与 ROS 2 的不同，学习了 ROS 2 在 Ubuntu 操作系统下的安装和基础使用方法。本书还为大家提供了所有实践的源码和参考资料，可以帮助大家用 ROS 搭建丰富的机器人应用。

接下来，带上好心情，一起出发，开启一段 ROS 2 开发实践之旅吧！

2

ROS 2 核心原理：构建机器人的基石

完成 ROS 2 的安装后，大家肯定跃跃欲试，想要立刻投身于机器人的开发中。在使用 ROS 2 开发机器人的过程中，我们还会遇到许多核心概念及与之对应的开发方法。接下来，请跟随本章内容一同深入了解这些核心概念，夯实开发基础，为机器人实战开发做好准备！

2.1 ROS 2 机器人开发流程

ROS 2 是机器人开发的利器，如何使用它进行机器人开发呢？ROS 2 机器人开发的主要流程如图 2-1 所示。

图 2-1 ROS 2 机器人开发的主要流程

1. 创建工作空间

在各种软件开发中，第一步都是创建工程，也就是新建一个项目作为后续开发内容的管理空间。在 ROS 2 机器人开发中，这一步叫作创建工作空间，也就是保存后续机器人开发工作涉及的所有文件的空间，在计算机中的体现其实就是文件夹，未来开发用到的文件都会保存在这个文件夹中。

2. 创建功能包

机器人开发过程的核心是代码编程，由于代码文件及各种配置文件很多，为了方便管理和分享，开发者一般会把同一功能的多个代码文件放置在一个文件夹里，这个文件夹在 ROS 2 中叫作"功能包"。每个功能包都是实现机器人某一功能的组织单元，例如底盘驱动、机器人模型、自主导航等，多个功能包就组成了机器人的完整功能，这些功能包都放置在上一步创建好的工作空间中。

3. 编写源代码

创建好各种工作空间和功能包后，在功能包中编写代码。ROS 2 开发常用的编程语言是 C++ 和 Python。大家使用哪种语言编写代码，就需要将相应的代码放置在功能包中。

4. 设置编译规则

代码编写完成后，还需要进行编译以生成可执行文件。这个过程需要一个明确的编译规则，以便计算机能够理解需要编译哪些代码文件、生成的可执行文件应该放置在哪里等关键信息。

对于 C++ 代码，编译是必需的，使用功能包中的 CMakeLists.txt 文件来设置编译规则。虽然 Python 代码本身不需要编译，但涉及可执行文件的放置位置、文件执行的入口等配置，也需要通过功能包中的 setup.py 文件进行设置。

5. 编译与调试

ROS 2 提供了一套全面的编译工具，能够检查各种功能包和库的依赖关系、验证代码文件是否存在错误，并将源代码转换为可执行文件。对于在编译过程中遇到任何问题，系统会提供详细的错误提示，帮助大家快速定位问题。此时，可以根据提示的内容，回到代码编写的步骤进行调试和修改，完成后再继续进行编译。在代码的调试过程中，为了提高效率，一般需要借助 GDB、IDE 等工具设置断点或进行单步调试。如果一切顺利，工作空间下就会生成所需的可执行文件。

6. 功能运行

生成可执行文件后，就可以运行该程序，在理想情况下，机器人可以顺利实现预设的功能，但现实情况下可能出现各种问题，此时需要大家结合运行效果分析问题，并且回到代码环节进行调试、优化，重新编译后再次运行。

从编写源代码到功能运行，往往需要反复尝试，这一过程充满了挑战，需要开发者不断克服困难。然而，正是这些挑战和困难，构成了机器人开发的独特魅力！

了解了 ROS 2 机器人开发的基本流程，接下来就请跟随本书，深入探索其中的核心概念。

2.2　工作空间：机器人开发的大本营

在日常的代码开发中，大家经常会接触集成开发环境（IDE），例如 Visual Studio、Eclipse、Qt Creator 等。大家在使用这些 IDE 编写程序之前，一般会在工具栏中单击"创建新工程"的选项，此时会产生一个文件夹，后续所有工作产生的文件都会放置在这个文件夹中。这个文件夹及里边的内容就叫作**工程文件**。

类似地，在 ROS 2 中，开发者针对机器人的某些功能进行代码开发时，编写的代码、参数、脚本等文件，也需要放置在某个文件夹里进行管理，这个文件夹在 ROS 2 系统中叫作**工作空间**（Workspace）。

2.2.1　工作空间是什么

工作空间是一个存放项目开发相关文件的文件夹，也是存放开发过程中所有资料的"大本营"。

一个典型的 ROS 2 工作空间结构如图 2-2 所示，其中，**WorkSpace** 是工作空间的根目录，里边有 4 个子目录，或者叫作 4 个子空间。

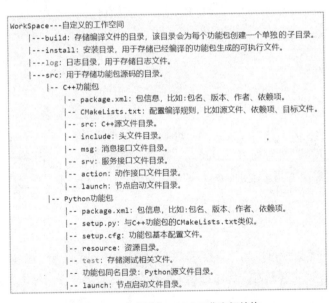

图 2-2　一个典型的 ROS 2 工作空间结构

- build：编译空间，用于保存编译过程中产生的中间文件。
- install：安装空间，用于放置编译得到的可执行文件、脚本、配置等运行属性的文件。
- log：日志空间，用于保存编译和运行过程中产生的各种警告、错误、信息等日志。

- src：代码空间，用于放置编写的代码、脚本、配置等开发属性的文件。

ROS 2 机器人开发的大部分操作都是在 src 中进行的，编译成功后，执行 install 中的可执行文件，build 和 log 两个文件夹使用相对较少。

这里需要说明，工作空间的名称可以由开发者定义，数量也不是唯一的，例如：
- 工作空间 1：命名为 dev_ws_a，用于开发 A 机器人的功能。
- 工作空间 2：命名为 dev_ws_b，用于开发 B 机器人的功能。

以上情况是完全允许的，类似于大家在 IDE 中创建多个新工程，是并列存在的关系，可以根据开发目标切换不同的工程。

2.2.2 创建工作空间

了解了工作空间的概念之后，需要创建一个工作空间，用于学习开发本书的源代码。

创建工作空间的方法有很多，本质就是创建一个文件夹，本节介绍两种最常见的方法。

1. 使用右键快捷菜单创建

双击系统主文件夹的图标以打开文件浏览器，然后右击"新建文件夹"，并将其命名为"dev_ws"。这样，第一个工作空间就创建成功了。创建好文件夹后，双击进入该文件夹，此时的路径即**工作空间的根目录**。

接下来进行同样的操作，新建一个名为"src"的文件夹，用作代码空间，如图 2-3 所示。

图 2-3　工作空间示意图

2. 使用命令行创建

使用"Ctrl+Alt+T"组合键启动一个新终端，然后在终端执行以下命令，创建一个名为"dev_ws"的文件夹，作为本书后续操作的工作空间。同时，在该工作空间的根目录下创建一个名为"src"的文件夹，用作代码空间。

```
$ mkdir -p ~/dev_ws/src
```

工作空间可以放置在任意目录下，根据开发需要修改创建文件夹的路径，大部分资料中会在主文件夹下放置工作空间，本书亦如此。

创建好工作空间后，需要进入创建的代码空间，也就是"src"文件夹。大家可以使用命令行工具导航，或者直接在文件浏览器中双击进入。然后，通过以下命令下载本书配套的源代码，以便进行后续的学习和开发工作。

```
$ cd ~/dev_ws/src
$ git clone [本书配套源代码]
```

以上[本书配套源代码]需要修改为前言中提供的本书配套源代码链接。

2.2.3 编译工作空间

在终端中，首先进入工作空间的根目录。在正式开始编译之前，为了确保所有功能包能够顺利编译并运行，可以利用 ROS 2 提供的 rosdep 命令自动安装 src 代码空间中各种功能包所需的依赖库。执行命令如下。

```
$ cd ~/dev_ws
$ rosdep install --from-paths src --ignore-src -r -y
```

安装完成后，还需要继续安装 ROS 2 的编译器 colcon，并使用如下命令编译工作空间。

```
$ sudo apt install python3-colcon-ros
$ cd ~/dev_ws/
$ colcon build
```

如果有缺少的依赖，或者代码有错误，则编译过程中会报错，否则编译过程不会出现任何错误，如图 2-4 所示。

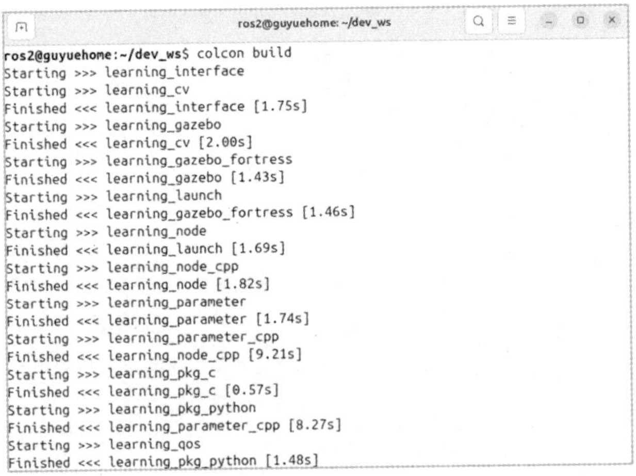

图 2-4　功能包编译过程

编译成功后，可以在工作空间中看到自动生产的 build、log、install 子空间，如图 2-5 所示，之后运行的 ROS 2 节点就存放在 install 文件夹下。

图 2-5　编译后的 build、log、install 文件夹示意图

2.2.4　设置环境变量

编译成功后，为了确保系统能够顺利找到功能包和可执行文件，还需要配置工作空间的环境变量，配置方式有两种。

第一种是配置在当前终端的环境变量中，只在当前终端中有效，需要在终端执行以下命令。

```
$ source ~/dev_ws/install/setup.bash
```

第二种是配置在系统的环境变量中，也就是 Linux 的.bashrc 文件中，需要在终端执行以下命令。

```
$ echo "source ~/dev_ws/install/setup.bash" >> ~/.bashrc
```

.bashrc 是一个 shell 脚本，每次启动终端，.bashrc 就会执行一次，该文件包含一系列配置和初始化命令，用于设置用户的环境变量、别名、函数等，以便让用户的终端会话更加个性化和高效。

2.3　功能包：机器人功能分类

在本书配套的源码中可以看到很多不同名称的文件夹，如图 2-6 所示。在 ROS 2 中，它们并不是普通的文件夹，而是**功能包**（Package）。

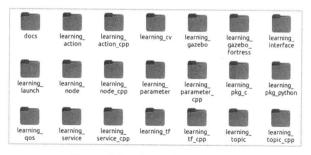

图 2-6　本书配套源码中的部分功能包

2.3.1　功能包是什么

每个机器人可能具备多种功能，如移动控制、视觉感知、自主导航等。这些功能的源代码可以全部放到一起，不过当分享其中某些功能给他人时，就会遇到一个难题：代码紧密交织，难以拆分。

举个例子，假设有红豆、绿豆和黄豆，如果将它们混在一个袋子里，那么想只取出黄豆就会非常麻烦，因为需要在"五彩斑斓"的豆子中一颗颗挑选，数量越多，任务就越艰巨。如果把这些不同颜色的豆子分别放在三个袋子里，那么需要时就能立刻取出。

功能包的原理与此类似。在 ROS 2 中，开发者可以将不同功能的代码划分到不同的功能包中，尽量减少它们之间的耦合关系。这样，在需要将某些功能分享给 ROS 社区的其他成员时，只需说明该功能包的使用方法，别人就能迅速上手。

因此，功能包的机制是提高 ROS 中软件复用率的重要方式之一。

2.3.2　创建功能包

在图 2-6 中，大家可以看到许多功能包，这些功能包的创建方法如下。

```
$ ros2 pkg create --build-type <build-type> <package_name>
```

在以上 ROS 2 命令中：

- pkg：调用功能包相关功能的子命令。
- create：创建功能包的子命令。
- build-type：表示新创建的功能包是 C++还是 Python，如果使用 C++或者 C，这里就是 "ament_cmake"；如果使用 Python，这里就是 "ament_python"。
- package_name：新建功能包的名字。

例如，大家可以在终端分别执行以下命令来创建 C++和 Python 的功能包，具体过程如图 2-7 和图 2-8 所示。

```
$ cd ~/dev_ws/src
$ ros2 pkg create --build-type ament_cmake learning_pkg_cpp       # 创建一个 C++功能包
$ ros2 pkg create --build-type ament_python learning_pkg_python   # 创建一个 Python 功能包
```

在 ROS 1 系统中，功能包是通用结构，其中可以放置 C++、Python、接口定义等代码和配置，ROS 2 系统做了更明确的功能包类型划分，有助于复杂系统的编译和链接。

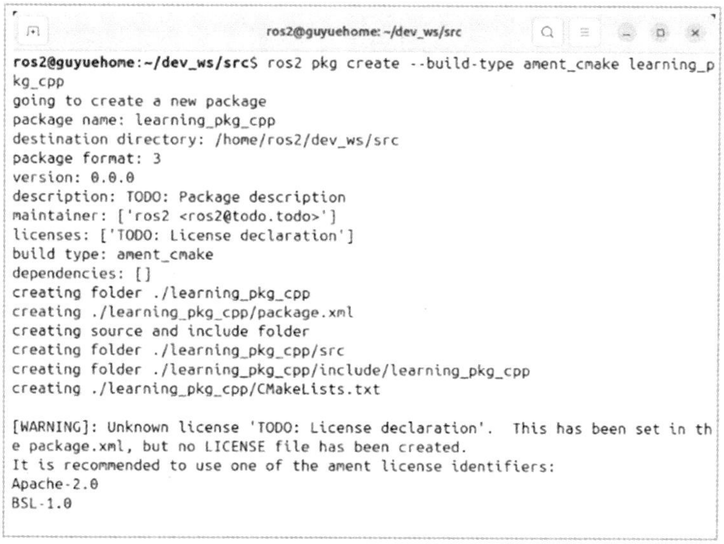

```
ros2@guyuehome: ~/dev_ws/src
ros2@guyuehome:~/dev_ws/src$ ros2 pkg create --build-type ament_cmake learning_p
kg_cpp
going to create a new package
package name: learning_pkg_cpp
destination directory: /home/ros2/dev_ws/src
package format: 3
version: 0.0.0
description: TODO: Package description
maintainer: ['ros2 <ros2@todo.todo>']
licenses: ['TODO: License declaration']
build type: ament_cmake
dependencies: []
creating folder ./learning_pkg_cpp
creating ./learning_pkg_cpp/package.xml
creating source and include folder
creating folder ./learning_pkg_cpp/src
creating folder ./learning_pkg_cpp/include/learning_pkg_cpp
creating ./learning_pkg_cpp/CMakeLists.txt

[WARNING]: Unknown license 'TODO: License declaration'.  This has been set in th
e package.xml, but no LICENSE file has been created.
It is recommended to use one of the ament license identifiers:
Apache-2.0
BSL-1.0
```

图 2-7　在终端创建 C++功能包

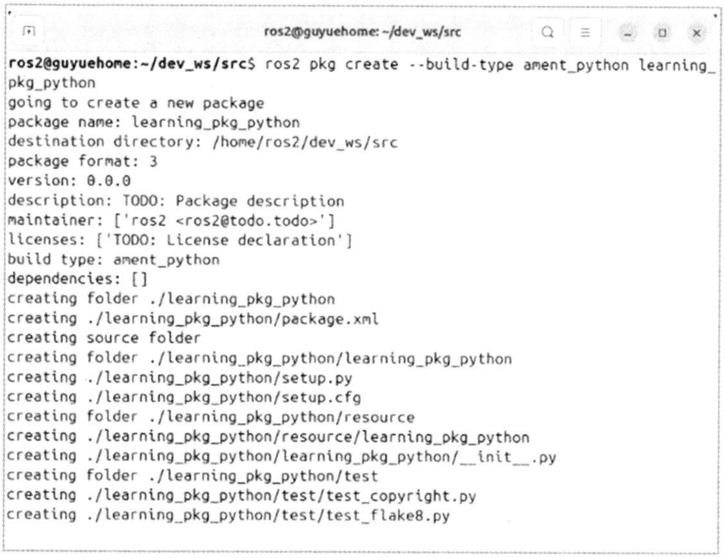

```
ros2@guyuehome: ~/dev_ws/src
ros2@guyuehome:~/dev_ws/src$ ros2 pkg create --build-type ament_python learning_
pkg_python
going to create a new package
package name: learning_pkg_python
destination directory: /home/ros2/dev_ws/src
package format: 3
version: 0.0.0
description: TODO: Package description
maintainer: ['ros2 <ros2@todo.todo>']
licenses: ['TODO: License declaration']
build type: ament_python
dependencies: []
creating folder ./learning_pkg_python
creating ./learning_pkg_python/package.xml
creating source folder
creating folder ./learning_pkg_python/learning_pkg_python
creating ./learning_pkg_python/setup.py
creating ./learning_pkg_python/setup.cfg
creating folder ./learning_pkg_python/resource
creating ./learning_pkg_python/resource/learning_pkg_python
creating ./learning_pkg_python/learning_pkg_python/__init__.py
creating folder ./learning_pkg_python/test
creating ./learning_pkg_python/test/test_copyright.py
creating ./learning_pkg_python/test/test_flake8.py
```

图 2-8　在终端创建 Python 功能包

2.3.3　功能包的结构

功能包并非普通的文件夹，那么如何判断一个文件夹是否属于功能包呢？可以通过分析 2.3.2 节新创建的两个功能包得到答案。

1. C++功能包

首先看 C++类型的功能包。这类功能包中必然包含两个文件: package.xml 和 CMakeLists.txt,如图 2-9 所示。

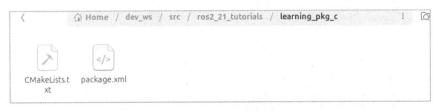

图 2-9　C++功能包结构示意图

package.xml 文件涵盖了功能包的版权描述,详细阐述了版权所有者、版权年份及版权声明等关键信息。此外,该文件还列出了功能包所依赖的各种库、工具或资源,包括它们的版本要求和来源声明,为功能包的正确构建和运行提供了必要的依赖声明信息。以 learning_pkg_cpp 的 package.xml 为例,其中的内容与解析如下。

```
<!-- XML 声明,指定 XML 版本为 1.0 -->
<?xml version="1.0"?>

<!-- XML 模型声明,指定 XSD 模式文件的 URL,用于验证 XML 文档 -->
<?xml-model [XSD 验证链接,功能包 package.xml 文件创建时自动生成]>

<!-- ROS 包格式版本为 3,根据 REP 149 定义 -->
<package format="3">
  <!-- 包名称,必须是唯一的,以小写字母开头,包含小写字母、数字和下画线,不得有两个连续的下画线 -->
  <name>learning_pkg_c</name>

  <!-- 版本号,形式为 X.Y.Z,X、Y、Z 为非负整数,不得有前导零 -->
  <version>0.0.0</version>

  <!-- 包描述,内容不限 -->
  <description>TODO: Package description</description>

  <!-- 维护者信息,包含姓名和电子邮件地址 -->
  <maintainer email="hcx@todo.todo">hcx</maintainer>

  <!-- 许可证声明,可以有多个,用于说明包的许可条款 -->
  <license>TODO: License declaration</license>

  <!-- 依赖关系 -->
  <!-- 构建工具依赖,构建此包时需要的构建工具 -->
  <buildtool_depend>ament_cmake</buildtool_depend>
```

```
<!-- 测试依赖 -->
<!-- 测试依赖之一，自动化代码检查的工具 -->
<test_depend>ament_lint_auto</test_depend>
<!-- 测试依赖之二，通用代码检查工具 -->
<test_depend>ament_lint_common</test_depend>

<!-- 导出信息 -->
<export>
  <!-- 构建类型，指示构建系统如何构建此包 -->
  <build_type>ament_cmake</build_type>
</export>
</package>
```

CMakeLists.txt 文件是定义编译规则的关键文件。由于 C++代码需要先编译才能运行，因此在这个文件中，必须详细设置编译的过程和规则，包括指定编译器、编译选项、链接库等，以确保代码能够正确编译成可执行文件。

该文件使用 CMake 语法编写，其结构和内容对于功能包的构建过程至关重要，ROS 2 中关于该文件的整体样式几乎是一致的，以 learning_pkg_cpp 的 CMakeLists.txt 为例：

```
# 设置 CMake 的最低版本要求
cmake_minimum_required(VERSION 3.8)

# 定义项目名称和版本（这里的版本由 package.xml 管理，所以 CMake 中不需要指定版本）
project(learning_pkg_c)

# 如果使用的是 GCC 或 Clang 编译器，则需添加额外编译选项
if(CMAKE_COMPILER_IS_GNUCXX OR CMAKE_CXX_COMPILER_ID MATCHES "Clang")
  add_compile_options(-Wall -Wextra -Wpedantic)
endif()

# 查找 ament_cmake 包，这是 ROS 2 构建系统的核心包
find_package(ament_cmake REQUIRED)

# 如果需要手动添加其他依赖项，则可以取消注释并填写
# find_package(<dependency> REQUIRED)

# 如果启用了测试构建（通过 CMake 选项或环境变量设置）
if(BUILD_TESTING)
  # 查找 ament_lint_auto 包，用于自动化代码检查
  find_package(ament_lint_auto REQUIRED)

  # 跳过版权检查（在源代码文件都添加了版权和许可证声明前，可以暂时这样做）
  set(ament_cmake_copyright_FOUND TRUE)
```

```
# 跳过 cpplint 检查（仅在 Git 仓库中有效，且所有源代码文件都已添加版权和许可证声明时可以取消注释）
set(ament_cmake_cpplint_FOUND TRUE)

# 自动查找测试依赖项
ament_lint_auto_find_test_dependencies()
endif()

# 调用 ament_package() 宏，它设置了包安装的目标和 ament 相关的一些构建属性
ament_package()
```

2. Python 功能包

C++功能包需要将源码编译成可执行文件，这是其构建过程中的一个重要步骤。然而，Python 语言作为一种解析型语言，其执行方式与 C++有所不同，不需要预先编译成可执行文件。

因此，在构建 Python 功能包时会存在一些与 C++功能包不同的地方，但仍然会包含一些关键文件，如 package.xml 和 setup.py。如图 2-10 所示，大家可以看到 Python 功能包中包含的这两个关键文件共同构成了功能包的基础结构，确保了功能包的正确构建和安装。

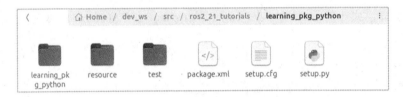

图 2-10　Python 功能包结构示意图

package.xml 文件在 Python 功能包中的作用与在 C++功能包中相似，它包含了功能包的版权描述、依赖声明等重要信息。这些信息对于功能包的正确构建和分发至关重要。以 learning_pkg_python 中的 package.xml 为例：

```
<!-- XML 声明，指定 XML 版本为 1.0 -->
<?xml version="1.0"?>

<!-- XML 模型声明，指定 XSD 模式文件的 URL，用于验证 XML 文档 -->
<?xml-model [XSD 验证链接，功能包 package.xml 文件创建时自动生成]>

<!-- ROS 包格式版本为 3 -->
<package format="3">
  <!-- 包名称 -->
  <name>learning_pkg_python</name>

  <!-- 版本号，实际发布前更新为合适的版本号 -->
  <version>0.0.0</version>
```

```
<!-- 包描述，应详细说明包的功能和用途 -->
<description>TODO: Package description</description>

<!-- 维护者信息，包括姓名和电子邮件地址 -->
<maintainer email="hcx@todo.todo">hcx</maintainer>

<!-- 许可证声明，应指定包使用的许可证类型，如 BSD、MIT、Apache 2.0 等 -->
<license>TODO: License declaration</license>

<!-- 测试依赖项 -->
<!-- 版权检查工具，用于确保源代码文件包含有效的版权声明 -->
<test_depend>ament_copyright</test_depend>

<!-- Python 代码质量检查工具，检查 PEP 8 风格违规等 -->
<test_depend>ament_flake8</test_depend>

<!-- 文档字符串检查工具，确保遵循 PEP 257 的文档字符串约定 -->
<test_depend>ament_pep257</test_depend>

<!-- Python 测试框架，用于编写和运行测试 -->
<test_depend>python3-pytest</test_depend>

<!-- 导出信息 -->
<export>
    <!-- 构建类型，指定这是一个 Python 包，并使用 ament 的 Python 构建系统 -->
    <build_type>ament_python</build_type>
</export>
</package>
```

setup.py 文件是 Python 功能包中特有的，用于描述如何安装和分发该功能包。该文件包含了功能包的元数据、依赖关系、安装脚本等信息，是构建和安装 Python 功能包不可或缺的一部分。以 learning_pkg_python 中的 setup.py 为例：

```python
# 导入 setuptools 的 find_packages 和 setup 函数
from setuptools import find_packages, setup

# 定义包名
package_name = 'learning_pkg_python'

# 使用 setup 函数定义包的安装信息
setup(
    # 包名
    name=package_name,
    # 版本号，建议更新为实际版本号
    version='0.0.1',
```

```
# 使用 find_packages 自动发现包，排除'test'目录
packages=find_packages(exclude=['test']),
# 定义需要安装的数据文件
data_files=[
    # 数据文件安装到的目录和文件列表
    ('share/ament_index/resource_index/packages', ['resource/' + package_name]),
    ('share/' + package_name, ['package.xml']),
],
# 安装本包所依赖的其他包
install_requires=['setuptools'],
# 指示该包是否可以被安全地作为 zip 文件安装
zip_safe=True,
# 维护者姓名
maintainer='ros2',
# 维护者邮箱，建议替换为实际邮箱地址
maintainer_email='ros2@example.com',
# 包描述，按照功能包实例描述
description='这是一个学习 Python 包开发的示例包',
# 许可证声明，建议替换为实际使用的许可证类型
license='MIT',
# 如果包含测试，并且你想使用 pytest 来运行它们
tests_require=['pytest'],
# 定义命令行脚本的入口点
entry_points={
    'console_scripts': [
        # 如果有命令行工具，请在这里添加相应的条目
        # 例如: 'my_command = learning_pkg_python.my_module:main_func',
    ],
},
)
```

2.3.4　编译功能包

在创建好的功能包中，可以继续编写代码以实现所需的功能。然而，仅仅编写代码是不够的，还需要对功能包进行编译，并配置相应的环境变量，以确保代码能够正常运行。

虽然编译功能包的方法多种多样，但核心都是围绕 colcon 编译器的使用展开。colcon 是一个专为 ROS 2 设计的编译工具，它能够有效地处理功能包中的源代码，并将其编译成可执行文件或库文件，为后续的运行和测试提供必要的支持。

1. 编译所有功能包

类似于常用集成开发环境（IDE）工具中的"Build All"或"编译"功能，ROS 2 的 colcon 编译器为开发者提供了一个便捷的途径，无须过多考虑细节即可直接编译工作空间下的所有源代码。这一功能极大地简化了编译过程，使得开发者能够更加专注于代码编写和功能实现，而

不必在编译环节上花费过多时间和精力。

```
$ cd ~/dev_ws
$ colcon build      # 编译工作空间所有功能包
```

编译所有功能包时，会重新检查所有功能包的依赖项，并依次编译、链接，如果功能包数量较多或者代码较多，则编译过程消耗的时间也较长。

2. 编译指定功能包

在较大项目的开发中，编译所有功能包耗时耗力，大家也可以在修改代码的过程中单独编译指定的某一个或者某几个功能包。

使用前需要安装 colcon 的扩展功能。

```
$ sudo apt install python3-colcon-common-extensions
```

然后就可以通过--packages-select 或者--packages-up-to 参数编译指定功能包了。

```
$ cd ~/dev_ws
$ colcon build --packages-select <package_name>      # 只编译指定功能包
$ colcon build --packages-up-to <package_name>       # 编译指定功能包及相关依赖
```

编译指定功能包无法全面考虑未被指定的功能包的代码变化，适合个别功能包修改后的快速编译测试。

3. 清除编译历史

以上编译都会在工作空间根目录下的 devel 文件夹中产生大量中间文件，作为后续编译过程中的参考，未被修改的功能包或者源码会复用上一次编译的结果。如果想清除所有编译信息，完全重新编译工作空间，则可使用以下命令操作。

```
$ cd ~/dev_ws
$ rm -rf install/ build/ log/      # 清除工作空间中的编译历史
```

2.4 节点：机器人的工作细胞

机器人是一个集成了多种功能的综合系统，每项功能都如同机器人的一个工作细胞，这些"细胞"通过特定的机制相互连接，共同构成一个完整的机器人。在 ROS 2 中，大家形象地将这些"细胞"命名为**节点**（Node）。作为 ROS 2 系统的核心概念之一，节点代表机器人中执行特定任务或功能的独立单元，它们通过消息传递和服务调用等机制相互通信与协作，共同实现机器人的复杂行为和智能决策。

2.4.1 节点是什么

完整的机器人系统可能并不是一个物理上的整体，如图 2-11 所示，有可能是一个机器人与其他设备共同组成的。

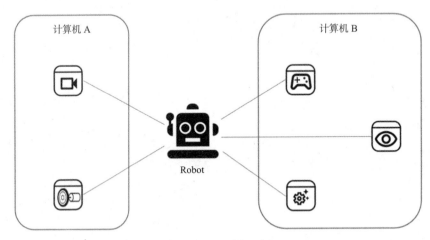

图 2-11　机器人系统示意图

在机器人的身体内部，搭载了计算机 A，它充当机器人的"大脑"。通过机器人的"眼睛"——相机，计算机 A 能够实时获取外界环境的信息。同时，它能控制机器人的"腿"——轮子，指挥机器人移动到任何想去的地方。除此之外，可能还会有计算机 B，作为机器人的"远程指挥官"被放置在桌子上，能够远程监控机器人所看到的一切信息，也可以远程配置机器人的速度和其他参数，甚至还可以连接一个摇杆，人为控制机器人进行前后左右运动。

这些功能分布在不同的计算机中，都是机器人重要的"工作细胞"，也就是节点。这些节点具备各自独特的功能，同时又相互协作，共同组成了一个完整、高效的机器人系统。

在 ROS 2 系统中，节点具备以下特点。

- **每个节点都是一个进程**：节点在机器人系统中的职责就是执行某些具体的任务，从计算机操作系统的角度来看，也叫作进程。
- **每个节点都是一个可以独立运行的可执行文件**：例如执行某个 Python 程序，或者执行 C++编译生成的结果，都算运行了一个节点。
- **每个节点可使用不同的编程语言**：既然每个节点都是独立的执行文件，那得到这个执行文件的编程语言就可以是不同的，例如 C++、Python，乃至 Java、Rust 等。
- **每个节点可分布式运行在不同的主机中**：这些节点是功能各不相同的细胞，根据系统设计的不同，可能运行在计算机 A 中，也可能运行在计算机 B 中，还有可能运行在云端，这叫作分布式，也就是可以分别部署在不同的硬件上。

- **每个节点都需要唯一的名称**：在 ROS 2 系统中，所有节点是通过名称进行管理的，当大家想要找到某个节点或者了解某个节点的状态时，可以通过节点的名称查询。

节点也可以被比喻成一个个的工人，他们分别完成不同的任务，有的在一线厂房工作，有的在后勤部门提供保障，他们可能互相并不认识，但一起推动机器人这座"工厂"完成更为复杂的任务。

2.4.2 节点编程方法（Python）

按照上述流程，本书从 Hello World 例程开始，先实现一个最简单的节点，它的功能并不复杂，就是循环输出"Hello World"字符串。

1. 编写代码

首先打开 2.3 节创建好的 learning_pkg_python 功能包，在同名的 learning_pkg_python 文件夹下创建一个名为 node_helloworld_class.py 的文件，然后打开 node_helloworld_class.py 文件，按照以下内容编写节点代码。

以下代码内容可以在本书配套源码的 learning_node/node_helloworld_class.py 文件中找到。

```python
#!/usr/bin/env python3
# -*- coding: utf-8 -*-

import rclpy                              # ROS 2 Python 接口库
from rclpy.node import Node               # ROS 2 节点类
import time

"""
创建一个 HelloWorld 节点, 初始化时输出"hello world"日志
"""
class HelloWorldNode(Node):
    def __init__(self, name):
        super().__init__(name)            # ROS 2 节点父类初始化
        while rclpy.ok():                 # ROS 2 系统是否正常运行
            self.get_logger().info("Hello World")  # ROS 2 日志输出
            time.sleep(0.5)               # 休眠控制循环时间

def main(args=None):                      # ROS 2 节点主入口 main 函数
    rclpy.init(args=args)                 # ROS 2 Python 接口初始化
    node = HelloWorldNode("node_helloworld_class")  # 创建 ROS 2 节点对象并进行初始化
    rclpy.spin(node)                      # 循环等待 ROS 2 退出
    node.destroy_node()                   # 销毁节点实例
    rclpy.shutdown()                      # 关闭 ROS 2 Python 接口
```

在 ROS 2 机器人开发中，推荐使用面向对象的编程方式，虽然看上去复杂，但是代码会具备更好的可读性和可移植性，调试起来也会更加方便。

以上代码注释已经详细解析了每条代码的含义，大家需要通过代码的实现，了解节点编程的主要流程，如图 2-12 所示。

图 2-12　节点编程流程

节点编程时，首先，通过 rclpy.init()方法进行 ROS 2 环境的初始化，初始化的主要目的是设置 ROS 2 的通信机制，使节点创建后能够被其他节点发现并进行通信；随后，创建并初始化节点实例，包括设置必要的参数和初始化组件，这可以为新创建的节点提供独一无二的声明；接着，实现节点的核心功能，通过定义消息类型、编写回调函数来处理消息和服务请求；此外，还需要在节点运行期间监控其状态并处理所有异常；最后，在节点结束时，停止所有组件，使用 destroy_node()销毁节点实例，使用 shutdown()关闭 ROS 2 环境以释放资源。

2. 设置编译选项

完成代码的编写后，需要设置功能包的编译选项，让系统知道 Python 程序的入口，打开 learning_pkg_python 功能包中的 setup.py 文件，加入如下入口点的配置，未来运行 node_helloworld_class 可执行文件时，就会从 learning_pkg_python 功能包下的 node_helloworld_class 程序中找到入口 main 函数了。

```
entry_points={
    'console_scripts': [
    'node_helloworld_class = learning_pkg_python.node_helloworld_class:main',
    ],
```

对于 Python 功能包中的代码，每个节点都需要进行类似的入口配置，如果配置错误或者忘记配置，则可能导致运行时找不到对应的可执行文件。本书后续 Python 相关的节点在示例代码中都已配置完成，不再重复说明，大家可以翻阅本书配套源码学习。

3. 编译运行

接下来就可以在工作空间的根目录下编译刚才编写好的程序和配置项。

```
$ cd ~/dev_ws
$ colcon build   # 编译工作空间所有功能包
```

编译完成后，node_helloworld_class 节点的可执行程序已经被自动放置到工作空间的 install 文件夹下，此时可以通过 ROS 2 中的 "ros2 run" 命令运行编译好的节点程序。

```
$ ros2 run learning_node node_helloworld_class
```

运行成功后，就可以在终端中看到循环输出 "Hello World" 字符串的效果，如图 2-13 所示。

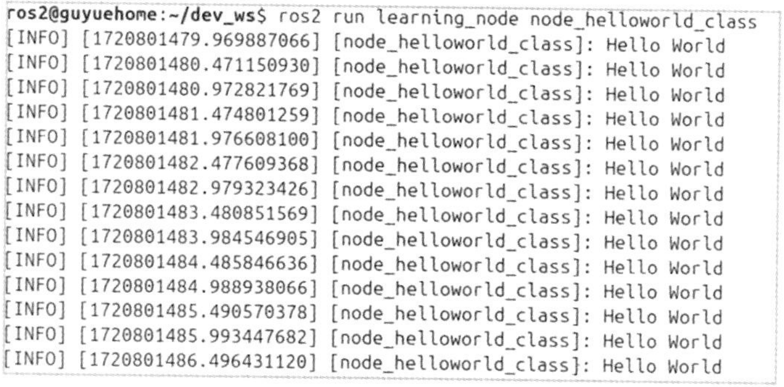

```
ros2@guyuehome:~/dev_ws$ ros2 run learning_node node_helloworld_class
[INFO] [1720801479.969887066] [node_helloworld_class]: Hello World
[INFO] [1720801480.471150930] [node_helloworld_class]: Hello World
[INFO] [1720801480.972821769] [node_helloworld_class]: Hello World
[INFO] [1720801481.474801259] [node_helloworld_class]: Hello World
[INFO] [1720801481.976608100] [node_helloworld_class]: Hello World
[INFO] [1720801482.477609368] [node_helloworld_class]: Hello World
[INFO] [1720801482.979323426] [node_helloworld_class]: Hello World
[INFO] [1720801483.480851569] [node_helloworld_class]: Hello World
[INFO] [1720801483.984546905] [node_helloworld_class]: Hello World
[INFO] [1720801484.485846636] [node_helloworld_class]: Hello World
[INFO] [1720801484.988938066] [node_helloworld_class]: Hello World
[INFO] [1720801485.490570378] [node_helloworld_class]: Hello World
[INFO] [1720801485.993447682] [node_helloworld_class]: Hello World
[INFO] [1720801486.496431120] [node_helloworld_class]: Hello World
```

图 2-13　节点编程运行效果（Python）

至此，我们使用 Python 代码完成了一个节点的编写、编译和运行。

2.4.3　节点编程方法（C++）

如果将 Python 换成 C++，Hello World 这个节点又该如何实现呢？

1. 编写代码

首先打开 2.3 节创建好的 learning_pkg_cpp 功能包，在 src 文件夹下创建一个名为 node_helloworld_class.cpp 的文件，然后打开 node_helloworld_class.cpp 文件，按照以下内容编写节点代码。

以下代码内容可以在本书配套源码的 learning_node_cpp/src/node_helloworld_class.cpp 文件中找到。

```
#include <unistd.h>
#include "rclcpp/rclcpp.hpp"

/***
创建一个 HelloWorld 节点, 初始化时输出 "hello world" 日志
***/
class HelloWorldNode : public rclcpp::Node
{
    public:
        HelloWorldNode()
```

```
        : Node("node_helloworld_class")      // ROS 2 节点父类初始化
    {
        while(rclcpp::ok())                   // ROS 2 系统是否正常运行
        {
            RCLCPP_INFO(this->get_logger(), "Hello World");  // ROS 2 日志输出
            sleep(1);                         // 休眠控制循环时间
        }
    }
};

// ROS 2 节点主入口 main 函数
int main(int argc, char * argv[])
{

    // ROS 2 C++接口初始化
    rclcpp::init(argc, argv);

    // 创建 ROS 2 节点对象并进行初始化
    rclcpp::spin(std::make_shared<HelloWorldNode>());

    // 关闭 ROS 2 C++接口
    rclcpp::shutdown();

    return 0;
}
```

以上代码注释已经详细解析了每条代码的含义，实现流程与 Python 版本完全一致，这里不再赘述。

2. 设置编译选项

C++代码在运行前必须经过编译，需要在功能包的 CMakeLists.txt 文件中进行配置。打开 learning_pkg_cpp 功能包中的 CMakeLists.txt 文件，加入以下内容。

```
# 查找依赖的功能包 rclcpp，提供 ROS 2 C++的基础接口
find_package(rclcpp REQUIRED)

# 添加一个可执行文件，名为 node_helloworld_class，使用源码 src/node_helloworld_class.cpp 生成
add_executable(node_helloworld_class src/node_helloworld_class.cpp)
# 在编译生成可执行文件时，链接 rclcpp 依赖库
ament_target_dependencies(node_helloworld_class rclcpp)

# 将编译生成的可执行文件 node_helloworld_class 拷贝到 install 安装空间的 lib 文件夹下
install(TARGETS
  node_helloworld_class
  DESTINATION lib/${PROJECT_NAME})
```

对于 C++ 功能包中的代码，每个节点都需要进行类似的编译配置，配置的方法遵循 CMake 语法，更多配置方式可以参考后续源码包的实现。本书后续 C++ 相关的节点在示例代码中都已配置完成，不再重复说明，大家可以翻阅本书配套源码学习。

3. 编译运行

接下来就可以在工作空间的根目录下编译刚才编写好的程序和配置项了。

```
$ cd ~/dev_ws
$ colcon build    # 编译工作空间所有功能包
```

编译完成后，继续通过 "ros2 run" 命令来运行编译好的节点。

```
$ ros2 run learning_node_cpp node_helloworld_class
```

运行成功后，就可以在终端中看到循环输出 "Hello World" 字符串的效果，如图 2-14 所示。

```
ros2@guyuehome:~/dev_ws$ ros2 run learning_node_cpp node_helloworld_class
[INFO] [1720850870.778979384] [node_helloworld_class]: Hello World
[INFO] [1720850871.781242130] [node_helloworld_class]: Hello World
[INFO] [1720850872.781578486] [node_helloworld_class]: Hello World
```

图 2-14　节点编程运行效果（C++）

至此，我们就使用 C++ 代码完成了一个节点的编写、编译和运行。

2.4.4　节点的命令行操作

在开发机器人应用时，命令行可以灵活处理各种调试和运行工作。ROS 2 节点相关的命令是 "node"，具体功能的子命令如图 2-15 所示。

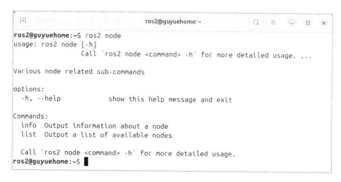

```
ros2@guyuehome:~$ ros2 node
usage: ros2 node [-h]
                      Call `ros2 node <command> -h` for more detailed usage. ...

Various node related sub-commands

options:
  -h, --help              show this help message and exit

Commands:
  info  Output information about a node
  list  Output a list of available nodes

  Call `ros2 node <command> -h` for more detailed usage.
ros2@guyuehome:~$
```

图 2-15　节点命令行操作

以本节运行的节点 node_helloworld_class 为例，在节点运行时，可以使用以下命令查看当前所有节点的列表，并针对某个节点查看详细信息，包括该节点中有哪些话题的发布者和订阅者、有哪些服务或动作的服务端和客户端等。

```
$ ros2 node list              # 查看节点列表
$ ros2 node info <node_name>  # 查看节点信息
```

运行效果如图 2-16 所示。

图 2-16　节点命令行运行效果

2.4.5　节点应用示例：目标检测

了解了节点的基础编程方法，大家可能想问：在实际的机器人开发中，节点该如何应用呢？接下来我们一起动手做一个机器人应用示例，深入理解"节点"的概念。

做一个什么节点呢？机器人的眼睛，也就是相机传感器，不仅要获取外部环境的图像信息，还需要进一步识别图像中某些物体。现在开发一个节点：读取相机图像，并动态识别其中的苹果（或类似颜色的物体），如图 2-17 所示。

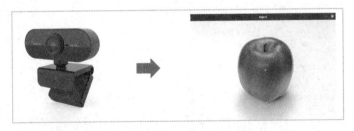

图 2-17　节点应用示例：通过相机识别图像中的苹果

1. 运行效果

先来看这个节点的运行效果如何。启动一个终端，运行如下节点。

```
$ ros2 run learning_node node_object_webcam   #虚拟机环境注意设置相机
```

如果在虚拟机中操作，则需要进行以下设置。

1. 把虚拟机设置为兼容 USB3.1。

2. 在"可移动设备"中将相机连接至虚拟机。

运行成功后，该节点就可以驱动相机，并且实时识别相机中的红色物体，例如一个苹果，或者其他类似的物体，如图 2-18 所示。

图 2-18　节点示例运行效果

2．代码解析

了解了运行效果，大家详细看一下这个例程是如何使用"节点"实现的，详细代码可见 learning_node/node_object_webcam.py。

```python
import rclpy                                    # ROS 2 Python 接口库
from rclpy.node import Node                     # ROS 2 节点类

import cv2                                      # OpenCV 图像处理库
import numpy as np                              # Python 数值计算库

lower_red = np.array([0, 90, 128])              # 红色的 HSV 阈值下限
upper_red = np.array([180, 255, 255])           # 红色的 HSV 阈值上限

def object_detect(image):
    # 图像从 BGR 颜色模型转换为 HSV 模型
    hsv_img = cv2.cvtColor(image, cv2.COLOR_BGR2HSV)
    # 图像二值化
    mask_red = cv2.inRange(hsv_img, lower_red, upper_red)
    # 图像轮廓检测
```

```
contours, hierarchy = cv2.findContours(mask_red, cv2.RETR_LIST, cv2.CHAIN_APPROX_NONE)

# 去除一些轮廓面积太小的噪声
for cnt in contours:
    if cnt.shape[0] < 150:
        continue

    # 得到苹果所在轮廓的左上角 x、y 像素坐标及轮廓范围的宽和高
    (x, y, w, h) = cv2.boundingRect(cnt)
    # 将苹果的轮廓勾勒出来
    cv2.drawContours(image, [cnt], -1, (0, 255, 0), 2)
    # 将苹果的图像中心点画出来
    cv2.circle(image, (int(x+w/2), int(y+h/2)), 5, (0, 255, 0), -1)

# 使用 OpenCV 显示处理后的图像效果
cv2.imshow("object", image)
cv2.waitKey(50)

def main(args=None):                                    # ROS 2 节点主入口 main 函数
    rclpy.init(args=args)                               # ROS 2 Python 接口初始化
    node = Node("node_object_webcam")                   # 创建 ROS 2 节点对象并进行初始化
    node.get_logger().info("ROS 2 节点示例：检测图片中的苹果")
    cap = cv2.VideoCapture(0)

    while rclpy.ok():
        ret, image = cap.read()                         # 读取一帧图像
        if ret == True:
            object_detect(image)                        # 苹果检测

    node.destroy_node()                                 # 销毁节点实例
    rclpy.shutdown()                                    # 关闭 ROS 2 Python 接口
```

以上节点代码先使用 OpenCV 中的 VideoCapture()驱动相机，然后周期性读取相机的信息，再使用 OpenCV 中自带的图像处理接口完成图像预处理,最后基于红色的 HSV 阈值识别出苹果所在的位置。

OpenCV 是图像处理中常用的开源库，具体介绍和使用方法可以参考本书第 7 章或网络资料。

2.5　话题：节点间传递数据的桥梁

节点实现了机器人的多种功能，但这些功能并不是独立的，它们之间有千丝万缕的联系，其中最重要的一种联系方式就是**话题**（Topic），它是节点间传递数据的桥梁。

2.5.1 话题是什么

如图 2-19 所示，以两个机器人节点为例。节点 A 的功能是驱动相机，获取相机拍摄的图像信息，节点 B 的功能是视频监控，将相机拍摄到的图像实时显示给用户。

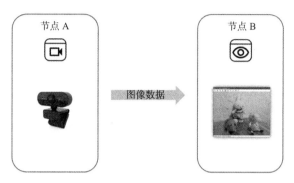

图 2-19 节点间的数据传输

大家可以想一下，这两个节点是不是必然存在某种关系？没错，节点 A 要将获取的图像数据传输给节点 B，有了数据，节点 B 才能做可视化渲染。在 ROS 中，此时从节点 A 到节点 B 传递图像数据的方式被称为话题，它作为桥梁，实现了节点之间某个方向上的数据传输。

2.5.2 话题通信模型

ROS 2 中的话题通信基于 DDS 的发布/订阅模型，那么什么叫发布和订阅呢？

如图 2-20 所示，话题数据传输的特性是从一个节点到另一个节点，发送数据的对象被称为发布者（Publisher），接收数据的对象被称为订阅者（Subscriber），每个话题都需要一个名字，传输的数据也需要固定的数据类型。

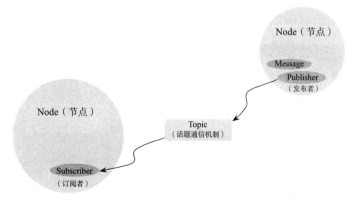

图 2-20 话题通信模型

打一个比方,如图 2-21 所示,大家平时可能会看微信公众号,例如有一个叫作"古月居"的公众号,那么"古月居"就是话题名称,公众号的发布者是古月居的小编,他会把按照公众号的格式要求排版的机器人知识的文章发布出去,文章格式就是话题的数据类型。如果大家对这个话题感兴趣,就可以订阅"古月居"公众号,成为订阅者之后自然就可以收到"古月居"的公众号文章;如果没有订阅,就无法收到。类似这样的发布/订阅模型在生活中随处可见,例如订阅报纸、订阅邮件列表等。

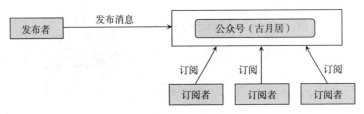

图 2-21　发布/订阅模型

总体而言,ROS 2 中基于发布/订阅模型的话题通信有以下特点。

1. 多对多通信

每个人可以订阅很多公众号、报纸、杂志,这些公众号、报纸、杂志也可以被很多人订阅,话题通信是一样的,如图 2-22 所示,发布者和订阅者的数量并不是唯一的,这被称为多对多通信。

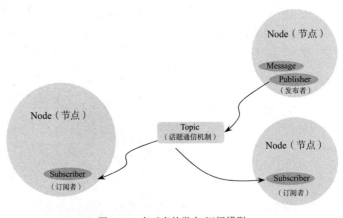

图 2-22　多对多的发布/订阅模型

多对多通信在某些情况下会产生数据干扰,例如发布机器人运动控制指令的节点可以有 1 个、2 个、3 个,订阅运动控制指令的机器人可以有 1 个、2 个、3 个。大家可以想象一下,这么多机器人到底该听谁的?所以当存在多个话题发布者或者订阅者时,一定要注意优先级。

2. 异步通信

话题通信还有一个特性，那就是异步。所谓异步，主要指发布者发出数据后，并不知道订阅者什么时候可以收到，就像"古月居"公众号发布一篇文章，大家什么时候阅读，古月居根本不知道；报社发出一份报纸，大家什么时候收到，报社也不知道，这就叫作异步。异步的特性也让话题更适合用于一些周期性发布的数据，例如传感器的数据、运动控制的指令等，对于某些逻辑性较强的指令，例如修改机器人的某个参数，用话题传输就不太合适了。

类似的，如果可以很快知道数据是否被收到，就叫作同步，例如打电话。ROS 中也有同步通信的方法，就是 2.6 节和 2.8 节将要学习的服务（Service）和动作（Action）。

3. 消息接口

既然是数据传输，发布者和订阅者就得统一数据的描述格式，不能一个说英文，一个理解成了中文。在 ROS 中，话题通信数据的描述格式被称为**消息**（Message），类似编程语言中数据结构的概念。例如一帧图像数据，会包含图像的长宽像素值、每个像素的 RGB 信息等，在 ROS 中就有标准的消息定义。

消息是 ROS 中的一种接口定义方式，与编程语言无关，也是 ROS 中解耦节点的重要方法。ROS 针对机器人场景定义了很多标准消息，例如图像、地图、速度等，大家也可以通过.msg 后缀的文件自由定义。有了消息接口，各种节点就像积木块一样，通过各种各样的接口进行拼接，组合成复杂的机器人系统。

自定义消息的方法将在 2.7 节讲解。

2.5.3　话题通信编程示例

了解了话题的基本原理，接下来开始编写代码。

依然从 Hello World 开始，将 2.4 节实现的字符串输出变换成字符消息的发布与订阅。这里创建一个发布者，通过话题"chatter"周期性发布"Hello World"字符串消息，消息类型是 ROS 中定义的 String；再创建一个订阅者，订阅"chatter"话题，从而接收"Hello World"字符串消息。

先看一下实际的运行效果，"知其然，再知其所以然"。启动第一个终端，通过以下命令运行话题的发布者节点，运行效果如图 2-23 所示。

```
$ ros2 run learning_topic topic_helloworld_pub
```

```
ros2@guyuehome:~/dev_ws$ ros2 run learning_topic topic_helloworld_pub
[INFO] [1720851069.455697756] [topic_helloworld_pub]: Publishing: "Hello World"
[INFO] [1720851069.940823200] [topic_helloworld_pub]: Publishing: "Hello World"
[INFO] [1720851070.441187295] [topic_helloworld_pub]: Publishing: "Hello World"
[INFO] [1720851070.941317265] [topic_helloworld_pub]: Publishing: "Hello World"
[INFO] [1720851071.441152173] [topic_helloworld_pub]: Publishing: "Hello World"
[INFO] [1720851071.941002171] [topic_helloworld_pub]: Publishing: "Hello World"
```

图 2-23　话题发布者节点运行效果

启动第二个终端，运行话题的订阅者节点，运行效果如图 2-24 所示。

```
$ ros2 run learning_topic topic_helloworld_sub
```

```
ros2@guyuehome:~/dev_ws$ ros2 run learning_topic topic_helloworld_sub
[INFO] [1720851104.465165848] [topic_helloworld_sub]: I heard: "Hello World"
[INFO] [1720851104.941627539] [topic_helloworld_sub]: I heard: "Hello World"
[INFO] [1720851105.445914956] [topic_helloworld_sub]: I heard: "Hello World"
[INFO] [1720851105.942442566] [topic_helloworld_sub]: I heard: "Hello World"
[INFO] [1720851106.441087582] [topic_helloworld_sub]: I heard: "Hello World"
[INFO] [1720851106.941215849] [topic_helloworld_sub]: I heard: "Hello World"
[INFO] [1720851107.441840148] [topic_helloworld_sub]: I heard: "Hello World"
```

图 2-24　话题订阅者节点运行效果

可以看到发布者循环发布"Hello World"字符串消息，订阅者也以几乎同样的频率收到"Hello World"字符串消息。

以上示例中的两个节点是如何通过话题通信实现字符串消息传输的呢？我们继续学习编程方法。

2.5.4　话题发布者编程方法（Python）

先来看一下发布者的实现方法，Python 版本的实现代码在 learning_topic/topic_helloworld_pub.py 中，详细解析如下。

```python
import rclpy                          # ROS 2 Python 接口库
from rclpy.node import Node           # ROS 2 节点类
from std_msgs.msg import String       # 字符串消息类型

"""
创建一个发布者节点
"""
class PublisherNode(Node):

    def __init__(self, name):
        super().__init__(name)        # ROS 2 节点父类初始化

        # 创建发布者对象（消息类型、话题名、队列长度）
        self.pub = self.create_publisher(String, "chatter", 10)
```

```
                # 创建一个定时器（定时执行的回调函数，周期的单位为秒）
                self.timer = self.create_timer(0.5, self.timer_callback)


            # 创建周期定时器执行的回调函数
            def timer_callback(self):
                msg = String()                      # 创建一个 String 类型的消息对象
                msg.data = 'Hello World'            # 填充消息对象中的消息数据
                self.pub.publish(msg)               # 发布话题消息
                self.get_logger().info('Publishing: "%s"' % msg.data)   # 输出日志信息

        def main(args=None):                            # ROS 2 节点主入口 main 函数
            rclpy.init(args=args)                       # ROS 2 Python 接口初始化
            node = PublisherNode("topic_helloworld_pub")  # 创建 ROS 2 节点对象并进行初始化
            rclpy.spin(node)                           # 循环等待 ROS 2 退出
            node.destroy_node()                        # 销毁节点实例
            rclpy.shutdown()                           # 关闭 ROS 2 Python 接口
```

根据以上代码实现，可以总结出话题发布者的实现流程，如图 2-25 所示。

图 2-25　话题发布者的实现流程

首先，进行 ROS 2 环境的初始化，配置 ROS 2 的通信接口；随后，创建并初始化节点实例，包括设置必要的参数和初始化组件；接着，使用 create_publisher()方法创建发布者对象，需要设置发布者的话题名、消息类型和队列长度；然后，在一个周期定时器中，按照固定的频率创建并填充消息内容，通过 publish()方法将消息发布出去；最后，在节点结束时，停止所有组件，销毁节点实例，并关闭 ROS 2 环境以释放资源。

2.5.5　话题订阅者编程方法（Python）

再来看订阅者的实现方法，Python 版本的实现代码在 learning_topic/topic_helloworld_ sub.py 中，详细解析如下。

```
import rclpy                             # ROS 2 Python 接口库
from rclpy.node   import Node            # ROS 2 节点类
from std_msgs.msg import String          # ROS 2 标准定义的 String 消息


"""
创建一个订阅者节点
"""
class SubscriberNode(Node):

    def __init__(self, name):
```

```
        super().__init__(name)                        # ROS 2节点父类初始化

        # 创建订阅者对象（消息类型、话题名、订阅者回调函数、队列长度）
        self.sub = self.create_subscription(\
            String, "chatter", self.listener_callback, 10)

        # 创建回调函数，执行收到话题消息后对数据的处理
        def listener_callback(self, msg):
            self.get_logger().info('I heard: "%s"' % msg.data)  # 输出日志信息

def main(args=None):                                  # ROS 2节点主入口main函数
    rclpy.init(args=args)                             # ROS 2 Python接口初始化
    node = SubscriberNode("topic_helloworld_sub")     # 创建ROS 2节点对象并进行初始化
    rclpy.spin(node)                                  # 循环等待ROS 2退出
    node.destroy_node()                               # 销毁节点实例
    rclpy.shutdown()                                  # 关闭ROS 2 Python接口
```

话题订阅者的实现流程如图 2-26 所示。

图 2-26　话题订阅者的实现流程

　　首先，进行 ROS 2 环境的初始化，配置 ROS 2 的通信接口；随后，创建并初始化节点实例，包括设置必要的参数和初始化组件；接着，使用 create_subscription()方法创建订阅者对象，需要设置订阅者的消息类型、话题名、回调函数名称和队列长度；当订阅收到发布者发来的消息后，会立刻进入回调函数 listener_callback()；接下来，在回调函数中完成话题数据的处理，继续循环等待下一次消息的到来；在节点结束时，停止所有组件，销毁节点实例，并关闭 ROS 2 环境以释放资源。

　　理解订阅者代码的核心是回调函数 listener_callback()，因为话题是异步通信的，订阅者并不知道消息什么时候来，所以 ROS 2 后台会有一个轮询机制，当发现有数据进入消息队列时，就会触发回调函数，从而快速响应收到的消息数据。

　　回调函数在很多编程语言中有固定的范式，是软件开发中的常用功能。

2.5.6　话题发布者编程方法（C++）

同样功能的话题发布者可以使用C++编程实现吗？当然是可以的，运行示例如图2-27所示。

```
ros2@guyuehome:~/dev_ws$ ros2 run learning_topic_cpp topic_helloworld_pub
[INFO] [1720851196.134677978] [topic_helloworld_pub]: Publishing: 'Hello World'
[INFO] [1720851196.634391579] [topic_helloworld_pub]: Publishing: 'Hello World'
[INFO] [1720851197.134624131] [topic_helloworld_pub]: Publishing: 'Hello World'
[INFO] [1720851197.634399887] [topic_helloworld_pub]: Publishing: 'Hello World'
[INFO] [1720851198.135112797] [topic_helloworld_pub]: Publishing: 'Hello World'
[INFO] [1720851198.634375638] [topic_helloworld_pub]: Publishing: 'Hello World'
[INFO] [1720851199.134685329] [topic_helloworld_pub]: Publishing: 'Hello World'
[INFO] [1720851199.634817675] [topic_helloworld_pub]: Publishing: 'Hello World'
```

图 2-27 话题发布者的运行示例（C++）

完整代码在 learning_topic_cpp\src\topic_helloworld_pub.cpp 中。

```cpp
#include <chrono>
#include <functional>
#include <memory>
#include <string>

#include "rclcpp/rclcpp.hpp"            // ROS 2 C++接口库
#include "std_msgs/msg/string.hpp"      // 字符串消息类型

using namespace std::chrono_literals;


class PublisherNode : public rclcpp::Node
{
    public:
        PublisherNode()
        : Node("topic_helloworld_pub") // ROS 2 节点父类初始化
        {
            // 创建发布者对象（消息类型、话题名、队列长度）
            publisher_ = this->create_publisher<std_msgs::msg::String>("chatter", 10);
            // 创建一个定时器，定时执行回调函数
            timer_ = this->create_wall_timer(
                500ms, std::bind(&PublisherNode::timer_callback, this));
        }

    private:
        // 创建定时器周期性执行的回调函数
        void timer_callback()
        {
            // 创建一个 String 类型的消息对象
            auto msg = std_msgs::msg::String();
            // 填充消息对象中的消息数据
            msg.data = "Hello World";
            // 发布话题消息
            publisher_->publish(msg);
```

```
    // 输出日志信息，提示已经完成话题发布
    RCLCPP_INFO(this->get_logger(), "Publishing: '%s'", msg.data.c_str());
  }

    rclcpp::TimerBase::SharedPtr timer_;                              // 定时器指针
    rclcpp::Publisher<std_msgs::msg::String>::SharedPtr publisher_;   // 发布者指针
};

// ROS 2 节点主入口 main 函数
int main(int argc, char * argv[])
{
    // ROS 2 C++接口初始化
    rclcpp::init(argc, argv);

    // 创建 ROS 2 节点对象并进行初始化
    rclcpp::spin(std::make_shared<PublisherNode>());

    // 关闭 ROS 2 C++接口
    rclcpp::shutdown();

    return 0;
}
```

以上代码注释已经详细解析了每条代码的含义，实现流程与 Python 版本完全一致，这里不再赘述。

2.5.7　话题订阅者编程方法（C++）

C++编程实现的话题订阅者运行示例如图 2-28 所示。

```
ros2@guyuehome:~/dev_ws$ ros2 run learning_topic_cpp topic_helloworld_sub
[INFO] [1720851202.636799828] [topic_helloworld_sub]: I heard: 'Hello World'
[INFO] [1720851203.135933409] [topic_helloworld_sub]: I heard: 'Hello World'
[INFO] [1720851203.635822133] [topic_helloworld_sub]: I heard: 'Hello World'
[INFO] [1720851204.135743193] [topic_helloworld_sub]: I heard: 'Hello World'
[INFO] [1720851204.635549940] [topic_helloworld_sub]: I heard: 'Hello World'
[INFO] [1720851205.134898284] [topic_helloworld_sub]: I heard: 'Hello World'
[INFO] [1720851205.635098176] [topic_helloworld_sub]: I heard: 'Hello World'
[INFO] [1720851206.135197185] [topic_helloworld_sub]: I heard: 'Hello World'
[INFO] [1720851206.635815426] [topic_helloworld_sub]: I heard: 'Hello World'
[INFO] [1720851207.135044081] [topic_helloworld_sub]: I heard: 'Hello World'
```

图 2-28　话题订阅者的运行示例（C++）

完整代码在 learning_topic_cpp\src\topic_helloworld_sub.cpp 中。

```
#include <memory>
#include "rclcpp/rclcpp.hpp"              // ROS 2 C++接口库
#include "std_msgs/msg/string.hpp"        // 字符串消息类型
```

```
using std::placeholders::_1;

class SubscriberNode : public rclcpp::Node
{
    public:
        SubscriberNode()
        : Node("topic_helloworld_sub")          // ROS 2 节点父类初始化
        {
            // 创建订阅者对象（消息类型、话题名、订阅者回调函数、队列长度）
            subscription_ = this->create_subscription<std_msgs::msg::String>(
                "chatter", 10, std::bind(&SubscriberNode::topic_callback, this, _1));
        }

    private:
        // 创建回调函数，执行收到话题消息后对数据的处理
        void topic_callback(const std_msgs::msg::String::SharedPtr msg) const
        {
            // 输出日志信息，提示订阅收到的话题消息
            RCLCPP_INFO(this->get_logger(), "I heard: '%s'", msg->data.c_str());
        }

        // 订阅者指针
        rclcpp::Subscription<std_msgs::msg::String>::SharedPtr subscription_;
};

// ROS 2 节点主入口 main 函数
int main(int argc, char * argv[])
{
    // ROS 2 C++接口初始化
    rclcpp::init(argc, argv);

    // 创建 ROS 2 节点对象并进行初始化
    rclcpp::spin(std::make_shared<SubscriberNode>());

    // 关闭 ROS 2 C++接口
    rclcpp::shutdown();

    return 0;
}
```

以上代码注释已经详细解析了每条代码的含义，实现流程与 Python 版本完全一致，这里不再赘述。

2.5.8　话题的命令行操作

ROS 2 节点相关的命令是"topic"，常用操作如下。

```
$ ros2 topic list                                     # 查看话题列表
$ ros2 topic info <topic_name>                        # 查看话题信息
$ ros2 topic hz <topic_name>                          # 查看话题发布频率
$ ros2 topic bw <topic_name>                          # 查看话题传输带宽
$ ros2 topic echo <topic_name>                        # 查看话题数据
$ ros2 topic pub <topic_name> <msg_type> <msg_data>   # 发布话题消息
```

在话题发布者 topic_helloworld_sub 和话题订阅者 topic_helloworld_pub 运行时，可以通过 list、echo、hz 和 info 查看当前话题的列表、消息数据、传输频率和详细信息，效果如图 2-29 所示。

```
ros2@guyuehome:~$ ros2 topic list
/chatter
/parameter_events
/rosout
ros2@guyuehome:~$ ros2 topic echo /chatter
data: Hello World
---
data: Hello World
---
data: Hello World
---
data: Hello World
---
^Cros2@guyuehome:~$ ros2 topic hz /chatter
average rate: 2.001
        min: 0.499s max: 0.500s std dev: 0.00045s window: 4
average rate: 2.000
        min: 0.499s max: 0.501s std dev: 0.00047s window: 6
^Cros2@guyuehome:~$ ros2 topic info /chatter
Type: std_msgs/msg/String
Publisher count: 1
Subscription count: 1
```

图 2-29　话题命令行操作示例

2.5.9　话题应用示例：目标检测（周期式）

如何将话题应用于实际的机器人应用中呢？2.4.5 节通过一个节点驱动相机，实现了对红色物体的识别。该功能虽然没有问题，但是对于机器人开发来讲，它并没有做到程序的模块化，更好的方式是将相机驱动和目标检测做成两个节点，如图 2-30 所示，节点间的联系就是图像消息，通过话题周期传输即可。

图 2-30　目标检测（周期式）示例的通信架构

图像消息在 ROS 中有标准定义，如果未来要更换相机，那么只需修改驱动节点，发布的图像消息的结构并没有变化，视觉识别节点可以保持不变。这种模块化的设计思想可以让软件具备更好的可移植性。

1. 运行效果

我们先来看一下效果。启动两个终端，分别运行以下两个节点，第一个节点驱动相机并发布图像话题，第二个节点订阅图像话题并实现视觉识别。

```
$ ros2 run learning_topic topic_webcam_pub
$ ros2 run learning_topic topic_webcam_sub
```

如图 2-31 所示，将红色物体放入相机取景范围，即可看到识别效果。

图 2-31　目标检测功能运行效果

2. 发布者代码解析

代码层面做了哪些变化呢？先来学习发布者节点的代码实现，其主要功能是驱动相机，并将相机数据封装成 ROS 消息发布出去，完整代码在 learning_topic/topic_webcam_pub.py 中。

```python
import rclpy                                  # ROS 2 Python 接口库
from rclpy.node import Node                   # ROS 2 节点类
from sensor_msgs.msg import Image             # 图像消息类型
from cv_bridge import CvBridge                # ROS 与 OpenCV 图像转换类
import cv2                                    # OpenCV 图像处理库


"""
创建一个发布者节点
"""
class ImagePublisher(Node):

    def __init__(self, name):
        super().__init__(name)               # ROS 2 节点父类初始化
```

```
                # 创建发布者对象（消息类型、话题名、队列长度）
                self.publisher_ = self.create_publisher(Image, 'image_raw', 10)
                # 创建一个定时器（定时执行的回调函数，周期的单位为秒）
                self.timer = self.create_timer(0.1, self.timer_callback)
                # 创建一个视频采集对象，驱动相机采集图像（相机设备号）
                self.cap = cv2.VideoCapture(0)
                # 创建一个图像转换对象，用于稍后将 OpenCV 的图像转换成 ROS 的图像消息
                self.cv_bridge = CvBridge()

           def timer_callback(self):
                ret, frame = self.cap.read()                          # 一帧一帧读取图像

                if ret == True:                                       # 如果图像读取成功
                     self.publisher_.publish(
                          self.cv_bridge.cv2_to_imgmsg(frame, 'bgr8'))  # 发布图像消息

                     self.get_logger().info('Publishing video frame')  # 输出日志信息

      def main(args=None):                                           # ROS 2 节点主入口 main 函数
           rclpy.init(args=args)                                     # ROS 2 Python 接口初始化
           node = ImagePublisher("topic_webcam_pub")                # 创建 ROS 2 节点对象并进行初始化
           rclpy.spin(node)                                         # 循环等待 ROS 2 退出
           node.destroy_node()                                      # 销毁节点实例
           rclpy.shutdown()                                         # 关闭 ROS 2 Python 接口
```

在这段代码中，使用 OpenCV 中的 cv2.VideoCapture() 驱动相机，在定时器设置的循环中，使用 read() 获取图像数据，并通过 cv2_to_imgmsg() 将图像数据转换成 ROS 2 中的图像消息，不断发布出去。

3. 订阅者代码解析

订阅者节点会周期性收到发布者节点发布的图像消息，然后通过回调函数完成图像处理，识别其中的目标物体，完整代码在 learning_topic/topic_webcam_sub.py 中。

```
import rclpy                                      # ROS 2 Python 接口库
from rclpy.node import Node                       # ROS 2 节点类
from sensor_msgs.msg import Image                 # 图像消息类型
from cv_bridge import CvBridge                    # ROS 与 OpenCV 图像转换类
import cv2                                        # OpenCV 图像处理库
import numpy as np                                # Python 数值计算库

lower_red = np.array([0, 90, 128])               # 红色的 HSV 阈值下限
upper_red = np.array([180, 255, 255])            # 红色的 HSV 阈值上限

"""
创建一个订阅者节点
"""
```

```python
class ImageSubscriber(Node):
    def __init__(self, name):
        super().__init__(name)          # ROS 2 节点父类初始化
        # 创建订阅者对象（消息类型、话题名、订阅者回调函数、队列长度）
        self.sub = self.create_subscription(
            Image, 'image_raw', self.listener_callback, 10)
        # 创建一个图像转换对象，用于 OpenCV 图像与 ROS 的图像消息的互相转换
        self.cv_bridge = CvBridge()

    def object_detect(self, image):
        # 图像从 BGR 颜色模型转换为 HSV 模型
        hsv_img = cv2.cvtColor(image, cv2.COLOR_BGR2HSV)
        # 图像二值化
        mask_red = cv2.inRange(hsv_img, lower_red, upper_red)
        # 图像中轮廓检测
        contours, hierarchy = cv2.findContours(
            mask_red, cv2.RETR_LIST, cv2.CHAIN_APPROX_NONE)

        # 去除一些轮廓面积太小的噪声
        for cnt in contours:
            if cnt.shape[0] < 150:
                continue

            # 得到苹果所在轮廓的左上角 x、y 像素坐标及轮廓范围的宽和高
            (x, y, w, h) = cv2.boundingRect(cnt)
            cv2.drawContours(image, [cnt], -1, (0, 255, 0), 2)# 将苹果的轮廓勾勒出来
            # 将苹果的图像中心点画出来
        cv2.circle(image, (int(x+w/2), int(y+h/2)), 5, (0, 255, 0), -1)
        # 使用 OpenCV 显示处理后的图像效果
        cv2.imshow("object", image)
        cv2.waitKey(10)

    def listener_callback(self, data):
        self.get_logger().info('Receiving video frame')          # 输出日志信息
        # 将 ROS 的图像消息转化成 OpenCV 图像
        image = self.cv_bridge.imgmsg_to_cv2(data, 'bgr8')
        self.object_detect(image)                                # 苹果目标检测


def main(args=None):                         # ROS 2 节点主入口 main 函数
    rclpy.init(args=args)                    # ROS 2 Python 接口初始化
    node = ImageSubscriber("topic_webcam_sub")   # 创建 ROS 2 节点对象并进行初始化
    rclpy.spin(node)                         # 循环等待 ROS 2 退出
    node.destroy_node()                      # 销毁节点实例
    rclpy.shutdown()                         # 关闭 ROS 2 Python 接口
```

通过话题对 2.4.5 节的功能进行解耦后，让视觉识别的例程焕然一新，不过似乎还有哪里不太对劲，大家感觉到了吗？

4. 更通用的相机驱动节点

ROS 的目标不是提高软件复用率吗？现在视觉识别的节点可以复用了，而相机驱动节点好像不行。每换一个相机，是不是都得换一个驱动节点？这当然是不可能的！

常用的 USB 相机驱动是通用的，ROS 中也集成了 USB 相机的标准驱动，只需要通过以下命令，就可以安装好。无论使用什么样的相机，只要符合 USB 接口协议，就可以直接使用 ROS 中的相机驱动节点发布标准的图像话题。

```
$ sudo apt install ros-jazzy-usb-cam
```

此处如果使用的是虚拟机，则需要先将相机连接到虚拟机中：单击菜单栏中的"虚拟机"选项，选择"可移动设备"，找到需要连接的相机型号，单击"连接"。

这样，代码又得到了进一步精简，不再需要刚才的图像发布者节点，而是换成了更加通用的相机驱动节点，目标检测节点不需要做任何变化。运行的指令如下，运行的效果和图 2-31 完全相同。

```
$ ros2 run usb_cam usb_cam_node_exe
$ ros2 run learning_topic topic_webcam_sub
```

这就是我们反复提到的"解耦"，以此提高软件的标准化，促进软件功能的分享和传播。

2.6 服务：节点间的你问我答

话题通信可以实现多个 ROS 2 节点之间数据的单向传输，使用这种异步通信机制，发布者无法准确知道订阅者是否收到消息，本节将介绍 ROS 2 中另外一种常用的通信机制——**服务**（Service），可以实现类似你问我答的同步通信效果。

2.6.1 服务是什么

在话题通信的应用中，大家通过一个节点驱动相机发布图像话题，另外一个节点订阅图像话题实现对图像中红色物体的识别。

基于以上流程再进一步，如图 2-32 所示，目标物体的位置信息可以继续发给机器人的上层应用使用，例如跟随目标运动，或者运动到目标位置等。此时，大家会发现这个目标位置并不需要一直订阅接收，最好在需要时发布一个查询的请求，可以尽快得到此时目标的最新位置。

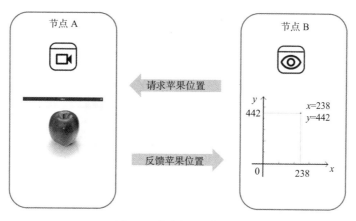

图 2-32　节点间的服务调用

这种通信的机制就是 ROS 2 中的服务，需要时发送一次请求，就可以收到一次应答，好像"你问我答"一样。

2.6.2　服务通信模型

这种"你问我答"的形式叫作服务通信模型，其背后的机制就是客户端/服务端模型，简称C/S 模型。如图 2-33 所示，客户端在需要某些数据时，针对某个具体的服务，发送请求信息，提供该服务的服务端收到请求后，会进行处理并反馈应答信息。

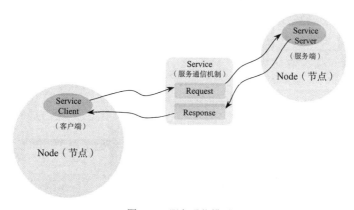

图 2-33　服务通信模型

这种通信机制在生活中也很常见，例如大家在浏览各种网页时，计算机的浏览器就是客户端，通过域名或各种操作，向网站的服务端发送请求，服务端收到之后返回需要展现的页面数据，大家才能看到刷新后的信息。

基于客户端/服务端模型的服务通信有以下特点。

1. 同步通信

当大家上网时，如果浏览器一直"转圈圈"，那么有可能是服务器宕机或者网络不好。相比话题通信，在服务通信中，客户端可以通过接收到的应答信息判断服务端的状态，这也被称为同步通信。

2. 一对多通信

以古月居网站为例，服务端是唯一的，并没有多个完全一样的古月居网站，但是可以访问古月居网站的客户端是不唯一的，每个人都可以看到同样的界面。所以在服务通信模型中，服务端唯一，但客户端可以不唯一。

3. 服务接口

和话题通信类似，服务通信的核心是传递数据，数据变成了两部分，即一个请求数据和一个应答数据，这些数据和话题消息一样，在 ROS 2 中也需要标准定义，话题使用.msg 文件定义，服务使用.srv 文件定义。

本书 2.7 节会详细介绍通信接口定义的方法。

2.6.3 服务通信编程示例

大家现在已经了解 ROS 2 服务通信的基本概念和用途，接下来开始编写代码。从一个相对简单的示例开始——通过服务实现一个加法求解器的功能。

这个示例的需求是：客户端发布两个数字，服务端根据接收到的数据反馈两个数相加的结果给客户端。具体而言，客户端节点将两个加数封装成请求数据，针对服务"add_two_ints"发送出去，提供这个服务的服务端节点收到请求数据后，进行加法计算，并将求和结果封装成应答数据反馈给客户端，之后客户端就可以得到想要的结果。

先来看一下示例的运行效果。大家打开一个终端，使用如下命令启动服务端节点，这个节点启动后会等待请求数据并提供求和功能。

```
$ ros2 run learning_service service_adder_server
```

接下来打开第二个终端，使用如下命令启动客户端节点，发送传入的两个加数并等待求和结果。

```
$ ros2 run learning_service service_adder_client 2 3
```

如图 2-34 所示，大家可以看到客户端发布了一个请求，包含两个加数 2 和 3，服务端收到该请求后迅速完成求和运算，并将 5 作为应答信息反馈给客户端。

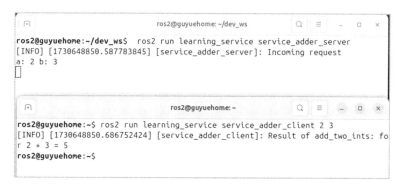

图 2-34　加法求解器运行示意

　　以上示例中的两个节点是如何通过服务实现求和运算的呢？大家要继续学习客户端和服务端编程方法。

2.6.4　客户端编程方法（Python）

　　先来看一下客户端的实现方法，Python 版本的实现代码在 learning_service/service_adder_client.py 中，详细解析如下。

```python
import sys
import rclpy                              # ROS 2 Python 接口库
from rclpy.node    import Node            # ROS 2 节点类
from learning_interface.srv import AddTwoInts  # 自定义的服务接口

class adderClient(Node):
    def __init__(self, name):
        super().__init__(name)
        # 创建客户端对象（服务接口类型、服务名）
        self.client = self.create_client(AddTwoInts, 'add_two_ints')
        # 循环等待服务端成功启动
        while not self.client.wait_for_service(timeout_sec=1.0):
            self.get_logger().info('service not available, waiting again...')
        # 创建服务请求的数据对象
        self.request = AddTwoInts.Request()

    # 创建一个发送服务请求的函数
    def send_request(self):
        self.request.a = int(sys.argv[1])
        self.request.b = int(sys.argv[2])

        # 异步方式发送服务请求
```

```
        self.future = self.client.call_async(self.request)

def main(args=None):
    rclpy.init(args=args)                           # ROS 2 Python 接口初始化
    node = adderClient("service_adder_client")      # 创建 ROS 2 节点对象并进行初始化
    node.send_request()                             # 发送服务请求

    while rclpy.ok():                               # ROS 2 系统正常运行
        rclpy.spin_once(node)                       # 循环执行一次节点

        if node.future.done():                      # 数据是否处理完成
            try:
                response = node.future.result()     # 接收服务端的反馈数据
            except Exception as e:
                node.get_logger().info(
                    'Service call failed %r' % (e,))
            else:
                node.get_logger().info(             # 将收到的反馈信息输出
                    'Result of add_two_ints: for %d + %d = %d' %
                    (node.request.a, node.request.b, response.sum))
            break

    node.destroy_node()                             # 销毁节点实例
rclpy.shutdown()                                     # 关闭 ROS 2 Python 接口
```

根据以上代码实现，大家可以总结出服务通信中客户端编程实现的主要流程，如图 2-35 所示。

图 2-35　服务通信机制中客户端的实现流程

首先，进行 ROS 2 环境的初始化，配置 ROS 2 的通信接口；随后，创建并初始化节点实例，包括设置必要的参数和初始化组件；接着，使用 create_client()方法创建发布者对象，需要设置客户端的服务接口类型、服务名；然后，读取终端输入的两个用户数据，并将数据填入 request 中，随后通过 call_async(request)方法将消息发布出去；最后，在节点结束时，停止所有组件，销毁节点实例，并关闭 ROS 2 环境以释放资源。

2.6.5　服务端编程方法（Python）

再来看一下服务端的实现方法，Python 版本的实现代码在 learning_service/service_adder_server.py 中，详细解析如下。

```python
import rclpy                                      # ROS 2 Python 接口库
from rclpy.node   import Node                     # ROS 2 节点类
from learning_interface.srv import AddTwoInts     # 自定义的服务接口

class adderServer(Node):
    def __init__(self, name):
        super().__init__(name)

        # 创建服务端对象（接口类型、服务名、服务器回调函数）
        self.srv = self.create_service(AddTwoInts, 'add_two_ints', self.adder_callback)

    # 创建回调函数，执行收到请求后对数据的处理
    def adder_callback(self, request, response):
        # 完成加法求和计算，将结果放到反馈的数据中
        response.sum = request.a + request.b
        # 输出日志信息，提示已经完成加法求和计算
        self.get_logger().info('Incoming request\na: %d b: %d' % (request.a, request.b))
        # 反馈应答信息
        return response

def main(args=None):                              # ROS 2 节点主入口 main 函数
    rclpy.init(args=args)                         # ROS 2 Python 接口初始化
    node = adderServer("service_adder_server")    # 创建 ROS 2 节点对象并进行初始化
    rclpy.spin(node)                              # 循环等待 ROS 2 退出
    node.destroy_node()                           # 销毁节点实例
    rclpy.shutdown()                              # 关闭 ROS 2 Python 接口
```

根据以上代码实现，大家可以总结出服务端的实现流程，如图 2-36 所示。

图 2-36　服务通信机制服务端的实现流程

首先，进行 ROS 2 环境的初始化，配置 ROS 2 的通信接口；随后，创建并初始化节点实例，包括设置必要的参数和初始化组件；接着，使用 create_service()方法创建服务端对象，需要设置服务端的接口类型、服务名、服务器回调函数；然后，等待客户端发布的请求数据，接收到数据后便可以进入回调函数进行服务，并将处理后的需要反馈的结果传递回客户端；最后，在节点结束时，停止所有组件，销毁节点实例，并关闭 ROS 2 环境以释放资源。

2.6.6　客户端编程方法（C++）

同样功能的客户端也可以使用 C++编程实现，运行示例如图 2-37 所示。

```
ros2@guyuehome:~$ ros2 run learning_service_cpp service_adder_client 2 3
[INFO] [1721530999.297282542] [rclcpp]: Sum: 5
ros2@guyuehome:~$
```

图 2-37　服务的客户端运行示例（C++）

完整代码可以在 learning_service_cpp\src\service_adder_client.cpp 中找到。

```
#include "rclcpp/rclcpp.hpp"                                 // ROS 2 C++接口库
#include "learning_interface/srv/add_two_ints.hpp"          // 自定义的服务接口
#include <chrono>
#include <cstdlib>
#include <memory>

using namespace std::chrono_literals;

int main(int argc, char **argv)
{
    // ROS 2 C++接口初始化
    rclcpp::init(argc, argv);

    if (argc != 3) {
        RCLCPP_INFO(rclcpp::get_logger("rclcpp"), "usage: service_adder_client X Y");
        return 1;
    }

    // 创建 ROS 2 节点对象并进行初始化
    std::shared_ptr<rclcpp::Node> node =
        rclcpp::Node::make_shared("service_adder_client");
    // 创建客户端对象（服务接口类型、服务名）
    rclcpp::Client<learning_interface::srv::AddTwoInts>::SharedPtr client =
        node->create_client<learning_interface::srv::AddTwoInts>("add_two_ints");

    // 创建服务接口数据
    auto request = std::make_shared<learning_interface::srv::AddTwoInts::Request>();
    request->a = atoll(argv[1]);
    request->b = atoll(argv[2]);

    // 循环等待服务端成功启动
    while (!client->wait_for_service(1s)) {
        if (!rclcpp::ok()) {
            RCLCPP_ERROR(rclcpp::get_logger("rclcpp"), "Interrupted while waiting for the
service. Exiting.");
            return 0;
        }
```

```
        RCLCPP_INFO(rclcpp::get_logger("rclcpp"), "service not available, waiting
again...");
    }

    // 异步方式发送服务请求
    auto result = client->async_send_request(request);
    // 接收服务端的反馈数据
    if (rclcpp::spin_until_future_complete(node, result) ==
        rclcpp::FutureReturnCode::SUCCESS)
    {
        // 将收到的反馈信息输出
        RCLCPP_INFO(rclcpp::get_logger("rclcpp"), "Sum: %ld", result.get()->sum);
    } else {
        RCLCPP_ERROR(rclcpp::get_logger("rclcpp"), "Failed to call service add_two_ints");
    }

    // 关闭 ROS 2 C++接口
    rclcpp::shutdown();
    return 0;
}
```

以上代码注释已经详细解析了每条代码的含义，实现流程与 Python 版本完全一致，这里不再赘述。

2.6.7 服务端编程方法（C++）

C++编程实现的服务端运行示例如图 2-38 所示。

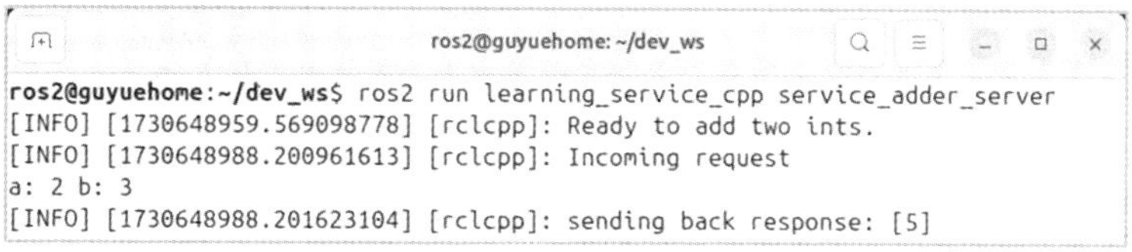

```
ros2@guyuehome:~/dev_ws$ ros2 run learning_service_cpp service_adder_server
[INFO] [1730648959.569098778] [rclcpp]: Ready to add two ints.
[INFO] [1730648988.200961613] [rclcpp]: Incoming request
a: 2 b: 3
[INFO] [1730648988.201623104] [rclcpp]: sending back response: [5]
```

图 2-38 服务的服务端运行示例（C++）

完整代码可以在 learning_service_cpp\src\service_adder_server.cpp 中找到。

```
#include "rclcpp/rclcpp.hpp"                          // ROS 2 C++接口库
#include "learning_interface/srv/add_two_ints.hpp"    // 自定义的服务接口

#include <memory>

// 创建回调函数，执行收到请求后对数据的处理
void adderServer(const std::shared_ptr<learning_interface::srv::AddTwoInts::Request>
request,std::shared_ptr<learning_interface::srv::AddTwoInts::Response>        response)
{
```

```
// 完成加法求和计算，将结果放到反馈的数据中
response->sum = request->a + request->b;
// 输出日志信息，提示已经完成加法求和计算
RCLCPP_INFO(rclcpp::get_logger("rclcpp"), "Incoming request\na: %ld" " b: %ld",
          request->a, request->b);
RCLCPP_INFO(rclcpp::get_logger("rclcpp"), "sending back response: [%ld]", (long
int)response->sum);
}

// ROS 2 节点主入口 main 函数
int main(int argc, char **argv)
{
    // ROS 2 C++接口初始化
    rclcpp::init(argc, argv);
    // 创建 ROS 2 节点对象并进行初始化
    std::shared_ptr<rclcpp::Node> node =
        rclcpp::Node::make_shared("service_adder_server");
    // 创建服务端对象（接口类型、服务名、服务器回调函数）
    rclcpp::Service<learning_interface::srv::AddTwoInts>::SharedPtr service =
        node->create_service<learning_interface::srv::AddTwoInts>("add_two_ints",
&adderServer);
    RCLCPP_INFO(rclcpp::get_logger("rclcpp"), "Ready to add two ints.");

    // 循环等待 ROS 2 退出
    rclcpp::spin(node);
    // 关闭 ROS 2 C++接口
    rclcpp::shutdown();
}
```

以上代码注释已经详细解析了每条代码的含义，实现流程与 Python 版本完全一致，这里不再赘述。

2.6.8 服务的命令行操作

ROS 2 服务相关的命令是 "service"，常用操作如下。

```
$ ros2 service list                                          # 查看服务列表
$ ros2 service type <service_name>                           # 查看服务数据类型
$ ros2 service call <service_name> <service_type> <service_data>   # 发送服务请求
```

在本节服务示例中的客户端和服务端运行时，可以通过 list、typ 和 call 查看当前系统服务的列表、查看某服务的数据接口、发送服务请求等，效果如图 2-39 所示。

图 2-39　服务命令行运行效果

2.6.9　服务应用示例：目标检测（请求式）

在 2.6.1 节介绍服务通信机制时，提到话题应用示例周期式的目标检测会一直占用计算资源，如果只在需要目标位置的时候请求计算一次，岂不是更加高效？

如图 2-40 所示，基于服务实现的目标检测示例将运行以下三个节点。

- 相机驱动节点：用于发布图像数据。
- 视觉识别节点：作为服务端订阅图像数据，随时准备提供目标位置。
- 客户端请求节点：发出目标检测的请求。

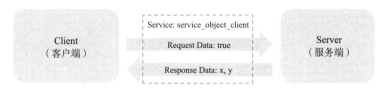

图 2-40　目标检测（请求式）示例的通信架构

1. 运行效果

能否按照预期实现这个功能呢？这里需要启动三个终端，分别运行上述三个节点。

```
# 相机驱动节点
$ ros2 run usb_cam usb_cam_node_exe
# 视觉识别节点
$ ros2 run learning_service service_object_server
# 客户端请求节点
$ ros2 run learning_service service_object_client
```

运行成功后，可以看到如图 2-41 所示的检测效果。如果目标检测成功，则客户端将输出服务端反馈的坐标数值。

```
ros2@guyuehome:~/dev_ws$ ros2 run learning_service service_object_client
[INFO] [1721233189.630592436] [service_object_client]: service not available, waiting aga
in...
[INFO] [1721233190.633831010] [service_object_client]: service not available, waiting aga
in...
[INFO] [1721233191.638160599] [service_object_client]: service not available, waiting aga
in...
[INFO] [1721233192.641870109] [service_object_client]: service not available, waiting aga
in...
[INFO] [1721233193.663984513] [service_object_client]: Result of object position:
 x: 431 y: 224
```

图 2-41　目标检测运行效果

2. 客户端代码解析

客户端的具体代码实现在 learning_service/service_object_client.py 中，核心部分如下。

```
...

class objectClient(Node):
    def __init__(self, name):
        super().__init__(name)
        # 创建客户端对象（服务接口类型、服务名）
        self.client = self.create_client(GetObjectPosition, 'get_target_position')
        # 循环等待服务端成功启动
        while not self.client.wait_for_service(timeout_sec=1.0):
            self.get_logger().info('service not available, waiting again...')
        # 创建服务请求的数据对象
        self.request = GetObjectPosition.Request()

    def send_request(self):
        self.request.get = True

        # 异步方式发送服务请求
        self.future = self.client.call_async(self.request)

def main(args=None):
    rclpy.init(args=args)                          # ROS 2 Python 接口初始化
    node = objectClient("service_object_client")   # 创建 ROS 2 节点对象并进行初始化
    node.send_request()

    while rclpy.ok():
        rclpy.spin_once(node)

        # 数据是否处理完成
        if node.future.done():
```

```
        try:
            response = node.future.result()       # 接收服务端的反馈数据
        except Exception as e:
            node.get_logger().info(
                'Service call failed %r' % (e,))
        else:
            node.get_logger().info(               # 将收到的反馈信息输出
                'Result of object position:\n x: %d y: %d' %
                (response.x, response.y))
            break
    node.destroy_node()                           # 销毁节点实例
    rclpy.shutdown()                              # 关闭 ROS 2 Python 接口
```

以上代码通过 create_client()方法创建了一个服务的客户端对象，并且在关联了 get_target_position 的服务名后创建了一个请求数据，使用 call_async()方法将其发布出去后等待服务端的结果反馈。

3. 服务端代码解析

服务端的代码实现在 learning_service/service_object_client.py 中，核心部分如下。

```
...

class ImageSubscriber(Node):
    def __init__(self, name):
        super().__init__(name)

        # 创建订阅者对象（消息类型、话题名、订阅者回调函数、队列长度）
        self.sub = self.create_subscription(
            Image, 'image_raw', self.listener_callback, 10)
        # 创建一个图像转换对象，用于 OpenCV 图像与 ROS 的图像消息的互相转换
        self.cv_bridge = CvBridge()
        # 创建服务端对象（接口类型、服务名、服务器回调函数）
        self.srv = self.create_service(GetObjectPosition,
                            'get_target_position',
                            self.object_position_callback)
        self.objectX = 0
        self.objectY = 0

...

    # 创建回调函数，执行收到请求后对数据的处理
    def object_position_callback(self, request, response):
        if request.get == True:
            response.x = self.objectX                # 目标物体的 X、Y 坐标
            response.y = self.objectY
```

```
        self.get_logger().info('Object position\nx: %d y: %d' %
                        (response.x, response.y))
    else:
        response.x = 0
        response.y = 0
        self.get_logger().info('Invalid command')
    return response                          # 反馈应答信息
...
```

以上代码通过话题 image_raw 订阅得到图像消息，并在话题回调函数中使用 OpenCV 进行图像处理和物体检测，计算并记录检测到的物体中心坐标。另外，它提供了一个服务接口，通过 get_target_position 服务，当收到客户端的请求时，会将物体位置的坐标信息反馈给客户端。此外，代码还会显示处理后的图像，包括物体轮廓和中心点，以便观察检测结果。

2.7 通信接口：数据传递的标准结构

在 ROS 中，无论话题还是服务，或者 2.8 节将要学习的动作，都会用到一个重要的概念——**通信接口**（Interface）。

2.7.1 通信接口是什么

通信并不是一个人自言自语，而是两个甚至更多个人"你来我往"的交流，交流的内容是什么呢？为了便于大家理解，可以给传递的数据定义一个标准的结构，这就是通信接口。

"通信"好理解，大家再来理解一下"接口"的含义。接口的概念随处可见，无论是在硬件结构还是软件开发中，都有广泛的应用。例如生活中最为常见的插头和插座，如图 2-42 所示，两者必须匹配才能使用，计算机和手机上的 USB 接口，例如 Micro-USB、TypeC 等，也属于硬件接口。

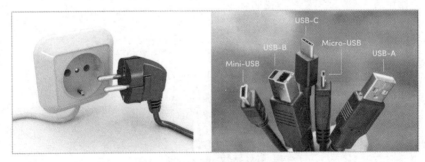

图 2-42 生活中常见的硬件接口

在软件开发中，接口的使用更为广泛。如图 2-43 所示，我们在编写程序时，使用的函数和函数的输入、输出也被称为接口，每次调用函数就是把主程序和调用函数通过接口连接到一起，这样系统才能正常工作。更为形象的是图形化编程中使用的程序模块，每个模块都有固定的结构和形状，只有两个模块相互匹配，才能在一起工作，这就很好地将代码形象化了。

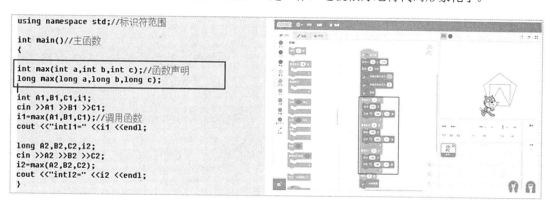

图 2-43　软件开发中常见的接口

所以接口是一种关系，只有相互匹配，才能建立连接。

回到 ROS 的通信系统，它的主要目的是传输数据，那就得让所有节点建立高效的连接，并且准确包装和解析传输的数据内容，话题、服务等机制也就诞生了，他们传输的数据，都要符合通信接口的标准定义，如图 2-44 所示。

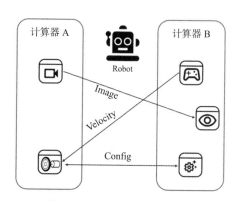

图 2-44　ROS 通信系统中的接口

例如相机驱动发布的图像话题，由每个像素点的 R、G、B 三原色值组成；控制机器人运动的速度指令，由线速度和角速度组成；进行机器人配置的服务，由配置的参数和反馈的结果组成，等等。类似这些常用的定义，ROS 中都会提供，大家也可以自己开发。

这些通信接口看上去像加了一些约束，却是 ROS 的精髓所在。举个例子，大家在使用相机驱动节点时，完全不用关注它是如何驱动相机的，只要运行一个命令，就知道发布出来的图像数据是什么样的，快速衔接应用开发。类似的，遥控器也可以安装一个 ROS 包驱动，如何实现呢？不用关心，反正它发布出来的肯定是线速度和角速度，可以直接用来控制机器人运动。

通信接口可以让程序之间的依赖降低，便于大家使用彼此的节点，这就是 ROS 的核心思想——**减少重复造轮子**。

ROS 有三种常用的通信机制，分别是话题、服务、动作，如图 2-45 所示，通过每种机制中定义的通信接口，各种节点才能有机地联系到一起，组成机器人的完整系统。

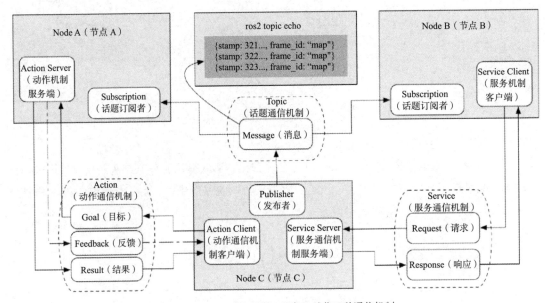

图 2-45　ROS 2 中有话题、服务、动作三种通信机制

2.7.2　通信接口的定义方法

为保证每个节点可以使用不同的编程语言，ROS 将这些通信接口设计成了和语言无关的方式。如图 2-46 所示，int32 表示 32 位的整型数，int64 表示 64 位的整型数，bool 表示布尔值，还可以定义数组、结构体，这些定义在编译过程中会自动生成对应到 C++ 和 Python 语言的数据结构。

话题通信接口的定义使用的是.msg 文件，由于是单向传输，所以只需要描述传输的每帧数据，图 2-46 中定义了两个 32 位的整型数 x 和 y，可以用来传输平面坐标等数据。

服务通信接口的定义使用的是.srv 文件，包含请求和应答两部分，通过中间的"---"区分，例如之前大家学习的加法求和功能，请求数据是两个 64 位整型数 a 和 b，应答数据是求和的结果 sum。

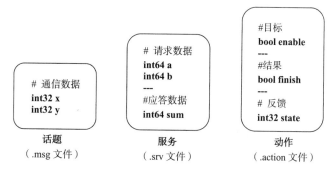

图 2-46　ROS 2 通信接口的定义示例

动作是另外一种通信机制，用来描述机器人的一个运动过程，使用.action 文件定义，例如让海龟转 90°，一边转一边周期性反馈当前的状态，此时接口的定义分为三部分，分别是：

- 动作的目标：例如开始运动。
- 动作的结果：例如旋转 90°的动作是否完成。
- 动作的周期反馈：例如每隔 1s 反馈一次当前转到 10°、20°还是 30°了，让其他节点知道动作的进度。

大家可能好奇 ROS 到底定义了哪些通信接口？ROS 安装路径中的 share 文件夹中涵盖了众多标准通信接口的定义，如图 2-47 所示。

图 2-47　ROS 2 中定义的标准通信接口示例

2.7.3 通信接口的命令行操作

ROS 2 中通信接口相关的命令是 "interface"，常用操作如下。

```
$ ros2 interface list                         # 查看系统通信接口列表
$ ros2 interface show <interface_name>         # 查看某个通信接口的详细定义
$ ros2 interface package <package_name>        # 查看某个功能包中的通信接口定义
```

例如，大家可以查看当前系统中有哪些通信接口，如图 2-48 所示。

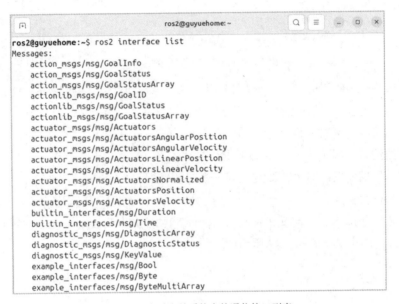

```
ros2@guyuehome:~$ ros2 interface list
Messages:
    action_msgs/msg/GoalInfo
    action_msgs/msg/GoalStatus
    action_msgs/msg/GoalStatusArray
    actionlib_msgs/msg/GoalID
    actionlib_msgs/msg/GoalStatus
    actionlib_msgs/msg/GoalStatusArray
    actuator_msgs/msg/Actuators
    actuator_msgs/msg/ActuatorsAngularPosition
    actuator_msgs/msg/ActuatorsAngularVelocity
    actuator_msgs/msg/ActuatorsLinearPosition
    actuator_msgs/msg/ActuatorsLinearVelocity
    actuator_msgs/msg/ActuatorsNormalized
    actuator_msgs/msg/ActuatorsPosition
    actuator_msgs/msg/ActuatorsVelocity
    builtin_interfaces/msg/Duration
    builtin_interfaces/msg/Time
    diagnostic_msgs/msg/DiagnosticArray
    diagnostic_msgs/msg/DiagnosticStatus
    diagnostic_msgs/msg/KeyValue
    example_interfaces/msg/Bool
    example_interfaces/msg/Byte
    example_interfaces/msg/ByteMultiArray
```

图 2-48　查看当前系统中的通信接口列表

也可以显示某个通信接口具体的数据定义，图 2-49 所示是一个名为 "GoalInfo" 的消息的详细数据结构。

```
ros2@guyuehome:~$ ros2 interface show action_msgs/msg/GoalInfo
# Goal ID
unique_identifier_msgs/UUID goal_id
        #
        uint8[16] uuid

# Time when the goal was accepted
builtin_interfaces/Time stamp
        int32 sec
        uint32 nanosec
ros2@guyuehome:~$
```

图 2-49　查看某个通信接口具体的数据结构

还可以针对某个功能包，查询其中定义了哪些通信接口，如图 2-50 所示。

```
ros2@guyuehome:~$ ros2 interface package learning_interface
learning_interface/action/MoveCircle
learning_interface/msg/ObjectPosition
learning_interface/srv/GetObjectPosition
learning_interface/srv/AddTwoInts
```

图 2-50　查看某个功能包中定义的通信接口

2.7.4　服务接口应用示例：请求目标检测的坐标

熟悉了通信接口的概念，接下来从代码实现的角度，学习如何定义及使用一个通信接口。
在 2.6.9 节服务概念的应用示例中，我们编写了这样一个例程，如图 2-51 所示。

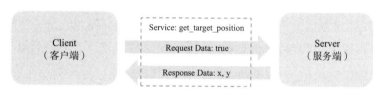

图 2-51　通过服务实现目标检测示例的应用架构

1. 运行效果

该应用示例中有三个节点。

- 第一个节点驱动相机发布图像话题。
- 第二个节点实现视觉识别功能，同时封装了一个服务的服务端对象，提供目标位置的查询服务。
- 第三个节点发送服务请求，收到目标位置后进行使用。

运行效果如图 2-52 所示，大家也可以参考 2.6.9 节的命令进行操作。

```
ros2@guyuehome:~/dev_ws$ ros2 run learning_service service_object_client
[INFO] [1721233189.630592436] [service_object_client]: service not available, waiting aga
in...
[INFO] [1721233190.633831010] [service_object_client]: service not available, waiting aga
in...
[INFO] [1721233191.638160599] [service_object_client]: service not available, waiting aga
in...
[INFO] [1721233192.641870109] [service_object_client]: service not available, waiting aga
in...
[INFO] [1721233193.663984513] [service_object_client]: Result of object position:
x: 431 y: 224
```

图 2-52　通过服务实现目标检测示例的运行效果

2. 通信接口定义

在这个示例中，通过 GetObjectPosition.srv 文件定义了一个服务的通信接口，大家可以在 learning_interface/srv/GetObjectPosition.srv 文件中找到定义的数据结构。

```
bool get          # 获取目标位置的指令
---
int32 x           # 目标的 X 坐标
int32 y           # 目标的 Y 坐标
```

以上服务通信接口的定义中有两部分，上边是获取目标位置的指令，当 get 为 true 时，表示请求一次目标位置，服务端会应答 x、y 坐标值。

3. 设置编译选项

通信接口的定义和语言无关，需要在功能包的 CMakeLists.txt 中配置编译选项，让编译器在编译过程中根据接口定义自动生成不同语言的代码，以便其他节点代码调用。具体的配置方法如下。

```
...

# 查找依赖的功能包 rosidl_default_generators，提供自动化代码转换功能
find_package(rosidl_default_generators REQUIRED)

# 罗列需要编译的通信接口文件
rosidl_generate_interfaces(${PROJECT_NAME}
  "srv/GetObjectPosition.srv"
)
...
```

除此之外，功能包中的 package.xml 文件也需要添加代码生成的功能依赖，以便编译时快速定位所需要的功能包。

```
...
<build_depend>rosidl_default_generators</build_depend>
<exec_depend>rosidl_default_runtime</exec_depend>
<member_of_group>rosidl_interface_packages</member_of_group>
...
```

配置完成后就可以编译了，编译成功后可以在工作空间的 install 文件夹中看到自动生成的代码，如图 2-53 所示。

编译好的接口如何调用呢？我们在代码中重点看一下通信接口的使用方法。

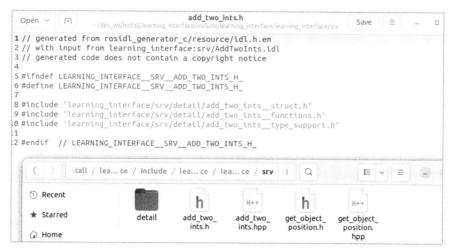

图 2-53　根据通信接口定义自动生成的代码

4. 客户端的通信接口调用

先来学习服务中的客户端是如何调用通信接口的，完整代码在 learning_service/service_object_client.py 中，以下是核心代码的内容。

```
...

from learning_interface.srv import GetObjectPosition    # 导入自定义的服务通信接口

class objectClient(Node):
    def __init__(self, name):
        super().__init__(name)
        # 创建客户端对象，直接使用已导入的通信接口
        self.client = self.create_client(GetObjectPosition, 'get_target_position')
        while not self.client.wait_for_service(timeout_sec=1.0):
            self.get_logger().info('service not available, waiting again...')

        # 接收服务端应答的结果
        self.request = GetObjectPosition.Request()

...
```

可以看到，在具体代码的实现中，与使用 ROS 2 预定义的通信接口一样，大家可以按照完全相同的语法导入和调用自定义的通信接口。

5. 服务端的通信接口调用

服务端的通信接口调用类似，完整功能实现可以参考 learning_service/service_object_

server.py 中的内容，核心代码如下。

```
...

from learning_interface.srv import GetObjectPosition    # 导入自定义的服务通信接口

...

class ImageSubscriber(Node):
    def __init__(self, name):
        super().__init__(name)
        # 创建订阅者对象（消息类型、话题名、订阅者回调函数、队列长度）
        self.sub = self.create_subscription(Image, 'image_raw', self.listener_callback, 10)
        # 创建一个图像转换对象，用于 OpenCV 图像与 ROS 的图像消息的相互转换
        self.cv_bridge = CvBridge()
        # 创建服务端对象，直接使用已导入的通信接口
        self.srv = self.create_service(GetObjectPosition,
                                'get_target_position',
                                self.object_position_callback)
        self.objectX = 0
        self.objectY = 0

    ...

    # 创建回调函数，执行收到请求后对数据的处理
    def object_position_callback(self, request, response):
        if request.get == True:         # 当收到的服务请求为 True 时，应答目标识别的坐标
            response.x = self.objectX
            response.y = self.objectY
            self.get_logger().info('Object position\nx: %d y: %d' % (response.x, response.y))
        else:                           # 否则，目标识别的坐标为默认的 0
            response.x = 0
            response.y = 0
            self.get_logger().info('Invalid command')
        return response                 # 将服务的应答信息发送给客户端

...
```

2.7.5　话题接口应用示例：周期性发布目标检测的坐标

话题通信接口的定义也是类似的，继续拓展目标检测的示例，可以把 2.7.4 节中的服务换成话题，不管有没有人需要，都周期性发布目标识别的位置，架构如图 2-54 所示。

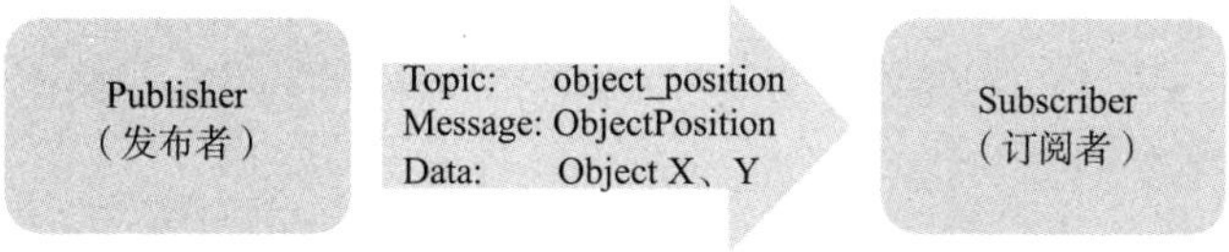

图 2-54 通过话题实现目标检测示例的应用架构

1. 运行效果

现在需要运行以下三个节点。

- 第一个节点，驱动相机并发布图像话题，此时通信接口使用的是 ROS 中标准定义的 Image 图像消息。
- 第二个节点，运行视觉识别功能，识别目标的位置，并封装成话题消息发布出去，其他节点都可以来订阅。
- 第三个节点，订阅目标位置的话题，从通信接口中得到消息数据，并输出到终端中。

启动三个终端，分别运行以上节点，运行效果如图 2-55 所示。

```
$ ros2 run usb_cam usb_cam_node_exe
$ ros2 run learning_topic interface_object_pub
$ ros2 run learning_topic interface_object_sub
```

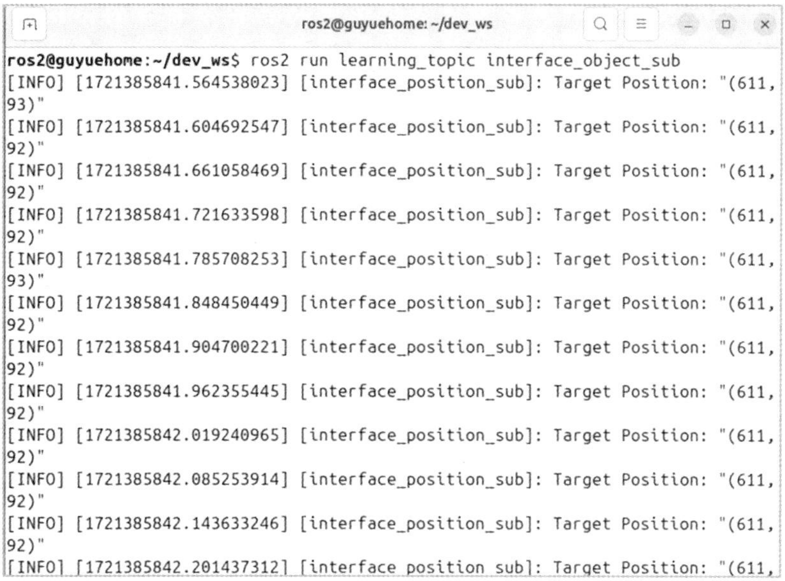

```
ros2@guyuehome:~/dev_ws$ ros2 run learning_topic interface_object_sub
[INFO] [1721385841.564538023] [interface_position_sub]: Target Position: "(611, 93)"
[INFO] [1721385841.604692547] [interface_position_sub]: Target Position: "(611, 92)"
[INFO] [1721385841.661058469] [interface_position_sub]: Target Position: "(611, 92)"
[INFO] [1721385841.721633598] [interface_position_sub]: Target Position: "(611, 92)"
[INFO] [1721385841.785708253] [interface_position_sub]: Target Position: "(611, 93)"
[INFO] [1721385841.848450449] [interface_position_sub]: Target Position: "(611, 92)"
[INFO] [1721385841.904700221] [interface_position_sub]: Target Position: "(611, 92)"
[INFO] [1721385841.962355445] [interface_position_sub]: Target Position: "(611, 92)"
[INFO] [1721385842.019240965] [interface_position_sub]: Target Position: "(611, 92)"
[INFO] [1721385842.085253914] [interface_position_sub]: Target Position: "(611, 92)"
[INFO] [1721385842.143633246] [interface_position_sub]: Target Position: "(611, 92)"
[INFO] [1721385842.201437312] [interface_position_sub]: Target Position: "(611,
```

图 2-55 通过话题实现目标检测示例的运行效果

2．通信接口定义

该示例使用 ObjectPosition.msg 定义话题的通信接口，详细的定义内容在 learning_interface/ msg/ObjectPosition.msg 中，使用 x、y 两个坐标值进行描述。

```
int32 x      # 表示目标的 X 坐标
int32 y      # 表示目标的 Y 坐标
```

3．设置编译选项

与 2.7.4 节中服务通信接口的编译类似，话题通信接口也需要通过编译生成不同语言的代码，同样是在功能包中的 CMakeLists.txt 中配置编译选项，配置方法也完全相同。

```
...

# 查找依赖的功能包 rosidl_default_generators，提供自动化代码转换功能
find_package(rosidl_default_generators REQUIRED)

# 罗列需要编译的通信接口文件
rosidl_generate_interfaces(${PROJECT_NAME}
  "msg/ObjectPosition.msg"
)
...
```

配置完成后编译功能包，生成不同语言的代码文件，就可以在代码中调用了。

4．发布者的通信接口调用

这里以发布者节点为例，完整代码在 learning_topic/interface_object_pub.py 中，通信接口相关的核心代码如下。

```
...

from learning_interface.msg import ObjectPosition  # 导入自定义的话题通信接口

...

class ImageSubscriber(Node):

    def __init__(self, name):
        super().__init__(name)
        # 创建订阅者对象（消息类型、话题名、订阅者回调函数、队列长度）
        self.sub = self.create_subscription(Image, 'image_raw', self.listener_callback, 10)
        # 创建发布者对象，直接使用已导入的通信接口
        self.pub = self.create_publisher(ObjectPosition, "object_position", 10)
        # 创建一个图像转换对象，用于 OpenCV 图像与 ROS 图像消息的互相转换
        self.cv_bridge = CvBridge()
```

```
        self.objectX = 0
        self.objectY = 0

...

    def listener_callback(self, data):
        self.get_logger().info('Receiving video frame')
        # 将 ROS 的图像消息转化成 OpenCV 图像
        image = self.cv_bridge.imgmsg_to_cv2(data, 'bgr8')
        # 创建一个话题消息，用于保存坐标位置
        position = ObjectPosition()
        # 运行目标检测
        self.object_detect(image)
        # 将目标检测得到的坐标值填充到消息中
        position.x, position.y = int(self.objectX), int(self.objectY)
        # 发布目标位置
        self.pub.publish(position)

...
```

5. 订阅者的通信接口调用

订阅者中消息调用的方法完全相同，完整内容在 learning_topic/interface_object_sub.py 中，核心代码如下。

```
...

from learning_interface.msg import ObjectPosition  # 导入自定义的话题通信接口

class SubscriberNode(Node):
    def __init__(self, name):
        super().__init__(name)
        # 创建订阅者对象，直接使用已导入的通信接口
        self.sub = self.create_subscription(\
            ObjectPosition, "/object_position", self.listener_callback, 10)

    # 创建回调函数，执行收到话题消息后对数据的处理
    def listener_callback(self, msg):
        # 输出目标识别的坐标信息
        self.get_logger().info('Target Position: "(%d, %d)"' % (msg.x, msg.y))

...
```

2.8 动作：完整行为的流程管理

机器人是一个复杂的智能系统，它需要实现的功能并不仅仅是键盘遥控运动、识别某个目标这么简单，机器人真正要实现的是送餐、送货、分拣这些具体场景的多元应用。在这些复杂应用的实现中，有一种通信机制会被经常用到，那就是——**动作**（Action）。

2.8.1 动作是什么

从名字上很容易理解动作的含义，这种通信机制的目的就是便于对机器人完成某一完整行为的流程进行管理。

举个例子，让机器人旋转 360°，一般的做法是让机器人以一定的频率按照一定的角度进行旋转，这样才能保证机器人的旋转角度足够精确。但是这也存在一些问题，真实角度和机器人理解的角度是否一致呢？机器人是否真的开始转圈了？旋转到了多少度？解决这些问题的方式是让机器人不断反馈当前进度，例如每隔 1s 反馈当前转动的角度，一段时间之后，旋转到了 360°，再发送一个信息，表示动作执行完成。

如图 2-56 所示，在下达执行某一动作的命令后，机器人周期性反馈当前动作的实时进度，并最终反馈执行结果的通信机制就叫作动作。动作提供了一个"进度条"，我们可以随时把控进度。

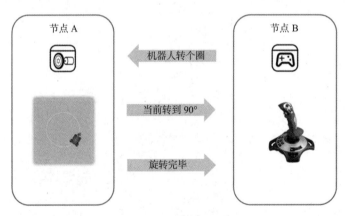

图 2-56 节点间的动作通信

2.8.2 动作通信模型

了解了动作的含义，大家可能会发现，动作过程中的数据你来我往，和服务有点儿相似，但又比服务通信的过程复杂。没错，动作的通信模型和服务类似，如图 2-57 所示，动作也是基于客户端/服务端的 C/S 模型。

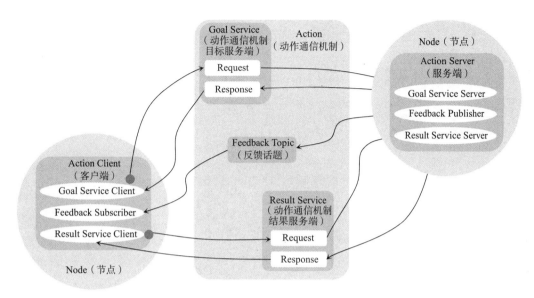

图 2-57　动作通信模型

1. 客户端/服务端模型

在动作通信的过程中，客户端发送动作的目标——发布请求让机器人执行某动作；服务端执行该动作——控制机器人完成动作，同时周期性反馈动作执行过程中的状态。如果是一个导航动作，则可以周期性反馈机器人的坐标；如果是机械臂抓取动作，则可以周期性反馈机械臂的实时姿态。动作执行完毕后，服务端再反馈一个动作结束的信息，整个通信过程结束。

2. 一对多通信

和服务一样，动作通信中的客户端可以有多个，大家都可以发送动作命令，但是服务端只能有一个，毕竟机器人只有一个，先执行完成一个动作，才能执行下一个动作。

3. 同步通信

既然有反馈，那么动作也是一种同步通信机制，2.7.2 节介绍过，动作过程中的数据通信接口使用.action 文件定义。

4. 由服务+话题组成

大家再仔细看图 2-57，会发现一个隐藏的秘密：动作的三个通信模块，竟然有两个是服务，一个是话题，当客户端发送运动目标时，使用的是服务请求，服务端也会反馈一个应答，表示收到动作命令。动作的反馈过程，其实就是一个话题的周期性发布，服务端是发布者，客户端是订阅者。

动作是一种应用层的通信机制，其底层是基于话题和服务实现的。

2.8.3　动作通信编程示例

虽然动作是基于话题和服务实现的，但在实际使用中，并不会直接使用话题和服务的编程方法，而是有一套针对动作特性封装好的编程接口，接下来我们一起试一试。

如图 2-58 所示，假设有一个机器人需要走一个圆形轨迹，这是一个需要持续一段时间的动作，很适合使用动作通信机制实现。我们看一下运行效果。

图 2-58　动作通信编程示例

启动两个终端，分别使用以下命令启动动作示例的服务端和客户端。

```
# 启动动作服务端
$ ros2 run learning_action action_move_server
# 启动动作客户端
$ ros2 run learning_action action_move_client
```

如图 2-59 所示，大家可以在终端中看到，当客户端发送动作目标之后，服务端开始模拟机器人运动，每旋转 30°发送一次反馈信息，最终完成运动并反馈结束运动的信息。

总体而言，以上动作的执行流程如图 2-60 所示，客户端发送一个动作目标，服务端控制机器人开始运动并周期性反馈，结束后反馈结束信息。

图 2-59　动作通信机制运行示例

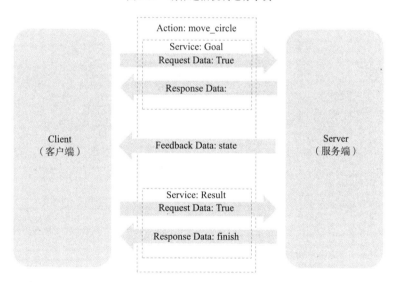

图 2-60　动作通信机制数据交互示意

2.8.4　动作接口的定义方法

2.8.3 节的示例中使用的动作消息格式并不是 ROS 2 中的标准定义，而是通过 MoveCircle.action 文件自定义的，以该动作接口的定义文件为例，我们一起学习一下动作接口的自定义方法。

通过 2.7 节的学习，大家已经知道自定义接口文件存储在功能包中，MoveCircle.action 文件存储在 learning_interface/action 文件夹中，内容如下。

```
bool enable      # 定义动作的目标，表示动作开始的指令
---
bool finish      # 定义动作的结果，表示是否成功执行
---
int32 state      # 定义动作的反馈，表示当前执行到的位置
```

动作接口包含以下三部分。

- 动作的目标：当 enable 为 true 时，表示开始运动。
- 动作的执行结果：当 finish 为 true 时，表示动作执行完成。
- 动作的周期反馈：表示当前机器人旋转的角度。

完成定义后，需要在功能包的 CMakeLists.txt 中配置编译选项，让编译器在编译过程中根据接口定义自动生成不同语言的代码。

```
...

// 寻找相关依赖包
find_package(rosidl_default_generators REQUIRED)
// 声明 action 文件定义和存储地址
rosidl_generate_interfaces(${PROJECT_NAME}
  "action/MoveCircle.action"
)

...
```

配置完成后就可以编译功能包，编译后就会生成不同语言的接口文件。具体细节和 2.7 节介绍的自定义话题和服务的一致，这里不再赘述。

2.8.5　服务端编程方法（Python）

先来看一下以上动作示例中服务端的实现方法，Python 版本的实现代码在 learning_action/action_move_server.py 中，详细解析如下。

```
import time
import rclpy                                    # ROS 2 Python 接口库
from rclpy.node   import Node                   # ROS 2 节点类
from rclpy.action import ActionServer           # ROS 2 动作服务端类
from learning_interface.action import MoveCircle   # 自定义的圆周运动接口

class MoveCircleActionServer(Node):
    def __init__(self, name):
        super().__init__(name)                  # ROS 2 节点父类初始化

        # 创建动作服务端（接口类型、动作名、回调函数）
        self._action_server = ActionServer(
```

```
                self,
                MoveCircle,
                'move_circle',
                self.execute_callback)

    # 执行收到动作目标之后的处理函数
    def execute_callback(self, goal_handle):
        self.get_logger().info('Moving circle...')
        # 创建一个动作反馈信息的消息
        feedback_msg = MoveCircle.Feedback()
        # 从 0 到 360°，执行圆周运动，并周期性反馈信息
        for i in range(0, 360, 30):
            # 创建反馈信息，表示当前执行到的角度
            feedback_msg.state = i
            self.get_logger().info('Publishing feedback: %d' % feedback_msg.state)
            # 发布反馈信息
            goal_handle.publish_feedback(feedback_msg)
            time.sleep(0.5)

        goal_handle.succeed()                    # 动作执行成功
        result = MoveCircle.Result()             # 创建结果消息
        result.finish = True
        return result                            # 反馈最终动作执行的结果

def main(args=None):                             # ROS 2 节点主入口 main 函数
    rclpy.init(args=args)                        # ROS 2 Python 接口初始化
    node = MoveCircleActionServer("action_move_server")  # 创建 ROS 2 节点对象并进行初始化
    rclpy.spin(node)                             # 循环等待 ROS 2 退出
    node.destroy_node()                          # 销毁节点实例
    rclpy.shutdown()                             # 关闭 ROS 2 Python 接口
```

根据以上代码实现，可以总结出动作服务端的实现流程，如图 2-61 所示。

图 2-61　动作通信中服务端的实现流程

首先，进行 ROS 2 环境的初始化，配置 ROS 2 的通信接口；随后，创建并初始化节点实例，包括设置必要的参数和初始化组件；接着，使用 ActionServer()方法创建服务端对象，需要设置服务端的接口类型、动作名和回调函数；当服务端对象被创建并启动后，它将等待客户端发送动作目标。收到动作目标后，服务端将调用指定的回调函数 execute_callback()执行圆周运动，并周期性反馈进度信息给客户端（如当前的角度）；动作完成时，服务端将调用 goal_handle.succeed()来标记完成信息，并创建一个结果消息 MoveCircle.Result()，其中包含了执

行结果（如是否完成）；最后，在节点结束时，停止所有组件，销毁节点实例，并关闭 ROS 2 环境以释放资源。

2.8.6 客户端编程方法（Python）

再来看以上动作示例中客户端的实现方法，Python 版本的实现代码在 learning_action/action_move_client.py 中，详细解析如下。

```python
import rclpy                                          # ROS 2 Python 接口库
from rclpy.node   import Node                         # ROS 2 节点类
from rclpy.action import ActionClient                 # ROS 2 动作客户端类
from learning_interface.action import MoveCircle      # 自定义的圆周运动接口

class MoveCircleActionClient(Node):
    def __init__(self, name):
        super().__init__(name)                        # ROS 2 节点父类初始化
        # 创建动作客户端（接口类型、动作名）
        self._action_client = ActionClient(self, MoveCircle, 'move_circle')

    # 创建一个发送动作目标的函数
    def send_goal(self, enable):
        # 创建一个动作目标的消息
        goal_msg = MoveCircle.Goal()
        # 设置动作目标为使能，希望机器人开始运动
        goal_msg.enable = enable

        # 等待动作的服务端启动
        self._action_client.wait_for_server()
        # 异步方式发送动作的目标
        self._send_goal_future = self._action_client.send_goal_async(
            goal_msg,                                  # 动作目标
            feedback_callback=self.feedback_callback)  # 处理周期反馈消息的回调函数

        # 设置一个服务端收到目标之后反馈时的回调函数
        self._send_goal_future.add_done_callback(self.goal_response_callback)

    # 创建一个服务端收到目标之后反馈时的回调函数
    def goal_response_callback(self, future):
        goal_handle = future.result()                 # 接收动作的结果
        if not goal_handle.accepted:                  # 如果动作被拒绝执行
            self.get_logger().info('Goal rejected :(')
            return

        # 动作被顺利执行
        self.get_logger().info('Goal accepted :)')
```

```
        # 异步获取动作最终执行的结果反馈
        self._get_result_future = goal_handle.get_result_async()
        # 设置一个收到最终结果的回调函数
        self._get_result_future.add_done_callback(self.get_result_callback)

    # 创建一个收到最终结果的回调函数
    def get_result_callback(self, future):
        result = future.result().result        # 读取动作执行的结果
        self.get_logger().info('Result: {%d}' % result.finish)

    # 创建处理周期反馈消息的回调函数
    def feedback_callback(self, feedback_msg):
        feedback = feedback_msg.feedback       # 读取反馈的数据
        self.get_logger().info('Received feedback: {%d}' % feedback.state)

def main(args=None):                                    # ROS 2 节点主入口 main 函数
    rclpy.init(args=args)                               # ROS 2 Python 接口初始化
    node = MoveCircleActionClient("action_move_client") # 创建 ROS 2 节点对象并进行初始化
    node.send_goal(True)                                # 发送动作目标
    rclpy.spin(node)                                    # 循环等待 ROS 2 退出
    node.destroy_node()                                 # 销毁节点实例
    rclpy.shutdown()                                    # 关闭 ROS 2 Python 接口
```

根据以上代码实现，大家可以总结出动作客户端编程实现的主要流程，如图 2-61 所示：

图 2-62　动作通信中客户端的实现流程

在 ROS 2 环境中，首先，初始化 ROS 2 节点，并配置必要的通信接口；接着，创建并初始化一个 ROS 2 节点实例，该实例将作为动作服务端的宿主。在节点初始化过程中，设置必要的参数，如节点名称、命名空间等；然后，使用 ActionServer 类创建动作服务端对象。创建时，需要指定动作接口类型、动作名称，以及一个回调函数，该回调函数将在动作目标到达时被调用以执行动作逻辑；动作服务端启动后，它将等待客户端发送动作目标。一旦接收到动作目标，服务端将调用之前指定的回调函数。

在这个回调函数中，服务端将执行具体的动作逻辑，例如在本示例中执行圆周运动；在执行动作的过程中，服务端将周期性地发布反馈消息给客户端，这些反馈消息包含了当前动作的执行状态（如当前的角度、速度等）。客户端可以根据这些反馈消息更新界面或进行其他处理。当动作执行完成后，服务端将调用 goal_handle.succeed() 方法标记动作成功完成，并创建一个结果消息发送给客户端，该消息包含了执行的结果（如是否成功完成、最终状态等）。最后，在节点结束时（可能是由于用户请求、程序结束或节点异常退出），服务端将停止所有正在执行的动作，销毁节点实例，并关闭 ROS 2 环境以释放资源。

2.8.7 客户端编程方法（C++）

对于 C++编程实现的动作，客户端运行效果如图 2-63 所示。

```
ros2@guyuehome:~/dev_ws$ ros2 run learning_action_cpp action_move_client
[INFO] [1720853220.800739060] [action_move_client]: Client: Sending goal
[INFO] [1720853220.802544634] [action_move_client]: Client: Goal accepted by ser
ver, waiting for result
[INFO] [1720853220.803200891] [action_move_client]: Client: Received feedback: 0
[INFO] [1720853221.804530754] [action_move_client]: Client: Received feedback: 3
0
[INFO] [1720853222.803876903] [action_move_client]: Client: Received feedback: 6
0
[INFO] [1720853223.803715434] [action_move_client]: Client: Received feedback: 9
0
[INFO] [1720853224.804044345] [action_move_client]: Client: Received feedback: 1
20
[INFO] [1720853225.803871861] [action_move_client]: Client: Received feedback: 1
50
```

图 2-63　动作通信中客户端的运行效果（C++）

示例代码可以在 learning_action_cpp\src\action_move_client.cpp 中找到。

```cpp
#include <iostream>
#include "rclcpp/rclcpp.hpp"                              // ROS 2 C++接口库
#include "rclcpp_action/rclcpp_action.hpp"               // ROS 2 动作类
#include "learning_interface/action/move_circle.hpp"      // 自定义的圆周运动接口
using namespace std;

class MoveCircleActionClient : public rclcpp::Node
{
    public:
        // 定义一个自定义的动作接口类，便于后续使用
        using CustomAction = learning_interface::action::MoveCircle;
        // 定义一个处理动作请求、取消、执行的客户端类
        using GoalHandle = rclcpp_action::ClientGoalHandle<CustomAction>;
        explicit MoveCircleActionClient(const rclcpp::NodeOptions & node_options =
rclcpp::NodeOptions())
        : Node("action_move_client", node_options)        // ROS 2 节点父类初始化
        {
            // 创建动作客户端（接口类型、动作名）
            this->client_ptr_ = rclcpp_action::create_client<CustomAction>(
                this->get_node_base_interface(),
                this->get_node_graph_interface(),
                this->get_node_logging_interface(),
```

```cpp
                this->get_node_waitables_interface(),
                "move_circle");
        }
        // 创建一个发送动作目标的函数
        void send_goal(bool enable)
        {
            // 检查动作服务端是否可以使用
            if (!this->client_ptr_->wait_for_action_server(std::chrono::seconds(10)))
            {
                RCLCPP_ERROR(this->get_logger(), "Client: Action server not available after
waiting");
                rclcpp::shutdown();
                return;
            }
            // 绑定动作请求、取消、执行的回调函数
            auto send_goal_options =
                rclcpp_action::Client<CustomAction>::SendGoalOptions();
            using namespace std::placeholders;
            send_goal_options.goal_response_callback =
                std::bind(&MoveCircleActionClient::goal_response_callback, this, _1);
            send_goal_options.feedback_callback =
                std::bind(&MoveCircleActionClient::feedback_callback, this, _1, _2);
            send_goal_options.result_callback =
                std::bind(&MoveCircleActionClient::result_callback, this, _1);
            // 创建一个动作目标的消息
            auto goal_msg = CustomAction::Goal();
            goal_msg.enable = enable;
            // 异步方式发送动作的目标
            RCLCPP_INFO(this->get_logger(), "Client: Sending goal");
            this->client_ptr_->async_send_goal(goal_msg, send_goal_options);
        }
    private:
        rclcpp_action::Client<CustomAction>::SharedPtr client_ptr_;
        // 创建一个服务端收到目标之后反馈时的回调函数
        void goal_response_callback(GoalHandle::SharedPtr goal_message)
        {
            if (!goal_message)
            {
                RCLCPP_ERROR(this->get_logger(), "Client: Goal was rejected by server");
                rclcpp::shutdown(); // Shut down client node
            }
            else
            {
                RCLCPP_INFO(this->get_logger(), "Client: Goal accepted by server, waiting for
result");
            }
```

```
        }
        // 创建处理周期反馈消息的回调函数
        void feedback_callback(
            GoalHandle::SharedPtr,
            const std::shared_ptr<const CustomAction::Feedback> feedback_message)
        {

            std::stringstream ss;
            ss << "Client: Received feedback: "<< feedback_message->state;
            RCLCPP_INFO(this->get_logger(), "%s", ss.str().c_str());
        }
        // 创建一个收到最终结果的回调函数
        void result_callback(const GoalHandle::WrappedResult & result_message)
        {
            switch (result_message.code)
            {
                case rclcpp_action::ResultCode::SUCCEEDED:
                    break;
                case rclcpp_action::ResultCode::ABORTED:
                    RCLCPP_ERROR(this->get_logger(), "Client: Goal was aborted");
                    rclcpp::shutdown(); // 关闭客户端节点
                    return;
                case rclcpp_action::ResultCode::CANCELED:
                    RCLCPP_ERROR(this->get_logger(), "Client: Goal was canceled");
                    rclcpp::shutdown(); // 关闭客户端节点
                    return;
                default:
                    RCLCPP_ERROR(this->get_logger(), "Client: Unknown result code");
                    rclcpp::shutdown(); // 关闭客户端节点
                    return;
            }
            RCLCPP_INFO(this->get_logger(), "Client: Result received: %s",
(result_message.result->finish ? "true" : "false"));
            rclcpp::shutdown();              // 关闭客户端节点
        }
    };
    // ROS 2 节点主入口 main 函数
    int main(int argc, char * argv[])
    {
        // ROS 2 C++接口初始化
        rclcpp::init(argc, argv);

        // 创建一个客户端指针
        auto action_client = std::make_shared<MoveCircleActionClient>();

        // 发送动作目标
        action_client->send_goal(true);
```

```
// 创建 ROS 2 节点对象并进行初始化
rclcpp::spin(action_client);

// 关闭 ROS 2 C++接口
rclcpp::shutdown();

return 0;
}
```

以上代码注释详细解析了每条代码的含义，实现流程与 Python 版本完全一致，这里不再赘述。

2.8.8　服务端编程方法（C++）

C++编程实现的服务端运行效果如图 2-64 所示。

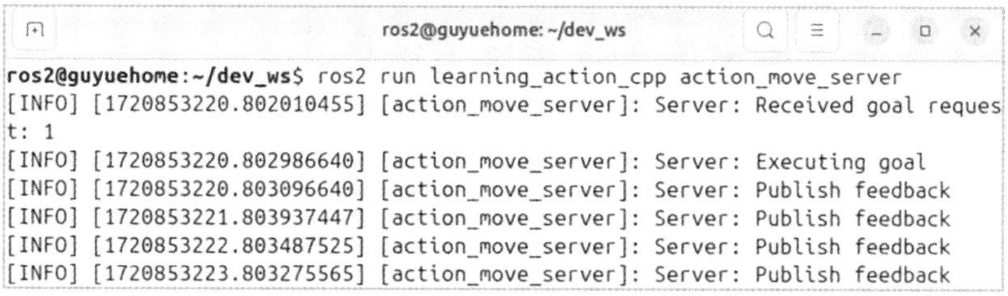

图 2-64　动作通信中服务端的运行效果（C++）

示例代码可以在 learning_action_cpp\src\action_move_server.cpp 中找到。

```cpp
#include <iostream>
#include "rclcpp/rclcpp.hpp"                             // ROS 2 C++接口库
#include "rclcpp_action/rclcpp_action.hpp"               // ROS 2 动作类
#include "learning_interface/action/move_circle.hpp"     // 自定义的圆周运动接口
using namespace std;

class MoveCircleActionServer : public rclcpp::Node
{
    public:
        // 定义一个自定义的动作接口类，便于后续使用
        using CustomAction = learning_interface::action::MoveCircle;
        // 定义一个处理动作请求、取消、执行的服务端
        using GoalHandle = rclcpp_action::ServerGoalHandle<CustomAction>;
        explicit MoveCircleActionServer(const rclcpp::NodeOptions & action_server_options
= rclcpp::NodeOptions())
        : Node("action_move_server", action_server_options)          // ROS 2节点父类初始化
        {
            using namespace std::placeholders;
```

```
        // 创建动作服务端（接口类型、动作名、回调函数）
        this->action_server_ = rclcpp_action::create_server<CustomAction>(
            this->get_node_base_interface(),
                this->get_node_clock_interface(),
                this->get_node_logging_interface(),
                this->get_node_waitables_interface(),
                "move_circle",
                std::bind(&MoveCircleActionServer::handle_goal, this, _1, _2),
                std::bind(&MoveCircleActionServer::handle_cancel, this, _1),
                std::bind(&MoveCircleActionServer::handle_accepted, this, _1));
        }
    private:
        rclcpp_action::Server<CustomAction>::SharedPtr action_server_;  // 动作服务端
        // 响应动作目标的请求
        rclcpp_action::GoalResponse handle_goal(
            const rclcpp_action::GoalUUID & uuid,
            std::shared_ptr<const CustomAction::Goal> goal_request)
        {
            RCLCPP_INFO(this->get_logger(), "Server: Received goal request: %d",
goal_request->enable);
            (void)uuid;
            // 如请求为 enable 则接受运动请求，否则拒绝
            if (goal_request->enable)
            {
                return rclcpp_action::GoalResponse::ACCEPT_AND_EXECUTE;
            }
            else
            {
                return rclcpp_action::GoalResponse::REJECT;
            }
        }
        // 响应动作取消的请求
        rclcpp_action::CancelResponse handle_cancel(
            const std::shared_ptr<GoalHandle> goal_handle_canceled_)
        {
            RCLCPP_INFO(this->get_logger(), "Server: Received request to cancel action");
            (void) goal_handle_canceled_;
            return rclcpp_action::CancelResponse::ACCEPT;
        }
        // 处理动作接受后具体执行的过程
        void handle_accepted(const std::shared_ptr<GoalHandle> goal_handle_accepted_)
        {
            using namespace std::placeholders;
            // 在线程中执行动作过程
            std::thread{std::bind(&MoveCircleActionServer::execute, this, _1),
goal_handle_accepted_}.detach();
```

```cpp
        }
        void execute(const std::shared_ptr<GoalHandle> goal_handle_)
        {
            const auto requested_goal = goal_handle_->get_goal();         // 动作目标
            auto feedback = std::make_shared<CustomAction::Feedback>();   // 动作反馈
            auto result = std::make_shared<CustomAction::Result>();       // 动作结果
            RCLCPP_INFO(this->get_logger(), "Server: Executing goal");
            rclcpp::Rate loop_rate(1);
            // 动作执行的过程
            for (int i = 0; (i < 361) && rclcpp::ok(); i=i+30)
            {
                // 检查是否取消动作
                if (goal_handle_->is_canceling())
                {
                    result->finish = false;
                    goal_handle_->canceled(result);
                    RCLCPP_INFO(this->get_logger(), "Server: Goal canceled");
                    return;
                }
                // 更新反馈状态
                feedback->state = i;
                // 发布反馈状态
                goal_handle_->publish_feedback(feedback);
                RCLCPP_INFO(this->get_logger(), "Server: Publish feedback");
                loop_rate.sleep();
            }
            // 动作执行完成
            if (rclcpp::ok())
            {
                result->finish = true;
                goal_handle_->succeed(result);
                RCLCPP_INFO(this->get_logger(), "Server: Goal succeeded");
            }
        }
};

// ROS 2 节点主入口 main 函数
int main(int argc, char * argv[])
{
    // ROS 2 C++接口初始化
    rclcpp::init(argc, argv);

    // 创建 ROS 2 节点对象并进行初始化
    rclcpp::spin(std::make_shared<MoveCircleActionServer>());

    // 关闭 ROS 2 C++接口
```

```
    rclcpp::shutdown();

    return 0;
}
```

以上代码注释详细解析了每条代码的含义，实现流程与 Python 版本完全一致，这里不再赘述。

2.8.9 动作的命令行操作

ROS 2 动作相关的命令是"action"，常用操作如下。

```
$ ros2 action list                                # 查看服务列表
$ ros2 action info <action_name>                  # 查看服务数据类型
$ ros2 action send_goal <action_name> <action_type> <action_data>  # 发送服务请求
```

在本节动作示例中，客户端和服务端运行时，可以通过 list、info 和 send_goal 查看当前系统动作的列表、查看某动作详细信息、发起动作等，效果如图 2-65 所示。

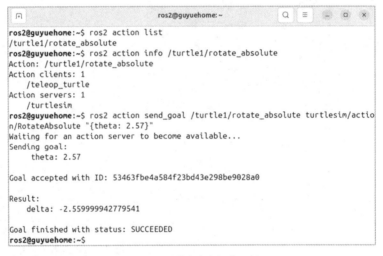

图 2-65　动作命令行操作示例

2.9　参数：机器人系统的全局字典

话题、服务、动作，不知道这三种通信机制大家是否已经了解清楚，本节再来介绍一种 ROS 2 系统中常用的数据传输方式——**参数**（Parameter）。

2.9.1　参数是什么

类似 C++ 编程中的全局变量，参数可以在多个节点之间共享某些数据，是 ROS 机器人系统中的全局字典。

　　参数会用于机器人开发的哪些场景呢？如图 2-66 所示，在开发视觉识别功能时，有很多参数会影响识别和显示的效果。例如，在节点 A 中，需要考虑很多问题：相机连接到哪个 USB 端口、使用的图像分辨率是多少、曝光度和编码格式分别是什么等，这些问题都可以通过参数设置。节点 B 与节点 A 类似，图像识别使用的颜色阈值是多少、图像哪部分是需要关注的核心区域、识别过程是否需要美颜等，也都可以用参数设置。

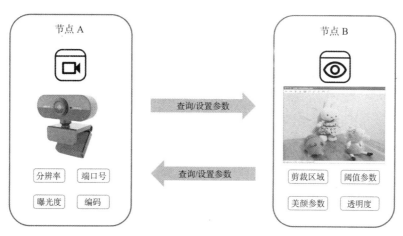

图 2-66　视觉识别功能中的参数示例

　　就像使用美颜相机一样，可以通过滑动条或者输入框设置很多参数，不同参数被设置后，会改变执行功能的某些效果。

2.9.2　参数通信模型

　　在 ROS 2 系统中，参数是以全局字典的形态存在的，这里的字典像真实的字典一样，由名称和数值组成，也叫作键和值，合称键值。如图 2-67 所示，参数就像编程中的变量一样，有一个变量名，然后跟一个等号，后边就是变量值了，在使用时，访问这个变量名即可获取其代表的值。

　　在 ROS 2 中，参数的特性非常丰富，例如某个节点创建了一个参数，其他节点都可以访问；如果某个节点对参数进行了修改，那么其他节点也有办法立刻同步，从而获取最新的数值。

　　在默认情况下，某一个参数被修改后，使用它的节点并不会立刻被同步，ROS 2 提供了动态配置的机制，需要在程序中进行设置，通过回调函数的方法，动态同步参数。

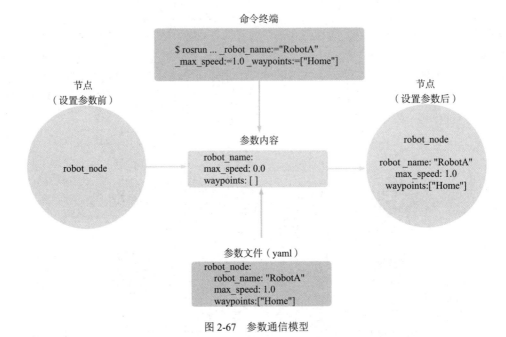

图 2-67　参数通信模型

2.9.3　参数的命令行操作

在海龟的例程中，仿真器提供了不少参数，大家可以通过这个例程，熟悉参数的含义和命令行的使用方法。

启动两个终端，分别运行海龟仿真器和键盘控制节点，运行效果如图 2-68 所示。

```
$ ros2 run turtlesim turtlesim_node
$ ros2 run turtlesim turtle_teleop_key
```

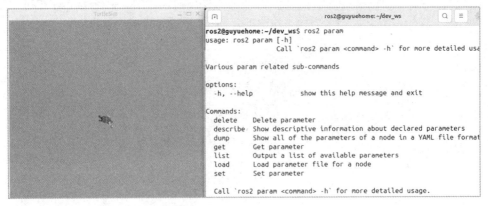

图 2-68　海龟运动控制例程

1. 查看参数列表

当前 ROS 2 系统中有哪些参数呢？大家可以启动一个终端，使用如下命令查询。

```
$ ros2 param list
```

运行效果如图 2-69 所示，详细列出了每个节点所包含的参数名称。

```
                          ros2@guyuehome: ~/dev_ws

ros2@guyuehome:~/dev_ws$ ros2 param list
/turtlesim:
  background_b
  background_g
  background_r
  holonomic
  qos_overrides./parameter_events.publisher.depth
  qos_overrides./parameter_events.publisher.durability
  qos_overrides./parameter_events.publisher.history
  qos_overrides./parameter_events.publisher.reliability
  start_type_description_service
  use_sim_time
```

图 2-69　海龟运动控制例程运行效果

2. 参数查询与修改

如果想查询或者修改某个参数的值，那么可以在 param 命令后加 get 或者 set 子命令，运行效果如图 2-70 所示。

```
$ ros2 param describe turtlesim background_b        # 查看某个参数的描述信息
$ ros2 param get turtlesim background_b             # 查询某个参数的值
$ ros2 param set turtlesim background_b 10          # 修改某个参数的值
```

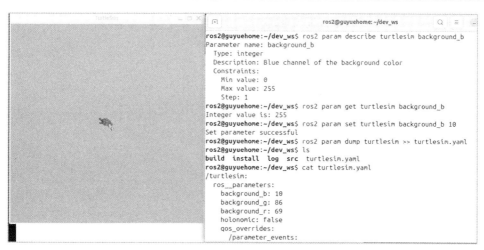

图 2-70　参数的查询、修改、保存、加载运行效果

3. 参数文件保存与加载

逐个查询或修改参数太麻烦了，不如试一试使用参数文件。

ROS 2 中的参数文件使用 YAML 格式，可以在 param 命令后边加 dump 子命令，将某个节点的参数都保存到文件中，或者通过 load 命令一次性加载某个参数文件中的所有内容，运行效果和参数文件中的内容格式如图 2-70 所示。

```
$ ros2 param dump turtlesim >> turtlesim.yaml    # 将某个节点的参数保存到参数文件中
$ ros2 param load turtlesim turtlesim.yaml       # 一次性加载某个文件中的所有参数
```

2.9.4 参数编程方法（Python）

在节点程序中设置参数或读取参数的方法相对简单，通过几个函数就可以实现，我们一起来学习这几个函数的使用方法。

1. 运行效果

先来看一下示例程序的运行效果。启动一个终端，运行第一句指令，启动 param_declare 节点，如图 2-71 所示，可以看到循环输出的日志信息，"Hello"之后的"mbot"就是节点中的一个参数值，参数名是"robot_name"，如果通过命令行将这个参数值修改为"turtle"，那么节点程序也会将该参数改回"mbot"。

```
$ ros2 run learning_parameter param_declare
$ ros2 param set param_declare robot_name turtle
```

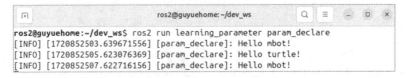

图 2-71　参数示例的运行效果（Python）

2. 代码解析

以上示例程序是如何创建、读取和修改参数的呢？完整实现过程在 learning_parameter/param_declare.py 中，其中的核心代码如下。

```
...

class ParameterNode(Node):
    def __init__(self, name):
        super().__init__(name)
        self.timer = self.create_timer(2, self.timer_callback)

        # 创建一个参数，并设置参数的默认值为 mbot
```

```
        self.declare_parameter('robot_name', 'mbot')
    # 创建定时器周期性执行的回调函数
    def timer_callback(self):
        # 从 ROS 2 系统中读取参数 robot_name 的值
        robot_name_param =
                    self.get_parameter('robot_name').get_parameter_value().string_value
        # 输出日志信息，输出读取到的参数值
        self.get_logger().info('Hello %s!' % robot_name_param)

        # 重新将参数 robot_name 的值设置为 mbot
        new_name_param = rclpy.parameter.Parameter('robot_name',
                    rclpy.Parameter.Type.STRING, 'mbot')
        all_new_parameters = [new_name_param]

        # 将重新创建的参数列表更新到 ROS 2 系统
        self.set_parameters(all_new_parameters)

...
```

可以看到，declare_parameter()方法可以创建一个参数，get_parameter()方法可以读取一个参数值，set_parameters()方法可以一次性设置多个参数，这些就是参数编程的基本方法。

2.9.5　参数编程方法（C++）

使用 C++编程与使用参数的方法类似，可以通过以下命令运行 C++代码实现的参数示例程序，运行效果如图 2-72 所示。

```
$ ros2 run learning_parameter_cpp param_declare
$ ros2 param set param_declare robot_name turtle
```

图 2-72　参数示例的运行效果（C++）

完整的示例程序在 learning_parameter_cpp\src\param_declare.cpp 中，其中的核心内容如下。

```
...

class ParameterNode : public rclcpp::Node
{
    public:
        ParameterNode()
        : Node("param_declare")
        {
        // 创建一个参数，并设置参数的默认值为 mbot
            this->declare_parameter("robot_name", "mbot");
        // 创建一个定时器，定时执行回调函数
            timer_ = this->create_wall_timer(
                1000ms, std::bind(&ParameterNode::timer_callback, this));
        }

        // 创建定时器周期性执行的回调函数
        void timer_callback()
        {
            // 从 ROS 2 系统中读取参数 robot_name 的值
            std::string robot_name_param =
this->get_parameter("robot_name").as_string();              // 输出日志信息，输出读取到的参数值
            RCLCPP_INFO(this->get_logger(), "Hello %s!",
robot_name_param.c_str());
            // 重新将参数 robot_name 的值设置为 mbot
            std::vector<rclcpp::Parameter>
all_new_parameters{rclcpp::Parameter("robot_name", "mbot")};
            // 将重新创建的参数列表更新到 ROS 2 系统
            this->set_parameters(all_new_parameters);

        }
    private:
        rclcpp::TimerBase::SharedPtr timer_;
};

...
```

类似 Python 代码中的接口，declare_parameter()方法创建一个参数，get_parameter()方法读取一个参数值，set_parameters()方法一次性设置多个参数。

2.9.6　参数应用示例：设置目标检测的阈值

参数大家已经熟悉了，如何在机器人中应用呢？继续优化目标检测的示例！

物体识别对光线比较敏感，由于不同环境下代码中使用的颜色阈值不同，每次在代码中修改阈值非常麻烦，因此可以把阈值提炼成参数，在运行过程中动态修改，从而大大提高程序的

可维护性。

1. 运行效果

说干就干，大家先来看一下修改后的示例程序效果如何。启动三个终端，分别运行：

- 相机驱动节点。
- 目标检测节点。
- 通过命令行修改红色的阈值，动态修改检测效果。

```
$ ros2 run usb_cam usb_cam_node_exe
$ ros2 run learning_parameter param_object_detect
$ ros2 param set param_object_detect red_h_upper 180
```

在启动的目标检测节点中，默认程序故意将红色阈值的上限设置为 0，如果不修改该参数，节点将无法实现目标检测功能，运行效果如图 2-73 所示。

图 2-73　阈值不正确时目标检测失败

如图 2-74 所示，通过命令行将红色阈值参数的值修改为 180 之后，就可以立刻看到目标检测效果发生变化，大家可以不断调整参数值，从而得到最佳的检测效果。

图 2-74　修改阈值后目标检测成功

2. 代码解析

以上示例程序的完整代码在 learning_parameter/param_object_detect.py 中，其中的核心内容如下。

```
...

lower_red = np.array([0, 90, 128])      # 红色的 HSV 阈值下限
upper_red = np.array([180, 255, 255])   # 红色的 HSV 阈值上限

class ImageSubscriber(Node):
  def __init__(self, name):
    super().__init__(name)
    # 创建订阅者对象（消息类型、话题名、订阅者回调函数、队列长度）
    self.sub = self.create_subscription(Image, 'image_raw', self.listener_callback, 10)
    # 创建一个图像转换对象，用于 OpenCV 图像与 ROS 的图像消息的互相转换
    self.cv_bridge = CvBridge()
    # 创建一个参数，表示阈值上限
    self.declare_parameter('red_h_upper', 0)
    # 创建一个参数，表示阈值下限
    self.declare_parameter('red_h_lower', 0)

  def object_detect(self, image):
    # 读取阈值上限的参数值
    upper_red[0] = self.get_parameter('red_h_upper').get_parameter_value().integer_value
    # 读取阈值下限的参数值
    lower_red[0] = self.get_parameter('red_h_lower').get_parameter_value().integer_value
    # 通过日志输出读取到的参数值
    self.get_logger().info('Get Red H Upper: %d, Lower: %d' % (upper_red[0], lower_red[0]))
```

```
# 图像从 BGR 颜色模型转换为 HSV 模型
hsv_img = cv2.cvtColor(image, cv2.COLOR_BGR2HSV)
# 图像二值化
mask_red = cv2.inRange(hsv_img, lower_red, upper_red)
# 图像中的轮廓检测
contours, hierarchy = cv2.findContours(mask_red, cv2.RETR_LIST, cv2.CHAIN_APPROX_NONE)
# 去除一些轮廓面积太小的噪声
for cnt in contours:
    if cnt.shape[0] < 150:
        continue
    # 得到目标所在轮廓的左上角 x、y 像素坐标及轮廓范围的宽和高
    (x, y, w, h) = cv2.boundingRect(cnt)
    # 将目标的轮廓勾勒出来
    cv2.drawContours(image, [cnt], -1, (0, 255, 0), 2)
    # 将目标的图像中心点画出来
    cv2.circle(image, (int(x+w/2), int(y+h/2)), 5, (0, 255, 0), -1)

# 使用 OpenCV 显示处理后的图像效果
cv2.imshow("object", image)
cv2.waitKey(50)

...
```

在 object_detect()函数中，每次进行目标检测之前，都会通过 get_parameter()方法获取最新的阈值参数，如果大家通过命令行修改了参数值，下一次获取的阈值参数就会发生变化，动态调整之后的目标检测效果。

2.10　数据分发服务（DDS）：机器人的神经网络

在 ROS 2 系统中，话题、服务、动作通信的具体实现过程，都依赖底层的 DDS 通信机制，DDS 相当于 ROS 2 机器人系统中的神经网络。

2.10.1　DDS 是什么

DDS 并不是一种新的通信机制，在 ROS 2 使用之前，DDS 已经广泛应用于很多领域，如图 2-75 所示，在自动驾驶领域通常存在感知、预测、决策和定位等模块，这些模块需要高速和频繁地交换数据，使用 DDS 可以很好地满足各模块之间的通信需求。

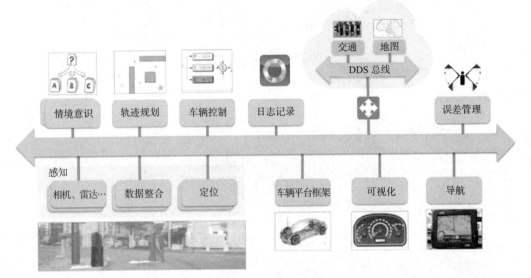

图 2-75 常见通信机制的四种模式

DDS 的全称是 Data Distribution Service，也就是**数据分发服务**，2004 年由对象管理组织（Object Management Group，OMG）发布和维护，是一套专门为实时系统设计的数据分发/订阅标准，最早应用于美国海军，解决舰船复杂网络环境中大量软件升级的兼容性问题，现在已经成为强制标准。

对象管理组织成立于 1989 年，它的使命是开发技术标准，为数以千计的垂直行业提供真实价值，除 DDS 外，该组织维护的技术标准还有很多，例如统一建模语言 SYSML 和 UML、中间件标准 CORBA 等。

DDS 在 ROS 2 系统中的位置至关重要，所有上层建设都建立在 DDS 之上。它强调以数据为中心，提供丰富的服务质量策略，以保障数据进行实时、高效、灵活地分发，满足各种分布式实时通信应用需求。

DDS 是一种通信的标准，就像 4G、5G 一样，既然是标准，大家就都可以按照它来实现对应的功能，所以华为、高通有很多 5G 的技术专利，DDS 也一样。能够按照 DDS 标准实现的通信系统很多，图 2-76 底层的每个 DDS 模块，都对应某个企业或组织开发的一种 DDS 系统。

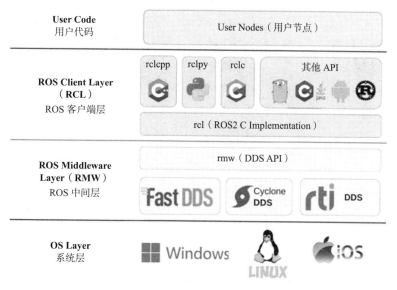

图 2-76　ROS 2 系统架构概览

可选用的 DDS 这么多，该用哪一个呢？具体而言，它们肯定都符合基本标准，但还是会有性能上的差别，ROS 2 的原则就是尽量兼容，让用户根据使用场景选择，如果是个人开发，那么选择一个开源版本的 DDS 就行；如果是工业应用，那可能要选择一个商业授权的版本。

为了实现对多个厂家 DDS 的兼容，ROS 2 设计了一个 Middleware 中间件，也就是一个统一的标准，不管用哪家的 DDS，都可以保证上层编程使用的函数接口是一样的。此时，兼容性的问题就转移给了 DDS 厂商，如果想让自己的 DDS 进入 ROS 生态，就得按照 ROS 2 的接口标准开发驱动。

无论如何，ROS 2 的宗旨不变，就是提高机器人开发中的软件复用率，"下层 DDS 任你换，上边应用软件不用变"。

在 ROS 2 的 4 大组成部分中，由于 DDS 的加入，大大提高了分布式通信系统的综合能力，这样在开发机器人的过程中，我们就不需要纠结通信的问题，可以把更多精力放在上层应用的开发上。

2.10.2　DDS 通信模型

DDS 的核心是通信，能够实现通信的模型和软件框架非常多，一般分为 4 种模式，如图 2-77 所示。

点对点模式   Broker 模式   广播模式   数据为中心模式

TCP、REST、
WS*、OPC UA
CORBA、Thrift

MQTT、XMPP
AMQP、Kafka

Fieldbus、CANbus、
OPC UA Pub-Sub

DDS

图 2-77　常见的 4 种通信模式

1. 点对点模式

许多客户端连接到一个服务端，每次通信时，通信双方必须建立连接。当通信节点增加时，连接数也会增加。每个客户端都需要知道服务端的具体地址和所提供的服务，一旦服务器地址发生变化，所有客户端都会受到影响。

2. Broker 模式

针对点对点模式进行了优化，由 Broker 集中处理所有节点的请求，并进一步找到真正能响应该服务的角色，这样客户端就不用关心服务器的具体地址了。不过这样做的问题也很明显，Broker 作为核心，它的处理速度会影响所有节点的效率，当系统规模增长到一定程度时，Broker 就会成为整个系统的性能瓶颈。更麻烦是，如果 Broker 发生异常，则可能导致整个系统无法正常运转。

ROS 1 的通信系统是 Broker 模式，一旦 Master 节点失效，整个系统都将无法正常工作。

3. 广播模式

所有节点都可以在通道上广播消息，其他节点都可以收到消息。这个模式解决了服务器地址的问题，而且通信双方不用单独建立连接，但是广播通道上的消息太多了，所有节点都必须关心每条消息，而很多消息和自己没有关系，会浪费大量系统资源和通信带宽。

4. 数据为中心模式

这种模式与广播模式类似，所有节点都可以在 DataBus 上发布和订阅消息。它的先进之处在于，通信中包含了很多并行的通路，每个节点都可以只关心自己感兴趣的消息，忽略自己不感兴趣的消息，有点儿像旋转火锅，各种好吃的食物都在 DataBus 上传送，食客只需要拿自己想吃的，忽略其他食物。

DDS 采用的就是以数据为中心的通信模式，整体优势较为明显。

2.10.3　质量服务策略

DDS 为 ROS 2 的通信系统提供了哪些特性呢？如图 2-78 所示，大家可以通过这个通信模型了解一下。

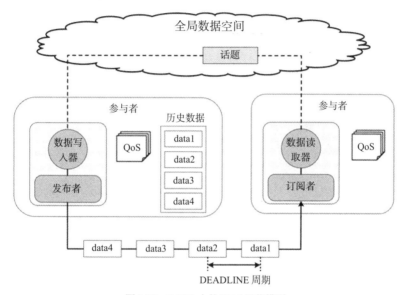

图 2-78　ROS 2 中的 DDS 通信模型

DDS 的基本结构是 Domain，Domain 将各个应用程序绑定在一起，是对全局数据空间的分组定义，只有处于同一个 Domain 小组中的节点才能互相通信，这样可以避免无用数据占用资源。

DDS 的另外一个重要特性是质量服务（Quality of Service，QoS）策略。QoS 是一种网络传输策略，应用程序指定需要的网络传输质量，QoS 尽量实现这种质量要求，也可以理解为是数据提供者和接收者之间的合约。

ROS 2 中常用的策略如下。

- DEADLINE：表示节点之间必须在每个截止时间内完成一次通信。
- HISTORY：表示针对历史数据的缓存大小。
- RELIABILITY：表示数据通信的模式，BEST_EFFORT 是尽力传输模式，在网络情况不好时，也要保证数据流畅，但可能导致数据丢失；RELIABLE 是可信赖模式，可以在通信中尽量保证数据的完整性，大家需要根据应用场景选择合适的通信模式。

- DURABILITY：可以配置为针对晚加入的节点，也保证有一定的历史数据发送过去，让新节点快速适应系统。

所有 QoS 策略在 ROS 2 中都可以通过以下结构体配置，在/opt/ros/jazzy/include/rmw/rmw/types.h 中定义。

```
typedef struct RMW_PUBLIC_TYPE rmw_qos_profile_s
{
  enum rmw_qos_history_policy_e history;          // QoS 历史消息设置
  size_t depth;                                   // 消息队列的长度
  enum rmw_qos_reliability_policy_e reliability;  // QoS 可靠性策略设置
  enum rmw_qos_durability_policy_e durability;    // QoS 持久性策略设置
  struct rmw_time_s deadline;                     // 预计发送/接收消息的周期
  struct rmw_time_s lifespan;                     // 消息被视为过期且不再有效的时间
  enum rmw_qos_liveliness_policy_e liveliness;    // QoS 活跃度策略设置
  struct rmw_time_s liveliness_lease_duration;    // RMW 节点或发布者必须显示其存活的时间
  bool avoid_ros_namespace_conventions;           // 是否规避 ROS 特定的命名空间约定
} rmw_qos_profile_t;
```

如果不配置 QoS 会怎样呢？没关系，ROS 2 系统会使用默认的参数。大家可以在 "/opt/ros/jazzy/include/rmw/rmw/qos_profiles.h" 中看到系统默认配置的 QoS 策略。

```
static const rmw_qos_profile_t rmw_qos_profile_sensor_data =
{
  RMW_QOS_POLICY_HISTORY_KEEP_LAST,
  5,
  RMW_QOS_POLICY_RELIABILITY_BEST_EFFORT,
  RMW_QOS_POLICY_DURABILITY_VOLATILE,
  RMW_QOS_DEADLINE_DEFAULT,
  RMW_QOS_LIFESPAN_DEFAULT,
  RMW_QOS_POLICY_LIVELINESS_SYSTEM_DEFAULT,
  RMW_QOS_LIVELINESS_LEASE_DURATION_DEFAULT,
  false
};

static const rmw_qos_profile_t rmw_qos_profile_parameters =
{
  RMW_QOS_POLICY_HISTORY_KEEP_LAST,
  1000,
  RMW_QOS_POLICY_RELIABILITY_RELIABLE,
  RMW_QOS_POLICY_DURABILITY_VOLATILE,
  RMW_QOS_DEADLINE_DEFAULT,
  RMW_QOS_LIFESPAN_DEFAULT,
```

```
  RMW_QOS_POLICY_LIVELINESS_SYSTEM_DEFAULT,
  RMW_QOS_LIVELINESS_LEASE_DURATION_DEFAULT,
  false
};

static const rmw_qos_profile_t rmw_qos_profile_default =
{
  RMW_QOS_POLICY_HISTORY_KEEP_LAST,
  10,
  RMW_QOS_POLICY_RELIABILITY_RELIABLE,
  RMW_QOS_POLICY_DURABILITY_VOLATILE,
  RMW_QOS_DEADLINE_DEFAULT,
  RMW_QOS_LIFESPAN_DEFAULT,
  RMW_QOS_POLICY_LIVELINESS_SYSTEM_DEFAULT,
  RMW_QOS_LIVELINESS_LEASE_DURATION_DEFAULT,
  false
};

static const rmw_qos_profile_t rmw_qos_profile_services_default =
{
  RMW_QOS_POLICY_HISTORY_KEEP_LAST,
  10,
  RMW_QOS_POLICY_RELIABILITY_RELIABLE,
  RMW_QOS_POLICY_DURABILITY_VOLATILE,
  RMW_QOS_DEADLINE_DEFAULT,
  RMW_QOS_LIFESPAN_DEFAULT,
  RMW_QOS_POLICY_LIVELINESS_SYSTEM_DEFAULT,
  RMW_QOS_LIVELINESS_LEASE_DURATION_DEFAULT,
  false
};

static const rmw_qos_profile_t rmw_qos_profile_parameter_events =
{
  RMW_QOS_POLICY_HISTORY_KEEP_LAST,
  1000,
  RMW_QOS_POLICY_RELIABILITY_RELIABLE,
  RMW_QOS_POLICY_DURABILITY_VOLATILE,
  RMW_QOS_DEADLINE_DEFAULT,
  RMW_QOS_LIFESPAN_DEFAULT,
  RMW_QOS_POLICY_LIVELINESS_SYSTEM_DEFAULT,
  RMW_QOS_LIVELINESS_LEASE_DURATION_DEFAULT,
  false
};

static const rmw_qos_profile_t rmw_qos_profile_system_default =
{
```

```
RMW_QOS_POLICY_HISTORY_SYSTEM_DEFAULT,
RMW_QOS_POLICY_DEPTH_SYSTEM_DEFAULT,
RMW_QOS_POLICY_RELIABILITY_SYSTEM_DEFAULT,
RMW_QOS_POLICY_DURABILITY_SYSTEM_DEFAULT,
RMW_QOS_DEADLINE_DEFAULT,
RMW_QOS_LIFESPAN_DEFAULT,
RMW_QOS_POLICY_LIVELINESS_SYSTEM_DEFAULT,
RMW_QOS_LIVELINESS_LEASE_DURATION_DEFAULT,
false
};
```

为什么需要这么多种策略呢？举一个机器人的例子，以便大家理解。

例如遥控一个无人机航拍，如图 2-79 所示，如果网络情况不好，那么遥控器可以通过 RELIABLE 模式向无人机发送运动指令，保证每个命令都可以顺利发送给无人机，允许有一些延时；无人机传输图像的过程可以用 BEST_EFFORT 模式，保证视频的流畅性，但是可能会掉帧；如果此时黑客侵入无人机的网络，可以对 ROS 2 的通信数据进行加密，黑客将无法直接控制无人机或者截取有效数据。

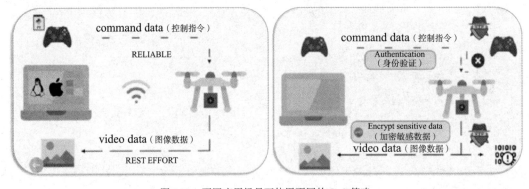

图 2-79　不同应用场景可使用不同的 QoS 策略

DDS 的加入让 ROS 2 的通信系统焕然一新，多种多样的通信配置，可以更好地满足不同场景下的机器人应用。

每种通信机制都有自己的优缺点，DDS 虽然稳定安全，但是针对大量数据的传输效率较低。2023 年年底，ROS 官方发起投票，最终决定未来会逐渐支持另外一种通信机制——Zenoh，不过时间尚久，感兴趣的读者可以关注 ROS 社区中的最新消息。

2.10.4　命令行中配置 DDS 的 QoS

QoS 具体该如何操作呢？先来试一试在命令行中配置 DDS 的 QoS 策略。

启动第一个终端，使用 BEST_EFFORT 模式创建一个发布者节点，循环发布任意数据；在另外一个终端中，使用 RELIABLE 模式订阅同一话题，如图 2-80 所示。此时无法实现数据通信，因为两者的 QoS 策略不同，只有修改为同样的 BEST_EFFORT 模式，才能实现数据传输，如图 2-81 所示。

```
$ ros2 topic pub /chatter std_msgs/msg/Int32 "data: 42" --qos-reliability best_effort
$ ros2 topic echo /chatter --qos-reliability reliable
$ ros2 topic echo /chatter --qos-reliability best_effort
```

图 2-80　当发布者与订阅者的 QoS 策略不同时，两者无法实现通信

图 2-81　当发布者与订阅者的 QoS 策略相同时，两者可以实现通信

如何查看 ROS 2 系统中每个发布者或者订阅者的 QoS 策略呢？在 ros2 topic 命令后边加一个"--verbose"参数就可以了。

```
$ ros2 topic info /chatter --verbose
```

运行效果如图 2-82 所示,其中的 QoS Profile 会详细列出该节点的 QoS 策略。

图 2-82　查询某节点的 QoS 策略的运行效果

2.10.5　DDS 编程示例

除了在命令行中操作,我们还可以在代码中配置 DDS,如图 2-83 所示,以 Hello World 话题通信为例,DDS 的 QoS 该如何配置呢?

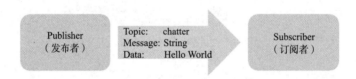

图 2-83　Hello World 话题通信架构

1. 运行效果

先来看示例程序的运行效果。启动两个终端,分别运行发布者和订阅者节点。

```
$ ros2 run learning_qos qos_helloworld_pub
$ ros2 run learning_qos qos_helloworld_sub
```

两个终端中的通信效果如图 2-84 所示,与 2.5 节运行的效果貌似没有太大区别,不过此时的底层通信策略有所不同。

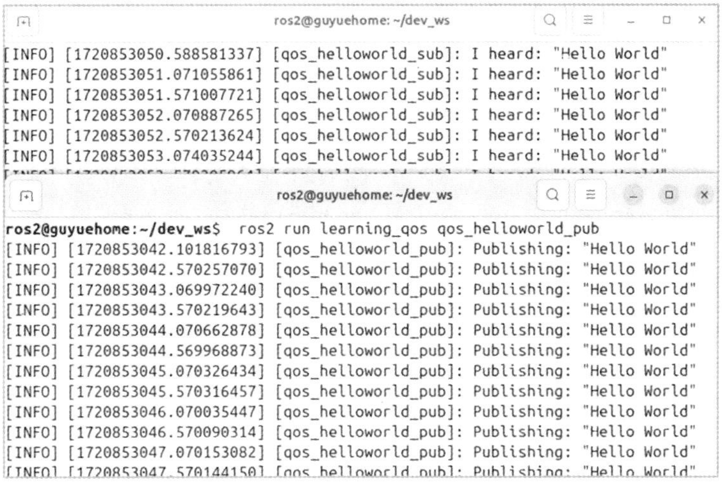

图 2-84　Hello World 话题通信效果

2. 发布者代码解析

大家在代码中继续找一下玄机，完整内容在 learning_qos/qos_helloworld_pub.py 中，其中和
DDS 相关的核心代码如下。

```
...

from rclpy.qos import QoSProfile, QoSReliabilityPolicy, QoSHistoryPolicy # ROS 2 QoS 类

class PublisherNode(Node):

    def __init__(self, name):
        super().__init__(name)

        # 创建一个 QoS 策略
        qos_profile = QoSProfile(
            # reliability=QoSReliabilityPolicy.BEST_EFFORT,
            reliability=QoSReliabilityPolicy.RELIABLE,
            history=QoSHistoryPolicy.KEEP_LAST,
            depth=1
        )

        # 创建发布者对象（消息类型、话题名、QoS 策略）
        self.pub = self.create_publisher(String, "chatter", qos_profile)
        # 创建一个定时器（定时执行的回调函数，周期的单位为秒）
        self.timer = self.create_timer(0.5, self.timer_callback)

    # 创建定时器周期性执行的回调函数
```

```
    def timer_callback(self):
        msg = String()              # 创建一个 String 类型的消息对象
        msg.data = 'Hello World'    # 填充消息对象中的消息数据
        self.pub.publish(msg)       # 发布话题消息

...
```

以上代码主要修改了通过 QoSProfile() 创建需要使用的 QoS 这部分，并在创建发布者时进行了配置，实际使用中如果需要修改 QoS 策略，直接在结构中修改即可。

2. 订阅者代码解析

在订阅者的创建过程中，同样需要使用类似的 QoS 配置，完整代码在 learning_qos/qos_helloworld_sub.py 中。

```
...

from rclpy.qos import QoSProfile, QoSReliabilityPolicy, QoSHistoryPolicy  # ROS 2 QoS 类

class SubscriberNode(Node):

    def __init__(self, name):
        super().__init__(name)

        # 创建一个 QoS 策略
        qos_profile = QoSProfile(
            # reliability=QoSReliabilityPolicy.BEST_EFFORT,
            reliability=QoSReliabilityPolicy.RELIABLE,
            history=QoSHistoryPolicy.KEEP_LAST,
            depth=1
        )

        # 创建订阅者对象（消息类型、话题名、订阅者回调函数、QoS 策略）
        self.sub = self.create_subscription(\
            String, "chatter", self.listener_callback, qos_profile)

    # 创建回调函数，执行收到话题消息后对数据的处理
    def listener_callback(self, msg):
        # 输出日志信息，提示订阅收到的话题消息
        self.get_logger().info('I heard: "%s"' % msg.data)

...
```

DDS 是一个非常复杂的通信机制，以上只是冰山一角，目的是带领大家认识 DDS，更多使用方法和相关内容，可以参考网络资料和各 DDS 厂家的手册。

2.11 分布式通信

智能机器人的功能繁多，如果把它们都放在一台计算机里，那么经常会遇到计算能力不够、处理卡顿等情况。但是如果将这些任务拆解，分配到多台计算机中运行，就可以轻松解决资源受限的问题。ROS 2 提供了一种可以实现多计算平台上任务分配的方式——**分布式通信**。

2.11.1 分布式通信是什么

机器人功能是由各种节点组成的，这些节点可能位于不同的计算机中，分布式通信可以将原本资源消耗较多的任务分配到不同平台上，减轻计算压力。

在常见的机器人应用开发中，开发者经常将机器人系统功能分别部署在端侧开发板和开发侧计算机上，如图 2-85 所示。这种方式可以大大缩小机器人的尺寸，同时可以帮助开发者远程监控机器人设备。

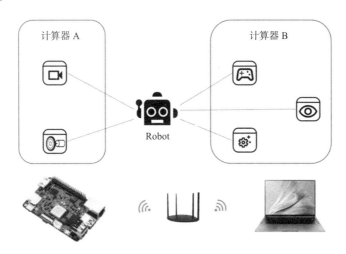

图 2-85　分布式通信概念示意

端侧开发板可以是计算机，也可以是嵌入式开发板，例如树莓派、RDK 等，本书示例使用的是开发板 RDK X3，其他开发板应用方法相同。

ROS 2 从设计之初就支持分布式通信，可以快速实现同局域网下多个节点的跨设备通信，例如在端侧开发板中实现传感器驱动、电机控制、AI 应用等功能，在开发侧计算机中实现机器人传感器信息可视化、远程控制机器人运动等功能。

2.11.2 SSH 远程网络连接

SSH（Secure Shell）是一种网络协议，通过加密的连接提供了安全的命令行界面，常用于远程登录和执行命令。

可以通过如下指令在开发侧计算机中实现远程连接端侧开发板。

```
$ ssh {用户名}@{IP 地址}

#举例：
$ ssh root@192.168.1.10
```

这个命令同样适用于 Windows 操作系统。如图 2-86 所示，大家可以在 Windows 操作系统中打开 PowerShell，并在终端中输入远程连接指令，此处的"root"是端侧开发板的用户名，"192.168.1.10"是端侧开发板的 IP 地址。如果被访问的设备支持 SSH 连接，则会提示输入密码，之后就可以成功登录，就像控制本地计算机一样，在终端中控制远程开发板设备。

```
PS C:\Users\12459> ssh root@192.168.1.10
The authenticity of host '192.168.1.10 (192.168.1.10)' can't be established.
ED25519 key fingerprint is SHA256:PDd0mGpBVgGLRBMAThJfgyWQpZdHkaNVuf34Igte80Q.
This host key is known by the following other names/addresses:
    C:\Users\12459\.ssh\known_hosts:1: 192.168.1.105
    C:\Users\12459\.ssh\known_hosts:4: 192.168.0.107
Are you sure you want to continue connecting (yes/no/[fingerprint])? yes
Warning: Permanently added '192.168.1.10' (ED25519) to the list of known hosts.
root@192.168.1.10's password:
Welcome to Ubuntu 20.04.6 LTS (GNU/Linux 4.14.87 aarch64)

 * Documentation:  https://help.ubuntu.com
 * Management:     https://landscape.canonical.com
 * Support:        https://ubuntu.com/advantage
Last login: Sat Jun 22 23:55:44 2024 from 192.168.1.22
IP:
VERSION: 2.0.2
```

图 2-86　计算机远程 SSH 连接开发板示例

以上 SSH 连接远程开发板的方法，同样适用于连接任何支持 SSH 的设备。

使用 PowerShell 虽然可以帮助我们快速连接远程的开发板，但这在实际的代码开发中并不方便，此时可以使用集成开发环境 VSCode。在 VSCode 扩展插件中搜索 SSH，会弹出"Visual Studio Code Remote - SSH"的选项，下载后可以在 VSCode 界面的左下角看到一个对角符号，这就是通过 VSCode 远程 SSH 连接其他设备的入口，单击后如图 2-87 所示，可以在控件中输入类似"ssh root@192.168.1.0"的指令，完成后如图 2-88 所示，这时就可以远程编写其他设备中的代码了。

图 2-87　VSCode SSH 远程登录方法

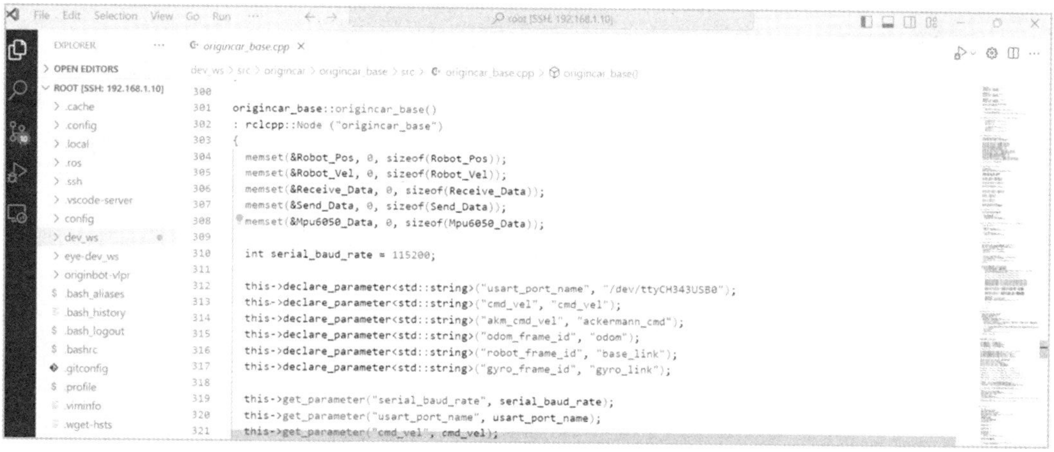

图 2-88　使用 VSCode 远程编写其他设备中的代码

2.11.3　分布式数据传输

我们已经通过 SSH 打通了计算机和开发板之间的连接，这是 ROS 2 分布式通信的基础条件。如果想让 ROS 2 机器人中的各种节点部署到不同的设备中，还需要做哪些工作呢？

其实 ROS 2 底层的通信系统已经为大家准备好了，只需要将多台设备连接到同一个网络下，不需要做任何配置，多台设备中的 ROS 2 节点就可以通信了。接下来还是以计算机和开发板为例，分别部署话题和服务的示例节点，试一试数据能否成功传输。

参考 2.11.2 节讲解的方法，通过远程 SSH 连接开发板，在开发板上运行一个话题的订阅者。

```
$ ros2 run examples_rclcpp_minimal_subscriber subscriber_member_function  # 开发板端
```

运行前需要确保：

● 已经将对应的功能包在开发板的 Ubuntu 环境中编译通过，开发板上工作空间的创建和编译方法与本章讲解的方法完全相同，大家可以根据自己使用的开发板进行操作。

● 已经将开发板和计算机连接到同一个网络中，通常连接到同一个路由器中即可。

在终端的计算机中输入如下指令，运行一个话题的发布者。

```
$ ros2 run examples_rclcpp_minimal_publisher publisher_member_function   # 终端计算机
```

如果在同一台计算机中，一个节点发布话题消息，一个节点订阅话题消息，则两者会传输"Hello World"的字符串数据。现在使用两台设备分别运行节点，如图 2-89 和图 2-90 所示，可以看到同样的数据传输效果。

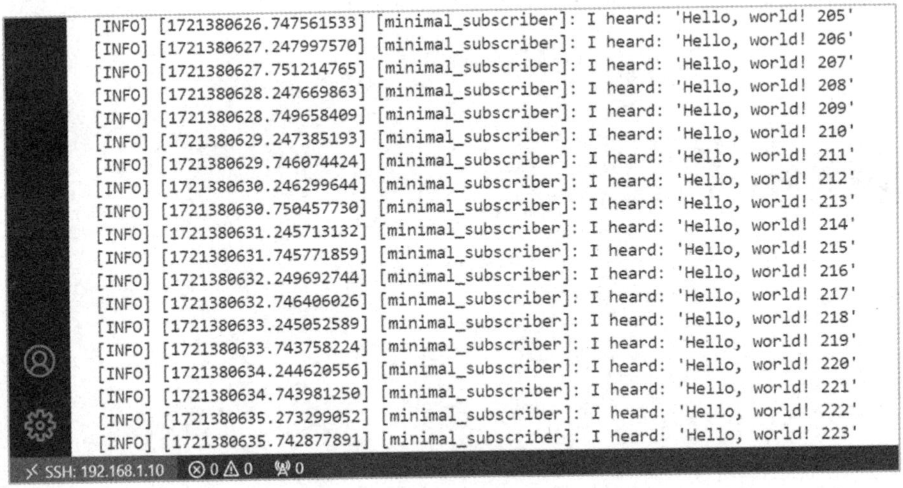

图 2-89　开发板侧运行订阅者的日志输出

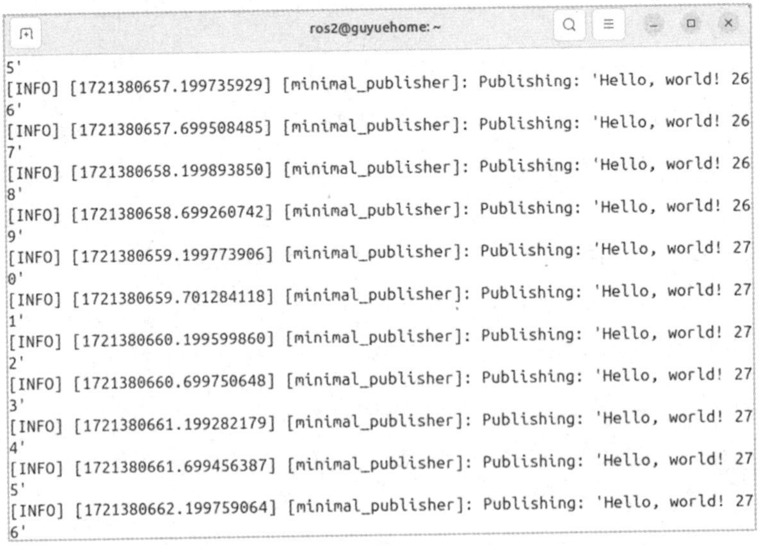

图 2-90　计算机侧运行发布者的日志输出

若使用虚拟机，请将虚拟机网络修改为桥接模式。

从以上示例可以看出，ROS 2 分布式通信使用起来非常简单，只需按照话题、服务等通信机制开发节点功能，运行时可灵活放置在不同设备中，几乎不需要关注通信网络的配置。

如果一个网络中有很多计算机或者开发板，我们并不希望它们可以互通互联，而是希望它们可以分组通信，但小组之间无法通信，那么怎么做呢？这时就要用到 ROS 2 中的 DOMAIN 机制。

2.11.4 分布式网络分组

ROS 2 提供了 DOMAIN 机制，只有处于同一个 DOMAIN 小组中的设备才能通信。设置的方法也很简单，只需要在运行 ROS 2 的终端中输入以下命令，即可设置当前设备的 DOMAIN ID，同一 DOMAIN ID 的设备将被分配到同一个小组中，不同 DOMAIN ID 的设备无法进行通信。

为了方便使用，也可以在 bashrc 中加入以下命令，如图 2-91 所示，这样终端每次启动时，都会自动设置 DOMAIN ID。

```
$ export ROS_DOMAIN_ID=<your_domain_id>  #0~255
```

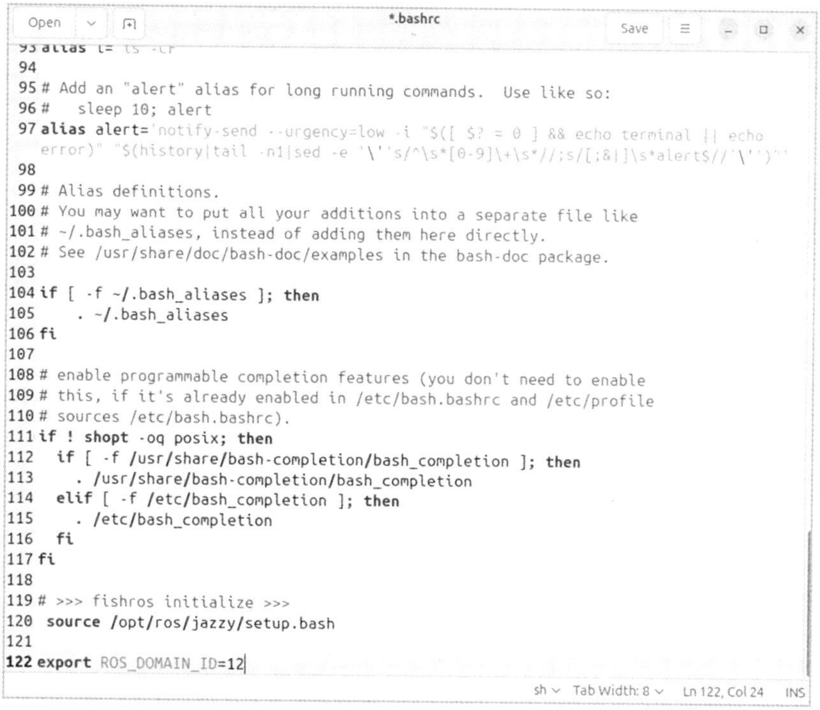

图 2-91 DOMAIN 分组设置

2.11.5 海龟分布式通信示例

分布式通信网络已经建立完毕，在真实机器人应用中又该如何使用分布式通信呢？以海龟运动控制仿真为例，可以在计算机端启动海龟仿真器，在开发板端启动键盘运动节点，模拟真实机器人的远程遥控。

```
$ ros2 run turtlesim turtlesim_node          # 计算机端
$ ros2 run turtlesim turtle_teleop_key        # 开发板端
```

两个节点都启动成功后，在开发板端的键盘控制节点终端中操作，同样可以控制海龟上下左右运动。

在真实机器人的应用开发中，类似这样的分布式通信的使用非常频繁，随着本书内容的深入，大家可以不断加深理解。这里需要重点理解 ROS 2 分布式通信的基本使用方法，关于网络连接和 SSH 的使用方法，也可以参考网络上的更多教程和材料。

2.12 本章小结

第 2 章内容终于结束了，如果大家是第一次接触 ROS 2，相信一定会很辛苦：节点、话题、服务、动作、参数、接口、DDS，需要记住的概念可真不少。先不要纠结每种概念对应的具体编程方法，可以在后续机器人开发的过程中，经常回顾本章的内容，通过实际应用来加深理解。当然，与 ROS 2 相关的内容可不止这些，更多关于机器人开发的工具和功能，我们将在第 3 章继续学习。

3

ROS 2 常用工具：让机器人开发更便捷

机器人开发设计的系统功能非常繁杂，除了开发代码，还需要进行各种节点的管理、各种数据的可视化、各种场景的仿真等，这些都需要工具的支持，ROS 2 中有很多好用的工具，可以让开发事半功倍，本节就带大家一起来学习这些"神器"。

3.1 Launch：多节点启动与配置脚本

通常，我们每运行一个 ROS 节点，都需要打开一个新的终端运行一行命令。机器人系统中节点很多，如果每次都这样启动会非常烦琐，有没有一种方式可以一次性启动所有节点呢？

答案当然是肯定的，那就是——Launch 启动文件，它是 ROS 中多节点启动与配置的一种脚本，内容的形式如下。

```python
import os

from ament_index_python.packages import get_package_share_directory

from launch import LaunchDescription
from launch.actions import IncludeLaunchDescription
from launch.launch_description_sources import PythonLaunchDescriptionSource

from launch_ros.actions import Node

def generate_launch_description():
    # 设置功能包和仿真环境的名称
    package_name='learning_gazebo'
    world_file_path = 'worlds/neighborhood.world'
```

```python
# 获取功能包和仿真环境的路径
pkg_path = os.path.join(get_package_share_directory(package_name))
world_path = os.path.join(pkg_path, world_file_path)

# 设置机器人在仿真环境中的位置变量
spawn_x_val = '0.0'
spawn_y_val = '0.0'
spawn_z_val = '0.0'
spawn_yaw_val = '0.0'

# 调用机器人底盘和传感器的启动文件
mbot = IncludeLaunchDescription(
    PythonLaunchDescriptionSource([os.path.join(
        get_package_share_directory(package_name),'launch','mbot_camera.launch.py'
    )]), launch_arguments={'use_sim_time': 'true', 'world':world_path}.items()
)

# 调用 Gazebo 启动文件，该文件由 gazebo_ros 功能包提供
gazebo = IncludeLaunchDescription(
    PythonLaunchDescriptionSource([os.path.join(
        get_package_share_directory('gazebo_ros'), 'launch', 'gazebo.launch.py')]),
)

# 调用 gazebo_ros 功能包中的 spawn_entity 节点，并且输入一系列参数
spawn_entity = Node(package='gazebo_ros', executable='spawn_entity.py',
                    arguments=['-topic', 'robot_description',
                               '-entity', 'mbot',
                               '-x', spawn_x_val,
                               '-y', spawn_y_val,
                               '-z', spawn_z_val,
                               '-Y', spawn_yaw_val],
                    output='screen')


# 运行以上配置的所有功能
return LaunchDescription([
    mbot,
    gazebo,
    spawn_entity,
])
```

以上 Launch 启动文件与 Python 代码相似，没错，ROS 2 中的 Launch 启动文件就是使用 Python 描述的。

　　Launch 启动文件的核心目的是启动节点，可以配置在命令行中输入的各种参数，甚至可以使用 Python 原有的编程功能，大大提高了多节点启动过程的灵活性。Launch 启动文件在 ROS

中出现的频次相当高，它就像粘合剂一样，可以自由组装和配置各个节点。

如何理解或者编写一个 Launch 启动文件呢？本节将通过一系列例程带领大家逐步深入学习。

3.1.1 多节点启动方法

先来看看如何启动多个节点。当我们启动一个终端时，使用"ros2"中的 launch 命令来启动第一个 Launch 启动文件。

```
$ ros2 launch learning_launch simple.launch.py
```

运行成功后，可以在终端中看到发布者和订阅者两个节点的日志信息，如图 3-1 所示。

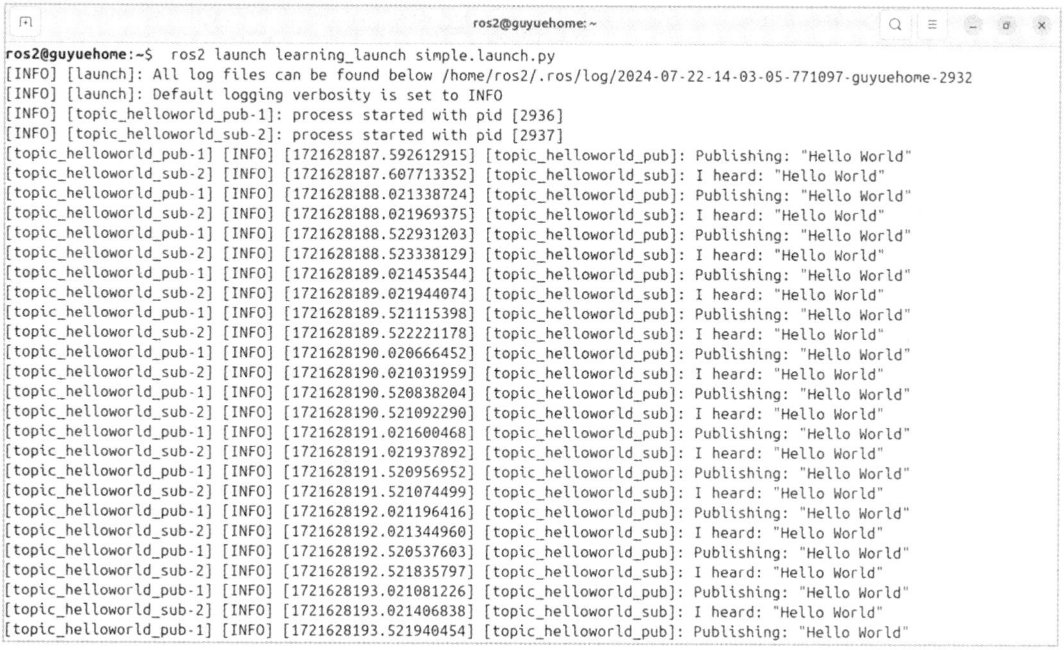

```
ros2@guyuehome:~$ ros2 launch learning_launch simple.launch.py
[INFO] [launch]: All log files can be found below /home/ros2/.ros/log/2024-07-22-14-03-05-771097-guyuehome-2932
[INFO] [launch]: Default logging verbosity is set to INFO
[INFO] [topic_helloworld_pub-1]: process started with pid [2936]
[INFO] [topic_helloworld_sub-2]: process started with pid [2937]
[topic_helloworld_pub-1] [INFO] [1721628187.592612915] [topic_helloworld_pub]: Publishing: "Hello World"
[topic_helloworld_sub-2] [INFO] [1721628187.607713352] [topic_helloworld_sub]: I heard: "Hello World"
[topic_helloworld_pub-1] [INFO] [1721628188.021338724] [topic_helloworld_pub]: Publishing: "Hello World"
[topic_helloworld_sub-2] [INFO] [1721628188.021969375] [topic_helloworld_sub]: I heard: "Hello World"
[topic_helloworld_pub-1] [INFO] [1721628188.522931203] [topic_helloworld_pub]: Publishing: "Hello World"
[topic_helloworld_sub-2] [INFO] [1721628188.523338129] [topic_helloworld_sub]: I heard: "Hello World"
[topic_helloworld_pub-1] [INFO] [1721628189.021453544] [topic_helloworld_pub]: Publishing: "Hello World"
[topic_helloworld_sub-2] [INFO] [1721628189.021944074] [topic_helloworld_sub]: I heard: "Hello World"
[topic_helloworld_pub-1] [INFO] [1721628189.521115398] [topic_helloworld_pub]: Publishing: "Hello World"
[topic_helloworld_sub-2] [INFO] [1721628189.522221178] [topic_helloworld_sub]: I heard: "Hello World"
[topic_helloworld_pub-1] [INFO] [1721628190.020666452] [topic_helloworld_pub]: Publishing: "Hello World"
[topic_helloworld_sub-2] [INFO] [1721628190.021031959] [topic_helloworld_sub]: I heard: "Hello World"
[topic_helloworld_pub-1] [INFO] [1721628190.520838204] [topic_helloworld_pub]: Publishing: "Hello World"
[topic_helloworld_sub-2] [INFO] [1721628190.521092290] [topic_helloworld_sub]: I heard: "Hello World"
[topic_helloworld_pub-1] [INFO] [1721628191.021600468] [topic_helloworld_pub]: Publishing: "Hello World"
[topic_helloworld_sub-2] [INFO] [1721628191.021937892] [topic_helloworld_sub]: I heard: "Hello World"
[topic_helloworld_pub-1] [INFO] [1721628191.520956952] [topic_helloworld_pub]: Publishing: "Hello World"
[topic_helloworld_sub-2] [INFO] [1721628191.521074499] [topic_helloworld_sub]: I heard: "Hello World"
[topic_helloworld_pub-1] [INFO] [1721628192.021196416] [topic_helloworld_pub]: Publishing: "Hello World"
[topic_helloworld_sub-2] [INFO] [1721628192.021344960] [topic_helloworld_sub]: I heard: "Hello World"
[topic_helloworld_pub-1] [INFO] [1721628192.520537603] [topic_helloworld_pub]: Publishing: "Hello World"
[topic_helloworld_sub-2] [INFO] [1721628192.521835797] [topic_helloworld_sub]: I heard: "Hello World"
[topic_helloworld_pub-1] [INFO] [1721628193.021081226] [topic_helloworld_pub]: Publishing: "Hello World"
[topic_helloworld_sub-2] [INFO] [1721628193.021406838] [topic_helloworld_sub]: I heard: "Hello World"
[topic_helloworld_pub-1] [INFO] [1721628193.521940454] [topic_helloworld_pub]: Publishing: "Hello World"
```

图 3-1　运行启动发布者和订阅者节点的 Launch 启动文件

这两个节点是如何启动的呢？奥秘都在 learning_launch/simple.launch.py 中，详细解析如下。

```
from launch import LaunchDescription              # Launch 启动文件的描述类
from launch_ros.actions import Node               # 节点启动的描述类


def generate_launch_description():                 # 自动生成 Launch 启动文件的函数
    return LaunchDescription([                     # 返回 Launch 启动文件的描述信息
        Node(                                      # 配置一个节点的启动
            package='learning_topic',              # 节点所在的功能包
```

```
            executable='topic_helloworld_pub',      # 节点的可执行文件
        ),
        Node(                                        # 配置一个节点的启动
            package='learning_topic',                # 节点所在的功能包
            executable='topic_helloworld_sub',       # 节点的可执行文件名
        ),
    ])
```

在以上 Launch 启动文件中，generate_launch_description()方法用来生成详细的 Launch 启动内容，而运行的具体信息则描述在 LaunchDescription 中。Node()用以确定生成这些内容的规则，是 Launch 中启动节点的关键设置，有几个节点就需要使用几次 Node()，包括如下配置参数。

- package：功能包名称。
- executable：节点的可执行文件名称。

Launch 启动文件一般放置在功能包的 Launch 文件夹下，使用之前需要进行编译，编译的规则类似于源代码。Python 功能包的编译规则在 setup.py 中设置，需要使用 os.path.join()将 Launch 启动文件都复制到 install 空间下，具体内容如下。

```
    ...
    data_files=[
        ('share/ament_index/resource_index/packages',
            ['resource/' + package_name]),
        ('share/' + package_name, ['package.xml']),
        (os.path.join('share', package_name, 'launch'), glob(os.path.join('launch',
'*.launch.py'))),
        (os.path.join('share', package_name, 'config'), glob(os.path.join('config',
'*.*'))),
        (os.path.join('share', package_name, 'rviz'), glob(os.path.join('rviz', '*.*'))),
    ],
    ...
```

C++功能包下的 Launch 编译规则在 CMakeLists.txt 文件中配置，同样是将 Launch 文件夹下的所有文件复制到 install 空间中。

```
...
install(DIRECTORY
  launch
  DESTINATION share/${PROJECT_NAME}/
)
...
```

3.1.2　命令行参数配置

大家使用 ROS 2 命令在终端中启动节点时，还可以在命令后配置一些传入节点程序的参数，

使用 Launch 启动文件一样可以做到。

例如运行一个 RViz 可视化上位机，并且加载某个配置文件，可以像下面这样操作。

```
$ ros2 run rviz2 rviz2 -d <PACKAGE-PATH>/rviz/turtle_rviz.rviz
```

以上示例中的命令后边还要跟一长串配置文件的路径作为参数，稍显复杂，如果放在 Launch 启动文件里，就优雅多了，两者的运行效果相同，如图 3-2 所示。

```
$ ros2 launch learning_launch rviz.launch.py
```

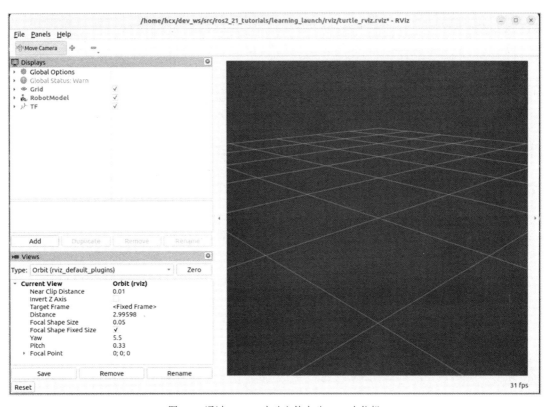

图 3-2　通过 Launch 启动文件启动 RViz 上位机

命令行后边的参数是如何通过 Launch 启动文件传入节点的呢？具体看 learning_launch rviz.launch.py 这个文件。

```
import os

# 查询功能包路径的方法
from ament_index_python.packages import import get_package_share_directory
```

```
from launch import LaunchDescription        # Launch 启动文件的描述类
from launch_ros.actions import Node         # 节点启动的描述类


def generate_launch_description():          # 自动生成 Launch 启动文件的函数
  rviz_config = os.path.join(               # 找到配置文件的完整路径
    get_package_share_directory('learning_launch'),
    'rviz',
  'turtle_rviz.rviz'
  )

  return LaunchDescription([                # 返回 Launch 启动文件的描述信息
    Node(                                   # 配置一个节点的启动
      package='rviz2',                      # 节点所在的功能包
      executable='rviz2',                   # 节点的可执行文件名
      name='rviz2',                         # 对节点重新命名
      arguments=['-d', rviz_config]         # 加载命令行参数
    )
  ])
```

在以上 Launch 启动文件中，rviz_config 中保存了配置文件的详细路径，然后在 Node()启动节点时，通过 arguments 参数配置加载。

在 ROS 2 机器人开发中，也可以通过类似的方式加载节点中的参数，例如机器人模型等。

3.1.3　资源重映射

ROS 社区中的资源非常多，当使用别人的代码时，通信的话题名称可能不符合自己的要求，能否对类似的资源重新命名呢？为了提高软件的复用性，ROS 提供了资源重映射的机制。

启动一个终端，运行如下示例，很快就会看到两只海龟的仿真器界面，如图 3-3 所示。

```
$ ros2 launch learning_launch remapping.launch.py
```

打开一个终端，发布如下话题，让海龟 1 动起来，海龟 2 也会一起运动。

```
$ ros2 topic pub --rate /turtlesim1/turtle1/cmd_vel geometry_msgs/msg/Twist "{linear: {x:
2.0, y: 0.0, z: 0.0}, angular: {x: 0.0, y: 0.0, z: 1.8}}"
```

为什么两只海龟都会动呢？这里要用到 turtlesim 功能包的另外一个节点，叫作 mimic，它的功能是订阅某只海龟的 Pose 位置，通过计算，将其变换成一个同样运动的速度指令，并发布。

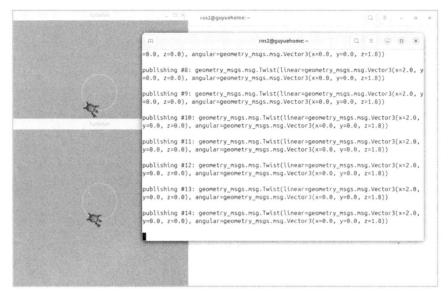

图 3-3　通过 Launch 启动文件启动两只海龟的仿真器界面

至于 mimic 节点订阅或者发布的话题名，可以通过重映射修改成对应的任意海龟的名字，具体内容在 learning_launch/remapping.launch.py 中。

```
from launch import LaunchDescription            # Launch 启动文件的描述类
from launch_ros.actions import Node             # 节点启动的描述类

def generate_launch_description():               # 自动生成 Launch 启动文件的函数
    return LaunchDescription([                    # 返回 Launch 启动文件的描述信息
        Node(                                    # 配置一个节点的启动
            package='turtlesim',                 # 节点所在的功能包
            namespace='turtlesim1',              # 节点所在的命名空间
            executable='turtlesim_node',         # 节点的可执行文件名
            name='sim'                           # 对节点重新命名
        ),
        Node(                                    # 配置一个节点的启动
            package='turtlesim',                 # 节点所在的功能包
            namespace='turtlesim2',              # 节点所在的命名空间
            executable='turtlesim_node',         # 节点的可执行文件名
            name='sim'                           # 对节点重新命名
        ),
        Node(                                    # 配置一个节点的启动
            package='turtlesim',                 # 节点所在的功能包
            executable='mimic',                  # 节点的可执行文件名
            name='mimic',                        # 对节点重新命名
            remappings=[                         # 资源重映射列表
```

```
            # 将/input/pose 话题名修改为/turtlesim1/turtle1/pose
            ('/input/pose', '/turtlesim1/turtle1/pose'),

            # 将/output/cmd_vel 话题名修改为/turtlesim2/turtle1/cmd_vel
            ('/output/cmd_vel', '/turtlesim2/turtle1/cmd_vel'),
        ]
    )
])
```

在 mimic 这个节点的启动过程中，新加入一个 remappings 配置，可以通过列表的方式设置需要重映射的资源，元组中前边是原本的话题名，后边是修改后的话题名，例如将/input/pose 修改为/turtlesim1/turtle1/pose，就像改名字一样，启动后，/input/pose 话题名不再存在，全都变成了/turtlesim1/turtle1/pose；同理，mimic 节点发布的/output/cmd_vel 话题名也变成了/turtlesim2/turtle1/cmd_vel，从而控制第二只海龟运动。

重映射机制是 ROS 中提高代码复用性的关键方法之一，可以在不修改代码，甚至不了解代码的情况下，直接修改通信接口的名称，只要接口类型能够匹配接口即可。

3.1.4　ROS 参数设置

在复杂的机器人系统中，参数非常多，都在代码中配置显然是不合适的，这时可以使用 Launch 启动文件快速配置。

先运行一个示例，启动一个终端，运行如下命令。

```
$ ros2 launch learning_launch parameters.launch.py
```

如图 3-4 所示，海龟仿真器的背景颜色改变了，这个背景颜色参数就是在 Launch 启动文件中设置的。

图 3-4　通过 Launch 启动文件修改海龟仿真器中的背景颜色参数

具体在 Launch 启动文件中如何设置参数呢？实现代码在 learning_launch/parameters.launch.py 中。

```
from launch import LaunchDescription                    # Launch 启动文件的描述类
from launch.actions import DeclareLaunchArgument         # 声明 Launch 启动文件内使用的 Argument 类
from launch.substitutions import LaunchConfiguration, TextSubstitution

from launch_ros.actions import Node                      # 节点启动的描述类


def generate_launch_description():                       # 自动生成 Launch 启动文件的函数
    # 创建一个 Launch 启动文件内参数（arg）background_r
    background_r_launch_arg = DeclareLaunchArgument(
        'background_r', default_value=TextSubstitution(text='0')
    )
    # 创建一个 Launch 启动文件内参数（arg）background_g
    background_g_launch_arg = DeclareLaunchArgument(
        'background_g', default_value=TextSubstitution(text='84')
    )
    # 创建一个 Launch 启动文件内参数（arg）background_b
    background_b_launch_arg = DeclareLaunchArgument(
        'background_b', default_value=TextSubstitution(text='122')
    )

    # 返回 Launch 启动文件的描述信息
    return LaunchDescription([
        background_r_launch_arg,                          # 调用以上创建的参数（arg）
        background_g_launch_arg,
        background_b_launch_arg,
        Node(                                            # 配置一个节点的启动
            package='turtlesim',
            executable='turtlesim_node',                 # 节点所在的功能包
            name='sim',                                  # 对节点重新命名
            parameters=[{                                # 设置 ROS 参数列表
                'background_r': LaunchConfiguration('background_r'),  # 创建参数 background_r
                'background_g': LaunchConfiguration('background_g'),  # 创建参数 background_g
                'background_b': LaunchConfiguration('background_b'),  # 创建参数 background_b
            }]
        ),
    ])
```

在 Node() 中，增加了一个 parameters 参数配置，通过字典设置参数，冒号左边是参数名，右边是参数值，例如这里设置了 background_r、background_g、background_b 三个参数。

在以上 Launch 启动文件中，还存在另外一个"参数"的概念——argument，虽然它和 parameter

都被译为"参数",但它们的含义不同。

- argument:仅限 Launch 启动文件内部使用,方便调用某些数值,通过 DeclareLaunchArgument()定义,通过 LaunchConfiguration()调用。
- parameter:ROS 的参数,方便在节点中使用某些数值,直接设置在节点的 parameters 字典中。

在 Launch 启动文件中一个一个地设置参数还是略显麻烦,当参数比较多时,建议使用参数文件进行加载,实现方式在 learning_launch/parameters_yaml.launch.py 中。

```python
import os

from ament_index_python.packages import get_package_share_directory  # 查询功能包路径的方法
from launch import LaunchDescription              # Launch 启动文件的描述类
from launch_ros.actions import Node               # 节点启动的描述类

def generate_launch_description():                # 自动生成 Launch 启动文件的函数
  config = os.path.join(                          # 找到参数文件的完整路径
    get_package_share_directory('learning_launch'),
    'config',
    'turtlesim.yaml'
  )

  return LaunchDescription([                      # 返回 Launch 启动文件的描述信息
    Node(                                         # 配置一个节点的启动
      package='turtlesim',                        # 节点所在的功能包
      executable='turtlesim_node',                # 节点的可执行文件名
      namespace='turtlesim2',                     # 节点所在的命名空间
      name='sim',                                 # 对节点重新命名
      parameters=[config]                         # 加载参数文件
    )
  ])
```

以上调用的参数文件是 turtlesim.yaml,详细的参数设置格式如下,使用 YAML 语法描述。

```yaml
/turtlesim2/sim:
  ros__parameters:
    background_b: 0
    background_g: 0
    background_r: 0
```

3.1.5　Launch 启动文件嵌套包含

在复杂的机器人系统中,Launch 启动文件也会有很多,此时大家可以使用类似编程中的 include 机制,让 Launch 启动文件嵌套包含,下面以 learning_launch/namespaces.launch.py 为例

进行说明。

```
import os

from ament_index_python.packages import get_package_share_directory    # 查询功能包路径的方法

from launch import LaunchDescription                      # Launch 启动文件的描述类
from launch.actions import IncludeLaunchDescription       # 节点启动的描述类
from launch.launch_description_sources import PythonLaunchDescriptionSource
from launch.actions import GroupAction                    # Launch 启动文件中的执行动作
from launch_ros.actions import PushRosNamespace           # ROS 命名空间配置

def generate_launch_description():                        # 自动生成 Launch 启动文件的函数
  parameter_yaml = IncludeLaunchDescription(              # 包含指定路径下的另外一个 Launch 启动文件
    PythonLaunchDescriptionSource([os.path.join(
      get_package_share_directory('learning_launch'), 'launch'),
      '/parameters_nonamespace.launch.py'])
  )

  # 对指定 Launch 启动文件中启动的功能加上命名空间，避免与已有的资源名称冲突
  parameter_yaml_with_namespace = GroupAction(
    actions=[
      PushRosNamespace('turtlesim2'),
      parameter_yaml]
  )

  return LaunchDescription([                              # 返回 Launch 启动文件的描述信息
    parameter_yaml_with_namespace
  ])
```

在以上 Launch 启动文件中，IncludeLaunchDescription()方法可以包含指定路径下的其他 Launch 启动文件。同时，代码中出现了命名空间的设置，因为不确定外部 Launch 启动文件中有没有和当前 Launch 启动文件同名的节点、参数、话题等资源，比较保险的方式就是给外部 Launch 中所有的资源都加一个命名空间，这样就不会产生冲突了。

这里"命名空间"的概念和 C++等面向对象编程语言中的"命名空间"的概念及功能相似，大家可以参考和理解。

3.2　tf：机器人坐标系管理系统

坐标系是大家非常熟悉的一个概念，也是机器人学的重要基础。在一个完整的机器人系统中，会存在很多坐标系，这些坐标系之间的位置关系该如何管理，难道要自己写公式推导？当

然不用，ROS 2 给大家提供了一个坐标系的管理神器——tf（transform）。

在 ROS 2 中，小写的 tf 一般表示坐标系管理系统及对应的库文件，大写的 TF 一般表示坐标系可视化组件。

3.2.1 机器人中的坐标系

机器人中都有哪些坐标系呢？

如图 3-5 所示，在工业机器人中，机器人安装的位置叫作基坐标系（Base Frame）；机器人安装位置在外部环境下的参考系叫作世界坐标系（World Frame）；机器人末端夹爪的位置叫作工具坐标系（Tool Frame）；外部被操作物体的位置叫作目标坐标系（Object Frame），在机械臂抓取外部物体的过程中，这些坐标系之间的关系也在跟随变化。

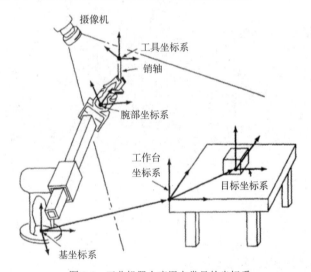

图 3-5　工业机器人应用中常见的坐标系

如图 3-6 所示，在移动机器人中，一个移动机器人的中心点是基坐标系（base_link）[①]；雷达所在的位置叫作雷达坐标系（laser_link）；机器人要移动，里程计会计算累积的移动位姿，这个位姿的参考系叫作里程计坐标系（odom）；里程计会累积误差和漂移，地图坐标系（map）可以提供一个更稳定的参考系。

坐标系之间的关系复杂，有些是相对固定的，有些是不断变化的，看似简单的坐标系也在空间范围内变得复杂，良好的坐标系管理系统就显得格外重要了。

---

① 工业机器人和智能移动机器人对于基坐标系的英文表示不同。

　　关于坐标系变换的基础理论，每本机器人学的教材都会讲解，可以将坐标系变换分解为平移和旋转两部分，通过一个 4×4 的矩阵进行描述，在空间中画出坐标系，两个坐标系之间的变换就是向量的数学变换，如图 3-7 所示。

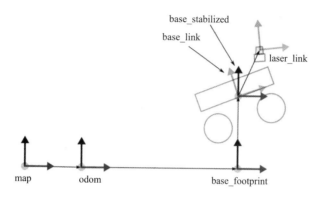

图 3-6　移动机器人应用中常见的坐标系

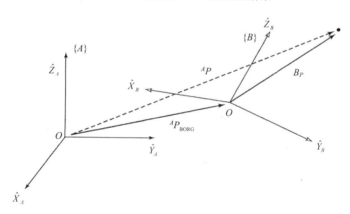

图 3-7　坐标系变换的基础理论

　　ROS 2 中 tf 功能的底层原理，就是对这些数学变换进行了封装，详细的理论知识大家可以参考机器人学的教材，本书主要讲解 tf 坐标管理系统的使用方法。

3.2.2　tf 命令行操作

　　ROS 2 中的 tf 该如何使用呢？我们先通过两只海龟的示例，了解一下基于坐标系的机器人跟随算法。

　　这个示例需要先安装相应的功能包，然后通过一个 Launch 启动文件启动，之后就可以控制其中一只海龟运动，另外一只海龟也会自动跟随运动。功能包的安装命令如下。

```
$ sudo apt install ros-jazzy-turtle-tf2-py ros-jazzy-tf2-tools
```

```
$ sudo pip3 install transforms3d
```

安装成功后，在终端中输入如下命令，启动海龟跟随示例及键盘控制节点。

```
$ ros2 launch turtle_tf2_py turtle_tf2_demo.launch.py
$ ros2 run turtlesim turtle_teleop_key
```

启动成功后就可以看到海龟仿真器的界面，当通过键盘控制一只海龟运动时，另一只海龟也会跟随运动，如图 3-8 所示。

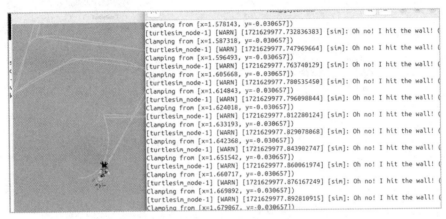

图 3-8　海龟运动跟随示例的运行效果

1. 查看 tf 树

在当前运行的两只海龟中，有哪些坐标系呢？大家可以通过一个小工具来查看。

```
$ ros2 run tf2_tools view_frames
```

默认在当前终端路径下会生成一个 frames.pdf 文件，打开之后，就可以看到系统中各个坐标系之间的关系了，如图 3-9 所示。

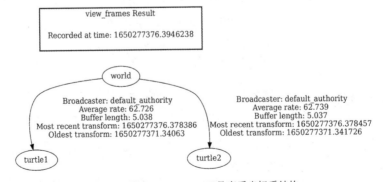

图 3-9　通过 view_frames 工具查看坐标系结构

2. 查询坐标变换信息

只看到坐标系的结构还不行，如果大家想知道某两个坐标系之间的具体关系，那么可以通过 tf2_echo 这个工具查看。

```
$ ros2 run tf2_ros tf2_echo turtle2 turtle1
```

运行成功后，终端中就会循环输出由平移和旋转两部分组成的坐标系的变换数值，同时提供旋转矩阵的数值，如图 3-10 所示。

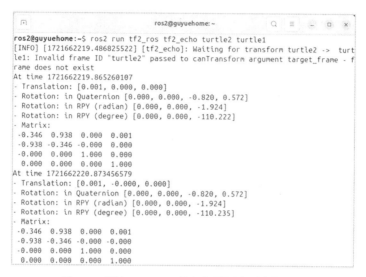

图 3-10   通过 tf2_echo 工具查看到的坐标系变换信息

3. 坐标系可视化

看数值还不直观？那么可以试试可视化软件。

```
$ ros2 run rviz2 rviz2 -d $(ros2 pkg prefix --share turtle_tf2_py)/rviz/turtle_rviz.rviz
```

通过键盘控制海龟运动，RViz 中的坐标轴就会开始移动，如图 3-11 所示，这样是不是更加直观了呢？

海龟跟随运动的示例很有意思，这背后的原理是怎样的呢？大家不要着急，我们一起了解 tf 的使用方法，继续深入学习。

RViz 是 ROS 2 中强大的可视化平台，3.4 节会详细介绍。

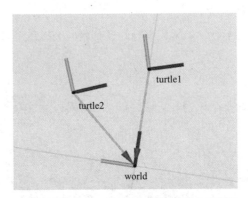

图 3-11　通过 RViz 工具查看到的坐标可视化效果

3.2.3　静态 tf 广播（Python）

tf 的主要作用是对坐标系进行管理，通过广播的机制实时更新整个坐标结构树的变化，接下来我们就尝试创建并广播两个简单的坐标系关系。

坐标系变换中最为简单的应该是相对位置不发生变化的情况，例如对于一栋房子，只要不拆，它的位置就不会变化。类似情况在机器人系统中也很常见，例如激光雷达和机器人底盘之间的位置关系，安装好后基本不会变化。在 tf 中，这种情况也被称为静态 tf 变换，我们一起来看看它在程序中的实现。

启动终端，运行如下命令。

```
$ ros2 run learning_tf static_tf_broadcaster
$ ros2 run tf2_tools view_frames
```

可以看到，当前系统中存在两个坐标系，如图 3-12 所示，一个是 world，一个是 house，两者之间的相对位置不会发生改变，通过一个静态的 tf 对象进行维护。

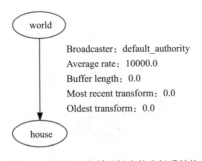

图 3-12　静态 tf 广播示例中的坐标系结构

这个示例节点是如何创建坐标系并且静态 tf 广播变换的呢？完整代码在 learning_tf/static_

tf_broadcaster.py 中。

```python
import rclpy                                          # ROS 2 Python 接口库
from rclpy.node import Node                           # ROS 2 节点类
from geometry_msgs.msg import TransformStamped        # 坐标变换消息
import tf_transformations                             # tf 坐标变换库

# tf 静态坐标系广播器类
from tf2_ros.static_transform_broadcaster import StaticTransformBroadcaster

class StaticTFBroadcaster(Node):
    def __init__(self, name):
        super().__init__(name)                                   # ROS 2 节点父类初始化
        self.tf_broadcaster = StaticTransformBroadcaster(self)   # 创建一个 tf 广播器对象

        # 创建一个坐标变换的消息对象
        static_transformStamped = TransformStamped()
        # 设置坐标变换消息的时间戳
        static_transformStamped.header.stamp = self.get_clock().now().to_msg()
        # 设置一个坐标变换的源坐标系
        static_transformStamped.header.frame_id = 'world'
        # 设置一个坐标变换的目标坐标系
        static_transformStamped.child_frame_id  = 'house'
        # 设置坐标变换中的 x、y、z 向平移
        static_transformStamped.transform.translation.x = 10.0
        static_transformStamped.transform.translation.y = 5.0
        static_transformStamped.transform.translation.z = 0.0
        # 将欧拉角转换为四元数（roll, pitch, yaw）
        quat = tf_transformations.quaternion_from_euler(0.0, 0.0, 0.0)

        # 设置坐标变换中的 x、y、z 向旋转（四元数）
        static_transformStamped.transform.rotation.x = quat[0]
        static_transformStamped.transform.rotation.y = quat[1]
        static_transformStamped.transform.rotation.z = quat[2]
        static_transformStamped.transform.rotation.w = quat[3]

        # 广播静态坐标变换，广播后两个坐标系的位置关系保持不变
        self.tf_broadcaster.sendTransform(static_transformStamped)

def main(args=None):
    rclpy.init(args=args)                                      # ROS 2 Python 接口初始化
    node = StaticTFBroadcaster("static_tf_broadcaster")        # 创建 ROS 2 节点对象并进行初始化
    rclpy.spin(node)                                           # 循环等待 ROS 2 退出
    node.destroy_node()                                        # 销毁节点对象
    rclpy.shutdown()
```

在以上代码中，当需要广播一个静态 tf 时，首先通过静态坐标系广播器类 StaticTransformBroadcaster 创建一个对象 tf_broadcaster，用于后续广播的操作；接下来使用 TransformStamped() 实例化一个坐标变换消息的对象 static_transformStamped；然后将静态坐标系变换的数值填充到 static_transformStamped 中，包括时间戳 header.stamp、源坐标系 frame_id、目标坐标系 child_frame_id、xyz 三轴的平移变换 translation、xyz 三轴的旋转变换 rotation；最后通过 sendTransform()方法将静态 tf 的变换信息广播出去。

3.2.4　静态 tf 广播（C++）

使用 C++代码同样可以实现静态 tf 广播，启动终端后，可以运行如下命令，启动 C++编写的静态 tf 广播示例。

```
$ ros2 run learning_tf_cpp static_tf_broadcaster
$ ros2 run tf2_tools view_frames
```

运行成功后的坐标系结构和图 3-12 一致，同样是建立了两个坐标系，一个是 world，一个是 house，两者之间的相对位置不会发生改变，通过一个静态的 tf 对象维护。

完整的代码实现在 learning_tf_cpp/src/static_tf_broadcaster.cpp 中。

```cpp
#include "rclcpp/rclcpp.hpp"                              // ROS 2 C++接口库
#include "tf2/LinearMath/Quaternion.h"                    // 四元数计算库
#include "tf2_ros/static_transform_broadcaster.h"         // tf 静态坐标系广播器类
#include "geometry_msgs/msg/transform_stamped.hpp"        // 坐标变换消息

class StaticTFBroadcaster : public rclcpp::Node
{
    public:
        explicit StaticTFBroadcaster()
        : Node("static_tf_broadcaster")          // ROS 2节点父类初始化
        {
            // 创建一个 tf 广播器对象
            tf_static_broadcaster_ =
std::make_shared<tf2_ros::StaticTransformBroadcaster>(this);

            // 广播静态坐标变换，广播后两个坐标系的位置关系保持不变
            this->make_transforms();
        }

    private:
        void make_transforms()
        {
            // 创建一个坐标变换的消息对象
            geometry_msgs::msg::TransformStamped t;
```

```
            // 设置坐标变换消息的时间戳
            t.header.stamp = this->get_clock()->now();
            // 设置一个坐标变换的源坐标系
            t.header.frame_id = "world";
            // 设置一个坐标变换的目标坐标系
            t.child_frame_id = "house";

            // 设置坐标变换中的 x、y、z 向平移
            t.transform.translation.x = 10.0;
            t.transform.translation.y = 5.0;
            t.transform.translation.z = 0.0;

            // 将欧拉角转换为四元数（roll, pitch, yaw）
            tf2::Quaternion q;
            q.setRPY(0.0, 0.0, 0.0);

            // 设置坐标变换中的 x、y、z 向旋转（四元数）
            t.transform.rotation.x = q.x();
            t.transform.rotation.y = q.y();
            t.transform.rotation.z = q.z();
            t.transform.rotation.w = q.w();

            // 广播静态坐标变换
            tf_static_broadcaster_->sendTransform(t);
        }

    std::shared_ptr<tf2_ros::StaticTransformBroadcaster> tf_static_broadcaster_;
};

int main(int argc, char * argv[])
{
    // ROS 2 C++接口初始化
    rclcpp::init(argc, argv);
    // 创建 ROS 2 节点对象并进行初始化，循环等待 ROS 2 退出
    rclcpp::spin(std::make_shared<StaticTFBroadcaster>());
    // 关闭 ROS 2 C++接口
    rclcpp::shutdown();

    return 0;
}
```

以上代码注释已经详细解析了每句代码的含义，实现流程与 Python 版本完全一致，这里不再赘述。

3.2.5　动态 tf 广播（Python）

在静态 tf 的广播中，两个坐标系并不会随着时间的变化而变化，在机器人应用中，往往存在更多相对位姿会发生变化的坐标系关系，这类坐标系需要动态 tf 广播进行维护。

以海龟仿真器为例，如图 3-13 所示，假设海龟仿真器的左下角是一个全局坐标系，叫作world，海龟中心的坐标系叫作 turtlename（可以根据实际的海龟名称修改，例如 turtle1、turtle2），当海龟运动时，turtlename 相对于 world 就会发生坐标系运动，以此就可以对海龟进行定位了。

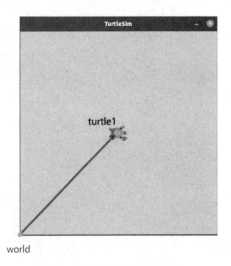

图 3-13　海龟仿真器中的坐标系

与以上原理类似，在开发 ROS 机器人系统时，tf 坐标系的相对位置可以用来定位机器人，大家在后边的学习中会经常用到 tf。

运行示例，查看动态 tf 的广播效果。启动三个终端，分别运行以下命令。

```
$ ros2 run turtlesim turtlesim_node
$ ros2 run learning_tf turtle_tf_broadcaster --ros-args -p turtlename:=turtle1
$ ros2 run tf2_tools view_frames
```

在启动 turtle_tf_broadcaster 时，以上命令中的--ros-args 表示通过命令行输入一些 ROS 参数，-p 表示 parameter，程序中默认的海龟坐标系名称使用 parameter 参数进行设置，这里通过命令行直接输入海龟的名称 turtle1，如果使用其他海龟的名字，直接修改参数设置即可。

再次打开生成的 pdf 文件，可以看到出现了 world 和 turtle1 两个坐标系，如图 3-14 所示。

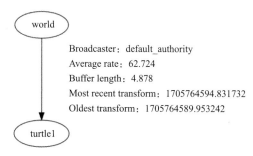

图 3-14　动态 tf 广播示例中的坐标系结构

以上动态 tf 广播节点的代码在 learning_tf/learning_tf/turtle_tf_broadcaster.py 中，详细内容如下。

```python
import rclpy                                         # ROS 2 Python 接口库
from rclpy.node import Node                          # ROS 2 节点类
from geometry_msgs.msg import TransformStamped       # 坐标变换消息
import tf_transformations                            # tf 坐标变换库
from tf2_ros import TransformBroadcaster             # tf 坐标变换广播器
from turtlesim.msg import Pose                        # turtlesim 海龟位置消息


class TurtleTFBroadcaster(Node):

    def __init__(self, name):
        super().__init__(name)                       # ROS 2 节点父类初始化

        self.declare_parameter('turtlename', 'turtle')  # 创建一只海龟名称的参数

        # 优先使用外部设置的参数值，否则使用默认值
        self.turtlename = self.get_parameter('turtlename').get_parameter_value().string_value
        # 创建一个 tf 坐标变换的广播对象并初始化
        self.tf_broadcaster = TransformBroadcaster(self)
        # 创建一个订阅者，订阅海龟的位置消息
        self.subscription = self.create_subscription(
            Pose,
            f'/{self.turtlename}/pose',                # 使用从参数中获取的海龟名称
            self.turtle_pose_callback, 1)

    # 创建一个处理海龟位置消息的回调函数，将位置消息转换成坐标变换
    def turtle_pose_callback(self, msg):
        # 创建一个坐标变换的消息对象
        transform = TransformStamped()
        # 设置坐标变换消息的时间戳
        transform.header.stamp = self.get_clock().now().to_msg()
```

```
        # 设置一个坐标变换的源坐标系
        transform.header.frame_id = 'world'
        # 设置一个坐标变换的目标坐标系
        transform.child_frame_id = self.turtlename

        # 设置坐标变换中的 x、y、z 向平移
        transform.transform.translation.x = msg.x
        transform.transform.translation.y = msg.y
        transform.transform.translation.z = 0.0

        # 将欧拉角转换为四元数（roll, pitch, yaw）
        q = tf_transformations.quaternion_from_euler(0, 0, msg.theta)
        # 设置坐标变换中的 x、y、z 向旋转（四元数）
        transform.transform.rotation.x = q[0]
        transform.transform.rotation.y = q[1]
        transform.transform.rotation.z = q[2]
        transform.transform.rotation.w = q[3]

        # 广播坐标变换，海龟位置变化后，将及时更新坐标变换信息
        self.tf_broadcaster.sendTransform(transform)

def main(args=None):
    rclpy.init(args=args)                                    # ROS 2 Python 接口初始化
    node = TurtleTFBroadcaster("turtle_tf_broadcaster")      # 创建 ROS 2 节点对象并进行初始化
    rclpy.spin(node)                                         # 循环等待 ROS 2 退出
    node.destroy_node()                                      # 销毁节点实例
    rclpy.shutdown()                                         # 关闭 ROS 2 Python 接口
```

相比静态 tf 广播使用的 StaticTransformBroadcaster，动态 tf 广播使用的是 TransformBroadcaster，而且因为坐标系的变换关系动态变化，所以需要周期广播以更新 tf 数据，其他部分实现的方法类似。

3.2.6　动态 tf 广播（C++）

使用 C++ 代码同样可以实现动态 tf 广播，启动三个终端，分别运行如下命令，启动 C++ 编写的动态 tf 广播示例。

```
$ ros2 run turtlesim turtlesim_node
$ ros2 run learning_tf_cpp turtle_tf_broadcaster --ros-args -p turtlename:=turtle1
$ ros2 run tf2_tools view_frames
```

生成的 tf 坐标系结构与图 3-14 一致，完整代码在 learning_tf_cpp/src/turtle_tf_broadcaster.cpp 中，详细内容如下。

```
#include <functional>
#include <memory>
```

```cpp
#include <sstream>
#include <string>

#include "rclcpp/rclcpp.hpp"                              // ROS 2 C++接口库
#include "tf2/LinearMath/Quaternion.h"                    // 四元数运算库
#include "tf2_ros/transform_broadcaster.h"                // tf 坐标变换广播器
#include "turtlesim/msg/pose.hpp"                         // turtlesim 海龟位置消息
#include "geometry_msgs/msg/transform_stamped.hpp"        // 坐标变换消息

class TurtleTFBroadcaster : public rclcpp::Node
{
    public:
        TurtleTFBroadcaster()
        : Node("turtle_tf_broadcaster")        // ROS 2 节点父类初始化
        {
            // 创建一个海龟名称的参数
            turtlename_ = this->declare_parameter<std::string>("turtlename", "turtle");

            // 创建一个 tf 坐标变换的广播对象并初始化
            tf_broadcaster_ = std::make_unique<tf2_ros::TransformBroadcaster>(*this);

            // 使用从参数中获取的海龟名称
            std::ostringstream stream;
            stream << "/" << turtlename_.c_str() << "/pose";
            std::string topic_name = stream.str();

            // 创建一个订阅者，订阅海龟的位置消息
            subscription_ = this->create_subscription<turtlesim::msg::Pose>(
                topic_name, 10,
                std::bind(&TurtleTFBroadcaster::turtle_pose_callback, this,
std::placeholders::_1));
        }

    private:
        // 创建一个处理海龟位置消息的回调函数，将位置消息转换成坐标变换
        void turtle_pose_callback(const std::shared_ptr<turtlesim::msg::Pose> msg)
        {
            // 创建一个坐标变换的消息对象
            geometry_msgs::msg::TransformStamped t;

            // 设置坐标变换消息的时间戳
            t.header.stamp = this->get_clock()->now();
            // 设置一个坐标变换的源坐标系
            t.header.frame_id = "world";
            // 设置一个坐标变换的目标坐标系
            t.child_frame_id = turtlename_.c_str();
```

```cpp
        // 设置坐标变换中的 x、y、z 向平移
        t.transform.translation.x = msg->x;
        t.transform.translation.y = msg->y;
        t.transform.translation.z = 0.0;

        // 将欧拉角转换为四元数（roll, pitch, yaw）
        tf2::Quaternion q;
        q.setRPY(0, 0, msg->theta);
        // 设置坐标变换中的 x、y、z 向旋转（四元数）
        t.transform.rotation.x = q.x();
        t.transform.rotation.y = q.y();
        t.transform.rotation.z = q.z();
        t.transform.rotation.w = q.w();

        // 广播坐标变换，海龟位置变化后，将及时更新坐标变换信息
        tf_broadcaster_->sendTransform(t);
    }

    rclcpp::Subscription<turtlesim::msg::Pose>::SharedPtr subscription_;
    std::unique_ptr<tf2_ros::TransformBroadcaster> tf_broadcaster_;
    std::string turtlename_;
};

int main(int argc, char * argv[])
{
    // ROS 2 Python 接口初始化
    rclcpp::init(argc, argv);
    // 创建 ROS 2 节点对象并进行初始化，循环等待 ROS 2 退出
    rclcpp::spin(std::make_shared<TurtleTFBroadcaster>());
    // 关闭 ROS 2 C++接口
    rclcpp::shutdown();
    return 0;
}
```

以上代码注释已经详细解析了每句代码的含义，实现流程与 Python 版本完全一致，这里不再赘述。

3.2.7　tf 监听（Python）

实现了 tf 的静态和动态广播，两个坐标系的变化描述清楚了，使用时又该如何查询呢？我们再来学习一下如何查询两个坐标系之间的位置关系，tf 将其称为坐标监听。

启动两个终端，分别运行静态 tf 广播节点和监听节点，运行成功后可以在终端中看到周期性刷新的坐标关系，如图 3-15 所示。

```
$ ros2 run learning_tf static_tf_broadcaster
$ ros2 run learning_tf tf_listener
```

```
ros2@guyuehome:~$ ros2 run learning_tf tf_listener
[INFO] [1721663041.866367821] [tf_listener]: Get world --> house transform: [-10
.000000, -5.000000, 0.000000] [0.000000, -0.000000, 0.000000]
[INFO] [1721663042.832081290] [tf_listener]: Get world --> house transform: [-10
.000000, -5.000000, 0.000000] [0.000000, -0.000000, 0.000000]
[INFO] [1721663043.832736085] [tf_listener]: Get world --> house transform: [-10
.000000, -5.000000, 0.000000] [0.000000, -0.000000, 0.000000]
[INFO] [1721663044.832339659] [tf_listener]: Get world --> house transform: [-10
.000000, -5.000000, 0.000000] [0.000000, -0.000000, 0.000000]
[INFO] [1721663045.832631784] [tf_listener]: Get world --> house transform: [-10
.000000, -5.000000, 0.000000] [0.000000, -0.000000, 0.000000]
[INFO] [1721663046.832307446] [tf_listener]: Get world --> house transform: [-10
.000000, -5.000000, 0.000000] [0.000000, -0.000000, 0.000000]
[INFO] [1721663047.832950875] [tf_listener]: Get world --> house transform: [-10
.000000, -5.000000, 0.000000] [0.000000, -0.000000, 0.000000]
[INFO] [1721663048.832351508] [tf_listener]: Get world --> house transform: [-10
.000000, -5.000000, 0.000000] [0.000000, -0.000000, 0.000000]
```

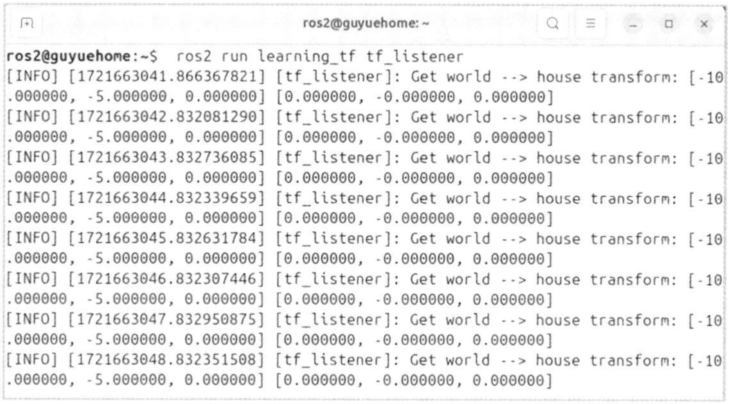

图 3-15 通过 tf 监听并输出两个坐标系的关系

以上节点如何通过 tf 监听两个坐标的关系呢？完整实现代码在 learning_tf/tf_listener.py 中。

```
import rclpy                                          # ROS 2 Python 接口库
from rclpy.node import Node                           # ROS 2 节点类
import tf_transformations                             # tf 坐标变换库
from tf2_ros import TransformException                # tf 坐标变换的异常类
from tf2_ros.buffer import Buffer                     # 存储坐标变换信息的缓冲类
from tf2_ros.transform_listener import TransformListener  # 监听坐标变换的监听器类


class TFListener(Node):

    def __init__(self, name):
        super().__init__(name)                        # ROS 2 节点父类初始化

        # 创建一个源坐标系名的参数
        self.declare_parameter('source_frame', 'world')
        # 优先使用外部设置的参数值，否则使用默认值
        self.source_frame = \
                self.get_parameter('source_frame').get_parameter_value().string_value
        # 创建一个目标坐标系名的参数
        self.declare_parameter('target_frame', 'house')
        # 优先使用外部设置的参数值，否则使用默认值
        self.target_frame = self.get_parameter('target_frame').get_parameter_value().string_value

        # 创建保存坐标变换信息的缓冲区
        self.tf_buffer = Buffer()
        # 创建坐标变换的监听器
        self.tf_listener = TransformListener(self.tf_buffer, self)
```

```
        # 创建一个固定周期的定时器，处理坐标信息
        self.timer = self.create_timer(1.0, self.on_timer)

    def on_timer(self):
        try:
            # 获取 ROS 的当前时间
            now = rclpy.time.Time()

            # 监听当前时刻源坐标系到目标坐标系的坐标变换
            trans = self.tf_buffer.lookup_transform(
                self.target_frame,
                self.source_frame,
                now)
        # 如果坐标变换获取失败，则进入异常报告
        except TransformException as ex:
            self.get_logger().info(
                f'Could not transform {self.target_frame} to {self.source_frame}: {ex}')
            return

        pos  = trans.transform.translation      # 获取位置信息
        quat = trans.transform.rotation         # 获取姿态信息（四元数）
        euler = tf_transformations.euler_from_quaternion([quat.x, quat.y, quat.z, quat.w])
        self.get_logger().info('Get %s --> %s transform: [%f, %f, %f] [%f, %f, %f]'
          % (self.source_frame, self.target_frame, pos.x, pos.y, pos.z, euler[0], euler[1],
euler[2]))

def main(args=None):
    rclpy.init(args=args)                      # ROS 2 Python 接口初始化
    node = TFListener("tf_listener")           # 创建 ROS 2 节点对象并进行初始化
    rclpy.spin(node)                           # 循环等待 ROS 2 退出
    node.destroy_node()                        # 销毁节点实例
    rclpy.shutdown()                           # 关闭 ROS 2 Python 接口
```

在以上代码中，当需要监听某两个坐标系的关系时，首先通过 tf 的监听器类 TransformListene 创建一个对象 tf_listener，用于后续监听操作；同时需要创建一个 tf_buffer，作为保存坐标变换信息的缓冲区；然后通过 lookup_transform()方法，输入任意两个坐标系的名称，就可以查询两者之间的位姿关系了；查询结果会保存到 trans 中，包含 xyz 三轴的平移变换 translation、xyz 三轴的旋转变换 rotation。

tf 监听并不区分 tf 是静态广播还是动态广播，只要是在 ROS 2 机器人系统中已存在的坐标系即可。所以如果想监听动态 tf 广播，则可以运行动态 tf 广播节点和监听节点，同时修改以上程序中的目标坐标系参数为"turtle1"，一边控制海龟运动，一边就可以看到不断变化的 tf 坐标系关系了，详细的运行过程如下。这里需要启动四个终端，分别运行以下命令。

```
$ ros2 run turtlesim turtlesim_node
$ ros2 run learning_tf turtle_tf_broadcaster --ros-args -p turtlename:=turtle1
$ ros2 run learning_tf tf_listener --ros-args -p target_frame:=turtle1
$ ros2 run turtlesim turtle_teleop_key
```

启动成功后，通过键盘节点控制海龟运动，此时就可以在 tf 监听节点的终端中，看到不断刷新的海龟坐标了，如图 3-16 所示。

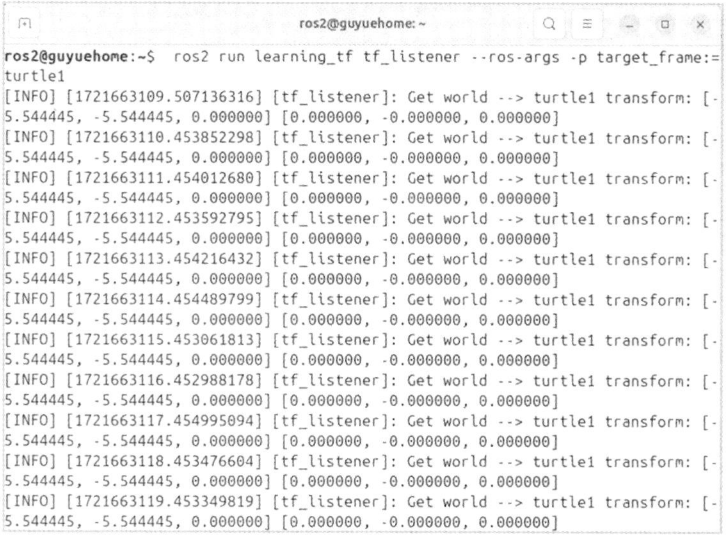

图 3-16　通过 tf 监听并输出两个动态坐标系的关系

3.2.8　tf 监听（C++）

使用 C++ 代码同样可以实现 tf 监听，大家启动两个终端，运行如下节点，可以在终端中看到周期性显示的坐标系关系，如图 3-17 所示。

```
$ ros2 run learning_tf_cpp static_tf_broadcaster
$ ros2 run learning_tf_cpp tf_listener
```

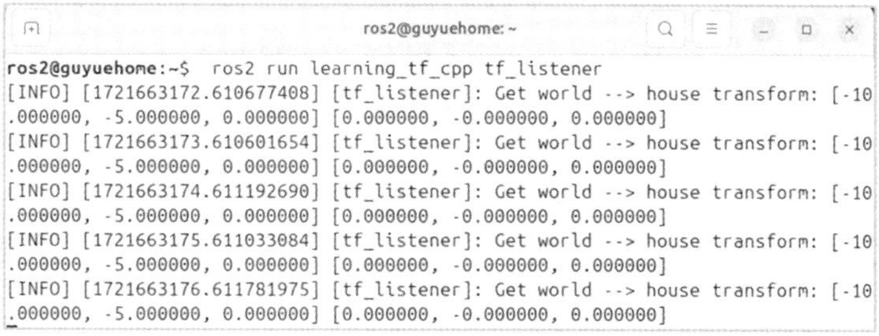

图 3-17　通过 tf 监听并输出两个坐标系的关系

具体代码实现在 learning_tf_cpp/src/tf_listener.cpp 中，详细内容如下。

```cpp
#include <chrono>
#include <functional>
#include <memory>
#include <string>

#include "rclcpp/rclcpp.hpp"
#include "tf2/exceptions.h"
#include "tf2_ros/transform_listener.h"
#include "tf2_ros/buffer.h"

using namespace std::chrono_literals;
class TFListener : public rclcpp::Node
{
    public:
        TFListener()
        : Node("tf_listener")    //ROS 2 节点父类初始化
        {
            // 创建一个目标坐标系名的参数，优先使用外部设置的参数值，否则用默认值
            target_frame_ = this->declare_parameter<std::string>("target_frame", "house");

            // 创建保存坐标变换信息的缓冲区
            tf_buffer_ = std::make_unique<tf2_ros::Buffer>(this->get_clock());

            // 创建坐标变换的监听器
            tf_listener_ = std::make_shared<tf2_ros::TransformListener>(*tf_buffer_);
            // 创建一个固定周期的定时器，处理坐标信息
            timer_ = this->create_wall_timer(1s, std::bind(&TFListener::on_timer, this));
        }
    private:
        void on_timer()
        {
            // 设置源坐标系和目标坐标系的名称
            std::string target_frame = target_frame_.c_str();
            std::string source_frame = "world";
            geometry_msgs::msg::TransformStamped trans;

            // 监听当前时刻源坐标系到目标坐标系的坐标变换
            try {
                trans = tf_buffer_->lookupTransform(
                            target_frame, source_frame, tf2::TimePointZero);
            } catch (const tf2::TransformException & ex) {
                // 如果坐标变换获取失败，则进入异常报告
                RCLCPP_INFO(
                    this->get_logger(), "Could not transform %s to %s: %s",
```

```
                    target_frame.c_str(), source_frame.c_str(), ex.what());
                return;
            }

            // 将四元数转换为欧拉角
            tf2::Quaternion q(
                trans.transform.rotation.x,
                trans.transform.rotation.y,
                trans.transform.rotation.z,
                trans.transform.rotation.w);
            tf2::Matrix3x3 m(q);
            double roll, pitch, yaw;
            m.getRPY(roll, pitch, yaw);

            // 输出查询到的坐标信息
            RCLCPP_INFO(
                this->get_logger(), "Get %s --> %s transform: [%f, %f, %f] [%f, %f, %f]",
                source_frame.c_str(), target_frame.c_str(),
                trans.transform.translation.x, trans.transform.translation.y,
                trans.transform.translation.z, roll, pitch, yaw);
        },
        rclcpp::TimerBase::SharedPtr timer_{nullptr};
        std::shared_ptr<tf2_ros::TransformListener> tf_listener_{nullptr};
        std::unique_ptr<tf2_ros::Buffer> tf_buffer_;
        std::string target_frame_;
};
int main(int argc, char * argv[])
{
    // ROS 2 C++接口初始化
    rclcpp::init(argc, argv);
    // 创建 ROS 2 节点对象并进行初始化，循环等待 ROS 2 退出
    rclcpp::spin(std::make_shared<TFListener>());
    // 关闭 ROS 2 C++接口
    rclcpp::shutdown();
    return 0;
}
```

以上代码注释已经详细解析了每句代码的含义，实现流程与 Python 版本完全一致，这里不再赘述。

如果想监听动态 tf 的广播，那么也可以在四个终端中分别运行如下节点，运行效果如图 3-18 所示。

```
$ ros2 run turtlesim turtlesim_node
$ ros2 run learning_tf_cpp turtle_tf_broadcaster --ros-args -p turtlename:=turtle1
$ ros2 run learning_tf_cpp tf_listener --ros-args -p target_frame:=turtle1
```

```
$ ros2 run turtlesim turtle_teleop_key
```

```
ros2@guyuehome:~$ ros2 run learning_tf_cpp tf_listener --ros-args -p target_fram
e:=turtle1
[INFO] [1721663231.921341297] [tf_listener]: Get world --> turtle1 transform: [-
7.560444, -5.544445, 0.000000] [0.000000, -0.000000, 0.000000]
[INFO] [1721663232.921836866] [tf_listener]: Get world --> turtle1 transform: [-
7.560444, -5.544445, 0.000000] [0.000000, -0.000000, 0.000000]
[INFO] [1721663233.921799801] [tf_listener]: Get world --> turtle1 transform: [-
7.560444, -5.544445, 0.000000] [0.000000, -0.000000, 0.000000]
[INFO] [1721663234.921800562] [tf_listener]: Get world --> turtle1 transform: [-
7.560444, -5.544445, 0.000000] [0.000000, -0.000000, 0.000000]
```

图 3-18   通过 tf 监听并输出两个动态坐标系的关系

好啦，大家现在已经熟悉了 tf 的基本使用方法，继续挑战两只海龟运动跟随的示例吧！

3.2.9   tf 综合应用示例：海龟跟随（Python）

还是之前海龟跟随的示例，大家可以自己通过代码来实现，看一下实现的效果是否一致。启动终端后，通过如下命令启动示例功能。

```
$ ros2 launch learning_tf turtle_following_demo.launch.py
$ ros2 run turtlesim turtle_teleop_key
```

看到的效果和 ROS 2 自带的例程相同，如图 3-19 所示。

图 3-19   两只海龟运动跟随示例运行效果

1．原理解析

在海龟仿真器中，可以定义三个坐标系，如图 3-20 所示，仿真器的全局坐标系叫作 world，以仿真器左下角作为坐标系的原点；turtle1 和 turtle2 坐标系在两只海龟的中心，并且跟随海龟运动，这样，turtle1 和 world 坐标系的相对位置就可以表示海龟 1 在仿真器中的位置，海龟 2 的位置同理。

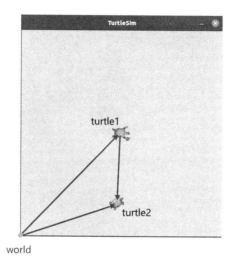

图 3-20　海龟仿真器中的坐标系定义

　　要实现海龟 2 向海龟 1 运动，可以将两者连线，再加一个箭头，怎么样，是不是想起了高中时学习的向量计算？我们说坐标变换的描述方法就是向量，所以用 tf 就可以很好地解决海龟跟随问题。

　　向量的长度表示距离，方向表示角度，有了距离和角度，再设置一个时间系数，不就可以计算得到速度了吗？然后封装速度消息、发布话题，海龟 2 订阅该消息就可以沿着向量方向动起来了。

　　所以这个例程的核心就是通过坐标系实现向量的计算。两只海龟会不断运动，向量也得按照某个周期刷新，这就得用上 tf 的动态广播与监听了。

　　原理分析清楚了，接下来详细看一下代码中是如何实现的。

2. Launch 启动文件解析

先来看一下刚才运行的 learning_tf/launch/turtle_following_demo.launch.py 中的 Launch 启动文件，其中启动了四个节点，分别是：

- 海龟仿真器。
- 海龟 1 的坐标系广播。
- 海龟 2 的坐标系广播。
- 海龟跟随运动控制。

```python
from launch import LaunchDescription
from launch.actions import DeclareLaunchArgument
from launch.substitutions import LaunchConfiguration
from launch_ros.actions import Node

def generate_launch_description():
    return LaunchDescription([
        Node(
            package='turtlesim',
            executable='turtlesim_node',
            name='sim'
        ),
        Node(
            package='learning_tf',
            executable='turtle_tf_broadcaster',
            name='broadcaster1',
            parameters=[
                {'turtlename': 'turtle1'}
            ]
        ),
        DeclareLaunchArgument(
            'target_frame', default_value='turtle1',
            description='Target frame name.'
        ),
        Node(
            package='learning_tf',
            executable='turtle_tf_broadcaster',
            name='broadcaster2',
            parameters=[
                {'turtlename': 'turtle2'}
            ]
        ),
        Node(
            package='learning_tf',
            executable='turtle_following',
            name='listener',
            parameters=[
                {'target_frame': LaunchConfiguration('target_frame')}
            ]
        ),
    ])
```

在以上 Launch 启动文件里，两个坐标系的广播复用了 turtle_tf_broadcaster 节点，通过传入的参数名修改广播的坐标系名称。

3. 坐标系动态广播

海龟 1 和海龟 2 在 world 坐标系下的坐标变换，是在 turtle_tf_broadcaster 节点中实现的，除了海龟坐标系的名字不同，针对两只海龟的功能是一样的，具体的代码实现已经在 3.2.5 节和 3.2.6 节中详细讲解过，这里不再赘述。

4. 海龟跟随

坐标系正常广播了，接下来就可以订阅两只海龟的位置关系，并且将其转换为速度指令进行控制。完整代码实现在 learning_tf/turtle_following.py 中，详细内容如下。

```python
import math
import rclpy                                          # ROS 2 Python 接口库
from rclpy.node import Node                           # ROS 2 节点类
import tf_transformations                             # tf 坐标变换库
from tf2_ros import TransformException                # tf 坐标变换的异常类
from tf2_ros.buffer import Buffer                     # 存储坐标变换信息的缓冲类
from tf2_ros.transform_listener import TransformListener  # 监听坐标变换的监听器类
from geometry_msgs.msg import Twist                   # ROS 2 速度控制消息
from turtlesim.srv import Spawn                       # 海龟生成的服务接口
class TurtleFollowing(Node):

    def __init__(self, name):
        super().__init__(name)                        # ROS 2 节点父类初始化

        # 创建一个源坐标系名的参数
        self.declare_parameter('source_frame', 'turtle1')
        # 优先使用外部设置的参数值，否则用默认值
        self.source_frame = self.get_parameter(
            'source_frame').get_parameter_value().string_value
        # 创建保存坐标变换信息的缓冲区
        self.tf_buffer = Buffer()
        # 创建坐标变换的监听器
        self.tf_listener = TransformListener(self.tf_buffer, self)

        # 创建一个请求产生海龟的客户端
        self.spawner = self.create_client(Spawn, 'spawn')
        # 是否已经请求海龟生成服务的标志位
        self.turtle_spawning_service_ready = False
        # 海龟是否产生成功的标志位
        self.turtle_spawned = False

        # 创建跟随运动海龟的速度话题
        self.publisher = self.create_publisher(Twist, 'turtle2/cmd_vel', 1)
        # 创建一个固定周期的定时器，控制跟随海龟的运动
```

```python
        self.timer = self.create_timer(1.0, self.on_timer)

    def on_timer(self):
        from_frame_rel = self.source_frame       # 源坐标系
        to_frame_rel   = 'turtle2'               # 目标坐标系

        # 如果已经请求海龟生成服务
        if self.turtle_spawning_service_ready:
            if self.turtle_spawned:              # 如果跟随海龟已经生成
                try:
                    now = rclpy.time.Time()      # 获取 ROS 的当前时间

                    # 监听当前时刻源坐标系到目标坐标系的坐标变换
                    trans = self.tf_buffer.lookup_transform(
                        to_frame_rel,
                        from_frame_rel,
                        now)
                # 如果坐标变换获取失败，则输出异常报告
                except TransformException as ex:
                    self.get_logger().info(
                        f'Could not transform {to_frame_rel} to {from_frame_rel}: {ex}')
                    return

                msg = Twist()                    # 创建速度控制消息
                scale_rotation_rate = 1.0        # 根据海龟角度，计算角速度
                msg.angular.z = scale_rotation_rate * math.atan2(
                    trans.transform.translation.y,
                    trans.transform.translation.x)

                scale_forward_speed = 0.5        # 根据海龟距离，计算线速度
                msg.linear.x = scale_forward_speed * math.sqrt(
                    trans.transform.translation.x ** 2 +
                    trans.transform.translation.y ** 2)

                self.publisher.publish(msg)      # 发布速度指令，海龟跟随运动
            # 如果跟随海龟没有生成
            else:
                if self.result.done():           # 查看海龟是否生成
                    self.get_logger().info(
                        f'Successfully spawned {self.result.result().name}')
                    self.turtle_spawned = True
                else:                            # 依然没有生成跟随海龟
                    self.get_logger().info('Spawn is not finished')
        else:                                    # 如果没有请求海龟生成服务
            if self.spawner.service_is_ready():  # 如果海龟生成服务器已经准备就绪
                request = Spawn.Request()        # 创建一个请求的数据

                # 设置请求数据的内容，包括海龟名、xy 位置、姿态
```

```
            request.name = 'turtle2'
            request.x = float(4)
            request.y = float(2)
            request.theta = float(0)

            self.result = self.spawner.call_async(request)      # 发送服务请求
            self.turtle_spawning_service_ready = True            # 设置标志位，表示已经发送请求
        else:
            # 海龟生成服务器还没准备就绪的提示
            self.get_logger().info('Service is not ready')

def main(args=None):
    rclpy.init(args=args)                                       # ROS 2 Python 接口初始化
    node = TurtleFollowing("turtle_following")                  # 创建 ROS 2 节点对象并进行初始化
    rclpy.spin(node)                                            # 循环等待 ROS 2 退出
    node.destroy_node()                                        # 销毁节点对象
    rclpy.shutdown()                                           # 关闭 ROS 2 Python 接口
```

以上通过两只海龟运动跟随的示例，向大家演示了如何使用 ROS 2 中的 tf 坐标管理系统实现各种坐标系的创建、更新和监听，当机器人系统变得更加复杂时，就可以使用类似的方法维护其中的坐标系。

在复杂的机器人系统中，坐标系的数量很多，一般通过机器人 URDF 建模的方法提前设置好坐标系的相对关系，相关内容在第 4 章进行讲解。

3.2.10 tf 综合应用示例：海龟跟随（C++）

同样的海龟跟随案例，C++也可以实现。

1. Launch 启动文件解析

C++ 版本示例使用的 Launch 启动文件是 learning_tf_cpp/launch/turtle_following_demo.launch.py，其中同样启动了 4 个节点，分别是：

- 海龟仿真器。
- 海龟 1 的坐标系广播。
- 海龟 2 的坐标系广播。
- 海龟运动跟随控制。

2. 坐标系动态广播

海龟 1 和海龟 2 在 world 坐标系下的坐标变换，是在 turtle_tf_broadcaster 节点中实现的，除了海龟坐标系的名字不同，针对两只海龟的功能是一样的，具体的代码实现已经在 3.2.5 节和 3.2.6 节中详细讲解过，这里不再赘述。

3. 海龟跟随

坐标系正常广播了，接下来可以订阅两只海龟的位置关系，并且将其转换为速度指令进行控制。C++版本完整代码实现在 learning_tf_cpp/src/turtle_following.cpp 中，详细内容如下。

```cpp
#include <chrono>
#include <functional>
#include <memory>
#include <string>
#include "geometry_msgs/msg/transform_stamped.hpp"
#include "geometry_msgs/msg/twist.hpp"
#include "rclcpp/rclcpp.hpp"
#include "tf2/exceptions.h"
#include "tf2_ros/transform_listener.h"
#include "tf2_ros/buffer.h"
#include "turtlesim/srv/spawn.hpp"
using namespace std::chrono_literals;
class TurtleFollowing : public rclcpp::Node
{
public:
    TurtleFollowing()
        : Node("turtle_tf2_frame_listener"),
        turtle_spawning_service_ready_(false),
        turtle_spawned_(false)                          //ROS 2节点父类初始化
    {
        // 创建一个目标坐标系名的参数，优先使用外部设置的参数值，否则使用默认值
        target_frame_ = this->declare_parameter<std::string>("target_frame", "turtle1");
        // 创建保存坐标变换信息的缓冲区
        tf_buffer_ = std::make_unique<tf2_ros::Buffer>(this->get_clock());

        // 创建坐标变换的监听器
        tf_listener_ = std::make_shared<tf2_ros::TransformListener>(*tf_buffer_);
        // 创建一个请求产生海龟的客户端
        spawner_ = this->create_client<turtlesim::srv::Spawn>("spawn");
        // 创建跟随运动海龟的速度话题
        publisher_ = this->create_publisher<geometry_msgs::msg::Twist>("turtle2/cmd_vel", 1);
        // 创建一个固定周期的定时器，处理坐标信息
        timer_ = this->create_wall_timer(
            1s, std::bind(&TurtleFollowing::on_timer, this));
    }
private:
    void on_timer()
    {
        // 设置源坐标系和目标坐标系的名称
        std::string fromFrameRel = target_frame_.c_str();
        std::string toFrameRel = "turtle2";
```

```
    if (turtle_spawning_service_ready_) {
        if (turtle_spawned_) {
            geometry_msgs::msg::TransformStamped t;

            // 监听当前时刻源坐标系到目标坐标系的坐标变换
            try {
                t = tf_buffer_->lookupTransform(
                    toFrameRel, fromFrameRel,
                    tf2::TimePointZero);
            } catch (const tf2::TransformException & ex) {
                // 如果坐标变换获取失败，则输出异常报告
                RCLCPP_INFO(
                    this->get_logger(), "Could not transform %s to %s: %s",
                    toFrameRel.c_str(), fromFrameRel.c_str(), ex.what());
                return;
            }

            // 创建速度控制消息
            geometry_msgs::msg::Twist msg;
            // 根据海龟角度，计算角速度
            static const double scaleRotationRate = 1.0;
            msg.angular.z = scaleRotationRate * atan2(
                t.transform.translation.y,
                t.transform.translation.x);

            // 根据海龟距离，计算线速度
            static const double scaleForwardSpeed = 0.5;
            msg.linear.x = scaleForwardSpeed * sqrt(
                pow(t.transform.translation.x, 2) +
                pow(t.transform.translation.y, 2));

            // 发布速度指令，海龟跟随运动
            publisher_->publish(msg);
        } else {
            // 查看海龟是否生成
            RCLCPP_INFO(this->get_logger(), "Successfully spawned");
            turtle_spawned_ = true;
        }
    } else {
        // 如果海龟生成服务器已经准备就绪
        if (spawner_->service_is_ready()) {
            // 创建一个请求的数据，设置请求数据的内容，包括海龟名、xy 位置、姿态
            auto request = std::make_shared<turtlesim::srv::Spawn::Request>();
            request->x = 4.0;
            request->y = 2.0;
```

```
                request->theta = 0.0;
                request->name = "turtle2";
                // 发送服务请求
                using ServiceResponseFuture =
                rclcpp::Client<turtlesim::srv::Spawn>::SharedFuture;
                auto response_received_callback = [this](ServiceResponseFuture future) {
                    auto result = future.get();
                    if (strcmp(result->name.c_str(), "turtle2") == 0) {
                        // 设置标志位，表示已经发送请求
                        turtle_spawning_service_ready_ = true;
                    } else {
                        RCLCPP_ERROR(this->get_logger(), "Service callback result mismatch");
                    }
                };
                auto result = spawner_->async_send_request(request,
                                response_received_callback);
            } else {
                // 海龟生成服务器还没准备就绪的提示
                RCLCPP_INFO(this->get_logger(), "Service is not ready");
            }
        }
    }
    bool turtle_spawning_service_ready_;
    bool turtle_spawned_;
    rclcpp::Client<turtlesim::srv::Spawn>::SharedPtr spawner_{nullptr};
    rclcpp::TimerBase::SharedPtr timer_{nullptr};
    rclcpp::Publisher<geometry_msgs::msg::Twist>::SharedPtr publisher_{nullptr};
    std::shared_ptr<tf2_ros::TransformListener> tf_listener_{nullptr};
    std::unique_ptr<tf2_ros::Buffer> tf_buffer_;
    std::string target_frame_;
};

int main(int argc, char * argv[])
{
    // ROS 2 C++接口初始化
    rclcpp::init(argc, argv);
    // 创建 ROS 2 节点对象并进行初始化，循环等待 ROS 2 退出
    rclcpp::spin(std::make_shared<TurtleFollowing>());
    // 关闭 ROS 2 C++接口
    rclcpp::shutdown();
    return 0;
}
```

3.3　Gazebo：机器人三维物理仿真平台

利用 ROS 进行机器人开发，机器人当然是主角，但如果大家手边没有实物机器人怎么办呢？没问题，机器人三维物理仿真平台 Gazebo 可以"无中生有"，帮大家虚拟一个机器人。

3.3.1　Gazebo 介绍

Gazebo 是 ROS 中最为常用的三维物理仿真平台，支持动力学引擎，可以实现高质量的图形渲染，不仅可以模拟机器人及周边环境，还可以加入摩擦力、弹性系数等物理属性，如图 3-21 所示。

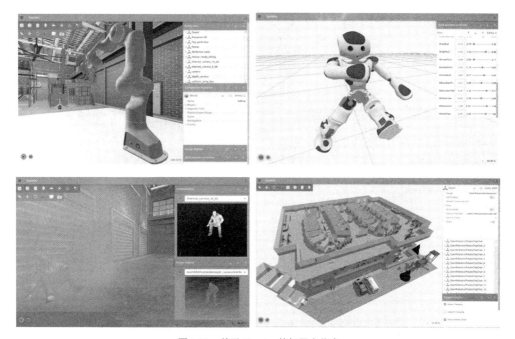

图 3-21　基于 Gzaebo 的机器人仿真

例如开发一辆火星车，可以在 Gazebo 中模拟火星表面的环境；再如开发一台无人机，续航和限飞等原因导致无法频繁用实物做实验，此时不妨先使用 Gazebo 进行仿真，等算法开发得差不多了，再部署到实物上去测试运行。Gazebo 仿真平台可以帮助大家验证机器人算法、优化机器人设计、测试机器人场景应用，为机器人开发提供更灵活的方法。

Gazebo 起源于 2002 年，比 ROS 的历史更长。2009 年，工程师在开发 ROS 和 PR2 的过程中，实现了在 Gazebo 中的仿真，自此 Gazebo 成为 ROS 社区中被使用最多的一种仿真器。之后，Gazebo 与 ROS 相伴成长，成为 OSRF 基金会管理的两个核心项目。

和 ROS 1/ROS 2 类似，Gazebo 也有两个大的版本，分别是 Gazebo Classic 和 Gazebo Sim。如名称一般，Gazebo Classic 是一个经典版本，很多 ROS 桌面版都会默认安装，社区中也有很多相关资源。如图 3-22 所示，最后一个 Gazebo Classic 版本 11.0 发布于 2020 年，将在 2025 年停止维护，Ubuntu24.04 和 ROS 2 Jazzy 也不再支持它。

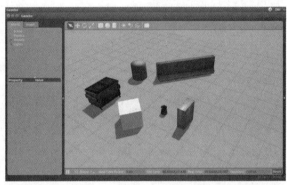

图 3-22　Gazebo Classic 的版本迭代和软件界面

Gazebo Sim 经历了自底向上的重新设计和开发，如表 3-1 所示，在 2019 年正式发布第一个版本，新增了更多仿真特性，例如对柔性物体的仿真支持、更灵活的模块化插件机制等。当时为了与 Gazebo Classic 区分，官方启用了另外一个名称——Ignition，不过开发者还是更愿意使用 Gazebo 这个名字，于是在 Ignition 逐渐稳定后，官方将它的名字改回了 Gazebo。

随着 2025 年 Gazebo Classic 停止更新，ROS 社区推荐大家尽快把相关工作迁移到最新版本的 Gazebo 上。

表 3-1　Gazebo 版本及相关信息

版本名称	发布时间	停止支持时间	备注
Gazebo-J	Sep,2025	Sep,2030	LTS
Gazebo-I	Sep,2024	Sep,2026	
Harmonic	Sep,2023	Sep,2028	LTS
Garden	Sep,2022	Nov,2024	
Fortress	Sep,2021	Sep,2026	LTS
Edifice	Mar,2021	Mar,2022	EOL
Dome	Sep,2020	Dec,2021	EOL
Citadel	Dec,2019	Dec,2024	LTS
Blueprint	May,2019	Dec,2020	EOL
Acropolis	Feb,2019	Sep,2019	EOL

本书 Gazebo 相关的内容均以 Gazebo Harmonic 版本为平台演示，新旧两个版本的 Gazebo 不完全兼容，使用 Gazebo Classic 可能存在启动失败的风险。

说了这么多，Gazebo 该如何使用呢？大家不妨先让它"跑"起来，熟悉一下。

以下是 Gazebo 官方给出的详细安装步骤，如果第一次使用或者希望通过更简单的方式安装，那么也可以使用本书配套代码中的快捷安装脚本——ros_install.sh，在该脚本所在的路径下，通过在终端输入./ros_install.sh 指令，跟随提示即可完成安装。

可以通过以下命令直接安装与 Gazebo 相关的所有包。

```
# 安装相关依赖
$ sudo apt-get update
$ sudo apt-get install lsb-release wget gnupg

# 安装 Gazebo Harmonic
$ sudo wget [Gazebo 官方密钥 URL] -O /usr/share/keyrings/pkgs-osrf-archive-keyring.gpg
$ echo "deb [arch=$(dpkg --print-architecture)
signed-by=/usr/share/keyrings/pkgs-osrf-archive-keyring.gpg] [Gazebo 软件源基地址]
$(lsb_release -cs) main" | sudo tee /etc/apt/sources.list.d/gazebo-stable.list > /dev/null
$ sudo apt-get update
$ sudo apt-get install gz-harmonic

# 安装 Jazzy gz 功能包
$ sudo apt install ros-jazzy-ros-gz
```

需要参考 Gazebo 官方手册中的 Install 章节，将上面的[Gazebo 官方密钥 URL]及[Gazebo 软件源基地址]修改为最新的链接地址。

安装完成后，就可以通过以下命令启动 Gazebo 了。

```
$ gz sim
```

稍等片刻就可以打开如图 3-23 所示的界面，默认会让大家选择需要运行的示例。

选择示例并单击"RUN"后，正式进入仿真环境的界面。如图 3-24 所示，Gazebo 的中间区域是模型的显示区，右侧显示各种模型的状态和参数，大家可以先将左上角工具栏中的一些规则物体放置在显示区感受一下。

如使用虚拟机运行，则可能出现仿真区域无显示或持续闪烁的现象，需要关闭虚拟机设置中的"加速 3D 图像"选项。

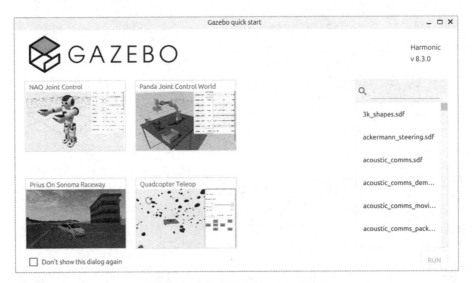

图 3-23　Gazebo 启动后的示例选择界面

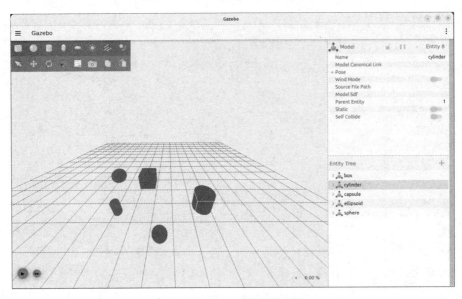

图 3-24　Gazebo 仿真环境界面

3.3.2　机器人仿真示例

认识了 Gazebo，接下来是不是该试试机器人仿真啦？说干就干！

关闭之前运行的所有例程，重新启动两个终端，分别运行如下命令，先启动一个机器人仿真环境，再启动一个键盘控制节点。

```
$ ros2 launch ros_gz_sim_demos diff_drive.launch.py
$ ros2 run teleop_twist_keyboard teleop_twist_keyboard --ros-args -r
cmd_vel:=model/vehicle_blue/cmd_vel
```

仿真环境启动成功，如图 3-25 所示，此时可以在 Gazebo 中看到两个移动机器人底盘。

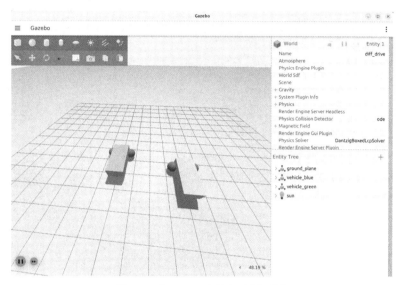

图 3-25　在 Gazebo 中仿真两个机器人

在键盘控制节点的终端中，通过 "i" "j" "，" "l" 四个按键，可以控制其中一个机器人前后左右运动。如果想控制另外一个机器人运动，则可以将键盘节点的速度控制话题的名称重映射为 model/vehicle_blue/cmd_vel，如图 3-26 所示。

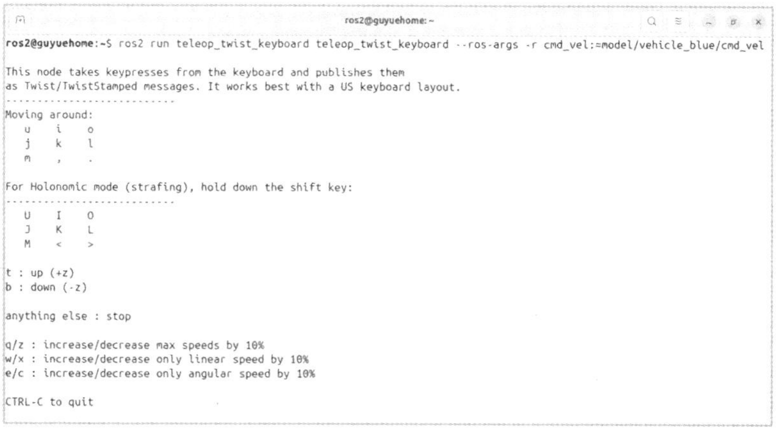

图 3-26　重映射速度话题名称，控制第二个机器人运动

以上仿真过程和之前学习的海龟运动控制仿真非常相似，不过此时的机器人和仿真环境已经比之前复杂多了。

3.3.3 传感器仿真示例

Gazebo 的仿真功能非常强大，除了可以仿真机器人，还可以仿真常用的传感器，这里以相机为例，带领大家体验一下传感器的仿真效果。

打开一个终端，输入如下命令。

```
$ ros2 launch ros_gz_sim_demos rgbd_camera_bridge.launch.py
```

运行成功后，会打开 Gazebo 仿真界面和 RViz 上位机，如图 3-27 所示。大家可以在 Gazebo 中直接看到 RGBD 相机仿真后发布的图像数据。

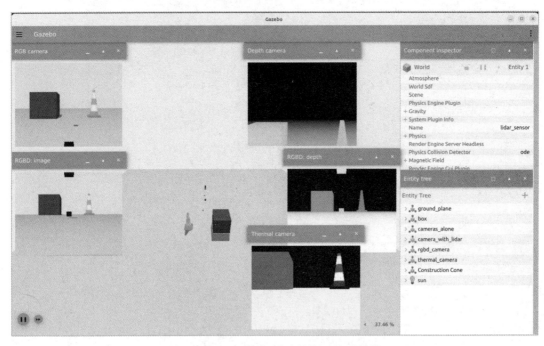

图 3-27　Gazebo 传感器仿真的数据可视化效果

此时在打开的 RViz 上位机中，同样可以看到仿真的传感器数据，效果如图 3-28 所示。

Gazebo 的仿真功能还有很多，第 4 章会带领大家深入学习如何构建机器人的仿真模型，并让机器人在仿真环境中完成各种各样的功能。

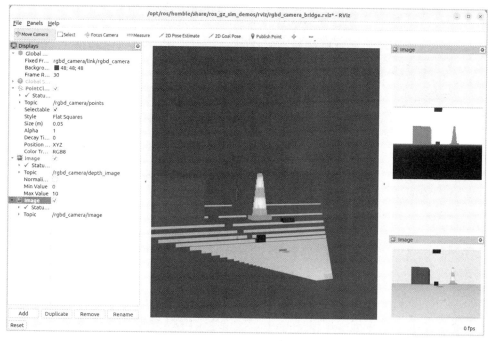

图 3-28　RViz 中 RGBD 相机仿真数据的可视化效果

3.4　RViz：数据可视化平台

大家有没有想过一个问题，机器人"眼"中的世界是什么样的呢？怎么样才能够看到机器人的相机拍摄到的图像？这就涉及可视化显示的范畴了，本节将介绍一位 ROS 2 中的重量级嘉宾——RViz，一款三维可视化显示的神器。

3.4.1　RViz 介绍

机器人开发过程中需要实现各种各样的功能，如果只是从数据层面进行分析，会比较困难，例如拿出 0~255 之间的数字卡片，问大家这幅图像描述的内容是什么？那么大家肯定一脸懵。如果把这些数字代表的图像渲染出来，就一目了然了。

类似的场景还有很多，如图 3-29 所示。例如，对于机器人模型，大家需要知道自己设计的模型是什么样子的，模型内部众多的坐标系在运动过程中处于哪些位置；对于机械臂运动规划和移动机器人自主导航，大家希望看到机器人周边的环境、规划的路径，当然还有相机、激光雷达等传感器的信息。数据是用来进行计算的，可视化的效果才是给人看的。

机器人模型　　　　　　　坐标　　　　　　　运动规划　　　　　　导航

图 3-29　机器人应用开发中常见的数据可视化场景

所以，数据可视化可以大大提高机器人应用开发的效率，而 RViz 就是这样一款用于机器人开发的数据可视化软件，机器人模型、传感器信息、环境信息等，都可以通过 RViz 快速渲染并显示。

RViz 是 ROS 中最常用的软件之一，跟随 ROS 2 的迭代也进行了全新升级，升级后的产品被称为 RViz 2。

RViz 的核心框架是基于 Qt 可视化工具打造的一个开放式平台，出厂时自带机器人常用的可视化显示插件，只要大家按照 ROS 中的消息发布对应的话题数据，就可以看到图形化的效果，如图 3-30 所示。如果大家对显示效果不满意，或者想添加某些新的显示项目，那么也可以在 RViz 中开发更多可视化插件，从而打造自己的机器人应用的上位机。

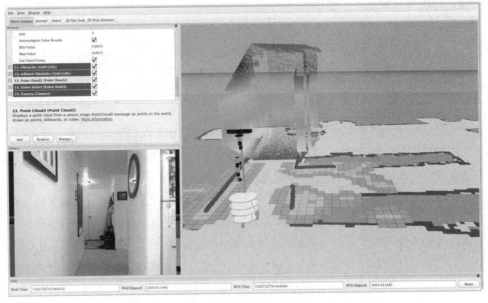

图 3-30　在 RViz 中显示机器人模型、地图、相机等信息

既然是可视化软件，当然会有界面。大家通过一个终端，使用如下命令即可启动 RViz。

```
$ ros2 run rviz2 rviz2
```

RViz 已经集成在完整版的 ROS 中，一般不需要单独安装。

运行成功后，可以看到如图 3-31 所示的界面。

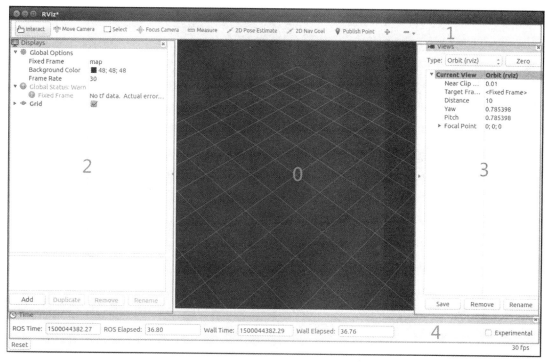

图 3-31　RViz 的运行界面

在 RViz 的界面中，主要包含以下几部分。

- 0：3D 视图区，用于可视化显示数据，目前没有任何数据，所以显示黑色背景。
- 1：工具栏，提供视角控制、目标设置、发布地点等工具。
- 2：显示项列表，用于显示当前添加的显示插件，可以配置每个插件的属性。
- 3：视角设置区，可以选择多种观测视角。
- 4：时间显示区，显示当前的系统时间和 ROS 时间。

接下来，如何让数据在 RViz 中可视化呢？

3.4.2 数据可视化操作流程

使用 RViz 进行数据可视化的前提是有数据，可视化的数据需要以指定的消息类型正常发布，这样大家就可以在 RViz 中使用对应的插件订阅该消息，并实现可视化渲染。具体操作流程如下。

首先，添加显示数据的插件。单击 RViz 界面左侧下方的"Add"按键，RViz 会将默认支持的所有数据类型的显示插件罗列出来，如图 3-32 所示。

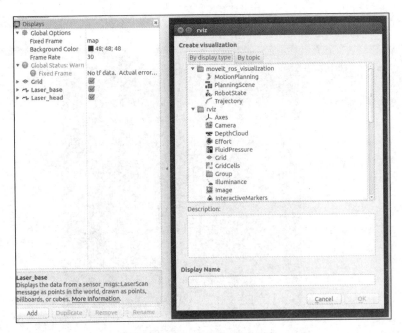

图 3-32　RViz 中的显示插件列表

在列表中选择需要的数据类型显示插件，然后在"Display Name"里填入一个唯一的名称，用来命名显示的数据。例如显示两个激光传感器的数据，可以添加两个 Laser Scan 类型的插件，分别命名为 Laser_base 和 Laser_head。

添加完成后，RViz 左侧的 Dispaly 中会列出已经添加的显示插件；单击插件列表前的加号，可以打开一个属性列表，根据需求设置属性，如图 3-33 所示。通常情况下，"Topic"属性较为重要，用来设置该显示插件所订阅的数据来源，只有订阅成功，才会在中间的显示区出现可视化的数据。

如果可视化显示有问题，那么可以先检查属性区域的"Status"状态，如图 3-34 所示。Status 有四种状态：OK、Warning、Error 和 Disabled，如果显示的状态不是 OK，那么可以查看具体的错误信息，并详细检查数据发布是否正常。

图 3-33　RViz 中显示插件的属性　　　　图 3-34　RViz 可视化显示时的 Status 状态

了解了 RViz 数据可视化的设置流程，大家一起跟随接下来的示例操作一下。

3.4.3　应用示例一：tf 数据可视化

在 3.2 节的海龟跟随运动示例中，涉及多个坐标系的动态变换，只看数据很难理解，如果能够看到坐标相对变化的可视化效果就好了。本节就以此为例，通过 RViz 动态显示 tf 的数据变化。

启动两个终端，分别运行以下命令，运行海龟跟随运动的示例。

```
$ ros2 launch learning_tf turtle_following_demo.launch.py
$ ros2 run turtlesim turtle_teleop_key
```

接下来启动 RViz，将左侧全局配置中的"Fixed Frame"修改为海龟跟随示例中的全局坐标系"world"，如图 3-35 所示。

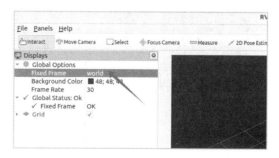

图 3-35　设置 RViz 中的全局坐标系

单击左下角的"Add"按钮，如图 3-36 所示，在弹出的插件列表窗口中找到 tf 的显示插件，然后单击"OK"按钮。

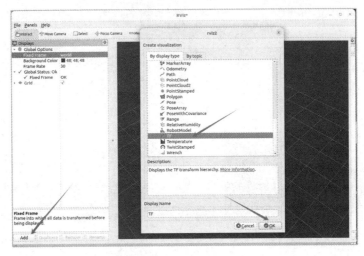

图 3-36　在 RViz 中添加 TF 显示插件

如图 3-37 所示，回到 RViz 的主界面后，很快就可以看到 world、turtle1、turtle2 三个坐标系了。

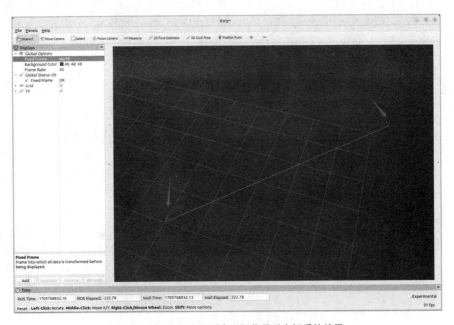

图 3-37　在 RViz 主界面中可视化显示坐标系的效果

如果觉得显示的信息不够清晰，那么还可以继续配置左侧 TF 显示插件的参数，此时通过键盘控制海龟运动，也可以实时看到 tf 坐标系的位姿变化，如图 3-38 所示。

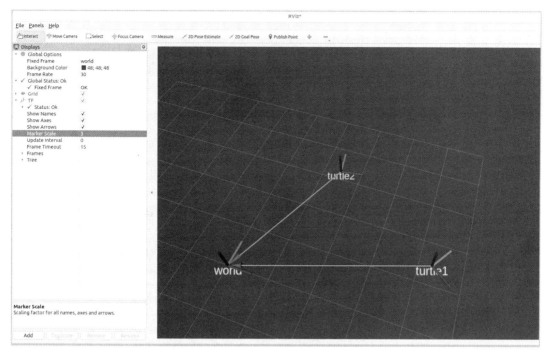

图 3-38　在 RViz 中设置坐标系可视化效果

使用 RViz 对数据可视化是不是很方便？在坐标系繁多的机器人应用中，通过几步操作就可以动态监控各种位姿的变化。

3.4.4　应用示例二：图像数据可视化

在第 2 章的学习中，我们已经可以使用 ROS 中的相机驱动节点获取图像消息了，那么图像消息到底是什么样的呢？本节就用 RViz 把图像可视化。

请先连接好相机设备，然后启动一个终端，运行以下命令，让相机驱动节点“跑”起来。

```
$ ros2 run usb_cam usb_cam_node_exe
```

此处如果使用虚拟机，则需要先将相机与虚拟机连接：单击菜单栏中的“虚拟机”选项，选择“可移动设备”，找到需要连接的相机型号，单击“连接”按钮。

接下来启动 RViz，如图 3-39 所示，单击左下角的“Add”，在弹出的插件列表窗口中找到 Image 的显示插件，然后单击“OK”按钮。

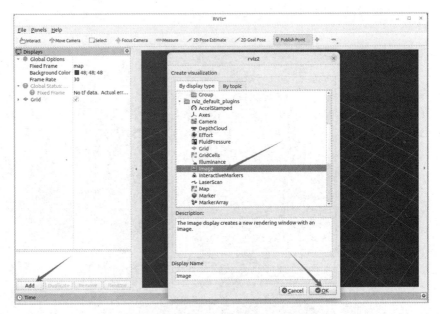

图 3-39　在 RViz 中添加 Image 显示插件

在 RViz 界面中很快就可以看到一个图像显示窗口，只是当前还没有任何信息显示出来，先不用着急，我们需要继续配置 Image 显示插件订阅的图像话题。

在左侧显示项列表中找到刚才选择的 Image 显示插件，然后配置其订阅的话题名为 "image_raw"，如图 3-40 所示，此时就可以顺利看到当前的图像了。

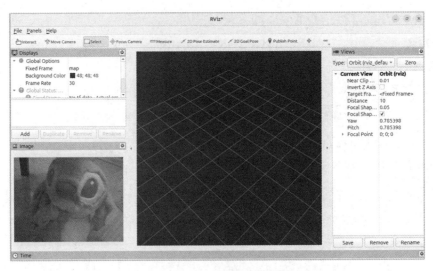

图 3-40　RViz 中的图像可视化效果

机器人中各种各样的传感器数据和功能数据都可以使用类似的方法进行配置和可视化，大家可以基于 RViz 打造一款自己的人机交互软件。

RViz 中默认支持的显示插件很多，但有时候也不能完全满足大家的需求，此时可以借助 RViz 的插件机制，基于 Qt 开发自己的插件，让 RViz 更加个性化。

3.4.5　Gazebo 与 RViz 的关系

通过以上示例，相信大家对 RViz 可视化平台的使用流程已经比较熟悉了。Gazebo 和 RViz 的可视化功能对比如图 3-41 所示，为了避免混淆，我们还要再强调一下。

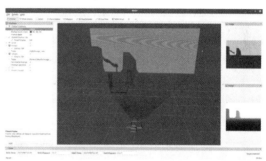

Gazebo
仿真平台：创造数据

RViz
可视化平台：显示数据

图 3-41　Gazebo 与 RViz 的可视化功能对比

- Gazebo 是**仿真平台**，核心功能是**创造数据**，如果没有机器人或者传感器，那么可以通过 Gazebo 虚拟。
- RViz 是**可视化平台**，核心功能是**显示数据**，需要通过仿真或者实物提供数据，如果没有数据，那么也是"巧妇难为无米之炊"。

所以，我们在使用 Gazebo 进行机器人仿真时，通常也会启动 RViz 来显示仿真环境的各种信息。如果使用真实机器人进行开发，则不一定会用到 Gazebo，但还是会用 RViz 显示真实机器人的模型、地图、传感器等信息。

3.5　rosbag：数据记录与回放

为了方便调试和测试机器人，ROS 提供了一个数据录制与回放的功能包——rosbag，它可以帮助开发者录制 ROS 运行时的消息数据，并在离线状态下回放。

本节将通过海龟例程介绍 rosbag 数据录制和回放的实现方法。

3.5.1 记录数据

首先启动键盘控制海龟例程所需的所有节点。

```
$ ros2 run turtlesim turtlesim_node
$ ros2 run turtlesim turtle_teleop_key
```

启动成功后，在终端中可以通过键盘控制海龟移动，并通过以下命令查看当前 ROS 中存在哪些话题。

```
$ ros2 topic list -v
```

如图 3-42 所示，此时会看到类似的话题列表。

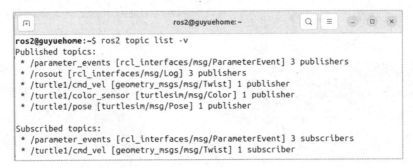

图 3-42　海龟运动控制示例中的话题列表

接下来使用 rosbag 抓取这些话题的消息，并且打包成一个文件放置到指定文件夹中。

```
$ mkdir ~/bagfiles
$ cd ~/bagfiles
$ ros2 bag record /turtle1/cmd_vel
```

record 就是数据记录的子命令。输入命令后，如图 3-43 所示，很快就会开始录制话题消息并打包保存，通过终端中的日志信息也可以看到当前录制的话题名称。

```
ros2@guyuehome:~/bagfiles$  ros2 bag record /turtle1/cmd_vel
[INFO] [1721663629.467249128] [rosbag2_recorder]: Press SPACE for pausing/resuming
[INFO] [1721663629.495220987] [rosbag2_recorder]: Listening for topics...
[INFO] [1721663629.495319410] [rosbag2_recorder]: Event publisher thread: Starting
[INFO] [1721663629.504293473] [rosbag2_recorder]: Subscribed to topic '/turtle1/cmd_vel'
[INFO] [1721663629.504557159] [rosbag2_recorder]: Recording...
[INFO] [1721663629.505507241] [rosbag2_recorder]: All requested topics are subscribed. Stopping discovery...
```

图 3-43　使用 rosbag 的 record 命令录制话题消息

大家可以在终端中控制海龟不断移动，然后在数据录制的终端中按下"Ctrl+C"组合键，即可停止录制。进入刚才创建的文件夹~/bagfiles 中，会有一个以 ros2 开头并以时间戳命名的文件夹，里边就是录制的数据文件了。

如果想录制多个话题消息，那么可以使用如下命令，运行效果如图 3-44 所示。

```
$ ros2 bag record -o subset /turtle1/cmd_vel /turtle1/pose
```

```
ros2@guyuehome:~/bagfiles$ ros2 bag record -o subset /turtle1/cmd_vel /turtle1/p
ose
[INFO] [1721663652.098458500] [rosbag2_recorder]: Press SPACE for pausing/resumi
ng
[INFO] [1721663652.449573672] [rosbag2_recorder]: Listening for topics...
[INFO] [1721663652.449887679] [rosbag2_recorder]: Event publisher thread: Starti
ng
[INFO] [1721663652.480242306] [rosbag2_recorder]: Subscribed to topic '/turtle1/
pose'
[INFO] [1721663652.486959440] [rosbag2_recorder]: Subscribed to topic '/turtle1/
cmd_vel'
[INFO] [1721663652.487842867] [rosbag2_recorder]: Recording...
[INFO] [1721663652.490111492] [rosbag2_recorder]: All requested topics are subsc
ribed. Stopping discovery...
```

图 3-44　使用 rosbag 的 record 命令录制多个话题消息

在以上的命令操作中，-o 表示自定义的数据包文件名，这样就不会使用时间戳命名生成的数据文件了。

3.5.2　回放数据

数据录制完成后，可以使用录制的数据文件回放数据。rosbag 功能包提供了 info 命令，可以查看数据文件的详细信息，命令的使用格式如下。

```
$ ros2 bag info <your bagfile>
```

使用 info 命令查看刚才录制的数据文件，可以看到如图 3-45 所示的信息。

```
ros2@guyuehome:~/bagfiles$ ros2 bag info subset/
Files:              subset_0.mcap
Bag size:           102.3 KiB
Storage id:         mcap
ROS Distro:         jazzy
Duration:           21.983s
Start:              Jul 22 2024 23:54:12.493 (1721663652.493)
End:                Jul 22 2024 23:54:34.476 (1721663674.476)
Messages:           1375
Topic information: Topic: /turtle1/cmd_vel | Type: geometry_msgs/msg/Twist | Cou
nt: 0 | Serialization Format: cdr
                   Topic: /turtle1/pose | Type: turtlesim/msg/Pose | Count: 1375
 | Serialization Format: cdr
Service:            0
Service information:
```

图 3-45　使用 rosbag 的 info 命令查看数据文件的详细信息

从以上信息中，大家可以看到数据文件中包含的话题、消息类型、消息数量等信息。

接下来，终止之前打开的 turtle_teleop_key 键盘控制节点，并重启 turtlesim_node，使用如下命令回放所录制的话题数据。

```
$ ros2 bag play <your bagfile>
```

在短暂的等待后，数据开始回放，海龟的运动轨迹应该与录制过程中的完全相同，在终端上也可以看到如图 3-46 所示的信息。

```
ros2@guyuehome:~/bagfiles$ ros2 bag play subset/
[INFO] [1721663740.409652449] [rosbag2_player]: Set rate to 1
[INFO] [1721663740.438565688] [rosbag2_player]: Adding keyboard callbacks.
[INFO] [1721663740.439346001] [rosbag2_player]: Press SPACE for Pause/Resume
[INFO] [1721663740.439559791] [rosbag2_player]: Press CURSOR_RIGHT for Play Next
 Message
[INFO] [1721663740.439599802] [rosbag2_player]: Press CURSOR_UP for Increase Rat
e 10%
[INFO] [1721663740.439629855] [rosbag2_player]: Press CURSOR_DOWN for Decrease R
ate 10%
[INFO] [1721663740.439888815] [rosbag2_player]: Playback until timestamp: -1
```

图 3-46　使用 rosbag 的 play 命令回放数据文件

3.6　rqt：模块化可视化工具箱

ROS 中的 RViz 功能已经很强大了，不过在某些场景下，我们可能还需要一些轻量的可视化工具。例如只显示一个相机的图像，如果使用 RViz 会有点儿麻烦，此时可以使用 ROS 提供的另外一个模块化可视化工具——rqt。

3.6.1　rqt 介绍

rqt 与 RViz 一样，也是基于 Qt 可视化工具开发的，在使用前，需要通过以下命令安装，然后就可以通过 rqt 命令启动了。

```
$ sudo apt install ros-jazzy-rqt
$ rqt
```

如图 3-47 所示，rqt 中可以加载很多小模块，每个模块都可以实现一个具体的功能。

在实际操作时，可以单击工具栏中的"Plugins"，从中选择需要使用的模块，如图 3-48 所示。

图 3-47　rqt 可视化工具的界面

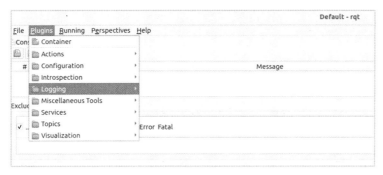

图 3-48　在 rqt 中选择需要使用的模块

　　个别模块也可以通过快捷指令启动。接下来我们以几个常用模块为例，一起学习 rqt 的基本使用方法。

3.6.2　日志显示

　　日志显示模块用来可视化和过滤 ROS 中的日志消息，包括 info、warn、error 等级别的日志。日志显示模块的启动方法有两种，一种是在 rqt 启动后，在 "Plugins" 中找到 "Console"，在 rqt 界面中打开；另一种是直接使用以下命令打开。

```
$ ros2 run rqt_console rqt_console
```

以上两种方式打开的日志显示模块相同，都可以看到如图 3-49 所示的界面。

图 3-49　rqt 中的日志显示模块界面

当系统中有不同级别的日志消息时，rqt_console 的界面中会依次显示这些日志的相关内容，包括日志内容、时间戳、级别等。当日志较多时，也可以使用该工具进行过滤显示。

3.6.3　图像显示

图像显示模块类似于 RViz 中订阅 Image 话题的插件，可以可视化当前 ROS 中的图像消息，启动方法有两种：一种是在 rqt 启动后，在"Plugins"中找到"Image View"，在 rqt 界面中打开该模块；还有一种是直接使用以下命令打开。

```
$ ros2 run rqt_image_view rqt_image_view
```

以上两种方式打开的日志显示模块相同，启动成功后，选择订阅的图像话题，就可以看到如图 3-50 所示的可视化效果。

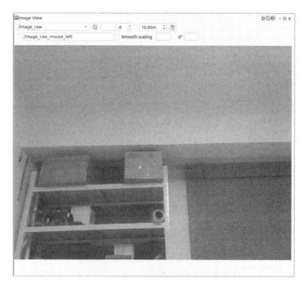

图 3-50　rqt 中的图像显示模块

3.6.4　发布话题/服务数据

我们不仅可以在命令行中发布话题或者服务，还可以通过 rqt 工具可视化地发布这些数据。例如通过 rqt 中的话题发布（Message Publisher）模块或者服务调用（Service Caller）模块发布海龟的运动指令，或者新产生一只海龟，运行效果如图 3-51 所示。

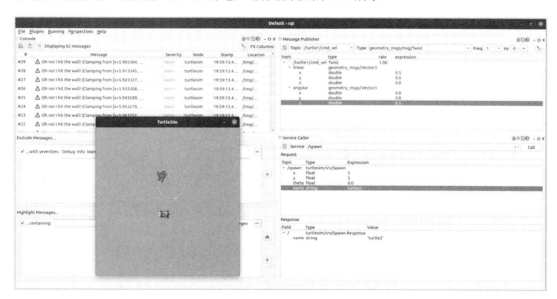

图 3-51　rqt 中的话题发布模块或者服务调用模块

3.6.5　绘制数据曲线

rqt 中还有一个绘制数据曲线的模块，可以将需要显示的数据在 xy 坐标系中使用曲线描绘出来，便于体现机器人速度、位置等信息随时间的变化趋势。

在 rqt 中打开"MatPlot"就可以弹出二维坐标系，然后在界面上方的 Topic 输入框中输入绘制的话题消息，如果不确定话题名称，那么可以在终端中使用"ros2 topic list"命令查看。

例如在海龟例程中，描绘海龟 x、y 坐标变化的效果如图 3-52 所示。

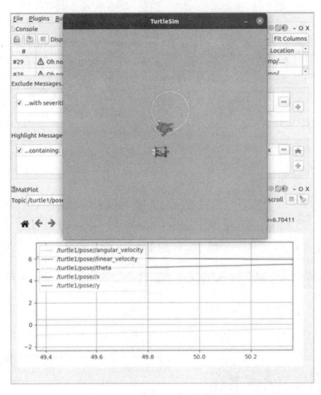

图 3-52　rqt 中的绘制数据曲线模块

3.6.6　数据包管理

数据包管理模块可以可视化播放 rosbag 数据包，类似于播放器，可以通过控制进度条快速定位到需要播放的位置。

在 rqt 中打开"Bag"模块，以 3.5 节录制的海龟运动数据包为例，运行效果如图 3-53 所示。

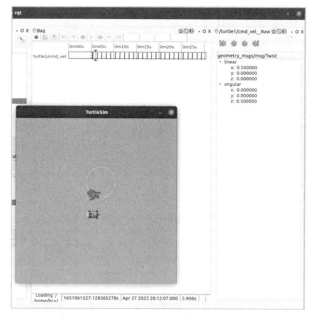

图 3-53　rqt 中的数据包管理模块

3.6.7　节点可视化

复杂的 ROS 机器人系统中会有很多节点，我们可以使用 rqt 中的节点可视化模块快速了解完整系统中的节点关系，它可以以图形化的方式，动态显示当前 ROS 中的节点计算图。

在 rqt 中打开"Node Graph"模块，启动成功后就会自动识别当前 ROS 中运行的所有节点，以海龟仿真为例，节点的可视化显示效果如图 3-54 所示。

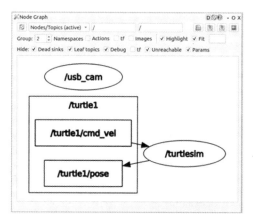

图 3-54　rqt 中的节点可视化模块

3.7 ROS 2 开发环境配置

开发 ROS 机器人肯定离不开代码编写，本书提供了大量示例源码，如何查看、编写、编译这些源码呢？我们需要先做一些准备工作，以便提高开发的效率。本节为大家推荐两款重要的开发工具——git 和 VSCode。

3.7.1 版本管理软件 git

git 是一个版本管理软件，它是因 Linux 而生的。

Linux 发展迅速，有成千上万人为其贡献代码，这些代码有修复 bug 的，有贡献新硬件驱动的，有增加系统新特性的。人工审核、合并这上千万行代码是不可能的，这就需要一款可以高效管理所有代码的软件，让开发者看到每次提交的变更代码是针对哪里的，并自动判断会不会与已有代码冲突，甚至在多个不同版本之间切换，等等。Linux 之父 Linus 设计并开发了版本管理工具——git，并将其广泛应用于软件开发领域。大家常听到的开源项目网站 GitHub，以及国内的码云 Gitee，都在使用 git 工具管理众多开源项目的代码。

在 Linux 中安装 git 的方法非常简单，直接在终端中使用以下命令就可以完成安装。

```
$ sudo apt install git
```

git 常见的命令如下。

```
# 下载一个项目和它的整个代码历史
$ git clone [url]

# 添加指定文件到暂存区
$ git add [file1] [file2] ...
# 添加指定目录到暂存区，包括子目录
$ git add [dir]
# 添加当前目录的所有文件到暂存区
$ git add .

# 删除工作区文件，并且将删除操作的文件放入暂存区
$ git rm [file1] [file2] ...
# 提交暂存区到仓库区
$ git commit -m [message]

# 列出所有本地分支
$ git branch
# 列出所有远程分支
$ git branch -r
# 列出所有本地分支和远程分支
$ git branch -a
# 新建一个分支，但依然停留在当前分支
```

```
$ git branch [branch-name]
# 新建一个分支，并切换到该分支
$ git checkout -b [branch]


# 显示有变更的文件
$ git status
# 显示当前分支的版本历史
$ git log


# 下载远程仓库的所有变动
$ git fetch [remote]
# 显示所有远程仓库
$ git remote -v
# 显示某个远程仓库的信息
$ git remote show [remote]


# 取回远程仓库的变化，并与本地分支合并
$ git pull [remote] [branch]
# 上传本地指定分支到远程仓库
$ git push [remote] [branch]


# 重置暂存区的指定文件，与上一次 commit 保持一致，但工作区不变
$ git reset [file]
# 重置暂存区与工作区，与上一次 commit 保持一致
$ git reset --hard
# 重置当前分支的指针为指定 commit，同时重置暂存区，但工作区不变
$ git reset [commit]
# 重置当前分支的 HEAD 为指定 commit，同时重置暂存区和工作区，与指定 commit 一致
$ git reset --hard [commit]


# 设置提交代码时的用户信息
$ git config [--global] user.name "[name]"
$ git config [--global] user.email "[email address]"
```

版本管理软件 git 是软件开发中极其常用的工具，它功能强大、命令繁多，这里只是抛砖引玉，更多详细内容及 git 客户端工具的使用方法参见网络资料。

3.7.2 集成开发环境 VSCode

Visual Studio Code（简称 VSCode）是微软于 2015 年推出的一款轻量级但功能强大的集成开发环境（IDE）。它支持 Windows、Linux 和 macOS 操作系统，并且拥有丰富的扩展组件，帮助开发者快速搭建项目，已成为开发者手中的一款重要工具。

可以在 VSCode 官网下载安装最新版本的软件，安装完成并打开软件后，在左侧的工具栏

中单击"Extensions"进入扩展插件安装窗口,可以在搜索栏输入想要使用的插件,找到后单击安装即可。

如图 3-55 所示,在 VSCode 的插件仓库中,有不少与 ROS 相关的插件,可以帮助大家提高代码的开发效率。

图 3-55　VSCode 中有大量与 ROS 相关的插件

为了便于后续 ROS 2 的开发与调试,这里推荐一些插件,如表 3-2 所示,大家可以根据自己的实际情况安装使用,无限扩展 VSCode 的功能。

表 3-2　VSCode 下 ROS 开发推荐组件

插件名称	主要功能
Chinese（Simplified）（简体中文）Language Pack for Visual Studio Code	简体中文语言包
Python	Python 插件
C/C++	C++插件
CMake	CMake 插件
vscode-icons	图标优化,可以让左侧文件树的图标更美观
ROS	ROS 插件,自动配置相关环境,并支持语法高亮
Msg Language Support	ROS 接口定义文件语法高亮,支持 msg、srv、action
Visual Studio IntelliCode	代码自动补全
URDF	URDF 语法支持
Markdown All in One	Markdown 语法支持
Remote - SSH	SSH 远程连接插件

使用 VSCode 完成插件的配置后,就可以打开本书提供的源代码,如图 3-56 所示,与其他

集成开发环境类似，大家可以在其中打开任意代码文件并进行修改，也可以直接打开终端输入命令，还可以连接远程的计算机设备进行开发。

图 3-56 VSCode 代码编辑界面

VSCode 支持的插件众多，功能非常强大，以上只作为个人推荐，大家也可以在网上搜索，配置最适合自己的开发环境。

3.8 本章小结

本章介绍了 ROS 2 中的常用工具，通过学习这些工具的使用方法，大家应该明白了以下问题。

（1）如果希望一次性启动并配置多个 ROS 节点，应该使用什么方法？

（2）ROS 2 中的 tf 是如何管理系统中繁杂的坐标系的，我们又该如何使用 tf 广播、监听系统中的坐标变换？

（3）RViz 是什么，它可以实现哪些功能？rqt 工具箱又提供了哪些可视化工具？

（4）如果没有真实机器人，那么有没有办法在 ROS 中通过仿真的方式来学习 ROS 开发呢？需要用到什么工具？

（5）机器人往往涉及重复性的调试工作，有没有办法使用 ROS 录制各种数据包，进行离线分析呢？

本书关于 ROS 2 的基础部分到这里就告一段落了，下面将正式进入机器人设计与开发部分，使用 ROS 2 搭建完整的机器人系统。

第 2 部分

ROS 2
机器人设计

4

ROS 2 机器人仿真：零成本玩转机器人

完成了 ROS 2 基础原理的学习，大家肯定已经摩拳擦掌准备把机器人玩起来了！

说到机器人，就会和错综复杂的硬件有关系，大家肯定会有疑问，如果自己没有机器人该怎么办呀？玩转机器人不一定需要很高的成本，使用仿真系统一样可以学习和开发机器人。本章带领大家一起"零成本"构建一款仿真机器人，并在仿真环境里让它"动得了""看得见"。

4.1　机器人的定义与组成

即使是构建机器人的仿真模型，也需要了解机器人的基本概念和组成，否则都不知道如何制作模型，更不清楚如何选择传感器、执行器。

机器人的概念起源于 1920 年的科幻小说《罗素姆万能机器人》，原意是"苦工、劳役"，可见人类最初对机器人的幻想就是帮助大家释放劳动力、提高生产力。时至今日，机器人的概念被不断泛化，关于机器人的定义也众说纷纭，机器人并没有标准而统一的定义。

例如，大家在百度百科中可以看到这样的定义：机器人（Robot）是一种能够半自主或全自主工作的智能机器，能够通过编程和自动控制来执行诸如作业或移动等任务。

而美国机器人工业协会是这样定义机器人的：机器人是一种用于移动各种材料、零件、工具或专用装置，通过可编程动作来执行各种任务，并具有编程能力的多功能操作机。

还有很多不同的定义，它们之间有相似点，也有不同点，核心都是将机器人看作工具，以工具的使用目的来描述机器人。无论如何定义，机器人的组成结构变化并不大。例如，从控制的角度来分析，机器人由四部分组成，分别是执行机构、驱动系统、传感系统和控制系统，如图 4-1 所示。

图 4-1　机器人的四大组成部分（控制角度）

1. 执行机构

执行机构是机器人运动的重要装置，例如，移动机器人需要"移动"，电机或舵机就是执行该运动的装置。当然，并不是所有运动的末端都需要配置一个电机，例如一辆汽车，一般只有一个电机或者发动机，如何让四个轮子产生不同的转速呢？这就需要一套实现动力分配的传动系统，也就是常说的差速器。除了移动机器人，在一些工业机器人或者协作机器人中，驱动机器人的关节电机、抓取物体的吸盘夹爪，也可以看作执行机构。

2. 驱动系统

为了让执行机构准确执行动作，还需要在执行机构前连接一套驱动系统，例如要让机器人的电机按照 1m/s 的速度旋转，那么如何动态调整电压、电流，达到准确的转速呢？电机驱动器会负责实现该功能。

驱动系统根据执行机构的类型确定，例如直流电机的驱动系统，有可能是一块嵌入式电机驱动板卡；工业上常用的伺服电机，一般会用到专业的伺服驱动器。此外，驱动系统还包含气动装置的气压驱动，类似键盘鼠标的外设驱动，以及各种各样的传感器驱动等，确保机器人的各项设备都可以正常使用。

3. 传感系统

机器人的感知能力主要依赖传感系统，可以分为内部传感和外部传感。

　　内部传感用来感知机器人的自身状态，例如通过里程计感知机器人的位置信息，通过加速度计感知机器人各运动方向的加速度信息，通过力传感器感知机器人与外部的相互作用力等。

　　与内部传感相反，外部传感帮助机器人感知外部信息，例如使用相机感知外部环境的彩色图像信息，利用激光雷达、声呐、超声波等距离传感器，感知某个角度范围内的障碍物距离等。

4. 控制系统

　　控制系统是机器人的大脑，一般由硬件+软件组成，硬件大多采用计算资源丰富的处理器，例如笔记本电脑、RDK、树莓派等，其中运行各种应用程序，以实现各种功能，例如让机器人建立未知环境的地图、运动到送餐地点，或者识别某一目标物体等。智能机器人的核心算法，几乎都是在控制系统中完成的，这也是机器人软件开发的主要部分。

　　机器人的四大组成部分相互依赖、相互连接，组成了一个完整的机器人控制回路，如图 4-2 所示。

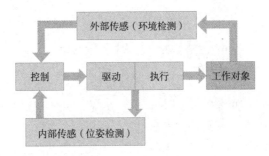

图 4-2　机器人四大组成部分的相互关系

如果把机器人和人对比，那么

- **执行机构**相当于机器人的手和脚，执行具体的动作，同时和外部环境产生关系。
- **驱动系统**相当于机器人的肌肉和骨骼，为身体提供源源不断的动力。
- **传感系统**相当于机器人的感官和神经，完成内部与外部的信息采集，并且反馈给大脑做处理。
- **控制系统**相当于机器人的大脑，实现各种任务和信息的处理，下发控制命令。

　　随着机器人软硬件的日新月异，这四大组成部分也在不断进化或优化，共同推进着机器人向智能化迈进。

　　接下来，我们继续通过 ROS 2 中的机器人建模方法，按照机器人的四大组成部分构建一个虚拟机器人，进一步了解机器人的组成原理。

4.2 URDF 机器人建模

ROS 是机器人操作系统，当然要给机器人使用，不过在使用之前，还得让 ROS 认识一下机器人，如何把机器人"介绍"给 ROS 呢？

ROS 专门提供了一种机器人建模方法——统一机器人描述格式（Unified Robot Description Format，URDF），用来描述机器人外观、性能等属性。URDF 不仅可以清晰描述机器人自身的模型，还可以描述机器人的外部环境，如图 4-3 所示，图中的桌子也可以看作一个模型。

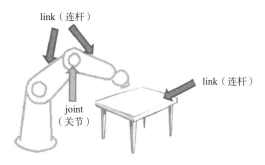

图 4-3　ROS 中的 URDF 机器人建模

URDF 模型文件使用 XML 格式，以下就是一个机器人的 URDF 模型，乍看上去，有点儿像网页开发的源代码，由一系列尖括号包围的标签和其中的属性组合而成。

```
<?xml version="1.0" ?>
<robot name="mbot">


    <!-- 基座连杆 -->
    <link name="base_link">
        <visual>
            <!-- 基座原点与全局坐标系重合，无偏移和旋转 -->
            <origin xyz=" 0 0 0" rpy="0 0 0" />
            <geometry>
            <!-- 外观形状为圆柱体，高度 0.16m，半径 0.20m -->
                <cylinder length="0.16" radius="0.20"/>
            </geometry>
            <material name="yellow">
            <!-- 外观颜色的 RGBA 值，黄色，不透明 -->
                <color rgba="1 0.4 0 1"/>
            </material>
        </visual>
    </link>


    <!-- 左轮关节 -->
```

```
<joint name="left_wheel_joint" type="continuous">
    <!-- 原点相对父连杆在 xyz 三轴上偏移(0, 0.19, -0.05)m，无旋转 -->
    <origin xyz="0 0.19 -0.05" rpy="0 0 0"/>
    <!-- 父连杆为 base_link -->
    <parent link="base_link"/>
    <!-- 子连杆为 left_wheel_link -->
    <child link="left_wheel_link"/>
    <!-- 两个连杆围绕关节的 y 轴旋转 -->
    <axis xyz="0 1 0"/>
</joint>

<!-- 左轮连杆 -->
<link name="left_wheel_link">
    <visual>
        <!-- 连杆相对关节在 xyz 三轴上无偏移，旋转为(1.5707, 0, 0)弧度 -->
        <origin xyz="0 0 0" rpy="1.5707 0 0" />
        <geometry>
        <!-- 外观形状为圆柱体，半径 0.06m，长度 0.025m -->
            <cylinder radius="0.06" length="0.025"/>
        </geometry>
        <material name="white">
        <!-- 外观颜色的 RGBA 值，白色，透明度 0.9 -->
            <color rgba="1 1 1 0.9"/>
        </material>
    </visual>
</link>

</robot>
```

如何使用这样一个文件描述机器人呢？以人的手臂为例，人的手臂由大臂和小臂组成，它们无法独自运动，必须通过一个手肘关节连接，才能通过肌肉驱动，产生相对运动。在机器人建模中，大臂和小臂类似于独立的刚体部分，称为连杆（link），手肘类似于电机驱动部分，称为关节（joint）。

所以在 URDF 建模过程中，关键任务是通过<link>和<joint>，描述清楚每个连杆和关节的关键信息。

4.2.1　连杆的描述

<link>标签描述机器人某个刚体部分的外观和物理属性，包括尺寸（size）、颜色（color），形状（shape），惯性矩阵（inertial matrix），碰撞参数（collision properties）等。

机器人的连杆结构一般如图 4-4 所示，其基本的 URDF 描述语法如下。

```
<link name="<link name>">
    <inertial> . . . . . . </inertial>
```

```
    <visual> . . . . . </visual>
    <collision> . . . . . </collision>
</link>
```

<visual>标签描述机器人 link 部分的外观参数，<inertial>标签描述 link 的惯性参数，而<collision>标签描述 link 的碰撞属性。

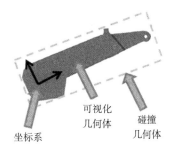

图 4-4　机器人 URDF 模型中的 link

以这个机械臂连杆为例，它的 link 描述如下。

```
<link name="link_arm">
    <!-- 可视化部分 -->
    <visual>
        <!-- 可视化使用 STL 文件 -->
        <geometry>
            <mesh filename="link_arm.stl"/>
        </geometry>
        <!-- 原点位于(0, 0, 0)，无旋转 -->
        <origin xyz="0 0 0" rpy="0 0 0" />
    </visual>
    <!-- 碰撞检测部分 -->
    <collision>
        <!-- 碰撞检测使用圆柱体 -->
        <geometry>
            <cylinder length="0.5" radius="0.1"/>
        </geometry>
        <!-- 原点位于(0, 0, -0.05)，无旋转 -->
        <origin xyz="0 0 -0.05" rpy="0 0 0"/>
    </collision>
</link>
```

<link>标签中的 name 表示该连杆的名称，大家可以自定义，在 joint 连接 link 时，会用到这个名称。

<link>中的<visual>部分用来描述机器人的外观，例如：

- <geometry>表示几何形状，使用<mesh>调用一个在三维软件中提前设计好的蓝色外观模型——link_arm.stl，这样仿真模型看上去和真实机器人是一致的。
- <origin>表示坐标系相对初始位置的偏移，分别是 x、y、z 方向上的平移和 roll、pitch、raw 旋转，如果不需要偏移，则全为 0。

代码的第二部分<collision>用于描述碰撞参数，其中的内容似乎和<visual>一样，也有<geometry>和<origin>。二者看似相同，其实区别还是比较大的。

- <visual>部分重在描述机器人看上去的状态，也就是视觉效果。
- <collision>部分描述机器人运动过程中的状态，例如机器人与外界如何接触算作碰撞。

在这个机器人模型中，视觉可看到的实体部分通过<visual>描述，在实际控制过程中，这样复杂的外观在计算碰撞检测时要求的算力较高，为了简化计算，将碰撞检测用的模型简化为实体外虚线框出来的圆柱体，也就是<collision>中<geometry>描述的形状。<origin>坐标系偏移与此相似，可以描述刚体质心的偏移。

对于移动机器人，<link>也可以用来描述机器人的底盘、轮子等部分，如图 4-5 所示。

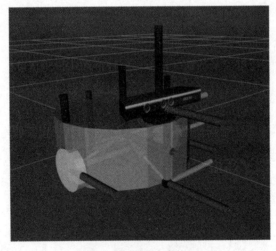

图 4-5　移动机器人中的 link

4.2.2　关节的描述

机器人模型中的刚体最终要通过关节连接之后，才能产生相对运动。<joint>标签用来描述机器人关节的运动学和动力学属性，包括关节运动的位置和速度限制。根据机器人的关节运动形式，可以将其分为六种类型，如表 4-1 所示。

表 4-1　机器人关节运动形式

关节类型	描述	举例
continuous	旋转关节，可以围绕单轴无限旋转	小车的轮子
revolute	旋转关节，类似于 continuous，但是有旋转的角度极限	机械臂的关节
prismatic	滑动关节，沿某一轴线移动的关节，带有位置极限	直线电机
planar	平面关节，允许在平面正交方向上平移或者旋转	-
floating	浮动关节，允许进行平移、旋转运动	-
fixed	固定关节，不允许运动的特殊关节	固定在机器人底盘上的相机

和人的关节一样，机器人关节的主要作用是连接两个刚体连杆，这两个连杆分别被称为父连杆（parent link）和子连杆（child link），如图 4-6 所示，其中 link_1 是 parent link，link_2 是 child link，两个 link 通过 joint_2 关节连接，并产生相对运动。

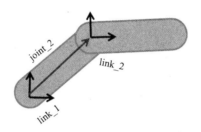

图 4-6　机器人 URDF 模型中的关节

以上机器人的关节在 URDF 模型中使用如下 XML 内容描述，包括关节的名字、运动类型等。

```
<joint name="joint_2" type="revolute">
    <!-- 父连杆为 link_1 -->
    <parent link="link_1"/>
    <!-- 子连杆为 link_2 -->
    <child link="link_2"/>
    <!-- 关节的原点位于(0.2, 0.2, 0)，无旋转 -->
    <origin xyz="0.2 0.2 0" rpy="0 0 0"/>
    <!-- 关节绕 z 轴旋转 -->
    <axis xyz="0 0 1"/>
    <!-- 关节角度限制，下限为-π，上限为π，角速度为1.0 -->
    <limit lower="-3.14" upper="3.14" velocity="1.0"/>
</joint>
```

- <parent>：描述父连杆。
- <child>：描述子连杆，子连杆会相对父连杆发生运动。
- <origin>：表示两个连杆坐标系之间的关系，也就是图 4-6 中的向量，可以理解为这两个连杆该如何安装到一起。

- <axis>：表示关节运动轴的单位向量，例如 z 等于 1，代表旋转运动围绕 z 轴的正方向进行。
- <limit>：表示运动的限位值，包括关节运动的上下限位、速度限制、力矩限制等。

ROS 中平移的默认单位是 m，旋转的单位是弧度（不是度），所以这里的 3.14 表示可以在 -180°到 180°之间运动，线速度单位是 m/s，角速度单位是 rad/s。

4.2.3　完整机器人模型

最终所有的<link>和<joint>标签完成了对机器人各部分的描述和组合，将它们放在一个<robot>标签中，形成了完整的机器人模型，如图 4-7 所示。

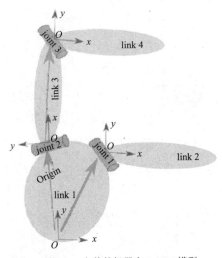

图 4-7　完整的机器人 URDF 模型

一个完整的 URDF 模型文件的描述架构如下。

```
<robot name="<name of the robot>">
<link> ....... </link>
<link> ....... </link>
<joint> ....... </joint>
<joint> ....... </joint>
</robot>
```

对于具体的 URDF 模型，不用着急了解代码的细节，先找<link>和<joint>，了解这个机器人是由哪些部分组成的，摸清楚全局架构之后再看代码细节。

4.3　创建机器人 URDF 模型

为了加深对 URDF 的认识，本节从零创建一个简单的两轮差速机器人底盘，如图 4-8 所示。

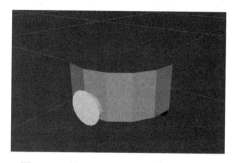

图 4-8　两轮差速机器人底盘的 URDF 模型

4.3.1　机器人模型功能包

完整的机器人模型放置在 learning_urdf 功能包中，功能包中的文件夹如图 4-9 所示。

图 4-9　learning_urdf 功能包中的文件夹

- launch：保存相关启动文件。
- meshes：放置 URDF 中引用的模型渲染文件。
- rviz：保存 RViz 的配置文件。
- urdf：存放机器人模型的 URDF 或 xacro 文件。

4.3.2　机器人模型可视化

我们先看一下这个模型的整体效果，分析其中的 link 和 joint。

启动一个终端，输入如下命令。

```
$ ros2 launch learning_urdf display.launch.py
```

很快就可以在弹出的 RViz 中看到机器人模型，如图 4-10 所示，可以使用鼠标的左、中、右三键拖曳观察。

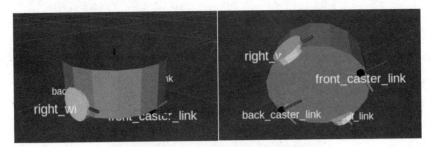

图 4-10　在 RViz 中看到的机器人 URDF 模型

从可视化效果来看，这个机器人底盘模型拥有 5 个 link 和 4 个 joint。其中，5 个 link 包括一个机器人底盘、左右两个驱动轮、前后两个万向轮；4 个 joint 负责将驱动轮、万向轮安装到底盘之上，并设置相应的连接方式。

以上分析对不对呢？可以在模型文件的路径下，使用 urdf_to_graphviz 工具来确认，启动命令如下。

```
$ urdf_to_graphviz mbot_base.urdf        # 在模型所在的文件夹下运行
```

运行成功后会产生一个 PDF 文件，打开之后就可以看到 URDF 模型分析的结果，如图 4-11 所示。

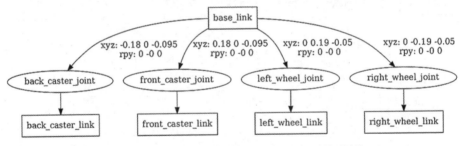

图 4-11　使用 urdf_to_graphviz 工具分析 URDF 模型结构

遇到复杂的机器人模型时，urdf_to_graphviz 可以帮助大家快速梳理模型的主要框架，清晰显示所有 link 和 joint 之间的关系。

以上内容使用 RViz 显示了机器人的 URDF 模型，使用的 display.launch.py 内容如下。

```python
from ament_index_python.packages import get_package_share_path
from launch import LaunchDescription
from launch.actions import DeclareLaunchArgument
from launch.conditions import IfCondition, UnlessCondition
from launch.substitutions import Command, LaunchConfiguration
from launch_ros.actions import Node
```

```python
from launch_ros.parameter_descriptions import ParameterValue

def generate_launch_description():
    # 获取 learning_urdf 包的共享路径
    urdf_tutorial_path = get_package_share_path('learning_urdf')

    # 默认的 URDF 模型路径和 RViz 配置文件路径
    default_model_path = urdf_tutorial_path / 'urdf/mbot_base.urdf'
    default_rviz_config_path = urdf_tutorial_path / 'rviz/urdf.rviz'

    # 声明启动参数：是否启用 joint_state_publisher_gui，默认为 false
    gui_arg = DeclareLaunchArgument(
        name='gui',
        default_value='false',
        choices=['true', 'false'],
        description='Flag to enable joint_state_publisher_gui'
    )

    # 声明启动参数：模型路径，默认为 URDF 文件的绝对路径
    model_arg = DeclareLaunchArgument(
        name='model',
        default_value=str(default_model_path),
        description='Absolute path to robot urdf file'
    )

    # 声明启动参数：RViz 配置文件路径，默认为 RViz 配置文件的绝对路径
    rviz_arg = DeclareLaunchArgument(
        name='rvizconfig',
        default_value=str(default_rviz_config_path),
        description='Absolute path to rviz config file'
    )

    # 定义机器人描述参数，使用 xacro 将 URDF 文件转换为 ROS 参数
    robot_description = ParameterValue(
        Command(['xacro ', LaunchConfiguration('model')]),
        value_type=str
    )

    # 创建 robot_state_publisher 节点，发布机器人的状态信息
    robot_state_publisher_node = Node(
        package='robot_state_publisher',
        executable='robot_state_publisher',
        parameters=[{'robot_description': robot_description}]
    )

    # 根据 gui 参数条件启动 joint_state_publisher 节点或 joint_state_publisher_gui 节点
```

```
joint_state_publisher_node = Node(
    package='joint_state_publisher',
    executable='joint_state_publisher',
    condition=UnlessCondition(LaunchConfiguration('gui'))  # 如果 gui 参数为 false，则执行
)

joint_state_publisher_gui_node = Node(
    package='joint_state_publisher_gui',
    executable='joint_state_publisher_gui',
    condition=IfCondition(LaunchConfiguration('gui'))  # 如果 gui 参数为 true，则执行
)

# 创建 RViz 节点，加载指定的 RViz 配置文件
rviz_node = Node(
    package='rviz2',
    executable='rviz2',
    name='rviz2',
    output='screen',
    arguments=['-d', LaunchConfiguration('rvizconfig')],  # 使用-rvizconfig 参数加载配置文件
)

# 返回 LaunchDescription 对象，包含所有定义的启动动作和参数
return LaunchDescription([
    gui_arg,
    model_arg,
    rviz_arg,
    joint_state_publisher_node,
    joint_state_publisher_gui_node,
    robot_state_publisher_node,
    rviz_node
])
```

以上 launch 文件启动了四个节点。

- robot_state_publisher_node：将机器人各个 link、joint 之间的关系，通过 tf 的形式，整理成三维姿态信息发布。
- joint_state_publisher_node：发布每个 joint（除 fixed 类型）的状态。
- joint_state_publisher_gui_node：与 joint_state_publisher_node 类似，会多一个可视化的控制窗口，可以通过滑动条控制 joint。
- rviz_node：RViz 可视化平台节点。

以上四个节点会读取 launch 文件中定义的关键参数。

- urdf_tutorial_path：URDF 模型文件所在的功能包。
- default_model_path：URDF 模型在功能包下的详细路径。

- default_rviz_config_path：RViz 启动后加载的配置文件。
- gui_arg：是否启动 joint_state_publisher_gui_node 的可视化控制窗口。

如果将 gui_arg 参数改为 true，那么重新编译并运行 display.launch.py 后，不仅启动了 RViz，而且出现了一个名为 "Joint State Publisher" 的 UI 界面，如图 4-12 所示，在控制界面中用鼠标滑动控制条，RViz 中对应的机器人轮子就会开始转动。

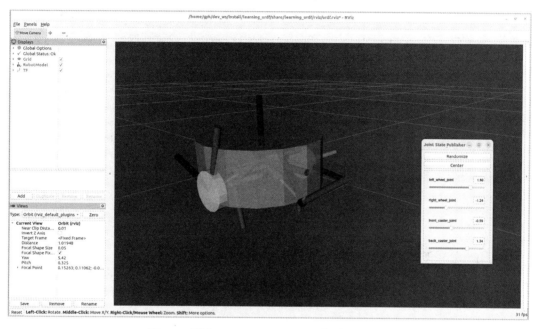

图 4-12   通过 Joint State Publisher 界面控制 joint 运动

这里的 display.launch.py 文件可多次复用，大家可以将其复制到任意 URDF 模型的功能包中，修改文件中的 urdf_tutorial_path、default_model_path、default_rviz_config_path 参数，就可以快速显示其他模型。

4.3.3　机器人模型解析

看到了机器人建模的结果，接下来分析 URDF 是如何描述这个模型的。完整的模型文件是 learning_urdf/urdf/mbot_base.urdf，详细内容如下。

```
<?xml version="1.0" ?>
<robot name="mbot">

    <!-- 基座连杆 -->
    <link name="base_link">
```

```
    <visual>
        <!-- 可视化设置 -->
        <origin xyz=" 0 0 0" rpy="0 0 0" /> <!-- 原点位于(0, 0, 0)，无旋转 -->
        <geometry>
            <cylinder length="0.16" radius="0.20"/> <!-- 圆柱体，高度 0.16，半径 0.20 -->
        </geometry>
        <material name="yellow">
            <color rgba="1 0.4 0 1"/> <!-- 黄色材质 -->
        </material>
    </visual>
</link>

<!-- 左轮关节 -->
<joint name="left_wheel_joint" type="continuous">
    <origin xyz="0 0.19 -0.05" rpy="0 0 0"/> <!-- 原点位于(0, 0.19, -0.05)，无旋转 -->
    <parent link="base_link"/> <!-- 父连杆为 base_link -->
    <child link="left_wheel_link"/> <!-- 子连杆为 left_wheel_link -->
    <axis xyz="0 1 0"/> <!-- 绕 y 轴旋转 -->
</joint>

<!-- 左轮连杆 -->
<link name="left_wheel_link">
    <visual>
        <origin xyz="0 0 0" rpy="1.5707 0 0" /> <!-- 原点位于(0, 0, 0)，旋转为(1.5707, 0,
0) -->
        <geometry>
            <cylinder radius="0.06" length="0.025"/> <!-- 圆柱体，半径 0.06，长度 0.025 -->
        </geometry>
        <material name="white">
            <color rgba="1 1 1 0.9"/> <!-- 白色材质，透明度 0.9 -->
        </material>
    </visual>
</link>

<!-- 右轮关节 -->
<joint name="right_wheel_joint" type="continuous">
    <origin xyz="0 -0.19 -0.05" rpy="0 0 0"/> <!-- 原点位于(0, -0.19, -0.05)，无旋转 -->
    <parent link="base_link"/> <!-- 父连杆为 base_link -->
    <child link="right_wheel_link"/> <!-- 子连杆为 right_wheel_link -->
    <axis xyz="0 1 0"/> <!-- 绕 y 轴旋转 -->
</joint>

<!-- 右轮连杆 -->
<link name="right_wheel_link">
    <visual>
```

```
            <origin xyz="0 0 0" rpy="1.5707 0 0" /> <!-- 原点位于(0, 0, 0)，旋转为(1.5707, 0,
0) -->
            <geometry>
                <cylinder radius="0.06" length="0.025"/> <!-- 圆柱体，半径0.06，长度0.025 -->
            </geometry>
            <material name="white">
                <color rgba="1 1 1 0.9"/> <!-- 白色材质，透明度0.9 -->
            </material>
        </visual>
    </link>


    <!-- 前支撑轮关节 -->
    <joint name="front_caster_joint" type="continuous">
        <origin xyz="0.18 0 -0.095" rpy="0 0 0"/> <!-- 原点位于(0.18, 0, -0.095)，无旋转 -->
        <parent link="base_link"/> <!-- 父连杆为base_link -->
        <child link="front_caster_link"/> <!-- 子连杆为front_caster_link -->
        <axis xyz="0 1 0"/> <!-- 绕y轴旋转 -->
    </joint>


    <!-- 前支撑轮连杆 -->
    <link name="front_caster_link">
        <visual>
            <origin xyz="0 0 0" rpy="0 0 0"/> <!-- 原点位于(0, 0, 0)，无旋转 -->
            <geometry>
                <sphere radius="0.015" /> <!-- 球体，半径0.015 -->
            </geometry>
            <material name="black">
                <color rgba="0 0 0 0.95"/> <!-- 黑色材质，透明度0.95 -->
            </material>
        </visual>
    </link>

    <!-- 后支撑轮关节 -->
    <joint name="back_caster_joint" type="continuous">
        <origin xyz="-0.18 0 -0.095" rpy="0 0 0"/> <!-- 原点位于(-0.18, 0, -0.095)，无旋转 -->
        <parent link="base_link"/> <!-- 父连杆为base_link -->
        <child link="back_caster_link"/> <!-- 子连杆为back_caster_link -->
        <axis xyz="0 1 0"/> <!-- 绕y轴旋转 -->
    </joint>


    <!-- 后支撑轮连杆 -->
    <link name="back_caster_link">
        <visual>
            <origin xyz="0 0 0" rpy="0 0 0"/> <!-- 原点位于(0, 0, 0)，无旋转 -->
            <geometry>
                <sphere radius="0.015" /> <!-- 球体，半径0.015 -->
```

```
        </geometry>
        <material name="black">
            <color rgba="0 0 0 0.95"/> <!-- 黑色材质，透明度 0.95 -->
        </material>
    </visual>
    </link>

</robot>
```

分析以上模型描述的关键部分。

```
<?xml version="1.0" ?>
<robot name="mbot">
```

首先需要声明该文件使用 XML 描述，然后使用<robot>根标签定义一个机器人模型，并定义该机器人模型的名称是"mbot"。

```
    <link name="base_link">
        <visual>
            <origin xyz=" 0 0 0" rpy="0 0 0" />
            <geometry>
                <cylinder length="0.16" radius="0.20"/>
            </geometry>
            <material name="yellow">
                <color rgba="1 0.4 0 1"/>
            </material>
        </visual>
    </link>
```

第一段代码描述机器人的底盘 link，<visual>标签定义底盘的外观属性，在显示和仿真中，RViz 或 Gazebo 会按照这里的描述将机器人模型呈现出来。这里将机器人底盘抽象成一个圆柱结构，使用<cylinder>标签定义这个圆柱的半径和高，然后声明这个底盘圆柱在空间内的三维坐标位置和旋转姿态。底盘中心位于界面的中心点，所以使用<origin>设置起点坐标为界面的中心坐标。此外，使用<material>标签设置机器人底盘的颜色——黄色，其中的<color>是黄色的 RGBA 值。

```
    <joint name="left_wheel_joint" type="continuous">
        <origin xyz="0 0.19 -0.05" rpy="0 0 0"/>
        <parent link="base_link"/>
        <child link="left_wheel_link"/>
        <axis xyz="0 1 0"/>
    </joint>
```

第二段代码定义了第一个 joint，用来连接机器人底盘和左轮，该 joint 的类型是 continuous，这种类型的 joint 可以围绕一个轴旋转，很适合轮子这种结构。<origin>标签定义了 joint 的起点，将起点设置到安装轮子的位置，即轮子和底盘连接的位置。<axis>标签定义该 joint 的旋转轴是正 y 轴，轮子在运动时就会围绕 y 轴旋转。

```
<link name="left_wheel_link">
    <visual>
        <origin xyz="0 0 0" rpy="1.5707 0 0" />
        <geometry>
            <cylinder radius="0.06" length = "0.025"/>
        </geometry>
        <material name="white">
            <color rgba="1 1 1 0.9"/>
        </material>
    </visual>
</link>
```

上述代码描述了左轮的模型。将电机的外形抽象成圆柱体，圆柱体的半径为 0.06m，高为 0.025m，颜色为白色。由于圆柱体默认垂直于地面创建，所以需要通过<origin>标签把圆柱体围绕 x 轴旋转 90°（使用弧度表示大约为 1.5707），才能成为电机的模样。

机器人底盘模型的其他部分都采用类似的方式描述，这里不再赘述。

建议大家动手修改 URDF 中不同的参数，然后通过 RViz 查看修改后的效果，从而更直观地理解各坐标、旋转轴、关节类型等关键参数的意义和设置方法。

4.4 XACRO 机器人模型优化

我们已经创建了一个简单的差速机器人底盘模型，如果机器人结构的复杂度增加，那么 URDF 模型文件也会逐渐变得冗长，有没有办法精简 URDF 文件呢？想象一下，如果大多数机器人的轮子相同，那是否可以把"轮子"定义成一个"函数"，在不同的位置多次调用呢？这样就不用反复描述同样的轮子了。

为了提高建模的效率，ROS 2 中提供了一个 URDF 文件格式的升级版本——XACRO。同样是创建机器人 URDF 模型，XACRO 文件加入了更多编程化的实现方法，可以让创建模型的过程更友好、更高效。

- **宏定义**：一个小车有 4 个轮子，每个轮子都一样，这样就没必要创建 4 个一样的 link，像函数定义一样，做一个可重复使用的模块就可以了。
- **文件包含**：复杂机器人的模型文件可能很长，为了切分不同的模块，例如底盘、传感器，可以把不同模块的模型放置在不同的文件中，然后用一个总体文件进行包含调用。
- **可编程接口**：在 XACRO 模型文件中，可以定义一些常量，描述机器人的尺寸；也定义一些变量，在调用宏定义时传递数据；还可以在模型中做数据计算，甚至可以加入条件语句：如果机器人叫 A，就有相机，如果叫机器人 B，就没有相机。

本节通过 XACRO 文件对之前的 URDF 模型进行优化，需要先使用以下命令安装必要的 XACRO 文件解析功能包。

```
$ sudo apt install ros-jazzy-xacro
```

4.4.1　XACRO 文件常见语法

XACRO 文件提供了很多类似编程语言的可编程方法，我们先来熟悉一下它的基本语法。

1. 常量定义

在 XACRO 文件中，<xacro:property>标签用来定义一些常量，例如定义一个 PI 的常量名为 "M_PI"，值为 "3.14159"。通过 "${ }" 内嵌常量名的方式，可以调用定义好的常量值，具体的实现代码如下。

```
<!-- 定义一个常量 M_PI=3.14159 -->
<xacro:property name="M_PI"   value="3.14159"/>

<!-- 使用 "${XXXXX}" 调用定义好的常量 -->
<origin xyz="0 0 0"   rpy="${M_PI/2} 0 0" />
```

类似地，也可以把各 link 的质量、尺寸、安装位置等值定义为常量，并且放置在模型文件的起始位置，方便建模过程中的调用和修改。

2. 数学计算

在 "${}" 语句中，不仅可以调用常量，还可以进行一些常用的数学运算，包括加、减、乘、除等，实体使用方式如下。

```
<!-- 在${XXXXX}中支持数学计算 -->
<origin xyz="0 ${(motor_length+wheel_length)/2} 0" rpy="0 0 0"/>
```

在机器人 URDF 模型中，很多位置关系和机器人的常量有关，此时可以通过数学公式计算，避免直接写结果导致的不可读性。

所有数学运算都会转换成浮点数进行，以保证运算精度。

3. 宏定义

<xacro:macro>标签用来声明重复使用的代码模块，可以包含输入参数，类似于编程中的函数。

```
<!-- 定义一个宏，name 是宏名称，params 是宏参数 -->
<xacro:macro name="name"   params="A B C">
      ......
</xacro:macro>
```

```
<!-- 调用一个宏，使用宏名称调用，输入宏参数 -->
<name A= "A_value" B= "B_value" C= "C_value" />
```

标签中的 name 表示宏的名称，可以自由定义；params 表示宏的输入参数，通过输入参数的宏设定，开发者可以很方便地将数据输入宏函数中进行设置。在机器人 URDF 模型中，经常使用宏定义的方式定义及调用某些复用的模块，例如车轮、相机等模块，甚至可以把整个机器人定义为一个宏，在其他模型中重复调用以创建多个机器人模型。

在 XACRO 模型文件解析的过程中，会将宏定义中的所有语句内容完整插入调用宏的位置。

4. 文件包含

URDF 模型太长怎么办？可以将其切分为多个模型文件，通过<xacro:include>来包含调用。

```
<!-- 文件包含调用，filename 是所包含文件的详细路径 -->
<xacro:include filename="$(find originbot_gazebo)/urdf/base_gazebo.xacro" />
```

这种方式很像 C/C++编程中的 include 文件包含，包含之后就可以调用里边的宏定义了。

4.4.2　机器人模型优化

接下来使用 XACRO 语法，针对 4.3 节创建的 URDF 模型进行第一次优化。优化后的模型文件是 learning_urdf/urdf/mbot_base.xacro，完整内容如下。

```
<?xml version="1.0"?>
<robot name="mbot" xmlns:xacro=[xacro 命名空间声明链接，一般是 xacro 的 ros wiki 链接]

    <!-- 属性列表 -->
    <xacro:property name="M_PI" value="3.1415926"/>      <!-- π的值 -->
    <xacro:property name="base_radius" value="0.20"/>     <!-- 底盘半径 -->
    <xacro:property name="base_length" value="0.16"/>     <!-- 底盘长度 -->

    <xacro:property name="wheel_radius" value="0.06"/>    <!-- 轮子半径 -->
    <xacro:property name="wheel_length" value="0.025"/>   <!-- 轮子长度 -->
    <xacro:property name="wheel_joint_y" value="0.19"/>    <!-- 轮子关节的 y 方向偏移 -->
    <xacro:property name="wheel_joint_z" value="0.05"/>    <!-- 轮子关节的 z 方向偏移 -->

    <xacro:property name="caster_radius"  value="0.015"/> <!-- 支撑轮半径 -->
    <xacro:property name="caster_joint_x" value="0.18"/>  <!-- 支撑轮关节的 x 方向偏移 -->

    <!-- 定义机器人使用的颜色 -->
    <material name="yellow">
        <color rgba="1 0.4 0 1"/>         <!-- 黄色 -->
    </material>
    <material name="black">
```

```xml
            <color rgba="0 0 0 0.95"/>       <!-- 黑色 -->
        </material>
        <material name="gray">
            <color rgba="0.75 0.75 0.75 1"/>  <!-- 灰色 -->
        </material>


        <!-- 宏定义：机器人轮子 -->
        <xacro:macro name="wheel" params="prefix reflect">
            <joint name="${prefix}_wheel_joint" type="continuous">
                <origin xyz="0 ${reflect*wheel_joint_y} ${-wheel_joint_z}" rpy="0 0 0"/>
                <parent link="base_link"/>
                <child link="${prefix}_wheel_link"/>
                <axis xyz="0 1 0"/>
            </joint>

            <link name="${prefix}_wheel_link">
                <visual>
                    <origin xyz="0 0 0" rpy="${M_PI/2} 0 0" />
                    <geometry>
                        <cylinder radius="${wheel_radius}" length="${wheel_length}"/>
                    </geometry>
                    <material name="gray" />
                </visual>
            </link>
        </xacro:macro>

        <!-- 宏定义：机器人支撑轮 -->
        <xacro:macro name="caster" params="prefix reflect">
            <joint name="${prefix}_caster_joint" type="continuous">
                <origin xyz="${reflect*caster_joint_x} 0 ${-(base_length/2 + caster_radius)}"
rpy="0 0 0"/>
                <parent link="base_link"/>
                <child link="${prefix}_caster_link"/>
                <axis xyz="0 1 0"/>
            </joint>

            <link name="${prefix}_caster_link">
                <visual>
                    <origin xyz="0 0 0" rpy="0 0 0"/>
                    <geometry>
                        <sphere radius="${caster_radius}" />
                    </geometry>
                    <material name="black" />
                </visual>
            </link>
        </xacro:macro>
```

```
    <!-- 底盘连杆 -->
    <link name="base_link">
        <visual>
            <origin xyz=" 0 0 0" rpy="0 0 0" />
            <geometry>
                <cylinder length="${base_length}" radius="${base_radius}"/>
            </geometry>
            <material name="yellow" /> <!-- 黄色材质 -->
        </visual>
    </link>

    <!-- 调用轮子宏定义创建左右轮 -->
    <xacro:wheel prefix="left" reflect="1"/>
    <xacro:wheel prefix="right" reflect="-1"/>

    <!-- 调用支撑轮宏定义创建前后轮 -->
    <xacro:caster prefix="front" reflect="-1"/>
    <xacro:caster prefix="back"  reflect="1"/>

</robot>
```

结合 XACRO 的语法，具体分析模型发生了哪些变化。

1. 常量定义

```
<xacro:property name="M_PI" value="3.1415926"/>      <!-- π的值 -->
<xacro:property name="base_radius" value="0.20"/>     <!-- 底盘半径 -->
<xacro:property name="base_length" value="0.16"/>     <!-- 底盘长度 -->

...

    <!-- 底盘连杆 -->
    <link name="base_link">
        <visual>
            <origin xyz=" 0 0 0" rpy="0 0 0" />
            <geometry>
                <cylinder length="${base_length}" radius="${base_radius}"/>
            </geometry>
            <material name="yellow" />
        </visual>
    </link>
```

首先，将机器人模型的基本参数都创建成常量，例如底盘和轮子的基本尺寸，放置在模型文件起始位置，建模过程中通过"${base_length}"的方式调用常量，如果需要修改这些数值，那么直接在定义的位置修改即可，不需要修改模型。

2. 数学计算

```
<joint name="${prefix}_caster_joint" type="continuous">
    <origin xyz="${reflect*caster_joint_x} 0 ${-(base_length/2 + caster_radius)}" rpy="0
0 0"/>
    <parent link="base_link"/>
    <child link="${prefix}_caster_link"/>
    <axis xyz="0 1 0"/>
</joint>
```

接下来，将通过已有的计算公式推导建模过程中的一些数值关系，减少建模过程中不必要的数字，这样，当修改常量数值时，模型相关的位姿关系也会动态变化。

3. 宏定义

```
<!-- 宏定义：机器人轮子 -->
<xacro:macro name="wheel" params="prefix reflect">
    <joint name="${prefix}_wheel_joint" type="continuous">
        <origin xyz="0 ${reflect*wheel_joint_y} ${-wheel_joint_z}" rpy="0 0 0"/>
        <parent link="base_link"/>
        <child link="${prefix}_wheel_link"/>
        <axis xyz="0 1 0"/>
    </joint>

    <link name="${prefix}_wheel_link">
        <visual>
            <origin xyz="0 0 0" rpy="${M_PI/2} 0 0" />
            <geometry>
                <cylinder radius="${wheel_radius}" length = "${wheel_length}"/>
            </geometry>
            <material name="gray" />
        </visual>
    </link>
</xacro:macro>

    ...
<!-- 调用轮子宏定义创建左右轮 -->
<xacro:wheel prefix="left" reflect="1"/>
<xacro:wheel prefix="right" reflect="-1"/>
```

最后，可以把重复使用的模块定义为宏。例如，将车轮相关的 link 和 joint 定义为一个宏"wheel"，同时带有两个宏参数，prefix 表示 link 和 joint 的名称前缀，左轮和右轮的名字不能相同；reflect 表示左轮和右轮在 y 轴上的镜像位置，取值为 1 或−1。在需要创建轮子模型的位置，直接通过<xacro:wheel>就可以调用已定义轮子的 link 和 joint 了。

通过以上优化，相比之前的 URDF 模型，现在的 XACRO 模型内容精简了很多，更像是一段程序了。

4.4.3　机器人模型可视化

优化之后的 URDF 模型是否真的和之前一致呢？我们通过 RViz 查看一下。启动终端后输入以下命令。

```
$ ros2 launch learning_urdf display_xacro.launch.py
```

稍等片刻，如图 4-13 所示，在打开的 RViz 中，可以看到和之前完全一样的模型，我们依然可以通过 Joint State Publisher 窗口控制机器人轮子自由旋转。

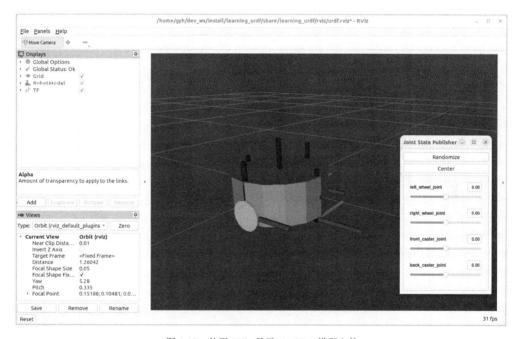

图 4-13　使用 RViz 显示 XACRO 模型文件

使用 XACRO 描述机器人 URDF 模型，可读性和可维护性更好，ROS 社区中有大量机器人模型都是通过这种方式创建的。

4.5　完善机器人仿真模型

现在，机器人模型的基础已经构建完成，为了让模型在仿真环境中动起来，还需要在模型中加入一些仿真必备的模块和参数。

4.5.1 完善物理参数

在 4.4 节完成的模型中，我们仅创建了模型外观的可视化属性，除此之外，还需要添加物理和碰撞属性。

这里以机器人底盘 base_link 为例，在其中加入<inertial>和<collision>标签，描述机器人的物理惯性属性和碰撞属性。

```
<!-- 定义圆柱体的惯性矩阵计算公式 -->
<xacro:macro name="cylinder_inertial_matrix" params="m r h">
   <inertial>
      <origin xyz="0 0 0" rpy="0 0.0"/>
      <mass value="${m}" />
      <inertia ixx="${m*(3*r*r+h*h)/12}" ixy = "0" ixz = "0"
         iyy="${m*(3*r*r+h*h)/12}" iyz = "0"
         izz="${m*r*r/2}" />
   </inertial>
</xacro:macro>

<!-- 定义机器人底盘的完整参数 -->
<link name="base_link">
   <visual>
      <origin xyz=" 0 0 0" rpy="0 0 0" />
      <geometry>
         <cylinder length="${base_length}" radius="${base_radius}"/>
      </geometry>
      <material name="yellow" />
   </visual>
   <collision>
      <origin xyz=" 0 0 0" rpy="0 0 0" />
      <geometry>
         <cylinder length="${base_length}" radius="${base_radius}"/>
      </geometry>
   </collision>
   <xacro:cylinder_inertial_matrix m="${base_mass}" r="${base_radius}" h="${base_length}" />
</link>
```

其中，惯性参数主要包含质量和惯性矩阵。如果是规则物体，则可以通过尺寸、质量，使用公式计算得到惯性矩阵，大家可以自行上网搜索相应的计算公式。<collision>标签中的内容和<visual>标签中的内容几乎一致，这是因为大家使用的模型的外观都较为简单规则，如果使用真实机器人的三维模型，那么<visual>标签内可以显示更为复杂的机器人外观。

为了减少碰撞检测时的计算量，<collision>中往往使用简化后的机器人模型，例如可以将机械臂的一根连杆简化成圆柱体或长方体。

4.5.2　添加控制器插件

到目前为止，机器人还是一个静态显示的模型，如果要让它动起来，那么还需要使用 Gazebo 插件。Gazebo 插件赋予了 URDF 模型更加强大的功能，可以帮助模型绑定 ROS 消息，从而完成传感器的仿真输出以及对电机的控制，让机器人模型更加真实。

Gazebo 中提供了一个用于控制差速的插件 libignition-gazebo-diff-drive-system.so，可以通过类似如下代码进行配置，将其应用到创建好的机器人模型上。

```
<gazebo>
    <!-- 控制器插件：差分驱动系统 -->
    <plugin filename="libignition-gazebo-diff-drive-system.so"
            name="ignition::gazebo::systems::DiffDrive">
        <update_rate>30</update_rate>                <!-- 更新频率为30Hz -->
        <left_joint>left_wheel_joint</left_joint>     <!-- 左轮关节 -->
        <right_joint>right_wheel_joint</right_joint> <!-- 右轮关节 -->
        <wheel_separation>${wheel_joint_y*2}</wheel_separation>   <!-- 两个轮子间距 -->
        <wheel_radius>${wheel_radius}</wheel_radius>     <!-- 轮子半径 -->
        <topic>cmd_vel</topic>                        <!-- 控制指令话题 -->
        <publish_odom>true</publish_odom>             <!-- 是否发布里程计话题 -->
        <publish_odom_tf>true</publish_odom_tf>       <!-- 是否发布里程计 tf -->
        <publish_wheel_tf>true</publish_wheel_tf>      <!-- 是否发布轮子 tf -->
        <odometry_topic>odom</odometry_topic>         <!-- 里程计话题名 -->
        <odometry_frame>odom</odometry_frame>         <!-- 里程计坐标系名 -->
        <robot_base_frame>base_footprint</robot_base_frame>  <!-- 机器人底盘坐标系 -->
    </plugin>

    <!-- 传感器插件 -->
    <plugin filename="ignition-gazebo-sensors-system"
            name="ignition::gazebo::systems::Sensors">
        <render_engine>ogre2</render_engine>          <!-- 渲染引擎 -->
    </plugin>

    <!-- 用户命令插件 -->
    <plugin filename="ignition-gazebo-user-commands-system"
            name="ignition::gazebo::systems::UserCommands">
    </plugin>

    <!-- 场景广播插件 -->
    <plugin filename="ignition-gazebo-scene-broadcaster-system"
            name="ignition::gazebo::systems::SceneBroadcaster">
    </plugin>

    <!-- 关节状态发布插件 -->
    <plugin filename="ignition-gazebo-joint-state-publisher-system"
            name="ignition::gazebo::systems::JointStatePublisher">
```

```
        </plugin>

        <!-- 里程计发布插件 -->
        <plugin filename="ignition-gazebo-odometry-publisher-system"
                name="ignition::gazebo::systems::OdometryPublisher">
            <odom_frame>odom</odom_frame>                    <!-- 里程计坐标系 -->
            <robot_base_frame>base_footprint</robot_base_frame>   <!-- 机器人底盘坐标系 -->
        </plugin>
    </gazebo>
```

在加载差速控制器插件的过程中，需要配置一系列参数，其中比较关键的参数如下。

- <left_joint>和<right_joint>：左右轮转动的关节 joint，控制器插件最终需要控制这两个 joint 转动。
- <wheel_separation>和<wheel_radius>：这是机器人模型的相关尺寸，在计算差速参数时需要用到。
- <topic>：控制器订阅的速度控制指令，在 ROS 中通常被命名为 cmd_vel。
- <publish_odom>：是否发布里程计 odom 话题。
- <odometry_topic>：当发布里程计话题时，里程计话题名的设置。
- <odometry_frame>：里程计的参考坐标系，ROS 中通常命名为 odom。
- <robot_base_frame>：机器人的基坐标系，一般使用 base_link 或者 base_footprint。

经过对模型进行完善，这个机器人 URDF 模型已经具备了仿真能力，接下来就可以把它放到仿真环境中试一试了。

完整的机器人仿真模型在 learning_gazebo_harmonic\urdf 功能包下，包含 mbot_gazebo.xacro 和 mbot_base_gazebo.xacro 两个模型文件。

4.6 Gazebo 机器人仿真

接下来将机器人模型加载到 Gazebo 中，不仅可以遥控机器人模型动起来，还可以进一步仿真相机、雷达等传感器，让机器人感知仿真中的环境信息。

4.6.1 在 Gazebo 中加载机器人模型

启动一个新终端，运行如下命令。

```
$ ros2 launch learning_gazebo_harmonic load_urdf_into_gazebo_harmonic.launch.py
```

稍等片刻，Gazebo 启动成功后，就可以看到如图 4-14 的仿真画面了，机器人位于界面的中心，可以通过鼠标滚轮放大或缩小查看。

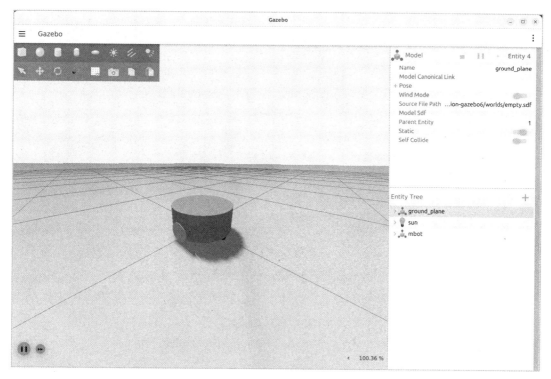

图 4-14　在 Gazebo 中加载并显示机器人模型

如使用虚拟机，则可能出现仿真区域无显示或持续闪烁的现象，需要关闭虚拟机设置中的"加速 3D 图像"选项。

这里使用 load_urdf_into_gazebo_harmonic.launch.py 文件实现了 Gazebo 的启动和机器人模型加载，详细实现过程如下。

```
...
def generate_launch_description():
    # 包含 robot_state_publisher 启动文件
    package_name='learning_gazebo_harmonic'
    pkg_path = os.path.join(get_package_share_directory(package_name))
    xacro_file = os.path.join(pkg_path, 'urdf', 'mbot_gazebo_harmonic.xacro')
    robot_description_config = xacro.process_file(xacro_file)

    # 机器人加载后的位置和姿态
    spawn_x_val = '0.0'
    spawn_y_val = '0.0'
    spawn_z_val = '0.3'
    spawn_yaw_val = '0.0'
```

```
# 启动 Gazebo 仿真器
pkg_ros_gz_sim = get_package_share_directory('ros_gz_sim')
gazebo = IncludeLaunchDescription(
    PythonLaunchDescriptionSource(
        os.path.join(pkg_ros_gz_sim, 'launch', 'gz_sim.launch.py')),
    launch_arguments={'gz_args': '-r empty.sdf'}.items(),
)

# 运行 gazebo_ros 包中的 spawner 节点, 加载机器人模型
spawn_entity = Node(package='ros_gz_sim', executable='create',
                arguments=['-topic', 'robot_description',
                            '-name', 'mbot',
                            '-x', spawn_x_val,
                            '-y', spawn_y_val,
                            '-z', spawn_z_val,
                            '-Y', spawn_yaw_val],
                output='screen')

# 创建一个 robot_state_publisher 节点
params = {'robot_description': robot_description_config.toxml(), 'use_sim_time': True}
node_robot_state_publisher = Node(
    package='robot_state_publisher',
    executable='robot_state_publisher',
    output='screen',
    parameters=[params]
)

# 启动 ros_gz_bridge 节点, 进行数据转换
ros_gz_bridge = Node(
    package='ros_gz_bridge',
    executable='parameter_bridge',
    parameters=[{
        'config_file': os.path.join(get_package_share_directory(package_name), 'config',
'ros_gz_bridge_mbot.yaml'),
        'qos_overrides./tf_static.publisher.durability': 'transient_local',
    }],
    output='screen'
)

# 启动以上所有功能
return LaunchDescription([
    gazebo,
    spawn_entity,
    ros_gz_bridge,
```

```
        node_robot_state_publisher,
    ])
```

在以上代码中，先设置了几个关键参数。

- package_name：机器人仿真模型所在功能包的名字。
- pkg_path：机器人仿真模型功能包所在的路径。
- xacro_file：机器人仿真模型的文件名。
- robot_description_config：将 XACRO 模型文件解析为 URDF 模型格式。
- spawn_x_val，spawn_y_val，spawn_z_val，spawn_yaw_val：机器人模型在 Gazebo 中的 x、y、z 坐标和 yaw 朝向角。

接下来启动几个关键节点。

- gazebo：启动 Gazebo，并且加载一个空环境 empty.sdf。
- spawn_entity：将机器人的 URDF 模型加载到 Gazebo 仿真环境中。
- node_robot_state_publisher：启动 robot_state_publisher，维护机器人的 tf。
- ros_gz_bridge：启动 parameter_bridge 节点，转换 ROS 与 Gazebo 之间的通信消息，需要转换的消息在 ros_gz_bridge_mbot.yaml 文件中配置。

使用 Gazebo 进行机器人仿真时，需要设置 use_sim_time 为 true，让整个 ROS 2 系统均使用仿真时间，避免时钟不同步造成的功能异常。

这里需要关注 ros_gz_bridge 节点的功能，因为 Gazebo 和 ROS 之间的消息结构不通用，所以需要一个桥接的节点进行两者之间的数据转换，我们只需要配置好消息结构和话题名称，ros_gz_bridge 节点就可以实现数据的转换了。

本节仿真功能的话题配置在 ros_gz_bridge_mbot.yaml 文件中，内容如下。

```
---
- ros_topic_name: "/cmd_vel"
  gz_topic_name: "/cmd_vel"
  ros_type_name: "geometry_msgs/msg/Twist"
  gz_type_name: "gz.msgs.Twist"
  direction: ROS_TO_GZ
- ros_topic_name: "/clock"
  gz_topic_name: "/clock"
  ros_type_name: "rosgraph_msgs/msg/Clock"
  gz_type_name: "gz.msgs.Clock"
  direction: GZ_TO_ROS
- ros_topic_name: "/odom"
  gz_topic_name: "/model/mbot/odometry"
  ros_type_name: "nav_msgs/msg/Odometry"
```

```
    gz_type_name: "gz.msgs.Odometry"
    direction: GZ_TO_ROS
  - ros_topic_name: "/clock"
    gz_topic_name: "/clock"
    ros_type_name: "rosgraph_msgs/msg/clock"
    gz_type_name: "gz.msgs.Clock"
    direction: GZ_TO_ROS
  - ros_topic_name: "/joint_states"
    gz_topic_name: "/world/empty/model/mbot/joint_state"
    ros_type_name: "sensor_msgs/msg/JointState"
    gz_type_name: "gz.msgs.Model"
    direction: GZ_TO_ROS
  - ros_topic_name: "/tf"
    gz_topic_name: "/model/mbot/pose"
    ros_type_name: "tf2_msgs/msg/TFMessage"
    gz_type_name: "gz.msgs.Pose_V"
    direction: GZ_TO_ROS
  - ros_topic_name: "/tf_static"
    gz_topic_name: "/model/mbot/pose_static"
    ros_type_name: "tf2_msgs/msg/TFMessage"
    gz_type_name: "gz.msgs.Pose_V"
    direction: GZ_TO_ROS
```

在以上内容中，每组话题接口的配置由以下 5 个参数组成。

- ros_topic_name：ROS 中的话题名，如"/cmd_vel"。
- gz_topic_name：Gazebo 系统中的话题名，如"/cmd_vel"。
- ros_type_name：ROS 中的话题类型，如"geometry_msgs/msg/Twist"。
- gz_type_name：Gazebo 系统中的话题类型，如"gz.msgs.Twist"。
- direction：话题转换的方向，ROS_TO_GZ 表示把 ROS 话题转换到 Gazebo 中，GZ_TO_ROS 表示把 Gazebo 话题转换到 ROS 中。

通过以上配置，可以将 ROS 2 中的/cmd_vel 话题转换到 Gazebo 系统中，控制 Gazebo 仿真环境中的机器人运动。

4.6.2　机器人运动控制仿真

机器人模型中已经加入了差速控制插件 libignition-gazebo-diff-drive-system.so，可以使用差速控制器让机器人运动。启动机器人仿真环境后的话题列表和速度话题的详细信息如图 4-15 所示。

图 4-15　机器人仿真环境下的话题列表和速度话题的详细信息

可以看到，Gazebo 仿真中的差速控制器已经开始订阅 cmd_vel 话题。接下来可以运行键盘控制节点，如图 4-16 所示，通过敲击键盘上的 "i" "j" "k" "l" 按键，键盘节点就会发布对应的 cmd_vel 话题消息来驱动机器人运动，此时机器人就会在 Gazebo 中运动了。

```
$ ros2 run teleop_twist_keyboard teleop_twist_keyboard
```

当机器人在仿真环境中撞到障碍物时，Gazebo 会根据两者的物理属性，决定机器人是否反弹，或者障碍物是否会被推动，这也证明了 Gazebo 是一种贴近真实环境的物理仿真平台。

我们从零构建的机器人 URDF 模型已经可以在 Gazebo 中动起来了，接下来继续深入，为机器人仿真 RGB 相机、RGBD 相机、激光雷达等常用传感器。

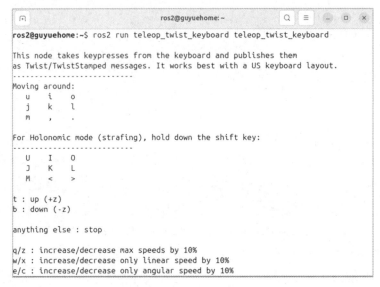

图 4-16　控制机器人运动的键盘节点

4.6.3　RGB 相机仿真与可视化

RGB 相机是机器人最为常用的一种传感器，类似于机器人模型中的差速控制器插件，Gazebo 也提供了 RGB 相机的仿真插件，需要在 URDF 模型中进行配置。

1. 仿真插件配置

为了让相机模型可以以模块化的方式被调用，这里单独创建了一个 RGB 相机的模型文件 camera_gazebo_harmonic.xacro，并在其中创建了相机的宏定义，内容如下。

```xml
<?xml version="1.0"?>
<robot xmlns:xacro=[xacro 命名空间声明链接，一般是 xacro 的 ros wiki 链接] name="camera">

    <xacro:macro name="usb_camera" params="prefix:=camera">
        <!-- 相机连杆，设置相机的外观、惯性矩阵和碰撞模型 -->
        <link name="${prefix}_link">
            <inertial>
                <mass value="0.1" />
                <origin xyz="0 0 0" />
                <inertia ixx="0.01" ixy="0.0" ixz="0.0"
                        iyy="0.01" iyz="0.0"
                        izz="0.01" />
            </inertial>
            <visual>
                <origin xyz=" 0 0 0 " rpy="0 0 0" />
                <geometry>
```

```xml
            <box size="0.01 0.04 0.04" />
        </geometry>
        <material name="black"/>
    </visual>
    <collision>
        <origin xyz="0.0 0.0 0.0" rpy="0 0 0" />
        <geometry>
            <box size="0.01 0.04 0.04" />
        </geometry>
    </collision>
</link>

<!-- 配置 Gazebo 相机插件的功能参数 -->
<gazebo reference="${prefix}_link">
    <sensor type="camera" name="camera_node">
        <always_on>true</always_on>
        <ignition_frame_id>${prefix}_link</ignition_frame_id> <!-- 图像消息的参考系
-->

        <visualize>true</visualize>
        <topic>camera</topic>                <!-- 相机发布的图像话题名 -->
        <update_rate>10.0</update_rate>   <!-- 图像话题的发布频率 -->
        <camera name="${prefix}">
            <horizontal_fov>1.3962634</horizontal_fov> <!-- 相机视角 -->
            <pose>0 0 0 0 0 0</pose>
            <image>                       <!-- 相机分辨率 -->
                <width>640</width>
                <height>480</height>
                <format>R8G8B8</format>
            </image>
            <clip>                        <!-- 相机可视距离 -->
                <near>0.005</near>
                <far>20.0</far>
            </clip>
            <noise>                       <!-- 相机噪声 -->
                <type>gaussian</type>
                <mean>0.0</mean>
                <stddev>0.007</stddev>
            </noise>
        </camera>
    </sensor>
</gazebo>
</xacro:macro>
</robot>
```

以上 RGB 相机的模型文件主要分为两部分。

第一部分是相机 link 的描述，使用<visual>描述相机外观是一个黑色的长方体。

第二部分是 Gazebo 相机插件的详细配置，使用<sensor>标签来描述传感器的各种属性，type 表示传感器类型，name 表示相机名称；使用<camera>标签描述相机传感器参数，包括分辨率、图像范围、更新频率、发布话题名、参考坐标系、噪声参数等。

2. 接口参数配置

相机仿真会发布图像话题，所以还需要在 ros_gz_bridge 的接口配置文件中加入图像话题相关的设置。完整内容在 ros_gz_bridge_mbot_camera.yaml 中，其中相机相关的设置如下。

```
...

- ros_topic_name: "/camera/image_raw"
  gz_topic_name: "/camera"
  ros_type_name: "sensor_msgs/msg/Image"
  gz_type_name: "gz.msgs.Image"
  direction: GZ_TO_ROS
- ros_topic_name: "/camera/camera_info"
  gz_topic_name: "/camera_info"
  ros_type_name: "sensor_msgs/msg/CameraInfo"
  gz_type_name: "gz.msgs.CameraInfo"
  direction: GZ_TO_ROS
```

根据以上配置，相机发布的图像话题将从 Gazebo 中的/camera 转换成 ROS 中的 /camera/image_raw；而相机的标定信息话题将从 Gazebo 中的/camera_info 转换成 ROS 中的 /camera/camera_info。

3. 运行仿真环境

模型已经配置好了，能不能把相机成功仿真出来，并且在 RViz 中看到图像信息，大家拭目以待。

使用如下命令启动仿真环境，并加载装配了相机的机器人模型。

```
$ ros2 launch learning_gazebo_harmonic load_mbot_camera_into_gazebo_harmonic.launch.py
```

Gazebo 启动成功后，可以看到装配有相机的机器人模型已经加载成功，如图 4-17 所示。

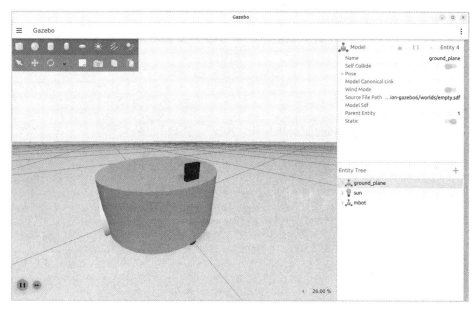

图 4-17　在 Gazebo 中加载并显示带 RGB 相机的机器人模型

　　查看机器人模型，可以看到在机器人底盘上出现了一个黑色的长方体，这就是模拟的 RGB
相机，它真的可以看到图像吗？先看一下当前系统中的话题列表，如图 4-18 所示。

图 4-18　查看机器人仿真环境下的话题列表和图像话题的详细信息

从话题信息中可以看到，Gazebo 中的机器人相机已经开始发布图像话题了。

4. 图像数据可视化

接下来使用 RViz 可视化图像信息，先启动 RViz。

```
$ ros2 run rviz2 rviz2
```

启动成功后，在左侧 Displays 窗口中单击"Add"，找到 Image 显示插件，确认后可以加入显示插件列表。然后将其订阅的图像话题配置为/camera/image_raw，可以顺利看到机器人的相机图像。此时 Gazebo 仿真环境中什么都没有，图像信息似乎不太明显，大家可以在 Gazebo 中添加一些基础的正方体、球体等，如图 4-19 所示，图像信息会同步更新。

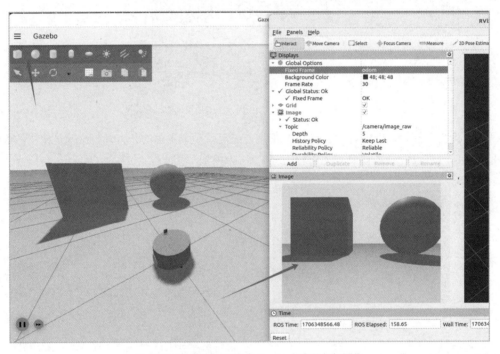

图 4-19 使用 RViz 可视化 Gazebo 仿真的相机图像

大家也可以使用更轻量的 rqt 工具显示图像，运行命令如下：ros2 run rqt_image_view rqt_image_view。

4.6.4 RGBD 相机仿真与可视化

RGB 相机不过瘾，想不想试试三维相机?Realsense、Kinect 等 RGBD 相机可以获取外部环境更为丰富的三维点云数据，RGBD 相机比 RGB 相机贵不少，不过通过仿真，我们可以一分钱不花地玩起来。

1. 仿真插件配置

为了让 RGBD 相机模型可以以模块化的方式被调用，这里单独创建了一个 RGBD 相机的模型文件 rgbd_gazebo_harmonic.xacro，并在其中创建了相机的宏定义，内容如下。

```xml
<?xml version="1.0"?>
<robot xmlns:xacro=[xacro 命名空间声明链接，一般是 xacro 的 ros wiki 链接] name="rgbd_camera">

    <xacro:macro name="rgbd_camera" params="prefix:=camera">
        <!-- Create rgbd reference frame -->
        <!-- Add mesh for rgbd -->
        <link name="${prefix}_link">
            <origin xyz="0 0 0" rpy="0 0 0"/>
            <visual>
                <origin xyz="0 0 0" rpy="0 0 ${M_PI/2}"/>
                <geometry>
                    <box size="0.15 0.04 0.04" />
                </geometry>
            </visual>
            <collision>
                <geometry>
                    <box size="0.07 0.3 0.09"/>
                </geometry>
            </collision>
        </link>
        <joint name="${prefix}_optical_joint" type="fixed">
            <origin xyz="0 0 0" rpy="-1.5708 0 -1.5708"/>
            <parent link="${prefix}_link"/>
            <child link="${prefix}_frame_optical"/>
        </joint>
        <link name="${prefix}_frame_optical"/>
        <gazebo reference="${prefix}_link">
        <sensor name="rgbd_camera" type="rgbd_camera">
            <camera>
                <horizontal_fov>1.047</horizontal_fov>
                <image>
                    <width>640</width>
                    <height>480</height>
                </image>
                <clip>
                    <near>0.1</near>
                    <far>100</far>
                </clip>
            </camera>
```

```
                <always_on>1</always_on>
                <update_rate>20</update_rate>
                <visualize>true</visualize>
                <topic>rgbd_camera</topic>
                <enable_metrics>true</enable_metrics>
                <ignition_frame_id>${prefix}_link</ignition_frame_id>
            </sensor>
        </gazebo>
    </xacro:macro>
</robot>
```

这里和 RGB 相机的配置流程类似，先使用 link 描述 RGBD 相机的外观；接下来在<sensor>标签中将传感器类型设置为 rgbd_camera，<camera>中的参数和相机类似，设置发布的数据话题名及参考坐标系等参数。

2. 接口参数配置

相机仿真会发布三维点云和图像话题，所以还需要在 ros_gz_bridge 的接口配置文件中加入相关的设置。完整内容在 ros_gz_bridge_mbot_rgbd.yaml 中，其中 RGBD 相机的相关设置如下。

```
...

- ros_topic_name: "/rgbd_camera/image"
  gz_topic_name: "/rgbd_camera/image"
  ros_type_name: "sensor_msgs/msg/Image"
  gz_type_name: "gz.msgs.Image"
  direction: GZ_TO_ROS
- ros_topic_name: "/rgbd_camera/camera_info"
  gz_topic_name: "/rgbd_camera/camera_info"
  ros_type_name: "sensor_msgs/msg/CameraInfo"
  gz_type_name: "gz.msgs.CameraInfo"
  direction: GZ_TO_ROS
- ros_topic_name: "/rgbd_camera/depth_image"
  gz_topic_name: "/rgbd_camera/depth_image"
  ros_type_name: "sensor_msgs/msg/Image"
  gz_type_name: "gz.msgs.Image"
  direction: GZ_TO_ROS
- ros_topic_name: "/rgbd_camera/points"
  gz_topic_name: "/rgbd_camera/points"
  ros_type_name: "sensor_msgs/msg/PointCloud2"
  gz_type_name: "gz.msgs.PointCloudPacked"
  direction: GZ_TO_ROS
```

RGBD 相机发布的话题比较多，包括 RGB 相机图像/rgbd_camera/image、相机标定信息/rgbd_camera/camera_info、深度相机图像/rgbd_camera/depth_image、相机点云图像/rgbd_camera/

points 等，都需要一一配置转换。

3. 运行仿真环境

使用如下命令启动仿真环境，并加载装配了 RGBD 相机的机器人模型，效果如图 4-20 所示。

```
$ ros2 launch learning_gazebo_harmonic load_mbot_rgbd_into_gazebo_harmonic.launch.py
```

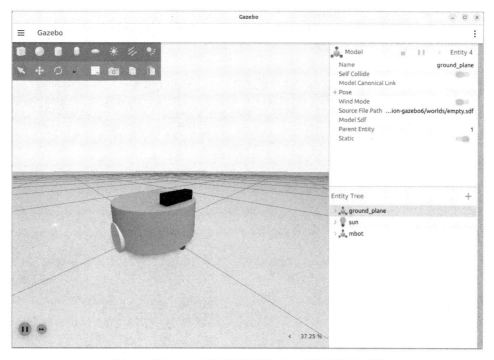

图 4-20　在 Gazebo 中加载并显示带 RGBD 相机的机器人模型

启动成功后，如图 4-21 所示，在当前的话题列表中，已经产生了 RGBD 相机的相关话题。

4. 点云数据可视化

接下来使用 RViz 可视化显示三维点云信息，启动一个新终端运行 RViz。

```
$ ros2 run rviz2 rviz2
```

在 RViz 中配置 RViz 的"Fixed Frame"参考系为 odom；单击 Add，添加 PointCloud2 类型的显示插件；修改插件订阅的话题为/rgbd_camera/points，之后可以看到点云数据，如图 4-22 所示。可以用鼠标放大，点云中的每个点都是由 xyz 位置和 RGB 颜色组成的。

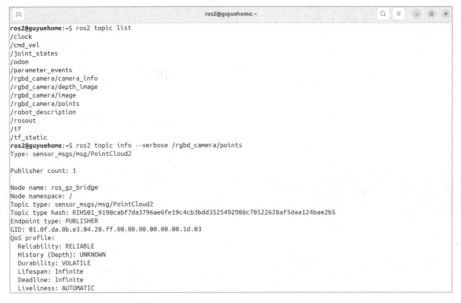

图 4-21　查看机器人仿真环境下的话题列表和点云话题的详细信息

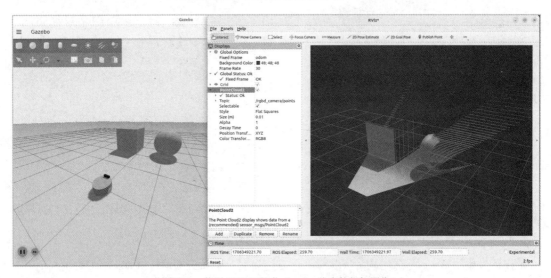

图 4-22　使用 RViz 可视化 Gazebo 仿真的相机图像

添加 Image 显示插件，订阅/rgbd_camera/image 和/rgbd_camera/points 话题，也可以显示 RGBD 相机获取的 RGB 彩色图像和 Depth 深度图像。

4.6.5 激光雷达仿真与可视化

在 SLAM 和导航等机器人应用中，为了获取更精确的环境信息，往往会使用激光雷达作为主要传感器，大家同样可以通过 Gazebo 为仿真机器人装载一款激光雷达。

1. 仿真插件配置

为了让激光雷达模型可以以模块化的方式被调用，这里单独创建了一个激光雷达的模型文件 lidar_gazebo_harmonic.xacro，并在其中创建了激光雷达的宏定义，内容如下。

```xml
<?xml version="1.0"?>
<robot xmlns:xacro=[xacro 命名空间声明链接，一般是 xacro 的 ros wiki 链接] name="laser">

    <xacro:macro name="laser_lidar" params="prefix:=laser">
      <!-- Create laser reference frame -->
      <link name="${prefix}_link">
          <inertial>
              <mass value="0.1" />
              <origin xyz="0 0 0" />
              <inertia ixx="0.01" ixy="0.0" ixz="0.0"
                       iyy="0.01" iyz="0.0"
                       izz="0.01" />
          </inertial>
          <visual>
              <origin xyz=" 0 0 0 " rpy="0 0 0" />
              <geometry>
                 <cylinder length="0.05" radius="0.05"/>
              </geometry>
              <material name="black"/>
          </visual>
          <collision>
              <origin xyz="0.0 0.0 0.0" rpy="0 0 0" />
              <geometry>
                 <cylinder length="0.06" radius="0.05"/>
              </geometry>
          </collision>
      </link>
      <gazebo reference="${prefix}_link">
          <sensor type="gpu_lidar" name="gpu_lidar">
              <topic>lidar</topic>
              <update_rate>10</update_rate>
              <ray>
                  <scan>
                      <horizontal>
                          <samples>360</samples>
                          <resolution>1</resolution>
```

```
                    <min_angle>-3.14</min_angle>
                    <max_angle>3.14</max_angle>
                </horizontal>
                <vertical>
                    <samples>1</samples>
                    <resolution>0.01</resolution>
                    <min_angle>0</min_angle>
                    <max_angle>0</max_angle>
                </vertical>
            </scan>
            <range>
                <min>0.08</min>
                <max>10.0</max>
                <resolution>0.01</resolution>
            </range>
        </ray>
        <alwaysOn>1</alwaysOn>
        <visualize>true</visualize>
        <ignition_frame_id>${prefix}_link</ignition_frame_id>
    </sensor>
</gazebo>

</xacro:macro>
</robot>
```

激光雷达的传感器类型是 gpu_lidar，为了获取更好的仿真效果，需要根据实际参数配置 `<ray>` 中的雷达参数：360°检测范围、单圈 360 个采样点、10Hz 采样频率，最远 10m 检测范围。这里发布的激光雷达 Gazebo 话题是/lidar，后续再转换成 scan。

2. 接口参数配置

激光雷达仿真会发布雷达深度话题，所以还需要在 ros_gz_bridge 的接口配置文件中加入相关的设置。完整的内容在 ros_gz_bridge_mbot_lidar.yaml 中，其中激光雷达的相关设置如下。

```
...

- ros_topic_name: "/scan"
  gz_topic_name: "/lidar"
  ros_type_name: "sensor_msgs/msg/LaserScan"
  gz_type_name: "gz.msgs.LaserScan"
  direction: GZ_TO_ROS
```

激光雷达发布的话题只有一个，从 Gazebo 中的/lidar 转换到 ROS 中的/scan。

3. 运行仿真环境

使用如下命令启动仿真环境，并加载装配了激光雷达的机器人，运行效果如图 4-23 所示。

```
$ ros2 launch learning_gazebo_harmonic load_mbot_lidar_into_gazebo_harmonic.launch.py
```

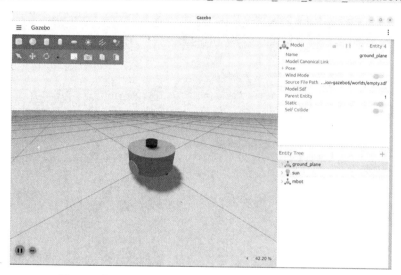

图 4-23　在 Gazebo 中加载并显示装配了激光雷达的机器人模型

启动成功后，如图 4-24 所示，查看当前系统中的话题列表，确保激光雷达的仿真插件已经启动成功。

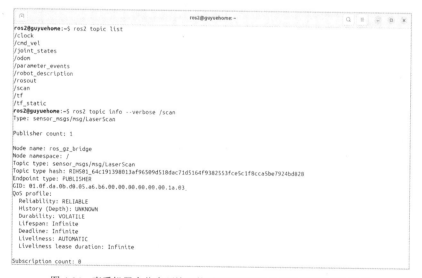

图 4-24　查看机器人仿真环境下的话题列表和激光雷达话题的详细信息

4. 图像数据可视化

使用如下命令打开 RViz，查看激光雷达数据。

```
$ ros2 run rviz2 rviz2
```

在 RViz 中将 "Fixed Frame" 设置为 "odom"，然后添加一个 LaserScan 类型的插件，修改插件订阅的话题为 "/scan"，就可以看到界面中的激光数据了，如图 4-25 所示。

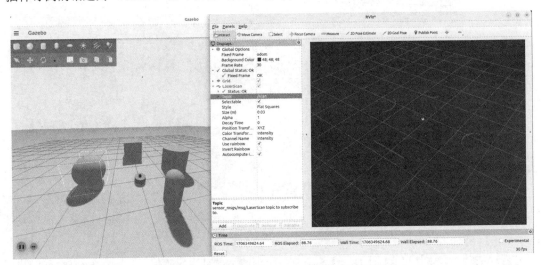

图 4-25　使用 RViz 可视化 Gazebo 仿真的激光雷达数据

到此为止，Gazebo 中的机器人模型已经比较完善了，在后续章节中，我们还会在这个仿真环境的基础上，实现更为丰富的功能。

4.7　本章小结

仿真是机器人系统开发中的重要步骤，学习完本章内容，大家应该了解了如何使用 URDF 文件创建一个机器人模型，然后使用 XACRO 文件优化该模型，并且放置到 Gazebo 仿真环境当中，让仿真模型 "动得了" "看得见"。

5

ROS 2 机器人构建：从仿真到实物

在第 4 章的学习中，大家一起在仿真环境中构建了一个机器人，不仅"动得了"，还"看得见"，只不过是"虚拟"的。本章将从仿真到实物，从零设计并开发一款智能机器人，带你快速了解机器人设计的完整路径。

5.1 机器人从仿真到实物

通过仿真，大家已经了解了机器人的概念和组成，如何设计并开发一款真实的智能机器人呢？本节以智能小车为例，从机器人的四大组成部分出发，先做一个案例剖析。

在对未知事物的探索过程中，先找一个标的对象进行深入分析，是快速了解该事物的方法之一。

5.1.1 案例剖析

这里挑选了 ROS 社区中最为常见的一款机器人——TurtleBot3。如图 5-1 所示，TurtleBot3 机器人的层级划分明确，每个零部件都清晰可见，以它作为参考，可以为大家提供不少机器人学习和设计的思路。

	360° 雷达（用于 SLAM 建图和导航）
	可扩展结构
	计算控制板（此处是树莓派 4B 板卡）
	驱动控制板（此处是 OpenCR）
	差速两轮结构
	轮胎和铰链
	电池

图 5-1　TurtleBot3 机器人的组成

按照机器人的四大组成部分，对 TurtleBot3 进行剖析。

1．执行机构

TurtleBot3 使用洞洞板构建整体框架，底层安装机器人的核心执行机构——两台电机，电机输出轴连接轮子，从而带动整个机器人运动。

2．驱动系统

机器人的电机根据指令旋转，这个过程需要驱动系统的参与。TurtleBot3 驱动系统的主要任务是控制两个轮子按照指定的速度旋转，依靠电机上一层的 OpenCR（Open Controller）驱动控制板实现。OpenCR 其实就是大家常说的单片机（或者嵌入式系统），它通过控制算法输出电机信号，驱使电机旋转。除此之外，OpenCR 还负责整个机器人的电源管理和部分传感器的驱动。

3．传感系统

在内部传感方面，TurtleBot3 的两个电机均带有编码器，可以实时反馈电机的旋转速度，OpenCR 驱动控制板上的 IMU 姿态传感器可以获取机器人的加速度和角速度。在外部传感方面，TurtleBot3 装配有激光雷达，可以获取周围障碍物的深度信息，还可以选配摄像头，让机器人看到周围环境。

4．控制系统

大量信息最后在哪里处理呢？没错，就是机器人的大脑——控制系统。TurtleBot3 将树莓派作为控制系统的硬件载体，其中的软件都在 ROS 环境下开发，可以实现 SLAM 地图构建、自主导航、物体识别等多项应用功能。

通过对 TurtleBot3 的组成进行剖析，现在大家应该对智能小车这样的机器人设计有一个大体的认识了。

5.1.2 机器人设计

参考 TurtleBot3 的结构，我们可以设计一台自己的智能小车，如图 5-2 所示。

图 5-2　设计一台自己的智能小车

小车的底盘是安装各种零部件的载体，可以用金属材料，也可以用 3D 打印。底盘下边安装小车的执行机构——电机，用来驱动小车的轮子运动。为了保持运动平衡，底盘下边还安装了一个万向轮。这样小车就有了"身体"和"腿"，具备了基础运动能力。

如图 5-3 所示，要让小车动起来，光有"腿"还不行，还需要"肌肉"，就是底盘上安装的电池和运动控制器，也就是驱动系统。这部分要结合小车的功能设计实现一套嵌入式系统，类似于 TurtleBot3 的 OpenCR 控制器。

继续构建小车的"大脑"，硬件载体可以选用 RDK、树莓派等，甚至是计算机，至于里边的软件，可以使用 ROS 来开发。

身体、肌肉、大脑都有了，好像还差点儿啥？没错，传感系统。小车不仅可以感知外部的彩色信息，还可以感知障碍物的距离信息，我们选择相机和激光雷达两个外部传感器。除此之外，电机上有编码器，用来获取车轮转速，从而推算出机器人的位置。运动控制器上还加入了一个姿态传感器 IMU，通过获取加速度和角速度信息，提高机器人定位的稳定性。

到此，目标已经渐渐清晰，就是要把这样一台智能小车做出来，本书为这款小车取了一个代表"最初梦想"的名字——OriginBot。

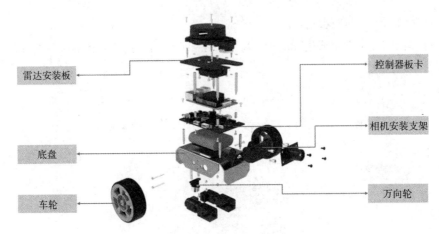

图 5-3 智能小车的结构剖析

OriginBot 是一个开源项目,所有相关的软硬件资源均已开源,方便大家从零开始开发机器人,可以在 OriginBot 的 org 官网上了解更多信息。

5.1.3 软件架构设计

运动控制器是驱动系统的核心,主要负责电机控制等底层驱动;应用处理器是控制系统的核心,主要负责处理应用算法,两者都需要进行大量的软件编程,这些软件之间的关系是什么样的呢?如图 5-4 所示,我们先来了解 OriginBot 智能小车的整体软件框架。

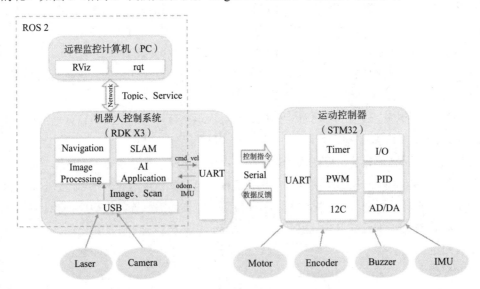

图 5-4 OriginBot 智能小车中的软件架构

1. 运动控制器

驱动系统以 MCU（微控制单元）为核心，配合周边电路组成运动控制器板卡，负责电机控制、电源管理、传感器扩展、底层人机交互等功能，这其中各项功能的实现，都是嵌入式开发的过程，会涉及定时器、PWM、PID 等很多概念的原理和实现，并通过 I/O、串口、I2C、SPI 等接口与更多外部设备通信。

2. 机器人控制系统

控制系统以 SoC（片上系统）为核心，以应用处理器板卡的形式提供计算资源，运行自主导航、地图构建、图像识别等功能，同时兼具一部分传感器驱动的任务，例如通过 USB 采集外部相机和雷达的信息。控制系统和驱动系统之间的数据通信通过串口完成，为保证通信质量，还需要设计一套专用的通信协议。

3. 远程监控计算机

机器人上没有键盘、鼠标和屏幕，为了方便操控机器人，我们还需要使用自己的计算机连接机器人进行编码和监控，使用 ROS 2 的分布式通信框架，可以快速实现不同主机之间的数据传输。

在这个看似并不简单的软件架构中，虚线框中的应用功能基于 ROS 2 开发实现，运动控制器中的功能基于嵌入式开发实现，两者各司其职，一个偏向上层应用，另一个偏向底层控制，共同实现机器人的各项功能。

在嵌入式系统中，也可以使用 Micro-ROS 框架开发，编程方法与 ROS 2 相似。

5.1.4　计算机端开发环境配置

了解了智能小车的整体软件框架，我们发现除了运动控制器和控制系统中的上下位机和通信协议，还有一个重要角色——远程监控计算机，也就是我们使用的计算机。

OriginBot 的开发过程几乎都在计算机端完成，大家需要将 OriginBot 计算机端的功能包下载并编译好，便于后续操作使用。

1. 下载 originbot_desktop 功能包集合

在计算机 Ubuntu 系统的工作空间中，下载 OriginBot 计算机端的功能包。

```
$ cd ~/dev_ws/src
$ git clone 本书配套源代码
```

以上[本书配套源代码]需要修改为本书配套源代码链接。

下载安装包之后就可以在目录下看到相关的功能包了，如图 5-5 所示。

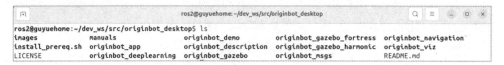

图 5-5　originbot_desktop 中包含的功能包

2. 安装功能包依赖

为满足后续开发需要，还得安装一系列功能包与依赖库，安装过程如图 5-6 所示。

```
$ cd ~/dev_ws/src/originbot_desktop
$ ./install_prereq.sh
```

```
ros2@guyuehome:~/dev_ws/src/originbot_desktop$ ./install_prereq.sh
[sudo] password for ros2:
Get:1              .tuna.tsinghua.edu.cn/ros2/ubuntu noble InRelease [4,667 B]
Hit:2              .ustc.edu.cn/ubuntu noble InRelease
Get:3              .ustc.edu.cn/ubuntu noble-updates InRelease [126 kB]
Get:4              .ustc.edu.cn/ubuntu noble-backports InRelease [126 kB]
Get:5              .tuna.tsinghua.edu.cn/ros2/ubuntu noble/main amd64 Packages [922 kB]
Get:6              .ustc.edu.cn/ubuntu noble-security InRelease [126 kB]
Get:7              .ubuntu.com/ubuntu noble-security InRelease [126 kB]
Hit:8              .ubuntu.com/ubuntu noble InRelease
Get:9              .ustc.edu.cn/ubuntu noble-updates/main amd64 Packages [317 kB]
Get:10             .ustc.edu.cn/ubuntu noble-updates/main Translation-en [82.7 kB]
Get:11             .ubuntu.com/ubuntu noble-updates InRelease [126 kB]
Get:12             .ustc.edu.cn/ubuntu noble-updates/main amd64 c-n-f Metadata [5,640 B]
Get:13             .ustc.edu.cn/ubuntu noble-updates/restricted amd64 Packages [208 kB]
Get:14             .ustc.edu.cn/ubuntu noble-updates/restricted Translation-en [40.7 kB]
Get:15             .ustc.edu.cn/ubuntu noble-updates/universe amd64 Packages [318 kB]
Get:16             .ustc.edu.cn/ubuntu noble-updates/universe Translation-en [133 kB]
Get:17             .ustc.edu.cn/ubuntu noble-updates/universe amd64 c-n-f Metadata [12.5 kB]
Get:18             .ustc.edu.cn/ubuntu noble-backports/universe amd64 Packages [10.3 kB]
Get:19             .ustc.edu.cn/ubuntu noble-backports/universe amd64 c-n-f Metadata [1,016 B]
Get:20             .ustc.edu.cn/ubuntu noble-security/main amd64 Packages [265 kB]
Get:21             .ustc.edu.cn/ubuntu noble-security/main Translation-en [63.1 kB]
Get:22             .ustc.edu.cn/ubuntu noble-security/main amd64 c-n-f Metadata [3,632 B]
Get:23             .ustc.edu.cn/ubuntu noble-security/restricted amd64 Packages [208 kB]
Get:24             .ustc.edu.cn/ubuntu noble-security/restricted Translation-en [40.7 kB]
Get:25             .ustc.edu.cn/ubuntu noble-security/universe amd64 Packages [246 kB]
Get:26             .ustc.edu.cn/ubuntu noble-security/universe Translation-en [106 kB]
```

图 5-6　安装 originbot_desktop 的功能包依赖

2. 编译工作空间

接下来回到工作空间的根目录下，编译整个工作空间。

```
$ cd ~/dev_ws
$ colcon build
```

3. 设置环境变量

最后设置环境变量，让系统知道工作空间的位置。

```
$ echo "~/dev_ws/install/setup.sh" >> ~/.bashrc
```

至此，OriginBot 计算机端的开发环境配置完毕。

5.1.5 机器人仿真测试

为了验证计算机端的开发环境是否配置成功，可以启动一个 Gazebo 仿真作为测试，具体命令如下。

```
$ ros2 launch originbot_gazebo_harmonic load_originbot_into_gazebo.launch.py
```

启动成功后如图 5-7 所示，可以看到，OriginBot 的简化模型已经加载到 Gazebo 中了。

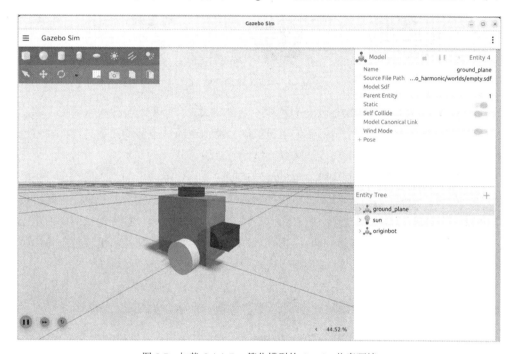

图 5-7　加载 OriginBot 简化模型的 Gazebo 仿真环境

5.2 驱动系统设计：让机器人动得了

智能小车 OriginBot 大概的样子已经在大家脑海中出现了，接下来我们一步一步让它变成机器人该有的样子。驱动系统的核心就是一个字——动！看似简单，却包含机器人开发中很多经典的内容，我们慢慢来让它动得了、动得准、动得稳。

5.2.1 电机驱动原理：从 PWM 到 H 桥

机器人为什么可以动？驱动运动的核心元件就是电机，如图 5-8 所示。大家可能玩过四驱车或类似的玩具，想让小车跑得快，升级电机是关键，笔者当年就多次花重金购买性能更强的电机，换到四驱车上，速度提升是非常明显的。

图 5-8　四驱车中的电机

市场上最常见的电机上一般有两个金属片，一个是正极、一个是负极，只需把电池的正负两级对应接上去，就形成了一个最简单的电机控制回路：电流从电池的正极出发，经过电机中的绕线，在磁场的作用下产生运动，最终回到电池的负极。

当电池输出的电压高、电流大时，电机旋转速度快，当电池输出的电压低、电流小时，电机旋转的速度慢。四驱车要全力冲刺，电机的转速直接取决于电池输出的功率，但是机器人不一样，机器人运动的速度有快有慢，所以大家自然会想到：如果可以控制电机两端的电压和电流，不就可以控制电机的转速吗？此时就需要借助嵌入式系统，即单片机编程控制输出给电机的电压，从而控制电机的转速，此处最常用的技术就是脉冲宽度调制（PWM）。

PWM 是一种对模拟信号电平进行数字编码的方法，通过高分辨率计数器，调制出一定占空比的方波，通过这种方式对模拟信号的电平进行编码，如图 5-9 所示。

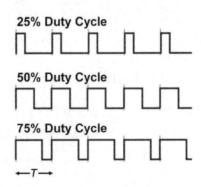

图 5-9　PWM 的电平编码方式

通俗来说，如果有一个 10W 的灯泡，在一小时中亮了半小时，那么宏观来看，它在这一小时中的功率就是 5W，相当于它的输入电压被降低了。同理，大家还可以通过改变这一小时中灯泡被点亮的时长，等效出不同的电压输入。继续把一小时缩短为很小的时间片段，到达一定的微分程度后，电源的通断就可以表达电压的变化，而这个很短的时间，就是 PWM 频率的倒数，被点亮的时间在这个很短的时间中所占的百分比就叫作占空比。

虽然 PWM 在尽力呈现出模拟信号的样子，但它本质上还是数字信号，因为在给定的任一时刻，引脚只能是高电平或者低电平的。

通过 PWM 技术，可以让数字电路产生模拟信号的效果，从而实现类似的无级控制，例如电机转速、屏幕亮度等。

OriginBot 运动控制板的核心功能之一就是产生 PWM 信号，从而控制两个电机转动，让小车达到期望的速度。如图 5-10 所示，我们在运动控制板的原理图上，可以找到单片机输出的 PWM1~PWM4 共 4 路信号。

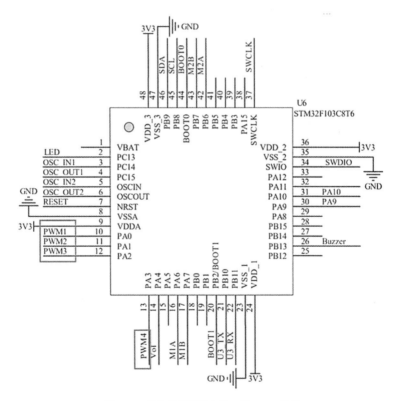

图 5-10　单片机引脚输出的 4 路 PWM 信号

OriginBot 只有两个电机，为什么需要 4 路 PWM？这就衍生出来另外一个问题：一路 PWM 确实可以驱动电机运动，但是机器人不仅要向前走，还要向后退，电机不仅要能够正传，还得能反转，反转时电机的正负极输入需要反向，如何实现这个变换呢？这里会用到经典的直流电机 H 桥控制电路。

H 桥是一个典型的直流电机控制电路，因为它的电路形状酷似字母 H，故得名"H 桥"。4 个开关组成 H 的 4 条垂直腿，而电机就是 H 中的横杠。H 桥的驱动原理并不复杂，如图 5-11 所示，当只有 Q_1 和 Q_4 打开时，电机左侧正极右侧负极，正转；当只有 Q_3 和 Q_2 打开时，电机右侧正极左侧负极，反转。如此就可以实现电机的正反转，加上对应通路的 PWM 信号，就可以控制电机正反转的速度了。

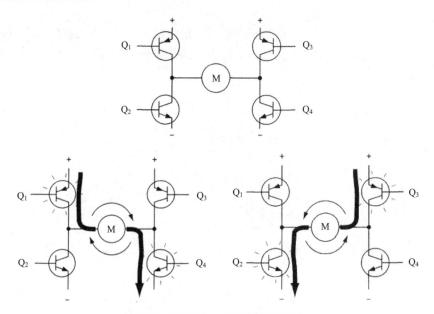

图 5-11　直流电机 H 桥正反转控制原理

在实现 H 桥的电路时，可以选择集成芯片，例如 AT8236 驱动芯片，工作原理如图 5-12 所示。OriginBot 运动控制器使用该芯片，如图 5-13 所示，单片机输出的几路 PWM 信号分别输入到 IN1 和 IN2 引脚，通过 PWM 信号的变化，就可以控制电机的正反转和速度了。

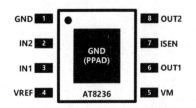

功能逻辑表		
IN1	IN2	功能
PWM	0	正转 PWM，快衰减
1	PWM	正转 PWM，慢衰减
0	PWM	反转 PWM，快衰减
PWM	1	反转 PWM，慢衰减

图 5-12　H 桥集成芯片 AT8236 的工作原理

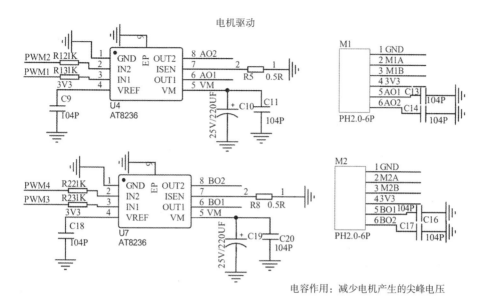

图 5-13 OriginBot 运动控制器中的 H 桥控制电路

机器人的体积和重量各不相同，所以大家在开发时不仅要考虑电机的转速，还要考虑电机的扭矩，也就是电机能带动多重的物体。类似我们使用的直流电机，虽然其转速非常快，但当直接输出到轮子时，不仅转速难以控制，扭矩也会受限，此时需要搭配另外一个工具——减速器/减速箱。顾名思义，减速器是在普通直流电机的基础上，加上配套齿轮减速箱（如图 5-14所示），提供较低的转速、较大的力矩，而不同的减速比可以提供不同的转速和力矩。

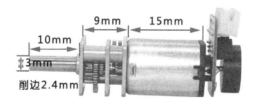

图 5-14 与直流电机搭配使用的减速箱

以上内容尽量通过简单易懂的语言描述电机驱动的基本原理和流程，具体理论和控制方法请大家参考更多权威资料。

5.2.2 电机正反转控制编程

H 桥相关的驱动是通过电路实现的，要控制电机正反转，关键是控制单片机的 PWM 信号。以 OriginBot 为例，想要它实现这样的功能，需要通过开发运动控制器中的嵌入式系统来实现输出不同占空比的 PWM 信号。

一般而言，我们可以直接使用 MCU 定时器提供的 PWM 模式，通过自动重装载寄存器（TIMx_ARR）来设置定时器的输出频率，然后通过捕获/比较寄存器（TIMx_CCRx）设置占空比。虽然一个定时器只有一个自动重装载寄存器，但是捕获/比较寄存器有 4 个通道（TIMx_CCR1、TIMx_CCR2、TIMx_CCR3、TIMx_CCR4），所以使用一个定时器输出 PWM 波形时，4 个通道的频率是相同的，而每个通道的占空比可以独立设置。所以只需设置比较寄存器 TIMx_CCR1、TIMx_CCR2、TIMx_CCR3、TIMx_CCR4 的值，便可以控制输出不同的占空比。

对应以上步骤的关键代码实现如下。

1. 电机 PWM 初始化

```
…
//电机引脚初始化

…
// 电机 PWM 初始化
void Motor_PWM_Init(u16 arr, u16 psc)
{
  TIM_TimeBaseInitTypeDef  TIM_TimeBaseStructure;
  TIM_OCInitTypeDef  TIM_OCInitStructure;
  RCC_APB1PeriphClockCmd(RCC_APB1Periph_TIM2, ENABLE);
  // 重新将 Timer 设置为默认值
  TIM_DeInit(TIM2);

  // 设置计数溢出大小，每计 xxx 个数就产生一个更新事件
  TIM_TimeBaseStructure.TIM_Period = arr - 1 ;
  // 预分频系数为 0，即不进行预分频，此时 TIMER 的频率为 72MHzre.TIM_Prescaler =0
  TIM_TimeBaseStructure.TIM_Prescaler = psc;
  // 设置时钟分频系数：不分频
  TIM_TimeBaseStructure.TIM_ClockDivision = TIM_CKD_DIV1 ;
  // 向上计数模式
  TIM_TimeBaseStructure.TIM_CounterMode = TIM_CounterMode_Up;

  TIM_TimeBaseInit(TIM2, &TIM_TimeBaseStructure);

  // 设置默认值
  TIM_OCStructInit(&TIM_OCInitStructure);

  // 配置为 PWM 模式 1
  TIM_OCInitStructure.TIM_OCMode = TIM_OCMode_PWM1;
  //比较输出使能
  TIM_OCInitStructure.TIM_OutputState = TIM_OutputState_Enable;
  // 设置跳变值，当计数器计数到这个值时，电平发生跳变
```

```
    TIM_OCInitStructure.TIM_Pulse = 0;
    // 当定时器计数值小于跳变值时为低电平
    TIM_OCInitStructure.TIM_OCPolarity = TIM_OCPolarity_Low;
    TIM_OC1Init(TIM2, &TIM_OCInitStructure); //使能通道 1
    TIM_OC1PreloadConfig(TIM2, TIM_OCPreload_Enable);

    // 配置为 PWM 模式 1
    TIM_OCInitStructure.TIM_OCMode = TIM_OCMode_PWM1;
    // 比较输出使能
    TIM_OCInitStructure.TIM_OutputState = TIM_OutputState_Enable;
    // 设置跳变值，当计数器计数到这个值时，电平发生跳变
    TIM_OCInitStructure.TIM_Pulse = 0;
    // 当定时器计数值小于跳变值时为低电平
    TIM_OCInitStructure.TIM_OCPolarity = TIM_OCPolarity_Low;
    // 使能通道 2
    TIM_OC2Init(TIM2, &TIM_OCInitStructure);
    TIM_OC2PreloadConfig(TIM2, TIM_OCPreload_Enable);

    // 配置为 PWM 模式 1
    TIM_OCInitStructure.TIM_OCMode = TIM_OCMode_PWM1;
    // 比较输出使能
    TIM_OCInitStructure.TIM_OutputState = TIM_OutputState_Enable;
    //设置跳变值，当计数器计数到这个值时，电平发生跳变
    TIM_OCInitStructure.TIM_Pulse = 0;
    // 当定时器计数值小于跳变值时为低电平
    TIM_OCInitStructure.TIM_OCPolarity = TIM_OCPolarity_Low;
    //使能通道 3
    TIM_OC3Init(TIM2, &TIM_OCInitStructure);
    TIM_OC3PreloadConfig(TIM2, TIM_OCPreload_Enable);

    // 配置为 PWM 模式 1
    TIM_OCInitStructure.TIM_OCMode = TIM_OCMode_PWM1;
    // 比较输出使能
    TIM_OCInitStructure.TIM_OutputState = TIM_OutputState_Enable;
    // 设置跳变值，当计数器计数到这个值时，电平发生跳变
    TIM_OCInitStructure.TIM_Pulse = 0;
    // 当定时器计数值小于跳变值时为低电平
    TIM_OCInitStructure.TIM_OCPolarity = TIM_OCPolarity_Low;
    // 使能通道 4
    TIM_OC4Init(TIM2, &TIM_OCInitStructure);
    TIM_OC4PreloadConfig(TIM2, TIM_OCPreload_Enable);

    // 使能 TIM3 重载寄存器 ARR
    TIM_ARRPreloadConfig(TIM2, ENABLE);

    //使能定时器 2
```

```
    TIM_Cmd(TIM2, ENABLE);
}
```

2. 设置 PWM 分频

```
// 设置电机速度, speed:±3600, 0 为停止
void Motor_Set_Pwm(u8 id, int speed)
{
  // 限制输入
  if (speed > MOTOR_MAX_PULSE) speed = MOTOR_MAX_PULSE;
  if (speed < -MOTOR_MAX_PULSE) speed = -MOTOR_MAX_PULSE;

  switch (id) {
  case MOTOR_ID_1:

    Motor_m1_pwm(speed);
    break;

  case MOTOR_ID_2:

    Motor_m2_pwm(speed);
    break;

  default:
    break;
  }
}

void Motor_m1_pwm(float speed)
{
  if (speed >= 0) {
    PWM1 = 0;
    PWM2 = speed/1.5;
  } else {
    PWM1 = myabs(speed)/1.5;
    PWM2 = 0;
  }
}

void Motor_m2_pwm(float speed)
{
  if (speed >= 0) {
    PWM3 = speed/1.5;
    PWM4 = 0;
  } else {
    PWM3 = 0;
```

```
    PWM4 = myabs(speed)/1.5;
  }
}
```

3. 主函数调用接口实现 PWM 控制

```
…
void Motion_Set_PWM(int motor_Left, int motor_Right)
{
  Motor_Set_Pwm(MOTOR_ID_1, motor_Left);
  Motor_Set_Pwm(MOTOR_ID_2, motor_Right);
}
…
```

实现以上电机驱动程序后，如果需要控制 OriginBot 小车向前走、向后走、向左转、向右转，就可以通过如下代码实现。

```
...

void system_init(void)
{
    SysTick_init(72, 10);
    UART3_Init(9600);
    UART1_Init(115200);
    jy901_init();
    Delay_Ms(1000); Delay_Ms(1000);

    Adc_Init();
    GPIO_Config();
    MOTOR_GPIO_Init();
    Motor_PWM_Init(MOTOR_MAX_PULSE, MOTOR_FREQ_DIVIDE);
    Encoder_Init();
    TIM1_Init();
    PID_Init();
    Delay_Ms(1000);
}

int main(void)
{
    system_init();

    // 机器人运动演示
    while(1)
    {
        // 前进
        printf("Moving forward\n");
        Motion_Set_PWM(500, 500);
```

```
    Delay_Ms(2000);

    // 停止
    printf("Stopping\n");
    Motion_Set_PWM(0, 0);
    Delay_Ms(1000);

    // 后退
    printf("Moving backward\n");
    Motion_Set_PWM(-500, -500);
    Delay_Ms(2000);

    // 停止
    printf("Stopping\n");
    Motion_Set_PWM(0, 0);
    Delay_Ms(1000);

    // 左转
    printf("Turning left\n");
    Motion_Set_PWM(-300, 300);
    Delay_Ms(1000);

    // 停止
    printf("Stopping\n");
    Motion_Set_PWM(0, 0);
    Delay_Ms(1000);

    // 右转
    printf("Turning right\n");
    Motion_Set_PWM(300, -300);
    Delay_Ms(1000);

    // 停止
    printf("Stopping\n");
    Motion_Set_PWM(0, 0);
    Delay_Ms(2000);

    // 循环结束，准备重新开始
    printf("Demo cycle completed. Restarting...\n\n");
  }
}
```

在以上代码中，通过设置 Motion_Set_PWM() 中的 motor_Left 和 motor_Right，成功让 OriginBot 的电机实现了正反转的速度变化，这是"动"的第一步——动得了，先让机器人具备基本能力，只不过这个能力还需要进一步提高。

5.3　底盘运动控制：让机器人动得稳

在机器人的实际控制中，我们不仅要控制机器人加速减速，还要控制机器人的具体速度。例如"大脑"下发 1m/s 的运动速度指令，只靠 PWM 和 H 桥虽然可以动，但无法达到精准而稳定的效果。就像骑自行车，对于某一目标速度，大家不知道自己当前的速度，所以不知道是该加速还是该减速，如果换成汽车，这个问题就好解决了，有码表告诉大家速度，速度快了就松油门，反之就踩油门。机器人的电机控制也是一样的，大家既要知道电机的真实速度是多少，又要结合真实速度和目标速度进行控制，这就是本节的学习目标——动得稳。

5.3.1　电机编码器测速原理

先来看看"动得稳"的第一个基本条件——获取电机的真实速度。

电机旋转速度这么快，如何有效获取它的旋转速度呢？一般是在电机上安装一个传感器——编码器。编码器的种类很多，机器人中最常用的是光电码盘式编码器和霍尔式编码器，如图 5-15 所示。

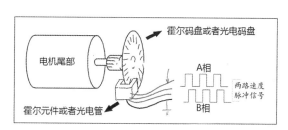

图 5-15　编码器测量电机速度的原理

光电码盘式编码器的原理比较简单，直接在电机输出轴上安装一个带有均匀开缝的码盘，电机旋转带动码盘同速旋转。码盘旁有一对光电管持续发射和接收红外光，当遇到开缝时，光线通过并被接收端接收，对应产生高电平上升沿信号；当离开开缝时，光线被阻挡，对应产生高电平的下降沿信号。如此往复，光线以某种频率穿过缝隙，光电管产生对应高低电平的脉冲信号，就可以累积算出单位时间内检测到的开缝数量，结合已知的码盘一圈的开缝数量，推算出电机的旋转速度。例如，光电码盘有 20 个开缝，在 1s 之内光电管检测到 100 个高电平上升沿，也就是 100 个开缝，此时就可以计算出电机的旋转速度 $=100/20=5$ 圈 $/s=5\times2\pi$ rad/s。

光电码盘的测量精度主要取决于开缝的密度，在硬件上比较受限，除此之外，还有一种常用的编码器——霍尔编码器，这种编码器会将一个霍尔传感器安装在电机尾部，输出两路电平信号。如图 5-16 所示，当电机正向旋转时，一路信号（A）输出超前于另一路信号（B）；当电机反转时，一路信号（A）输出滞后于另一路信号（B）。通过这种信号的变化，就可以知道电机的旋转方向，也可以通过电平变化计算得到电机的旋转速度。

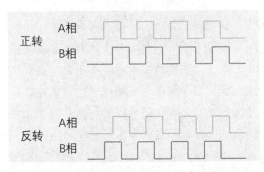

图 5-16　霍尔编码器测量电机速度的原理

无论是光电码盘式编码器还是霍尔式编码器，都是根据采样单位时间内产生的脉冲数量计算得到电机的旋转速度的，结合减速器的减速比，就可以算出机器人轮子的旋转角速度，而轮子的周长是固定的，可以进一步得到轮子的旋转线速度。

这里计算得到的只是电机的速度和位置，并不是机器人的速度和位置，这中间还需要通过机器人的运动学模型进行转换，这部分将在 5.4 节继续讲解。

5.3.2　编码器测速编程

了解了编码器测速的原理，接下来如何应用到机器人上呢？测速的核心是根据采样单位时间内产生的脉冲数计算电机的旋转速度，以 OriginBot 中的运动控制板为例，一般会有两种方式采集脉冲数据。

- 通过外部中断进行采集，根据 A、B 相位差的不同判断正负。
- 利用定时器的编码器模式直接采集脉冲信号，通过硬件计数器来处理脉冲信号。

在实际开发中，第二种方式更为常用，原因在于硬件定时器直接处理脉冲信号，能够高效地计数高频脉冲。同时，硬件定时器具有更高的计数精度和稳定性，不易受到软件延迟和抖动的影响。以下是第二种方式编程实现的核心方法。

1. 配置编码器定时器模式

```
// 定时器 3 的通道 1、通道 2 连接编码器 M1A 和 M1B，对应 GPIO 的 PA6 和 PA7
void Encoder_Init_TIM3(void)
{
  TIM_TimeBaseInitTypeDef TIM_TimeBaseStructure;
  TIM_ICInitTypeDef TIM_ICInitStructure;
  GPIO_InitTypeDef GPIO_InitStructure;
  RCC_APB1PeriphClockCmd(RCC_APB1Periph_TIM3, ENABLE);
```

```
    RCC_APB2PeriphClockCmd(Hal_1A_RCC, ENABLE);
    GPIO_InitStructure.GPIO_Pin = Hal_1A_PIN;
    GPIO_InitStructure.GPIO_Mode = GPIO_Mode_IN_FLOATING;
    GPIO_Init(Hal_1A_PORT, &GPIO_InitStructure);

    RCC_APB2PeriphClockCmd(Hal_1B_RCC, ENABLE);
    GPIO_InitStructure.GPIO_Pin = Hal_1B_PIN;
    GPIO_InitStructure.GPIO_Mode = GPIO_Mode_IN_FLOATING;
    GPIO_Init(Hal_1B_PORT, &GPIO_InitStructure);

    TIM_TimeBaseStructInit(&TIM_TimeBaseStructure);
    // 预分频器
    TIM_TimeBaseStructure.TIM_Prescaler = 0x0;
    // 设定计数器自动重装值
    TIM_TimeBaseStructure.TIM_Period = ENCODER_TIM_PERIOD;
    // 选择时钟分频：不分频
    TIM_TimeBaseStructure.TIM_ClockDivision = TIM_CKD_DIV1;
    // TIM 向上计数
    TIM_TimeBaseStructure.TIM_CounterMode = TIM_CounterMode_Up;
    TIM_TimeBaseInit(TIM3, &TIM_TimeBaseStructure);
    //使用编码器模式 3
    TIM_EncoderInterfaceConfig(TIM3, TIM_EncoderMode_TI12, TIM_ICPolarity_Rising,
TIM_ICPolarity_Rising);
    TIM_ICStructInit(&TIM_ICInitStructure);
    TIM_ICInitStructure.TIM_ICFilter = 10;
    TIM_ICInit(TIM3, &TIM_ICInitStructure);
    TIM_ClearFlag(TIM3, TIM_FLAG_Update);
    TIM_ITConfig(TIM3, TIM_IT_Update, ENABLE);

    TIM3->CNT = 0x7fff;
    TIM_Cmd(TIM3, ENABLE);
}

// 定时器 4 的通道 1、通道 2 连接编码器 M2A 和 M2B，对应 GPIO 的 PB6 和 PB7
void Encoder_Init_TIM4(void)
{
    TIM_TimeBaseInitTypeDef TIM_TimeBaseStructure;
    TIM_ICInitTypeDef TIM_ICInitStructure;
    GPIO_InitTypeDef GPIO_InitStructure;
    RCC_APB1PeriphClockCmd(RCC_APB1Periph_TIM4, ENABLE);

    RCC_APB2PeriphClockCmd(Hal_2A_RCC, ENABLE);
    GPIO_InitStructure.GPIO_Pin = Hal_2A_PIN;
    GPIO_InitStructure.GPIO_Mode = GPIO_Mode_IN_FLOATING;
    GPIO_Init(Hal_2A_PORT, &GPIO_InitStructure);
```

```
    RCC_APB2PeriphClockCmd(Hal_2B_RCC, ENABLE);
    GPIO_InitStructure.GPIO_Pin = Hal_2B_PIN;
    GPIO_InitStructure.GPIO_Mode = GPIO_Mode_IN_FLOATING;
    GPIO_Init(Hal_2B_PORT, &GPIO_InitStructure);

    TIM_TimeBaseStructInit(&TIM_TimeBaseStructure);
    // 预分频器
    TIM_TimeBaseStructure.TIM_Prescaler = 0x0;
    // 设定计数器自动重装值
    TIM_TimeBaseStructure.TIM_Period = ENCODER_TIM_PERIOD;
    // 选择时钟分频: 不分频
    TIM_TimeBaseStructure.TIM_ClockDivision = TIM_CKD_DIV1;
    // TIM 向上计数
    TIM_TimeBaseStructure.TIM_CounterMode = TIM_CounterMode_Up;
    TIM_TimeBaseInit(TIM4, &TIM_TimeBaseStructure);
    // 使用编码器模式 3
    TIM_EncoderInterfaceConfig(TIM4, TIM_EncoderMode_TI12, TIM_ICPolarity_Rising,
TIM_ICPolarity_Rising);
    TIM_ICStructInit(&TIM_ICInitStructure);
    TIM_ICInitStructure.TIM_ICFilter = 10;
    TIM_ICInit(TIM4, &TIM_ICInitStructure);
    // 清除 TIM 的更新标志位
    TIM_ClearFlag(TIM4, TIM_FLAG_Update);
    TIM_ITConfig(TIM4, TIM_IT_Update, ENABLE);

    TIM4->CNT = 0x7fff;
    TIM_Cmd(TIM4, ENABLE);
}
```

2. 读取编码器数据

```
// 单位时间读取编码器计数
s16 Encoder_Read_CNT(u8 Encoder_id)
{
  s16 Encoder_TIM = 0;

  switch(Encoder_id) {
  case ENCODER_ID_A:
  {
    Encoder_TIM = 0x7fff - (short)TIM3 -> CNT;
    TIM3 -> CNT = 0x7fff;
    break;
  }

  case ENCODER_ID_B:
  {
```

```
    Encoder_TIM = 0x7fff - (short)TIM4 -> CNT;
    TIM4 -> CNT = 0x7fff;
    break;
  }

  default:
    break;
  }

  return Encoder_TIM;
}
// 更新编码器计数值
void Encoder_Update_Count(u8 Encoder_id)
{
  switch (Encoder_id) {
  case ENCODER_ID_A:
  {
    g_Encoder_A_Now -= Encoder_Read_CNT(ENCODER_ID_A);
    break;
  }

  case ENCODER_ID_B:
  {
    g_Encoder_B_Now += Encoder_Read_CNT(ENCODER_ID_B);
    break;
  }

  default:
    break;
  }
}
```

3. 计算编码器实际速度

```
void Get_Motor_Speed(int *leftSpeed, int *rightSpeed)
{
  Encoder_Update_Count(ENCODER_ID_A);
  leftWheelEncoderNow = Encoder_Get_Count_Now(ENCODER_ID_A);
  Encoder_Update_Count(ENCODER_ID_B);
  rightWheelEncoderNow = Encoder_Get_Count_Now(ENCODER_ID_B);


  *leftSpeed = (leftWheelEncoderNow - leftWheelEncoderLast) * ENCODER_CNT_10MS_2_SPD_MM_S;
  *rightSpeed =(rightWheelEncoderNow - rightWheelEncoderLast)* ENCODER_CNT_10MS_2_SPD_MM_S;
  left_encoder_cnt += leftWheelEncoderNow - leftWheelEncoderLast;
  right_encoder_cnt += rightWheelEncoderNow - rightWheelEncoderLast;
```

```
record_time++;

// 记录上一周期的编码器数据
leftWheelEncoderLast = leftWheelEncoderNow;
rightWheelEncoderLast = rightWheelEncoderNow;
}
```

通过以上步骤，可以使用定时器的编码器模式实现对电机速度的精确测量。这种方法不仅提高了处理效率和精度，还增强了系统的可靠性和抗干扰能力。通过硬件定时器直接处理脉冲信号，能够在高频脉冲下保持稳定的计数，避免了软件中断处理带来的延迟和抖动问题。

获取精确的电机速度数据后，可以将其应用于更高级的控制算法中，例如 PID 控制，5.3.3 节将详细介绍。

5.3.3　电机闭环控制方法

获取了电机的实时速度，接下来是"动得稳"的第二个基本条件——闭环控制。

与"闭环控制"相对的是"开环控制"，如图 5-17 所示，烧水的过程就是一个典型的开环控制，无法得到精准的温度，也不能持续控制水温。

图 5-17　开环控制的应用示例

什么叫闭环控制？比如机器人按照 1m/s 的速度前进，"1m/s"就是运动控制的期望值，运动控制器通过控制算法，向电机输出指定的电压、电流让小车动起来。此时会产生一个问题：机器人的运动速度是 1m/s 吗？使用编码器把实际运动的速度反馈给运动控制器，实际速度小于期望速度，就加速，实际速度大于期望速度，就减速，最终控制机器人的移动速度稳定在 1m/s 左右，这样就形成了一个"闭环控制"。如果继续以烧水的场景为例，加入对某一温度的精准要求，就需要根据传感器测量的温度智能调节烧水的过程，如图 5-18 所示。

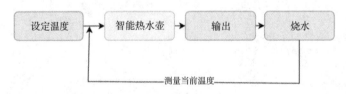

图 5-18　闭环控制的应用示例

可以看到，开环控制和闭环控制是两种不同的控制方法，它们的主要区别在于是否存在反馈机制。开环控制简单，但不够稳定和准确；闭环控制具有更好的性能，但设计和实现相对复杂。大家可以根据具体的应用场景和需求，选择适合的方法来实现控制目标。

两种控制方法并不存在绝对的优与劣，实际使用中需要根据具体的应用场景和需求，选择适合的方法。

了解了闭环控制的基本概念，再来看具体的实现方法，这部分运行在 OriginBot 的运动控制器中，用到了一个非常经典的闭环控制方法——PID（比例-积分-微分控制），算法框架如图 5-19 所示。

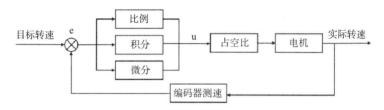

图 5-19　PID 电机速度闭环控制算法框架

所谓"PID"，就是控制算法的三个核心参数，如图 5-20 所示。

- 比例（P）：根据当前误差的大小，以比例的方式调整控制器输出。较大的误差会导致更大的输出调整，从而加快系统的响应速度。
- 积分（I）：积分部分考虑过去一段时间内的累积误差，用于解决系统存在的稳态误差问题。它可以消除持续的小误差，确保系统输出更接近期望值。
- 微分（D）：微分部分根据误差变化的速率进行调整，用于抑制系统的超调和震荡。它可以预测误差变化的趋势，有助于减缓系统响应速度，从而提高系统的稳定性。

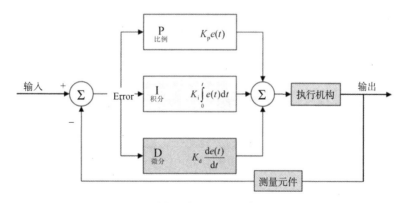

图 5-20　PID 电机速度闭环控制中的三个核心参数

PID 就像三位监督员，帮助系统保持准确稳定的输出，不同的参数值决定了不同的控制效果，如图 5-21 所示。举一个形象的例子，骑自行车时，如果偏离了方向，P 会告诉你："哎呀，你离目标还有点儿远，使劲加速吧"；有的时候路面比较崎岖，自行车总是偏离方向，I 会记住每次的偏离，然后告诉你"我们一共偏离了这么多次，需要尽快调整回来"；D 比较聪明，它能够预测未来，会告诉你"嘿，前边可能有拐弯，需要调整方向了"。

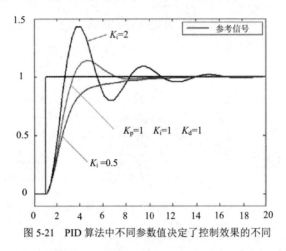

图 5-21　PID 算法中不同参数值决定了控制效果的不同

PID 就是这样一个超级团队。P 告诉你当前离目标有多远，I 帮你记住过去的偏差，D 帮你预测未来的变化。合理使用这个团队，设备就能够保持稳定。

理解了 PID 的含义，接下来看 PID 算法的具体实现方法，常用的是位置式 PID 和增量式 PID。

1. 位置式 PID

在位置式 PID 中，控制器根据目标值和当前值的差异（偏差）进行调整，适用于需要维持稳定位置的系统，例如让机器人保持在一个特定的角度上，算法框架如图 5-22 所示。

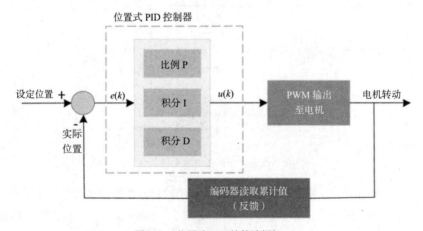

图 5-22　位置式 PID 的算法框架

具体的计算公式如下。

$$输出=K_p \times 偏差 + K_i \times 累积偏差 + K_d \times 偏差变化率$$

$$u(t)=K_p e(t) + K_i \int_0^t e(t)\mathrm{d}t + K\mathrm{d}\mathrm{d}e(t)/\mathrm{d}t$$

相关参数说明如下。

- $e(t)$代表误差，误差是目标值（设定值）与实际值之间的差异。对于电机速度控制，误差通常表示为目标速度与实际速度之间的差值。计算公式为

$$e(t) = 目标速度 - 实际速度$$

- $\int_0^t e(t)\mathrm{d}t$代表误差的积分，积分项是误差随时间的累积和，用于消除系统的稳态误差，即使得系统在达到目标值后能够保持稳定。一般的公式为

$$\int e(t)\mathrm{d}t = \int(目标速度-实际速度)\mathrm{d}t$$

- $\mathrm{d}e(t)/\mathrm{d}t$ 代表误差的微分，微分项是误差随时间的变化率。它用于预测误差的变化趋势，从而提前进行调整，减少超调和振荡。一般的公式为

$$\mathrm{d}e(t)/\mathrm{d}t = \mathrm{d}(目标速度-实际速度)/\mathrm{d}t$$

- K_p 代表比例项参数，比例项参数决定了误差对控制输出的直接影响。较大的 K_p 会使系统对误差更加敏感，但可能导致系统振荡。一般的公式为

$$比例项 = K_p \times e(t)$$

- K_i代表积分项参数，积分项参数决定了误差积分对控制输出的影响。较大的 K_i 会加快系统消除稳态误差的速度，但可能导致系统超调。一般的公式为

$$积分项 = K_i \times \int_0^t e(t)\mathrm{d}t$$

- K_d 代表微分项参数，微分项参数决定了误差微分对控制输出的影响。较大的 K_d 会使系统对误差变化更加敏感，从而减少超调和振荡。一般的公式为

$$微分项 = K_d \times \mathrm{d}e(t)/\mathrm{d}t$$

- $u(t)$代表控制输出，控制输出是 PID 控制器根据比例、积分和微分项计算的结果，用于调整电机的 PWM 信号，从而控制电机速度。一般的公式为

$$u(t) = K_p e(t) + K_i \int_0^t e(t)\mathrm{d}t + K\mathrm{d}\, \mathrm{d}e(t)/\mathrm{d}t$$

进一步使用 C 代码编程实现的过程如下。

```
/**
    位置式 PID
```

```
    float g_kp = 20;
    float g_ki = 0.01;
    float g_kd = 50;
*/
float pid_calc(float target, float current){
    static float error_integral,error_last;

    // 本次误差：目标值－当前值
    float error = target - current;
    // 误差累计
    error_integral += error;

    // PID 算法实现
    float pid_result = g_kp * error +
                g_ki * error_integral +
                g_kd * (error - error_last);
    // 记录上一次误差
    error_last = error;

    // 返回 PID 结果
    return pid_result;
}
```

2. 增量式 PID

增量式 PID 控制器，顾名思义，根据误差的增量计算控制量的变化，适用于需要对输出进行增量调整的系统，例如调节电机的速度，算法框架如图 5-23 所示。

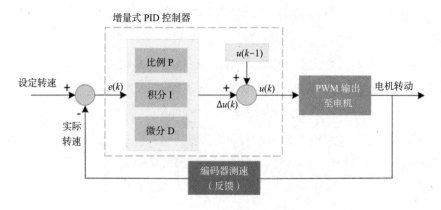

图 5-23　增量式 PID 的算法框架

具体的计算的公式如下。

$$输出增量 = K_p × 当前偏差 + K_i × 当前偏差累积 + K_d × 当前偏差变化率$$

$$\text{Pwm} = K_p × [e(k) - e(k-1)] + K_i × e(k) + K_d × \{[e(k) - e(k-1)] - [e(k-1) - e(k-2)]\}$$

相关参数说明如下。

- $e(k)$ 代表本次偏差，即当前目标值（设定值）与实际值之间的差异。对于电机速度控制，偏差通常表示为当前目标速度与实际速度之间的差值。一般的公式为

$$e(k) = 目标速度 - 实际速度$$

- $e(k-1)$ 代表上一次的偏差，是前一个采样周期内的目标值与实际值之间的差异。一般的公式为

$$e(k-1) = 上一次的目标速度 - 上一次的实际速度$$

- $e(k-2)$ 代表上上次的偏差，是前两个采样周期内的目标值与实际值之间的差异。一般的公式为

$$e(k-2) = 上上次的目标速度 - 上上次的实际速度$$

- K_p 代表比例项参数，决定了当前偏差对控制输出的直接影响。较大的 K_p 会使系统对偏差更加敏感，但可能导致系统振荡。一般的公式为

$$比例项 = K_p × e(k)$$

- K_i 代表积分项参数，决定了偏差积分对控制输出的影响。它用于消除系统的稳态误差，使系统在达到目标值后能够保持稳定。较大的 K_i 会加快系统消除稳态误差的速度，但可能导致系统超调。一般的公式为

$$积分项 = K_i × \sum e(k)$$

- K_d 代表微分项参数，决定了偏差微分对控制输出的影响。它用于预测偏差的变化趋势，从而提前进行调整，减少超调和振荡。较大的 K_d 会使系统对偏差变化更加敏感，从而减少超调和振荡。一般的公式为

$$微分项 = K_d × [e(k) - e(k-1)]$$

- Pwm 代表增量输出，是 PID 控制器根据比例、积分和微分项计算的结果，用于调整电机的 PWM 信号，从而控制电机速度。一般的公式为

$$\text{Pwm} = K_p × e(k) + K_i × \sum e(k) + K_d × [e(k) - e(k-1)]$$

进一步使用 C 代码编程实现的过程如下。

```
/**
增量式 PID
读取编码器增量，计算速度
*/
float pid_calc2(float target, float current){
    static float error_integral,error_last,error_last_last,pid_result;

    encoder_clear();

    // 本次误差：目标值-当前值
    float error = target - current;
    // PID算法实现
    pid_result += g_kp * (error - error_last) +
            g_ki * error +
            g_kd * ((error - error_last) - (error_last - error_last_last));
    // 记录上一次误差
    error_last_last = error_last;
    error_last = error;

    // 返回 PID 结果
    return pid_result;
}
```

总体而言，位置式 PID 关注的是绝对的偏差值，而增量式 PID 关注的是偏差值的变化，使用哪种 PID 控制方式取决于具体的应用场景和系统要求。

在 OriginBot 运动控制器的实现中，电机闭环控制使用的是增量式 PID 算法。

5.3.4 电机闭环控制编程

PID 算法的关键在于适当调整三部分的权重，以获得理想的控制效果。该算法被应用于许多领域，如工业控制、机器人控制、温度调节等。那么在 OriginBot 智能小车中，该如何使用 PID 算法控制电机达到期望的速度呢？

电机闭环控制部分的代码主要在 app_motion_control.c 和 pid.c 两个代码文件中。

在运动控制器中创建了一个 10ms 的定时器，触发 Motion_Control_10ms()电机运动控制函数。

```
void Motion_Control_10ms(void)
{
    // 获取左右轮当前实际速度
    Get_Motor_Speed(&leftSpeedNow, &rightSpeedNow);

    if (leftSpeedSet || rightSpeedSet) {
        // 目标速度
        pid_Task_Left.speedSet = leftSpeedSet;
```

```
        pid_Task_Right.speedSet = rightSpeedSet;
        // 实际速度
        pid_Task_Left.speedNow = leftSpeedNow;
        pid_Task_Right.speedNow = rightSpeedNow;

        // 执行 PID 控制
        Pid_Ctrl(&motorLeft, &motorRight, g_attitude.yaw);

        // 设置 PWM
        Motion_Set_PWM(motorLeft, motorRight);

        g_stop_count = 0;
    }
    else {
        PID_Reset_Yaw(g_attitude.yaw);

        if (g_stop_count < MAX_STOP_COUNT + 10)
            g_stop_count++;

        // 关闭小车刹车功能
        if (g_stop_count == MAX_STOP_COUNT)
            Motor_Close_Brake();
    }
}
```

在以上程序中，首先获取机器人左右轮子当前的实际速度，接下来判断是否有输入期望的目标速度，如果有，就保存目标速度和实际速度，作为 PID 算法的输入值，得到需要输出的 PWM 值，控制电机达到目标速度。

PID 控制算法的计算和输出主要通过以下三个函数完成。

```
#define CONSTRAIN(x, min, max) ((x) < (min) ? (min) : ((x) > (max) ? (max) : (x)))

void Pid_Ctrl(int *leftMotor, int *rightMotor, float yaw)
{
    int temp_left = *leftMotor;
    int temp_right = *rightMotor;

    Pid_Calculate(&pid_Task_Left, &pid_Task_Right, yaw);

    temp_left += pid_Task_Left.Adjust;
    temp_right += pid_Task_Right.Adjust;

    *leftMotor = CONSTRAIN(temp_left, -MOTOR_MAX_PULSE, MOTOR_MAX_PULSE);
    *rightMotor = CONSTRAIN(temp_right, -MOTOR_MAX_PULSE, MOTOR_MAX_PULSE);
}
```

```
void Pid_Calculate(struct pid_uint *pid_left, struct pid_uint *pid_right, float yaw)
{
    const int steering_offset = 0;

    // 左轮速度 PID
    if (pid_left->En == 1) {
        pid_left->Adjust = -PID_Common(pid_left->speedSet, pid_left->speedNow, pid_left) -
steering_offset;
    } else {
        pid_left->Adjust = 0;
        Reset_PID(pid_left);
        pid_left->En = 2;
    }

    // 右轮速度 PID
    if (pid_right->En == 1) {
        pid_right->Adjust = -PID_Common(pid_right->speedSet, pid_right->speedNow, pid_right)
+ steering_offset;
    } else {
        pid_right->Adjust = 0;
        Reset_PID(pid_right);
        pid_right->En = 2;
    }
}

int32_t PID_Common(int setpoint, int measurement, struct pid_uint *pid)
{
    int error = measurement - setpoint;
    int32_t output;

    output = pid->previous_output +
            pid->Kp * (error - pid->previous_error) +
            pid->Ki * error +
            pid->Kd * (error - 2 * pid->previous_error + pid->pre_previous_error);

    pid->previous_output = output;
    pid->pre_previous_error = pid->previous_error;
    pid->previous_error = error;

    return CONSTRAIN(output >> 10, -pid->Ur, pid->Ur);
}

void Reset_PID(struct pid_uint *pid)
{
    pid->previous_output = 0;
```

```
    pid->previous_error = 0;
    pid->pre_previous_error = 0;
}
```

PID 控制系统的核心功能由三个主要函数实现： Pid_Ctrl()、 Pid_Calculate() 和 PID_Common()。

Pid_Ctrl()是 PID 控制器的主入口，负责处理电机 PWM 值的输入和输出。首先，调用 Pid_Calculate()来计算 PID 调整值；然后，将这些调整值应用到左右电机的 PWM 值上；最后，确保调整后的 PWM 值不超过预设的最大脉冲限制，从而保护电机。

Pid_Calculate()负责计算左右轮的 PID 控制输出。考虑到左右轮可能需要不同的 PID 参数设置，需要分别处理每个轮子的 PID 计算，Pid_Calculate()还包含一个转向偏移量，可以用于微调车辆的直线行驶能力。如果某个轮子的 PID 控制未启用，那么该函数会重置相应的 PID 参数并将调整值设为零。

PID_Common()实现了具体的 PID 控制算法，它接收设定值（期望速度）、测量值（实际速度）和 PID 参数作为输入。函数内首先计算当前的速度误差，然后使用经典的 PID 算法公式计算输出值。这个公式考虑了比例项、积分项和微分项，使用当前误差、前一次误差和前两次误差来计算。最后，函数对输出进行缩放和限幅处理，确保控制信号在合理范围内。

整个 PID 控制过程通过这三个函数的协同工作，实现了对机器人左右轮速度的精确控制。大家可以通过调整 PID 参数优化机器人在不同情况下的运动性能。

5.4 运动学正逆解：让机器人动得准

单个电机的运动已经讲述完毕，不过机器人可不止有一个电机，例如 OriginBot 就有两个电机，单个电机的运动与机器人整体的运动之间有什么关系呢？本节就来揭开这部分的面纱，这也是机器人驱动的第三部分——动得准，让机器人"指哪儿去哪儿"。

我们先回忆一下日常生活中各种机器人是如何移动的，是像扫地机器人一样由两轮驱动，还是像马路上的小汽车一样由前轮转向运动？不同的运动方式适合不同的移动场景。如果让机器人按照 1m/s 的速度向前走、以 30°/s 的转速向左转，则需要结合机器人的形态让多个电机协同完成，这个过程所依赖的底层原理就是——机器人运动学模型。

5.4.1 常见机器人运动学模型

常见的机器人运动学模型有以下几种。

1. 差速运动

什么叫差速？简单来说，就是通过两侧运动机构的速度差，驱动机器人前进或转弯。

平衡车就是典型的差速驱动，如图 5-24 所示。想象一下平衡车的运动方式，如果两个轮子的速度相同，一起向前转，平衡车整体就向前走；一起向后转，平衡车整体就向后走；如果左边轮子的速度比右边快，平衡车就会向右转；反之则向左转。这就是差速运动最基本的运动方式。

图 5-24　差速运动学模型的应用示例

如图 5-25 所示，差速运动的重点是两侧轮子的速度差，是机器人最为常用的一种运动方式，又可以细分为两轮差速、四轮差速、履带差速等多种运动形式，它们在原理上有一些差别，但本质都是通过速度差实现对机器人的控制。

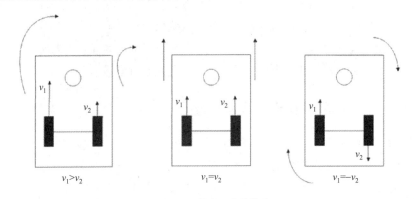

图 5-25　差速运动学模型

说到这里，大家可能会有疑问：每天见到的在马路上行驶的汽车，看上去怎么和这里讲到的差速运动不太一样呢？

2. 阿克曼运动

说到运动，汽车绝对是最为常见的运动物体之一，如果大家了解汽车底盘或者玩过仿真车模，那么可能听说过一个洋气的名字——阿克曼。

差速运动在转弯的时候摩擦力大，如果汽车也使用类似的结构，可能就得频繁更换轮胎了。如何减少轮胎的磨损呢？从四轮差速运动的原理来看，只要尽量减少横向的分速度，让车轮以滚动为主，滑动摩擦力就会减小，这就得优化机器人的运动结构。200 多年前，很多车辆工程师都在研究这个问题。

1817 年，一位德国车辆工程师发明了一种可以尽量减小摩擦力的运动结构，1818 年，他的英国代理商 Ackermann 以此申请了专利，这就是阿克曼运动的理论原型，被称为阿克曼运动结构或阿克曼转向几何。这种结构解决的核心问题就是让车辆可以顺畅转弯。我们把汽车的运动模型简化，分析一下阿克曼运动的基本原理，如图 5-26 所示。

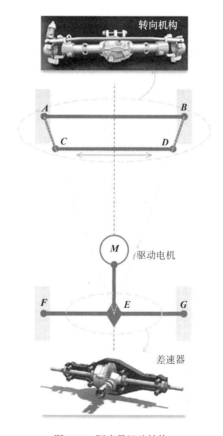

图 5-26　阿克曼运动结构

汽车运动的两大核心部件分别是前边的转向机构，由方向盘控制前轮转向；以及差速器，分配后轮转向时的差速运动。

上半部分的转向机构，可简化为等腰梯形 *ABCD*，这是一个四连杆机构，连杆 *AB* 是基座，固定不动，连杆 *CD* 可以左右摆动，从而带动连杆 *AC* 和 *BD* 转动，连杆 *CA* 绕点 *A* 转动，*A* 点与轮胎是固定连接关系，因此连杆 *CA* 转动时，左前轮也在转动。右前轮的原理也是一样的。

这两个前轮的转向是联动的，都算被动轮，仅有一个自由度，由一个方向盘驱动。这种转向方式就是阿克曼运动的核心，也被称为阿克曼转向机构。

下半部分的差速器，输入端连接着驱动电机，输出端连接着左右两个后轮。差速器的作用是将电机输出功率自动分配到左右轮，根据前轮转向角自动调节两个后轮的速度，因此两个后轮是主动轮，驱动车辆运动。

如果一款机器人使用了类似的阿克曼运动结构，那么其直线运动与四轮差速运动一样。在转弯时，两个前轮可以维持两个轮子的转向角满足一定的数学关系，AC 和 BD 的延长线交于点 E，在转弯过程中，E 点始终在后轮轴线的延长线上，差速器根据转向角度动态调整两个后轮的转速，尽量减小每个轮子的横向分速度，从而避免过度磨损轮胎，如图 5-27 所示。

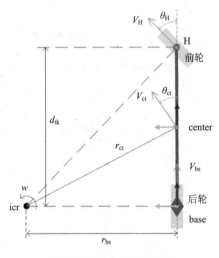

图 5-27　阿克曼运动学模型

大家仔细看两个前轮和两个后轮的状态，像不像两辆并驾齐驱的自行车呢，大家"手拉手"一起转弯。没错，阿克曼运动学模型可以简化为自行车模型，这两种模型在运动机理上基本一致：车把控制前轮转向，但没有动力，脚蹬通过一系列齿轮，将动力传送到后轮上，驱动自行车运动，这些齿轮相当于差速器。

总体而言，在实际应用场景中，阿克曼结构的运动稳定性较好，越障能力也不错，多适用于室外场景。但是大家回想一下侧方停车和倒库，是不是噩梦般地存在？没错，这种运动方式在转弯时会有一个转弯半径，操作起来相对没有那么灵活。

3. 全向运动（麦克纳姆）

所谓全向运动，就是让机器人在一个平面上"想怎么走就怎么走"。可以实现全向运动的方式有很多，这里介绍其中一种——麦克纳姆轮全向运动。

正如这个名称，这种全向运动的核心就在于轮子的结构设计，也就是麦克纳姆轮，使用这种轮子的运动模式非常炫酷，包括前行、横移、斜行、旋转及其各种组合。相较于生活中常见的橡胶轮胎，麦克纳姆轮显得与众不同，如图 5-28 所示，它的机械结构看上去非常复杂，由轮毂和辊子两部分组成，轮毂是整个轮子的主体支架，辊子是安装在轮毂上的鼓状物，也就是很多个小轮子，两者组成一个完整的麦克纳姆轮。

图 5-28　麦克纳姆轮的机械结构

辊子在轮毂上的安装角度很有学问，如图 5-29 所示，轮毂轴线与辊子转轴的夹角为 45°，理论上该夹角可为任意值，主要影响未来的控制参数，但市面上主流麦克纳姆轮的夹角是 45°，因此这里以 45°为例介绍。为满足这种几何关系，轮毂边缘采用折弯工艺，可为辊子的转轴提供安装孔。但是很明显，辊子并没有电机驱动，因而不能主动转动，可以看作被动轮。电机安装在轮毂的旋转轴上，驱动轮毂转动，所以轮毂可以看作主动轮。

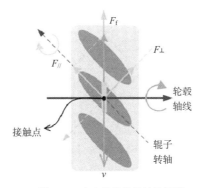

图 5-29　麦克纳姆轮的结构模型

一个麦克纳姆轮开始转动后，主动轮开始旋转，但它并没有与地面接触，产生不了运动，而是带动辊子与地面发生摩擦，从而产生运动。所以辊子与地面的摩擦分析，是麦克纳姆轮运动原理的核心。

如图 5-29 所示，在运动状态下，地面作用于辊子的摩擦力（F_f）可以分解为滚动摩擦力（$F_\perp$）和静摩擦力（$F_{//}$）。滚动摩擦力促使辊子转动，相当于辊子在自转，对于机器人整体并没有产生驱动力，所以属于无效运动；静摩擦力促使辊子相对地面运动，而辊子被轮毂固定着，产生的反作用力带动整个麦克纳姆轮沿着辊子的轴线运动。所以当轮毂逆时针旋转时，整个轮子的运动方向为左上 45°；当轮毂顺时针旋转时，整个轮子的运动方向为右下 45°。所以，改变辊子轴线和轮毂轴线的夹角，就可以改变麦克纳姆轮的实际受力方向。

了解了麦克纳姆轮的运动特性，把机器人的 4 个轮子都换成麦克纳姆轮，通过不同角度下的速度分配，岂不就可以通过 4 个轮子的速度合成，产生不同角度的运动了？没错，将麦克纳姆轮按照一定方式排布，就可以组成一个麦克纳姆轮全向移动平台。

基于麦克纳姆轮的运动特点，麦克纳姆轮全向移动平台的构型有如下规律：两前轮和两后轮关于横向中轴线上下对称，两左轮和两右轮关于纵向中轴线左右对称。这种对称结构是为了平衡纵向或横向上的分力。

如图 5-30 所示，把麦克纳姆轮全向移动平台抽象为一个数学模型，分析一下机器人的全向运动原理。

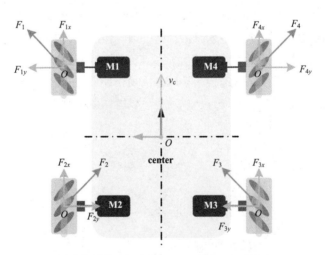

图 5-30　麦克纳姆轮全向移动平台的运动学模型

静摩擦力是驱动每个麦克纳姆轮运动的力，将静摩擦力沿着轮毂坐标系的坐标轴分解，可以得到一个纵向的分力和一个横向的分力。

如果让机器人向前运动，就得让左右两侧的轮子把这里的横向分力抵消掉，所以两个轮子是对称的，如果它们不对称，横向分力朝一个方向，机器人就走偏了。如果让机器人横着向左运动，就得把纵向分力抵消掉，一个轮子向后转，一个轮子向前转。如果让机器人斜着走怎么办？对侧的轮子不转就可以了，运动的这两个轮子的合力就是斜向前 45°的。

可见，麦克纳姆轮全向移动平台的运动就是各个轮子之间"力"的较量，这里必须要感谢牛顿发现了力学的奥秘。当然，分力相互抵消的条件是转速相同，这在实际场景中多少会有误差，所以想要实现精准控制并不容易。

总体而言，麦克纳姆轮全向运动的灵活性好，因为没有转弯半径，适合在狭窄的空间中使用，但是力的相互抵消也带来了能量的损耗，所以其效率不如普通轮胎，辊子的磨损也会比普通轮胎严重，因此适用于比较平滑的路面。此外，辊子之间是非连续的，运动过程中会有震动，最明显的感觉就是机器人走起来噪声明显更大，还得另外设计悬挂机构来消除震动。

5.4.2 差速运动学原理

OriginBot 智能小车采用相对简单的两轮差速运动模型，这也是在真实机器人场景中最为常用的一种方式，我们详细学习一下这种运动模型的原理。

两轮差速模型通过两个驱动轮不同的转速和转向，使得机器人达到某个特定的角速度和线速度。若左右驱动轮的速度相同，则机器人做直线运动，若左右驱动轮的速度不同，则机器人做圆周运动。建立如图 5-31 所示的数学模型。

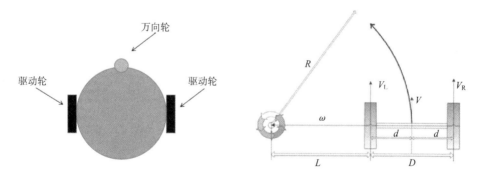

图 5-31　差速运动的数学模型

其中，V_L 和 V_R 分别表示左右轮的线速度，V 表示机器人整体的线速度，ω 表示机器人整体的角速度，D 表示机器人两个轮子的间距，R 表示机器人的旋转半径。

数学模型建立好了，接下来要计算两个问题。

1. 运动学正解：已知两个轮子的角速度，计算机器人整体的角速度和线速度

高中物理讲过线速度和角速度之间的关系，即

$$V = \omega \times R$$

所以机器人左右两轮的线速度可以分解为

$$V_L = \omega \times (L + D) = \omega \times (L + 2d) = \omega \times (R + d) = V + \omega d$$

$$V_R = \omega \times L = \omega \times (R - d) = V - \omega d$$

机器人整体的线速度为

$$V = \omega \times R$$

$$= \omega \times (L + d)$$

$$= \frac{2\omega L + 2\omega d}{2}$$

$$= \frac{\omega L + \omega(L + 2d)}{2}$$

$$= \frac{V_L + V_R}{2}$$

机器人整体的角速度为

$$V_R - V_L = 2\omega d$$

$$\omega = \frac{V_R - V_L}{2d} = \frac{V_R - V_L}{D}$$

根据以上公式，C 代码编写过程如下。

```c
void kinematic_forward(float left_wheel_speed, float right_wheel_speed,
           float &robot_linear_speed, float &robot_angular_speed)
{
    // 计算机器人的线速度
    robot_linear_speed = (left_wheel_speed + right_wheel_speed) / 2.0;

    // 计算机器人的角速度
    robot_angular_speed = (right_wheel_speed - left_wheel_speed) / WHEEL_DISTANCE;
}
```

2. 运动学逆解：已知机器人整体的角速度和线速度，求解两个轮子的速度

得到运动学正解的公式后，求解这个逆解就简单很多了。

已知：

$$V = \frac{V_L + V_R}{2}$$

$$\omega = \frac{V_R - V_L}{D}$$

可以得到

$$V_{\mathrm{L}} = \frac{V - \omega D}{2}$$

$$V_{\mathrm{R}} = \frac{V + \omega D}{2}$$

根据以上公式，C 代码编写过程如下。

```
void kinematic_inverse(float robot_linear_speed, float robot_angular_speed,
            float &left_wheel_speed, float &right_wheel_speed)
{
    // 计算左轮的线速度
    left_wheel_speed =
        robot_linear_speed - (robot_angular_speed * WHEEL_DISTANCE) / 2.0;

    // 计算右轮的线速度
    right_wheel_speed =
        robot_linear_speed + (robot_angular_speed * WHEEL_DISTANCE) / 2.0;
}
```

原理了解清楚后，继续看一下如何在 OriginBot 中通过代码实现以上运动学的正逆解运算。

5.4.3　差速运动学逆解：计算两个轮子的转速

根据以上原理的公式推导，OriginBot 差速运动学逆解的 C 代码实现过程如下。

```
void Motion_Inverse_SpeedSet(float linear_x, float angular_z)
{
    float left_speed_m_s, right_speed_m_s;

    // 逆运动学解算
    left_speed_m_s = linear_x - angular_z * WHEEL_TRACK / 2.0;
    right_speed_m_s = linear_x + angular_z * WHEEL_TRACK / 2.0;

    // 转换为mm/s并限制速度
    int16_t left = (int16_t)(left_speed_m_s * 1000);
    int16_t right = (int16_t)(right_speed_m_s * 1000);

    if (left > SPD_MM_S_MAX)
        left = SPD_MM_S_MAX;
    else if (left < -SPD_MM_S_MAX)
        left = -SPD_MM_S_MAX;

    if (right > SPD_MM_S_MAX)
        right = SPD_MM_S_MAX;
    else if (right < -SPD_MM_S_MAX)
        right = -SPD_MM_S_MAX;
```

```
    leftSpeedSet = left;
    rightSpeedSet = right;
}
```

Motion_Inverse_SpeedSet()的作用是将获取到的运动命令（线速度和角速度）转换为具体的左右轮速度，为差分驱动机器人的运动控制提供必要的输入。与本节的讲解不同的是，真实情况下需要考虑机器人的极限值，对计算得到的速度进行限制，确保不超过预设的最大速度SPD_MM_S_MAX，这个步骤可以防止发送过大的速度指令给电机。

5.4.4 差速运动学正解：计算机器人整体的速度

根据以上原理的公式推导，OriginBot 差速运动学正解的 C 代码实现过程如下。

```c
void Motion_Get_Velocity(float *linear_x, float *angular_z)
{
    float left_speed_m_s = left_speed_mm_s / 1000.0;  // 转换为m/s
    float right_speed_m_s = right_speed_mm_s / 1000.0;  // 转换为m/s

    *linear_x = (right_speed_m_s + left_speed_m_s) / 2.0;
    *angular_z = (right_speed_m_s - left_speed_m_s) / WHEEL_TRACK;
}
```

线速度计算使用了左右轮速度的平均值，因为在差速运动中，机器人的前进速度就是两个轮子速度的平均值；角速度的计算则基于两个轮子的速度差，然后除以轮距（WHEEL_TRACK）。

5.5 运动控制器中还有什么

OriginBot 运动控制器是一个嵌入式系统，接口丰富、扩展灵活，如图 5-32 所示，不仅实现了机器人的电机控制，还保障了机器人底层功能的实现。

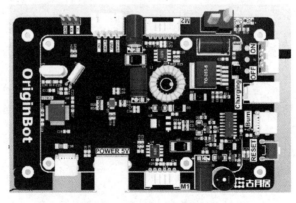

图 5-32 OriginBot 运动控制器

5.5.1 电源管理：一个输入多种输出

OriginBot 智能小车装配有一块 12V 的电池，如图 5-33 所示，这块电池不仅要驱动电机运动，更要为小车上的用电设备提供电能，例如单片机、传感器、控制器等，但是这些设备对输入电源的要求是不一样的，此时运动控制器上的电源管理模块就可以为这些设备稳定提供所需要的电源信号。

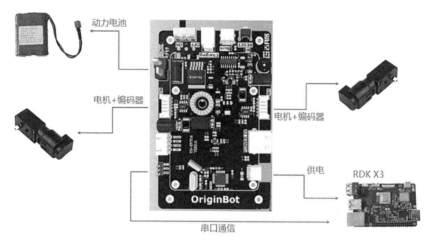

图 5-33　OriginBot 运动控制器的电源管理

从电池接入的 T 型头开始，12V 的电源需要经过电路转换成不同的形式。

- 5V：为控制器 RDK X3 供电，同时通过一个 USB 接口预留对外供电的能力。
- 3.3V：为单片机及板卡上的各种元器件供电，确保各种芯片可以稳定运行。
- 12V：为电机驱动供电，确保电机有强劲的动力。

图 5-34 是 5V 稳压电路的实现，输入电压为 12V，其中会使用一颗 XL4005 降压芯片输出 5V/4A 的电源信号，J2 是板载的充电接口。

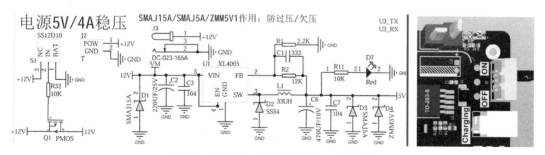

图 5-34　OriginBot 运动控制器的 5V 稳压电路

5V 信号会通过运动控制器板卡上的 Type-C 接口向 RDK X3 供电，同时通过一个 USB 接口为外部其他设备供电，如图 5-35 所示。

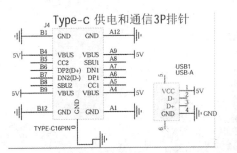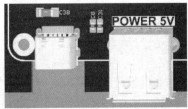

图 5-35　OriginBot 运动控制器的 5V 输出电路

5V 电源继续使用一颗 AMS1117 芯片稳压至 3.3V，提供给单片机及各种元器件使用，如图 5-36 所示。

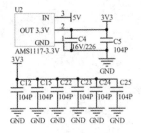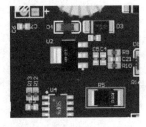

图 5-36　OriginBot 运动控制器的 3.3V 稳压电路

电源对机器人非常关键，所以运动控制器上还设计了电量检测模块，如图 5-37 所示。方便机器人在运行过程中实时了解自己的电池余量，如果快没电了，就可以报警或者自动回充。

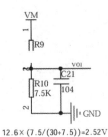

图 5-37　OriginBot 运动控制器的电量检测电路

5.5.2 IMU：测量机器人的姿态变化

嵌入式系统接口丰富，可以接入各种 I2C、SPI、串口等总线的传感器模块，OriginBot 运动控制器上还集成了惯性测量单元（Inertial Measurement Unit，IMU），用来检测机器人的运动状态，如图 5-38 所示。

IMU 是集成了多个传感器的微机电系统（MEMS），用于测量和报告物体的运动状态，包括角速度、线加速度和磁场信息。IMU 通常包含以下三种传感器。

- 陀螺仪（Gyroscope）：用于测量物体的角速度，即物体绕某个轴的旋转速度。
- 加速度计（Accelerometer）：用于测量物体的线性加速度，即物体在直线路径上的加速度，可以检测到由于重力、运动或震动引起的加速度变化。
- 磁力计（Magnetometer）：用于测量地磁场的强度和方向。通过与加速度计和陀螺仪的数据结合，可以进一步提高姿态估计的准确性，特别是在长时间的运动过程中。

IMU 对这些传感器数据进行处理和融合，提供物体的运动状态信息，如姿态、位置和速度。在实际应用中，IMU 常用于无人机、机器人、航天器、汽车等领域，用于实现导航、定位、稳定控制等功能。

为了获得更准确的运动状态信息，通常会使用传感器融合算法对各个传感器的数据进行处理和融合，如卡尔曼滤波器。

在 OriginBot 的运动控制器中，集成的 IMU 芯片是 ICM-42670-P，主要检测机器人运动的角速度和线加速度，通过串口与 MCU 传输数据。

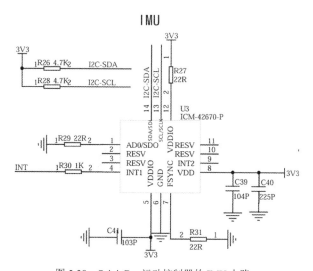

图 5-38　OriginBot 运动控制器的 IMU 电路

运动控制器中针对 IMU 的核心处理代码如下。

```
// 串口 3 数据处理函数，串口每收到一个数据，就调用一次
void CopeSerial3Data(unsigned char ucData)
{
  static unsigned char ucRxBuffer[250];
  static unsigned char ucRxCnt = 0;

  // 将收到的数据存入缓冲区
  ucRxBuffer[ucRxCnt++] = ucData;

  // 如果数据头不对，则重新开始寻找 0x55 数据头
  if (ucRxBuffer[0] != 0x55) {
    ucRxCnt=0;
    return;
  }

  // 如果数据不满 11 个，则返回
  if (ucRxCnt < 11)
    return;

  // 判断陀螺仪数据类型
  // 部分数据需要通过维特官方提供的上位机配置，设置输出后，陀螺仪才会发送该类数据包
  // 本项目仅关注加速度、角速度、角度三类数据
  switch(ucRxBuffer[1]) {
    case 0x50: memcpy(&stcTime, &ucRxBuffer[2], 8);    break;
    case 0x51: memcpy(&stcAcc, &ucRxBuffer[2], 8);     break; // 加速度
    case 0x52: memcpy(&stcGyro, &ucRxBuffer[2], 8);    break; // 角速度
    case 0x53: memcpy(&stcAngle, &ucRxBuffer[2], 8);   break; // 角度
    case 0x54: memcpy(&stcMag, &ucRxBuffer[2], 8);     break;
    case 0x55: memcpy(&stcDStatus, &ucRxBuffer[2], 8); break;
    case 0x56: memcpy(&stcPress, &ucRxBuffer[2], 8);   break;
    case 0x57: memcpy(&stcLonLat, &ucRxBuffer[2], 8);  break;
    case 0x58: memcpy(&stcGPSV, &ucRxBuffer[2], 8);    break;
    case 0x59: memcpy(&stcQ, &ucRxBuffer[2], 8);       break;
  }

  ucRxCnt = 0; // 清空缓存区
}

// 上报陀螺仪加速度
void Acc_Send_Data(void)
{
  #define AccLEN        7
  uint8_t data_buffer[AccLEN] = {0};
  uint8_t i, checknum = 0;
```

```c
    // 低字节在前，高字节在后
    // x 轴加速度
    data_buffer[0] = stcAcc.a[0]&0xFF;
    data_buffer[1] = (stcAcc.a[0]>>8)&0xFF;
    // y 轴加速度
    data_buffer[2] = stcAcc.a[1]&0xFF;
    data_buffer[3] = (stcAcc.a[1]>>8)&0xFF;
    // z 轴加速度
    data_buffer[4] = stcAcc.a[2]&0xFF;
    data_buffer[5] = (stcAcc.a[2]>>8)&0xFF;

    // 校验位的计算使用数据位各个数据相加 & 0xFF
    for (i = 0; i < AccLEN-1; i++)
      checknum += data_buffer[i];

    data_buffer[AccLEN-1] = checknum & 0xFF;
    UART1_Put_Char(0x55); // 帧头
    UART1_Put_Char(0x03); // 标识位
    UART1_Put_Char(0x06); // 数据位长度(字节数)

    UART1_Put_Char(data_buffer[0]);
    UART1_Put_Char(data_buffer[1]);
    UART1_Put_Char(data_buffer[2]);
    UART1_Put_Char(data_buffer[3]);
    UART1_Put_Char(data_buffer[4]);
    UART1_Put_Char(data_buffer[5]);
    UART1_Put_Char(data_buffer[6]);

    UART1_Put_Char(0xBB); // 帧尾
}


// 上报陀螺仪角速度
void Gyro_Send_Data(void)
{
  #define GyroLEN       7
  uint8_t data_buffer[GyroLEN] = {0};
  uint8_t i, checknum = 0;

  // 低字节在前，高字节在后
  // x 轴角速度
  data_buffer[0] = stcGyro.w[0]&0xFF;
  data_buffer[1] = (stcGyro.w[0]>>8)&0xFF;
  // y 轴角速度
  data_buffer[2] = stcGyro.w[1]&0xFF;
  data_buffer[3] = (stcGyro.w[1]>>8)&0xFF;
```

```
    // z轴角速度
    data_buffer[4] = stcGyro.w[2]&0xFF;
    data_buffer[5] = (stcGyro.w[2]>>8)&0xFF;

    // 校验位的计算使用数据位各个数据相加 & 0xFF
    for (i = 0; i < GyroLEN-1; i++)
      checknum += data_buffer[i];

    data_buffer[GyroLEN-1] = checknum & 0xFF;
    UART1_Put_Char(0x55); // 帧头
    UART1_Put_Char(0x04); // 标识位
    UART1_Put_Char(0x06); // 数据位长度(字节数)

    UART1_Put_Char(data_buffer[0]);
    UART1_Put_Char(data_buffer[1]);
    UART1_Put_Char(data_buffer[2]);
    UART1_Put_Char(data_buffer[3]);
    UART1_Put_Char(data_buffer[4]);
    UART1_Put_Char(data_buffer[5]);
    UART1_Put_Char(data_buffer[6]);

    UART1_Put_Char(0xBB); // 帧尾
}

// 上报陀螺仪欧拉角
void Angle_Send_Data(void)
{
    #define AngleLEN        7
    uint8_t data_buffer[AngleLEN] = {0};
    uint8_t i, checknum = 0;

    // 低字节在前，高字节在后
    // Roll
    data_buffer[0] = stcAngle.Angle[0]&0xFF;
    data_buffer[1] = (stcAngle.Angle[0]>>8)&0xFF;
    // Pitch
    data_buffer[2] = stcAngle.Angle[1]&0xFF;
    data_buffer[3] = (stcAngle.Angle[1]>>8)&0xFF;
    // Yaw
    data_buffer[4] = stcAngle.Angle[2]&0xFF;
    data_buffer[5] = (stcAngle.Angle[2]>>8)&0xFF;

    // 校验位的计算使用数据位各个数据相加 & 0xFF
    for (i = 0; i < AngleLEN-1; i++)
      checknum += data_buffer[i];
```

```
data_buffer[AngleLEN-1] = checknum & 0xFF;
UART1_Put_Char(0x55); // 帧头
UART1_Put_Char(0x05); // 标识位
UART1_Put_Char(0x06); // 数据位长度(字节数)

UART1_Put_Char(data_buffer[0]);
UART1_Put_Char(data_buffer[1]);
UART1_Put_Char(data_buffer[2]);
UART1_Put_Char(data_buffer[3]);
UART1_Put_Char(data_buffer[4]);
UART1_Put_Char(data_buffer[5]);
UART1_Put_Char(data_buffer[6]);

UART1_Put_Char(0xBB); // 帧尾
}
```

在以上代码中，Acc_Send_Data()、Gyro_Send_Data()、Angle_Send_Data()不断将加速度、角速度和俯仰角数据存储到数据缓存区中，当数据帧满后，则由 CopeSerial3Data()将数据统一发布到串口数据缓存区，等待串口数据一并发送出去。

5.5.3　人机交互：底层状态清晰明了

在开发过程中，还有一件事情很容易被忽视——人机交互。

电池快没电了，机器人如何告诉大家？不如有个蜂鸣器报警提示！

机器人程序刷新了，如何指示代码的版本变化？不如有个 LED 颜色变一下！

机器人运行出错了，如何一眼就让大家看出来？不如 LED 和蜂鸣器一起提示！

所以运动控制器上专门设计了嵌入式系统中人机交互最常用的组件——蜂鸣器和 LED，电路设计如图 5-39 所示。

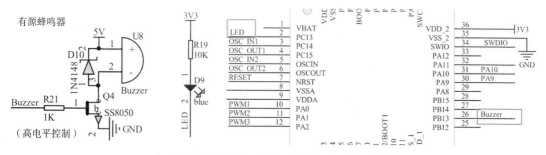

图 5-39　OriginBot 运动控制器的蜂鸣器和 LED 电路

蜂鸣器和 LED 通过 MCU 的引脚编程控制，核心代码如下，大家可以根据机器人的应用功能自主设计交互的方式。

以开关 LED 为例，我们先实现 LED 的相关 API，根据图 5-39，可以找到 LED 的 I/O 接口是 PC13，所以需要如下定义其相关接口。

```
#define BUZZER_PORT     GPIOB
#define BUZZER_PIN      GPIO_Pin_13
```

实现 LED 灯闪烁即控制 PC13 口的电压高低，可以实现一个控制 I/O 电压的 API。

```
void GPIO_SetBits(GPIO_TypeDef* GPIOx, uint16_t GPIO_Pin)
{
  assert_param(IS_GPIO_ALL_PERIPH(GPIOx));
  assert_param(IS_GPIO_PIN(GPIO_Pin));

  GPIOx->BSRR = GPIO_Pin;
}
```

基于 GPIO_SetBits 的 API，可以实现控制 LED 开关的 API。

```
// LED 开
void LED_ON(void)
{
  GPIO_ResetBits(LED_PORT, LED_PIN);
}

// LED 关
void LED_OFF(void)
{
  GPIO_SetBits(LED_PORT, LED_PIN);
}
```

当我们希望 LED 开时，只需要调用 LED_ON()；希望 LED 关时，只需要调用 LED_OFF()。

到这里，运动控制器板卡上的核心功能就介绍完毕了。嵌入式系统在机器人中应用广泛，在实际应用中往往会有更多的传感器和更复杂的功能，但万变不离其宗，它们都通过灵活的扩展性和实时性为机器人提供稳定的底层保障，至于上层的控制系统如何实现，5.6 节将继续讲解。

5.6 机器人控制系统：从"肌肉"到"大脑"

机器人的"身体""肌肉"都有了，还得给它设计一个"大脑"，驱动系统和传感系统最终都会和控制系统这个"大脑"产生联系，这也是大家进行机器人开发的主战场，ROS 2 就是这个主战场上的"利器"。

5.6.1　控制系统的计算平台

控制系统需要一个大算力应用处理器作为计算平台，在机器人的实现中，直接放一台计算机并不合适，常用的方式是使用体积更小、功耗更低的嵌入式应用处理器，例如 RDK X3、树莓派 5、Jetson Orin Nano 等，三者的核心参数对比如表 5-1 所示。

表 5-1　常见嵌入式应用处理器参数对比

开发板	树莓派 5	Jetson Orin Nano	RDK X3
CPU	4 核 A76	6 核 A78	4 核 A53
内存	4GB/8GB	4GB/8GB	2GB/4GB
AI 引擎	-	GPU/CUDA	BPU
算力	-	20/40 Tops	5 Tops
扩展接口	USB/ETH/CSI/HDMI		
功耗	Max 15W	Max 15W	Max 15W
操作系统	Ubuntu 20.04/22.04	Ubuntu 20.04/22.04	Ubuntu 20.04/22.04
机器人开发框架	ROS 1/ROS 2	ROS 1/ROS 2 Isaac SDK	ROS 1/ROS 2 TROS
价格	￥450~700	￥2600~3600	￥329~399

结合 OriginBot 的设计目标，在有更好性价比的前提下，希望机器人体现更多智能化的功能。对应到计算平台的算力支持，理论上算力越高，能够实现的智能化应用就越流畅，例如人体识别、物体跟踪等。综合评估，RDK X3 有 5 Tops 算力，相比其他计算平台的性价比优势明显。在机器人开发框架方面，三者都支持 ROS，RDK X3 中还提供了一套深度优化的 ROS 2 系统——TROS，包含大量智能化的算法应用。

综上，OriginBot 选择 RDK X3 作为智能小车控制系统的计算平台。

大家在智能小车或机器人的设计开发中，也可以使用其他嵌入式处理器平台，开发原理和实现过程与本书内容基本一致。

5.6.2　控制系统的烧写与配置

接下来在 OriginBot 中的 RDK X3 上安装系统并进行配置，为后续的开发做好准备。可以参考 RDK 官网的手册进行安装，OriginBot 也为大家提供了安装 ROS 2 和 TROS 的系统镜像。

以下步骤也可参考 OriginBot 的 org 官网中的最新说明，完成系统的烧写和配置。

1. 硬件准备

如图 5-40 所示，完成硬件准备。

（1）完成 OriginBot 智能小车的组装，注意连接好电池。

（2）找到 OriginBot 中的 SD 卡和读卡器，稍后会在上面烧写系统镜像。

（3）使用一个串口模块，连接 RDK X3 和笔记本电脑，便于下一步看到系统镜像的启动信息。

（4）如果有网线和 HDMI 显示器，也可以先准备好，在之后的操作中用得上，如果没有也可跳过。

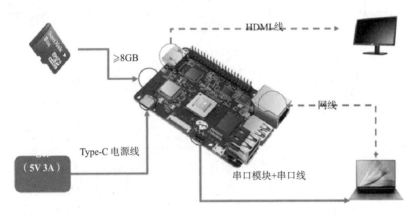

图 5-40　RDK X3 外设连接示意

硬件准备齐全之后，就可以进入第二步。

2. 安装 Ubuntu 系统

（1）在 OriginBot 的 org 官网上，下载最新版本的 SD 卡镜像。

（2）使用读卡器将 SD 卡插入计算机，SD 卡容量建议≥16GB。

（3）启动镜像烧写软件，如图 5-41 所示，确认 SD 卡设备号，选择要烧写的系统镜像，然后单击"开始"启动烧写，进度条会显示当前的烧写进度，烧写完成后，即可退出软件。

图 5-41　使用 Rufus 软件完成 SD 卡系统镜像的烧写

3　启动系统

（1）确认 OriginBot 智能小车已经正确安装。

（2）使用串口模块连接机器人端 RDK X3 的调试串口，连接线序如图 5-42 所示。

图 5-42　使用串口模块连接 RDK X3 的调试串口

（3）将串口模块连接到计算机端的 USB 接口，启动串口软件，选择串口设备、设置波特率为 921600、关闭流控制，如图 5-43 所示。

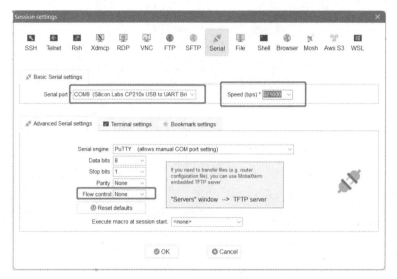

图 5-43　设置串口软件连接 RDK X3

如果此处找不到串口设备，请先安装串口模块的系统驱动，再重新尝试。

（4）插入烧写好镜像的 SD 卡，并打开 OriginBot 智能小车的电源，在串口软件中可以看到启动过程输出的日志信息，稍等片刻，会出现登录提示，如图 5-44 所示，输入用户名及密码（均为 root）。

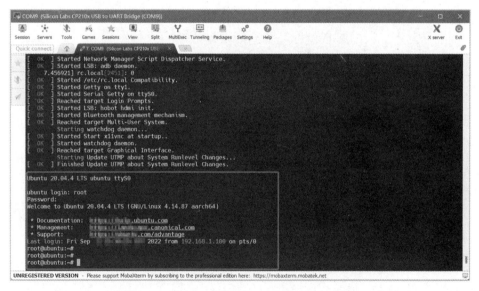

图 5-44　通过串口登录 RDK X3 中的 Ubuntu 系统

4. 扩展 SD 卡空间

为了减少系统镜像大小，便于下载和烧写，系统镜像中的空闲空间已经被压缩，如果需要使用 SD 卡的完整空间，还需要手动扩展。

按照以上步骤启动 RDK X3 并通过串口登录后，使用如下指令即可扩展，如图 5-45 所示。

```
$ sudo growpart /dev/mmcblk2 1
$ sudo resize2fs /dev/mmcblk2p1
```

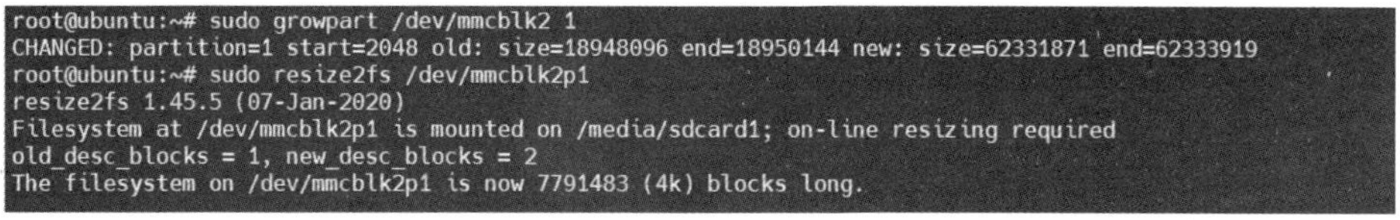

```
root@ubuntu:~# sudo growpart /dev/mmcblk2 1
CHANGED: partition=1 start=2048 old: size=18948096 end=18950144 new: size=62331871 end=62333919
root@ubuntu:~# sudo resize2fs /dev/mmcblk2p1
resize2fs 1.45.5 (07-Jan-2020)
Filesystem at /dev/mmcblk2p1 is mounted on /media/sdcard1; on-line resizing required
old_desc_blocks = 1, new_desc_blocks = 2
The filesystem on /dev/mmcblk2p1 is now 7791483 (4k) blocks long.
```

图 5-45　扩展 SD 卡空间

运行成功后，重启系统即可生效，使用如下命令确认系统空间扩展成功，如图 5-46 所示，这里使用的 SD 卡为 32GB。

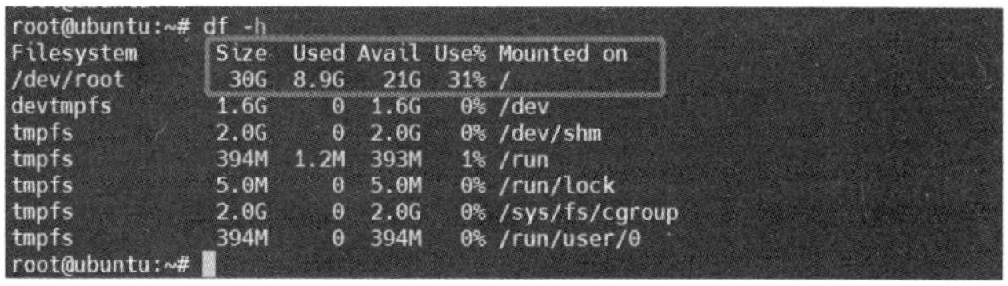

```
root@ubuntu:~# df -h
Filesystem      Size  Used Avail Use% Mounted on
/dev/root        30G  8.9G   21G  31% /
devtmpfs        1.6G     0  1.6G   0% /dev
tmpfs           2.0G     0  2.0G   0% /dev/shm
tmpfs           394M  1.2M  393M   1% /run
tmpfs           5.0M     0  5.0M   0% /run/lock
tmpfs           2.0G     0  2.0G   0% /sys/fs/cgroup
tmpfs           394M     0  394M   0% /run/user/0
root@ubuntu:~#
```

图 5-46　确认 SD 卡空间已扩展

5. 网络配置

Ubuntu 系统安装完成后，启动系统，参考以下命令，完成 Wi-Fi 网络的配置，如图 5-47 所示。

```
$ sudo nmcli device wifi rescan        # 扫描 Wi-Fi 网络
$ sudo nmcli device wifi list          # 列出找到的 Wi-Fi 网络
$ sudo wifi_connect "SSID" "PASSWD"    # 连接某指定的 Wi-Fi 网络
```

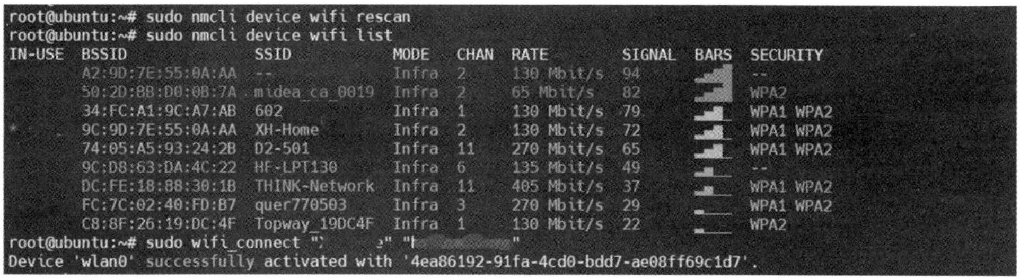

```
root@ubuntu:~# sudo nmcli device wifi rescan
root@ubuntu:~# sudo nmcli device wifi list
IN-USE  BSSID              SSID            MODE   CHAN  RATE       SIGNAL  BARS  SECURITY
        A2:9D:7E:55:0A:AA  --              Infra  2     130 Mbit/s  94          WPA2
        50:2D:BB:D0:0B:7A  midea_ca_0019   Infra  2      65 Mbit/s  82          WPA2
        34:FC:A1:9C:A7:AB  602             Infra  1     130 Mbit/s  79          WPA1 WPA2
   *    9C:9D:7E:55:0A:AA  XH-Home         Infra  2     130 Mbit/s  72          WPA1 WPA2
        74:05:A5:93:24:2B  D2-501          Infra  11    270 Mbit/s  65          WPA1 WPA2
        9C:D8:63:DA:4C:22  HF-LPT130       Infra  6     135 Mbit/s  49          --
        DC:FE:18:88:30:1B  THINK-Network   Infra  11    405 Mbit/s  37          WPA1 WPA2
        FC:7C:02:40:FD:B7  quer770503      Infra  3     270 Mbit/s  29          WPA1 WPA2
        C8:8F:26:19:DC:4F  Topway_19DC4F   Infra  1     130 Mbit/s  22          WPA2
root@ubuntu:~# sudo wifi_connect ":        :"
Device 'wlan0' successfully activated with '4ea86192-91fa-4cd0-bdd7-ea08ff69c1d7'.
```

图 5-47　通过命令扫描并连接 Wi-Fi 网络

终端返回信息 successfully activated，说明 Wi-Fi 连接成功。这里可以 Ping 一个网站确认连接，如果能够 Ping 通，就说明网络连接成功，可以进行后续的软件下载和更新了。

6. SSH 远程登录

网络配置完成后，不受串口的有线约束，大家可以通过无线网络远程 SSH 登录机器人进行开发，如图 5-48 所示。

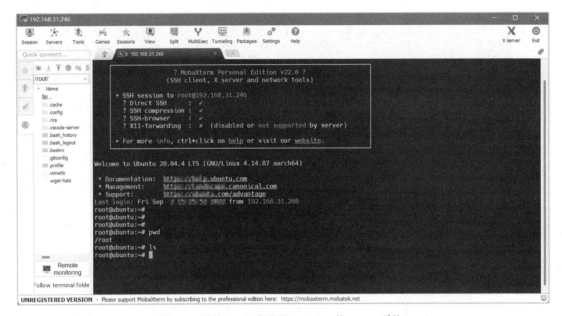

图 5-48　通过 SSH 远程登录 OriginBot 的 Ubuntu 系统

如果使用虚拟机，则需要将网络设置为桥接模式。

7. 控制小车运动

终于完成了一系列的配置，大家可以尝试控制小车运动，确认以上配置无误。

SSH 连接成功后，输入以下命令启动机器人底盘驱动节点，输出的日志如图 5-49 所示。

```
$ ros2 launch originbot_bringup originbot.launch.py
```

再启动一个 SSH 远程连接的终端，运行如下命令启动键盘控制节点，输出的日志如图 5-50 所示。

```
$ ros2 run teleop_twist_keyboard teleop_twist_keyboard
```

图 5-49　启动机器人底盘驱动节点

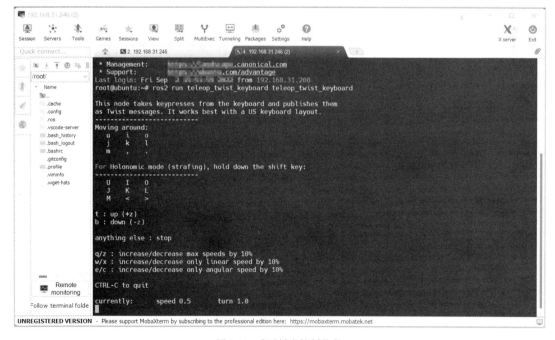

图 5-50　启动键盘控制节点

根据终端中的提示即可控制 OriginBot 智能小车前后左右运动，也可以参考提示，动态调整小车的运动速度。

现在，我们既可以控制海龟运动，也可以控制 Gazebo 中的机器人模型运动，终于可以控制实物机器人运动啦，为自己鼓鼓掌吧！

5.7　本章小结

本章从仿真建模过渡到实物开发，首先剖析了 TurtleBot3，并构建了智能小车 OriginBot；然后一步一步通过构建运动控制器板卡，实现了机器人驱动系统的核心功能，包括电机驱动、闭环控制、运动学解算、电源管理、IMU 驱动、底层人机交互等；最后介绍了控制系统与驱动系统的软件架构，让大家对软件开发有一个更全面的认识。本章，我们完成了机器人的宏观设计和底层开发，从第 6 章开始，我们将继续从底向上，逐步开发与实现控制系统中的各项功能。

ROS 2 控制与感知：让机器人动得了、看得见

在第 5 章，我们完成了驱动系统的搭建，让机器人动起来了，但此时的机器人还只能完成基础运动，传感器也只能完成对自身状态的感知。本章将介绍如何进一步在控制系统中搭建机器人的 ROS 2 驱动，并为机器人装上"眼睛"，让它看到周围的环境。

6.1 机器人通信协议开发

在机器人运动控制的智能化与灵活性方面，尽管通过嵌入式编程已经可以初步驱动机器人行动，但这种方式存在一定的局限性，例如，每次微调或更新程序都需要重新编译并烧录到运动控制器，同时运动控制器的有限计算能力也很难满足机器人的智能化需求。

因此，构建一个高效且强大的"大脑"是让机器人智能化的关键。这个"大脑"不仅需要卓越的计算能力支持复杂算法的高效运行与实时处理，还需要具备高度的可扩展性，方便机器人后续技术的集成与升级。同时，确保"大脑"与运动控制器之间数据的稳定、高效同步也至关重要，这是实现精准控制、快速响应及智能决策的前提。

如图 5-4 所示，机器人控制系统和运动控制器之间有一座"桥梁"，起到让二者之间的数据快速、正确、稳定互传的作用。如何搭建这座"桥梁"呢？这需要机器人硬件和软件的协同支持。以 OriginBot 机器人为例，在硬件上，控制系统和运动控制器之间的数据通信通过串口完成；在软件上，需要设计一套通信数据的协议，类似人类交流使用语言的语法，让二者能够互相通信。

在串口通信的协议中，规定了数据包的内容，它由起始位、主体数据、校验位以及停止位组成，通信双方的数据包格式要约定一致才能正常收发数据。

6.1.1 通信协议设计

在机器人所应用的各行各业，通信协议的概念普遍存在，以保障大量数据的高效传输。针对 OriginBot 机器人的数据传输需求，本书设计了一套较为简单实用的通信协议，其数据帧的协议格式如表 6-1 所示。

表 6-1 OriginBot 通信协议的数据帧格式

帧头	标识位	长度	数据位						校验位	帧尾
0x55	0x0*	0x06	0x**	0x**	0x**	0x**	0x**	0x**	0x**	0xBB

数据帧的第一字节是帧头，固定使用 0x55 表示，0x55 并没有实际含义，它的主要功能是告诉接收者后续字节是一个数据帧。数据帧的第二字节是标识位，表示该帧数据内容的具体含义，OriginBot 功能标识位说明如表 6-2 所示。

表 6-2 OriginBot 功能标识位说明

标识位	数据定义
0x01	速度控制
0x02	速度反馈
0x03	IMU 加速度
0x04	IMU 角速度
0x05	IMU 欧拉角
0x06	传感器数据
0x07	LED、蜂鸣器状态、IMU 校准
0x08	左电机 PID 参数
0x09	右电机 PID 参数

当接收到的标识位是 0x01 时，表示该帧数据位的内容用来控制机器人的速度；当接收到的标识位是 0x02 时，表示该帧数据位的含义是实际速度的反馈值，以此类推，不同的标识位表示后续数据位的不同物理意义。

数据帧的第三字节表示数据位的字节长度，此处统一设定为 0x06，也就是说，每个数据帧可携带 6 字节的实际内容。

为提高数据帧格式的兼容性，如果数据内容超过 6 字节，那么也可以修改此处的字节长度，以适应更为复杂的数据传输需求。

数据帧的第 4~9 字节是数据位，根据标识位的定义，表示不同的数据含义，例如当标识位是 0x02 时，数据位的 6 字节就表示机器人左右电机的旋转方向和速度。

数据帧的第 10 字节是校验位，用于校验数据的正确性，常用的校验方式有异或校验、奇偶校验，也可以自己定制校验方式。OriginBot 的数据校验方式是将数据位全部求和后，再和 0xFF 进行与操作，从而得到校验位的数据值。在实际应用中，如果收到的校验位和数据位求和，再与 0xFF 之后得到的结果不同，就说明该帧数据在传输过程中出现了问题，这一段数据帧就会被忽略。

数据帧最后的字节是帧尾，表示数据帧的结束，此处固定使用 0xBB 表示。

6.1.2 通信协议示例解析

了解了通信协议的设计，接下来看看不同情况下的数据帧示例。

1. 速度控制（0x01）

速度控制的数据帧由上位机发送给下位机，也就是由控制系统这个"大脑"发送给运动控制器，速度控制数据帧格式与示例如表 6-3 所示。

由于机器人的控制系统与运动控制器多为上下层关系，一般会将控制系统称为"上位机"，运动控制器称为"下位机"。通信协议将完成上下位机之间的数据传输。

表 6-3　速度控制数据帧格式与示例

数据帧	帧头	标识位	长度	数据位						校验位	帧尾
				左电机控制			右电机控制				
				方向	左电机速度（mm/s）		方向	右电机速度（mm/s）			
				0x00：反转 0xFF：正转	低位字节	高位字节	0x00：反转 0xFF：正转	低位字节	高位字节	**	0xBB
示例	0x55	0x01	0x06	0x00	0x20	0x00	0xFF	0x20	0x00	0x3F	0xBB

在以上示例的数据帧中，控制系统下发的速度指令控制左电机反转，右电机正转，具体旋转的速度值通过 2 字节描述，如左电机的高位字节是 0x00，低位字节是 0x20，叠加到一起就是 0x0020，转换为十进制数后为 32，单位为 mm/s，结合左电机的控制方向，左电机控制旋转的速度为-32mm/s。同理，右侧电机控制旋转的速度为 32mm/s。

将 6 个数据位求和得到校验位，即 0x00+0x20+0x00+0xFF+0x20+0x00=0x013F，再按位与 0xFF，得到校验位为 0x3F。

2. 速度反馈（0x02）

速度反馈由运动控制器采样编码器数值后累加得到，通过下位机发送给上位机的控制系统，其数据帧格式与示例如表 6-4 所示。

表 6-4　速度反馈数据帧格式与示例

数据帧	帧头	标识位	长度	数据位						校验位	帧尾
				左电机控制			右电机控制				
				方向	左电机速度（mm/s）		方向	右电机速度（mm/s）			
				0x00：反转 0xFF：正转	低位字节	高位字节	0x00：反转 0xFF：正转	低位字节	高位字节	**	0xBB
示例	0x55	0x02	0x06	0xFF	0x00	0x00	0xFF	0x00	0x00	0xFE	0xBB

速度反馈值的单位是 mm/s，数据值也是由高 8 位和低 8 位组成，共 16 字节。在以上示例的数据帧中，左右两侧轮子的旋转速度均为 0，6 字节的数据位累加就是 0xFF+0xFF=0x01FE，再按位与 0xFF 得到校验位 0xFE。

3. IMU 数据（0x03~0x05）

IMU 数据较多，分为三组分别传输，由运动控制器发送给控制系统，其数据帧格式与示例如表 6-5 所示。

表 6-5　IMU 数据帧格式与示例

IMU 加速度											
数据帧	帧头	标识位	长度	数据位						校验位	帧尾
				x 轴加速度		y 轴加速度		z 轴加速度			
				低位字节	高位字节	低位字节	高位字节	低位字节	高位字节		
示例	0x55	0x03	0x06	0x00	0xAF	0x00	0x0D	0x08	0x23	0xE7	0xBB

IMU 角速度											
数据帧	帧头	标识位	长度	数据位						校验位	帧尾
				x 轴加速度		y 轴加速度		z 轴加速度			
				低位字节	高位字节	低位字节	高位字节	低位字节	高位字节		
示例	0x55	0x04	0x06	0x00	0x00	0x00	0x00	0x00	0x00	0x00	0xBB

IMU 欧拉角											
数据帧	帧头	标识位	长度	数据位						校验位	帧尾
				ROLL		PITCH		YAW			
				低位字节	高位字节	低位字节	高位字节	低位字节	高位字节		
示例	0x55	0x05	0x06	0x00	0x40	0xFC	0x94	0xB9	0xE2	0x6B	0xBB

加速度的单位是 m/s²，角速度的单位是°/s，欧拉角的单位是°，分别包含 x、y、z 三轴的数据，类似速度值的描述，每个数据都由高 8 位和低 8 位组成。

4. 其他传感器数据（0x06）

运动控制器中部分传感器的数值会反馈给控制系统，例如电池的电压，通过传感器数据帧传输，其数据帧格式与示例如表 6-6 所示。

表 6-6　其他传感器数据帧格式与示例

数据帧	帧头	标识位	长度	数据位						校验位	帧尾
				电压值（V）		传感器预留 1		传感器预留 2			
				整数位	小数位	-	-	-	-		
示例	0x55	0x06	0x06	0x0c	0x16	0x00	0x00	0x00	0x00	0x22	0xBB

以上数据位描述的电池电压为 12.22V，另外预留了两个数据位，可供未来传输更多传感器数据，例如超声波等。

5. 运动控制器配置（0x07）

运动控制器上还有一些外设提供给开发者使用，例如 LED、蜂鸣器，当机器人遇到特定情况时可以亮灯、警报进行提示。另外，该数据帧还集成了 IMU 的校准设置，当机器人启动或者 IMU 漂移严重时，即可通过校准实现重新标定。该数据帧由控制系统发送给运动控制器，其数据帧格式与示例如表 6-7 所示。

表 6-7　运动控制器配置数据帧格式与示例

数据帧	帧头	标识位	长度	数据位						校验位	帧尾
				LED		蜂鸣器		IMU 校准			
				使能控制 0xFF：点亮 0x00：熄灭	状态	使能控制 0xFF：启动 0x00：关闭	状态	使能控制 0xFF：校准 0x00：无操作	状态		
示例	0x55	0x07	0x06	0xFF	0x00	0x00	0x00	0x00	0x00	0xFF	0xBB

在以上示例的数据帧中，控制系统将设置运动控制器上的 LED 为开，并关闭蜂鸣器，同时不需要校准 IMU 的数据。

6. PID 参数（0x08~0x09）

为了让机器人实现更好的运动控制效果，运动控制器中实现了基于 PID 的电机闭环控制，但是两个电机的 PID 参数各有不同，此时可以在控制系统中通过如下数据帧修改某台电机闭环控制的 PID 参数，从而实现不同的运动控制效果，其数据帧格式与示例如表 6-8 所示。

表 6-8　PID 参数数据帧格式与示例

数据帧	帧头	标识位	长度	数据位						校验位	帧尾
				P		I		D			
				低位字节	高位字节	低位字节	高位字节	低位字节	高位字节		
示例	0x55	0x08	0x06	0x10	0x27	0x00	0x00	0x64	0x00	0x9B	0xBB
	0x55	0x09	0x06	0x98	0x3A	0x00	0x00	0xC8	0x00	0x9A	0xBB

在以上示例的数据帧中,控制系统将设置机器人左轮的 PID 参数为 P=10,I=0,D=0.1;右轮的 PID 参数为 P=15,I=0,D=0.2。

由于 PID 参数的数值较小,实际控制参数 = 数据位数值/1000

通过如上设计,就实现了 OriginBot 机器人控制系统与运动控制器之间的通信协议,接下来继续介绍如何在上、下位机中进一步利用通信协议实现具体功能。

6.1.3　运动控制器端协议开发(下位机)

运动控制器作为机器人的"下位机",可以通过通信协议将底层传感器的数据反馈给"上位机",并接收、执行"上位机"下发的指令,功能逻辑如图 6-1 所示。

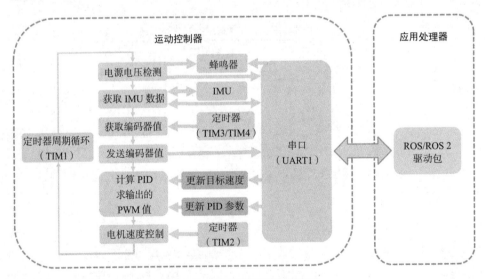

图 6-1　下位机通信协议处理框架

运动控制器中的主程序有一个大循环,按照顺序不断循环完成电源电压检测、IMU 数据获取、编码器数据获取与发送、接收速度指令并计算输出 PWM、电机运动控制等任务。执行过程中通过串口与应用处理器实时通信,具体需要完成的通信协议功能如表 6-9 所示。

表 6-9　上下位机功能说明

功能分类	数据传输方向	实现功能	周期
指令接收	应用处理器→运动控制器 （上位机→下位机）	• 接收速度指令并控制运动 • 接收 LED、蜂鸣器指令并修改状态 • 接收 IMU 校准指令并完成校准 • 接收电机 PID 参数并完成更新	100ms
数据反馈	应用处理器←运动控制器 （上位机←下位机）	• 反馈电机速度指令 • 反馈 IMU 状态 • 反馈电池电量等传感器信息	40ms

代码仓库地址请参考前言中的说明。

1. 指令接收

对应如上功能，指令接收在运动控制器端的实现在 originbot_controller 下的 protocol.c 文件中，核心代码如下。

```c
// 接收串口单字节数据并保存
void Upper_Data_Receive(u8 Rx_Temp)
{
switch (RxFlag) {
case 0:  // 帧头
{
  if (Rx_Temp == 0x55) {
    RxBuffer[0] = 0x55;
    RxFlag = 1;
  } else {
    RxFlag = 0;
    RxBuffer[0] = 0x0;
  }
  break;
}

case 1: // 标识位
{
  if (Rx_Temp == 0x01 || Rx_Temp == 0x07 || Rx_Temp == 0x08) {
    RxBuffer[1] = Rx_Temp;
    RxFlag = 2;
    RxIndex = 2;
  } else {
    RxFlag = 0;
    RxBuffer[0] = 0;
    RxBuffer[1] = 0;
```

```
    }
    break;
}

case 2: // 数据位长度
{
 //数据帧总字节数 = 帧头+标识位+长度+校验位+帧尾（5 bytes）+数据位
 New_CMD_length = Rx_Temp+5;
 if (New_CMD_length >= PTO_MAX_BUF_LEN) {
   RxIndex = 0;
   RxFlag = 0;
   RxBuffer[0] = 0;
   RxBuffer[1] = 0;
   New_CMD_length = 0;
   break;
 }
 RxBuffer[RxIndex] = Rx_Temp;
 RxIndex++;
 RxFlag = 3;
 break;
}

case 3: // 读取剩余的所有字段
{
 RxBuffer[RxIndex] = Rx_Temp;
 RxIndex++;
 if (RxIndex >= New_CMD_length && RxBuffer[New_CMD_length-1] == 0xBB) {
   New_CMD_flag = 1;
   RxIndex = 0;
   RxFlag = 0;
 }
 break;
}

default:
 break;
}
```

串口收到数据后，会跳转到 Upper_Data_Receive()函数，通过 RxFlag 区分接收数据在数据帧中的含义。

- 如果 RxFlag=0（默认值），判断当前收到的数据是否为帧头标志 0x55，如果是，则将 RxFlag 置位为 1；如果不是，则继续等待帧头。
- 当 RxFlag=1 时，说明当前收到的数据表示标识位，进一步判断，如果数据为 0x01、0x07、0x08，则为上位机下发的指令，将 RxFlag 置位为 2，继续接收后续数据；否则当前收到的数据有误，放弃当前已收到的数据，重新置位 RxFlag 为 0，等待下一帧的数据。

- 当 RxFlag=2 时，收到的数据表示数据位的字节长度，加上数据帧的帧头、标识位、长度、校验位、帧尾，就是完整一帧数据的字节长度，保存在 New_CMD_length 变量中。如果其长度超过缓存区大小，则清空缓存及标志位重新等待帧头数据；否则将 RxFlag 置位为 3，开始接收后续数据。
- 如果 RxFlag=3，则继续缓存数据帧中的数据位、校验位、帧尾，读取完成后重置 RxFlag 为 0，一帧数据读取完成，继续等待下一帧数据。

读取一帧完整的数据后，需要按照通信协议的格式，对数据内容进行解析，并完成对应的功能，具体代码实现如下。

```
// 指令解析，传入接收到的完整指令及其长度
void Parse_Cmd_Data(u8 *data_buf, u8 num)
{
#if ENABLE_CHECKSUM
// 计算校验
int sum = 0;
for (u8 i = 3; i < (num - 2); i++)
  sum += *(data_buf + i);
sum = sum & 0xFF;

u8 recvSum = *(data_buf + num - 2);
if (!(sum == recvSum))
  return;
#endif

// 判断帧头
if (!(*(data_buf) == 0x55))
  return;

u8 func_id = *(data_buf + 1);
switch (func_id) {
// 判断功能字：速度控制
case FUNC_MOTION:
{
  u8 index_l = *(data_buf + 3);
  u16 left = *(data_buf + 5);
  left = (left << 8) | (*(data_buf + 4));

  u8 index_r = *(data_buf + 6);
  u16 right = *(data_buf + 8);
  right = (right << 8) | (*(data_buf + 7));
```

```
    Motion_Test_SpeedSet(index_l, left, index_r, right);
    break;
}

// 判断功能字：LED、蜂鸣器状态、IMU 校准
case FUNC_BEEP_LED:
{
  u8 led_ctrl_en = *(data_buf + 3);    // 使能控制字段
  u8 led = *(data_buf + 4);            // 状态字段
  if (led_ctrl_en) {
    if (led)
      LED_ON();
    else
      LED_OFF();
  }

  u8 buzzer_ctrl_en = *(data_buf + 5);   // 使能控制字段
  u8 buzzer = *(data_buf + 6);           // 状态字段
  if (buzzer_ctrl_en) {
    if (buzzer)
      BUZZER_ON();
    else
      BUZZER_OFF();
  }

  u8 calibration_ctrl_en = *(data_buf + 7);   // 使能控制字段
  u8 calibration = *(data_buf + 8);           // 状态字段
  if (calibration_ctrl_en && calibration)
    jy901_calibration();

  break;
}

// 判断功能字：左轮 PID 参数
case FUNC_SET_LEFT_PID:
{
  u16 kp_recv = *(data_buf + 4);
  kp_recv = (kp_recv << 8) | *(data_buf + 3);

  u16 ki_recv = *(data_buf + 6);
  ki_recv = (ki_recv << 8) | *(data_buf + 5);

  u16 kd_recv = *(data_buf + 8);
  kd_recv = (kd_recv << 8) | *(data_buf + 7);

  float kp = (float)kp_recv / 1000.0;
```

```
    float ki = (float)ki_recv / 1000.0;
    float kd = (float)kd_recv / 1000.0;

    Left_Pid_Update_Value(kp, ki, kd);
    break;
  }

// 判断功能字: 右轮 PID 参数
  case FUNC_SET_RIGHT_PID:
  {
    u16 kp_recv = *(data_buf + 4);
    kp_recv = (kp_recv << 8) | *(data_buf + 3);

    u16 ki_recv = *(data_buf + 6);
    ki_recv = (ki_recv << 8) | *(data_buf + 5);

    u16 kd_recv = *(data_buf + 8);
    kd_recv = (kd_recv << 8) | *(data_buf + 7);

    float kp = (float)kp_recv / 1000.0;
    float ki = (float)ki_recv / 1000.0;
    float kd = (float)kd_recv / 1000.0;

    Right_Pid_Update_Value(kp, ki, kd);
    break;
  }

  default:
    break;
  }
}
```

当进入解析函数 Parse_Cmd_Data()后，程序会先累加数据位并将结果与校验位进行比对，如果校验失败，则说明数据接收存在错误，直接退出函数。如果校验正常，那么接下来判断帧头和之后的标识位。

- FUNC_MOTION：如果标识位为速度控制，则解析数据位中的速度指令，并且通过 Motion_Test_SpeedSet()函数控制两个轮子按照指定速度旋转。
- FUNC_BEEP_LED：如果标识位为蜂鸣器和 LED 控制，则解析数据位中对应的 I/O 状态，并完成状态控制。
- FUNC_SET_LEFT_PID：如果标识位为左轮 PID 参数，则解析数据位中对应左轮的 PID 参数，并动态更新左轮运动控制所使用的 kp、ki、kd 参数。

- FUNC_SET_RIGHT_PID：如果标识位为右轮 PID 参数，则解析数据位中对应右轮的 PID 参数，并动态更新右轮运动控制所使用的 kp、ki、kd 参数。

2. 数据反馈

运动控制器通过通信协议周期性反馈电机速度等状态，具体实现的代码在 app_motion_control.c 等模块代码中，这里以电机速度反馈为例，介绍协议的封装及发送过程。

```c
// 上报电机速度
void Motion_Send_Data(void)
{
  // 计算本次上报时应当上报的速度
  left_speed_mm_s = left_encoder_cnt * ENCODER_CNT_10MS_2_SPD_MM_S / record_time;
  right_speed_mm_s = right_encoder_cnt * ENCODER_CNT_10MS_2_SPD_MM_S / record_time;
  record_time = 0;
  left_encoder_cnt = 0;
  right_encoder_cnt = 0;

  #define MotionLEN        7
  uint8_t data_buffer[MotionLEN] = {0};
  uint8_t i, checknum = 0;

  if (left_speed_mm_s < 0) {
    data_buffer[0] = 0x00;
    uint16_t spd = (uint16_t)fabs(left_speed_mm_s);
    data_buffer[1] = spd&0xFF;
    data_buffer[2] = (spd>>8)&0xFF;
  } else {
    data_buffer[0] = 0xFF;
    uint16_t spd = (uint16_t)left_speed_mm_s;
    data_buffer[1] = spd&0xFF;
    data_buffer[2] = (spd>>8)&0xFF;
  }

  if (right_speed_mm_s < 0) {
    data_buffer[3] = 0x00;
    uint16_t spd = (uint16_t)fabs(right_speed_mm_s);
    data_buffer[4] = spd&0xFF;
    data_buffer[5] = (spd>>8)&0xFF;
  } else {
    data_buffer[3] = 0xFF;
    uint16_t spd = (uint16_t)right_speed_mm_s;
    data_buffer[4] = spd&0xFF;
    data_buffer[5] = (spd>>8)&0xFF;
  }
```

```
// 校验位的计算使用数据位各个数据相加 & 0xFF
for (i = 0; i < MotionLEN - 1; i++)
  checknum += data_buffer[i];

data_buffer[MotionLEN - 1] = checknum & 0xFF;
UART1_Put_Char(0x55); // 帧头
UART1_Put_Char(0x02); // 标识位
UART1_Put_Char(0x06); // 数据位长度(字节数)

UART1_Put_Char(data_buffer[0]);
UART1_Put_Char(data_buffer[1]);
UART1_Put_Char(data_buffer[2]);
UART1_Put_Char(data_buffer[3]);
UART1_Put_Char(data_buffer[4]);
UART1_Put_Char(data_buffer[5]);
UART1_Put_Char(data_buffer[6]);

UART1_Put_Char(0xBB); // 帧尾
}
```

Motion_Send_Data()函数在主循环中被周期性调用，并反馈当前机器人的左右轮速度。程序会先读取左右轮的速度，并将该速度封装成通信协议的数据帧，通过串口发送给"上位机"。在通信协议的封装过程中，帧头、标识位、数据位长度、帧尾都是确定值，可以直接赋值，数据位中的速度则需要额外分解为方向、高位、低位，并且计算出校验位给上位机验证。

IMU 等状态反馈的方法类似，这里不再赘述，大家可以参考相关代码。

6.1.4　应用处理器端协议开发（上位机）

与运动控制器类似，上位机完成应用功能的处理后，也需要通过通信协议下发控制指令，并接收"下位机"反馈的状态，上位机通信协议处理框架如图 6-2 所示。

上位机中同样创建了一个周期稳定的循环，在循环中不断把应用功能计算得到的速度指令封装成串口数据，下发给运动控制器执行，同时接收运动控制器反馈的速度、加速度、角速度等状态，进一步上传给应用功能，帮助机器人完成应用功能的闭环。

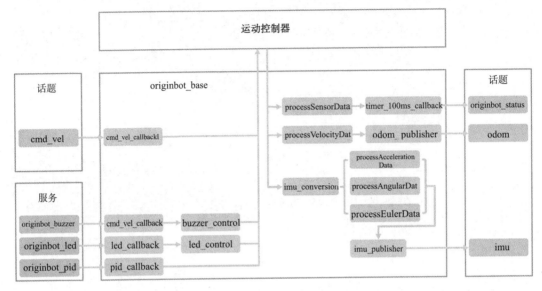

图 6-2 上位机通信协议处理框架

1. 指令发送

以 OriginBot 机器人运动指令的发送为例,当机器人上层应用(如导航、键盘控制)计算得到某一机器人的运动速度后,需要通过串口发送给运动控制器执行,通信协议的封装过程在 OriginBot 下的 originbot_base.cpp 代码文件中。

```
void OriginbotBase::cmd_vel_callback(const geometry_msgs::msg::Twist::SharedPtr msg)
{
    DataFrame cmdFrame;
    float leftSpeed = 0.0, rightSpeed = 0.0;

    float x_linear = msg->linear.x;
    float z_angular = msg->angular.z;

    //差分轮运动学模型求解
    leftSpeed = x_linear - z_angular * ORIGINBOT_WHEEL_TRACK / 2.0;
    rightSpeed = x_linear + z_angular * ORIGINBOT_WHEEL_TRACK / 2.0;

    if (leftSpeed < 0)
        cmdFrame.data[0] = 0x00;
    else
        cmdFrame.data[0] = 0xff;
    cmdFrame.data[1] = int(abs(leftSpeed) * 1000) & 0xff;  //速度值从 m/s 变为 mm/s
    cmdFrame.data[2] = (int(abs(leftSpeed) * 1000) >> 8) & 0xff;
```

```
if (rightSpeed < 0)
    cmdFrame.data[3] = 0x00;
else
    cmdFrame.data[3] = 0xff;

//速度值从 m/s 变为 mm/s
cmdFrame.data[4] = int(abs(rightSpeed) * 1000) & 0xff;
cmdFrame.data[5] = (int(abs(rightSpeed) * 1000) >> 8) & 0xff;

cmdFrame.check = (cmdFrame.data[0] + cmdFrame.data[1] + cmdFrame.data[2] +
                cmdFrame.data[3] + cmdFrame.data[4] + cmdFrame.data[5]) & 0xff;

// 封装速度命令的数据帧
cmdFrame.header = 0x55;
cmdFrame.id     = 0x01;
cmdFrame.length = 0x06;
cmdFrame.tail   = 0xBB;
try
{
    serial_.write(&cmdFrame.header, sizeof(cmdFrame)); //向串口发送数据
}

catch (serial::IOException &e)
{
    //如果发送数据失败，则输出错误信息
    RCLCPP_ERROR(this->get_logger(), "Unable to send data through serial port");
}

// 考虑平稳停车的计数值
if((fabs(x_linear)>0.0001) || (fabs(z_angular)>0.0001))
    auto_stop_count_ = 0;
}
```

    在 ROS 2 开发中，机器人的速度指令一般由话题 cmd_vel 进行传递，所以上层应用输出的速度指令会通过 cmd_vel 话题进入 originbot_base 节点，触发 cmd_vel_callback()回调函数对速度数据进行解析。解析过程中先将机器人整体的线速度和角速度根据机器人的运动学模型分解为两个车轮的速度，接下来根据通信协议填充数据帧，然后补充帧头、帧尾和校验位，最后通过 serial_.write()方法将数据帧写入串口，下位机就可以从串口中读取到数据帧并进行解析和运动控制了。

    运动学模型相关的理论内容，请参考 5.4 节的讲解。

    LED、蜂鸣器的控制与 PID 参数的设置同理，都是按照通信协议填充数据帧，并写入串口即可。

2. 数据接收

应用处理器还会在循环中不断读取串口中的数据，从而获取下位机反馈的信息，串口读取的过程在 readRawData() 函数中实现。

```cpp
void OriginbotBase::readRawData()
{
    uint8_t rx_data = 0;
    DataFrame frame;

    while (rclcpp::ok())
    {
        // 读取1字节数据，寻找帧头
        auto len = serial_.read(&rx_data, 1);
        if (len < 1)
            continue;

        // 发现帧头后开始处理数据帧
        if(rx_data == 0x55)
        {
            // 读取完整的数据帧
            serial_.read(&frame.id, 10);

            // 判断帧尾是否正确
            if(frame.tail != 0xBB)
            {
                RCLCPP_WARN(this->get_logger(), "Data frame tail error!");
                continue;
            }

            frame.header = 0x55;

            // 帧校验
            if(checkDataFrame(frame))
            {
                //处理帧数据
                processDataFrame(frame);
            }
            else
            {
                RCLCPP_WARN(this->get_logger(), "Data frame check failed!");
            }
        }
    }
}
```

　　机器人启动后，readRawData() 函数会在一个单独的线程中循环执行串口的读取任务。当收到的数据为帧头数据，即 0x55 时，由于每个数据包的数据长度相同，所以接下来一次性读取该帧数据的所有信息，如果最后一位数据是帧尾 0xBB，则说明数据帧完整。然后进一步通过校验位判断该帧数据是否有异常，没有异常则通过 processDataFrame() 函数处理数据内容。

```cpp
// 处理传入的数据帧，根据数据帧的 ID 调用相应的处理函数
void OriginbotBase::processDataFrame(DataFrame &frame)
{
    // 使用 switch 语句根据数据帧的 ID 进行分支处理
    switch(frame.id)
    {
    case FRAME_ID_VELOCITY:              // 如果数据帧的 ID 是速度帧
        processVelocityData(frame);      // 调用处理速度数据的函数
        break;

    case FRAME_ID_ACCELERATION:          // 如果数据帧的 ID 是加速度帧
        processAccelerationData(frame);  // 调用处理加速度数据的函数
        break;

    case FRAME_ID_ANGULAR:               // 如果数据帧的 ID 是角速度帧
        processAngularData(frame);       // 调用处理角速度数据的函数
        break;

    case FRAME_ID_EULER:                 // 如果数据帧的 ID 是欧拉角帧
        processEulerData(frame);         // 调用处理欧拉角数据的函数
        break;

    case FRAME_ID_SENSOR:                // 如果数据帧的 ID 是传感器数据帧
        processSensorData(frame);        // 调用处理传感器数据的函数
        break;

    default:
        RCLCPP_ERROR(this->get_logger(), "Frame ID Error[%d]", frame.id);
        break;
    }
}
```

　　processDataFrame() 中根据数据帧的标识位判断当帧数据的内容，并且通过不同的函数实现数据处理。假设收到的数据帧是传感器数据，其中包含了机器人的电池电量，此时就会通过 processSensorData() 完成数据帧中数据的读取，并且保存到机器人状态的变量中，供上层应用使用。

```cpp
void OriginbotBase::processSensorData(DataFrame &frame)
{
```

```
robot_status_.battery_voltage = (float)frame.data[0] + ((float)frame.data[1]/100.0);
}
```

其他数据的接收方法类似，这里不再赘述。

6.2　机器人 ROS 2 底盘驱动开发

了解了机器人通信协议的设计及其在上下位机中的开发，接下来需要大家进一步将这些数据变成机器人功能的真实驱动，在机器人的"大脑"中用好这些数据。本节将在应用处理器中带领大家开发机器人底盘的 ROS 2 功能驱动。

6.2.1　机器人 ROS 2 底盘驱动

机器人是一个复杂的系统工程，从上到下涉及很多功能模块，各部分需要分工合作才能达到最高的开发效率。为了高效沟通，各部分之间只需要把必要的数据发给对方。但如果开发者都按照自己的习惯进行消息定义，就会造成数据丢失或者接口错误的情况，所以在正式开发之前，通常需要提前约定一个规范，便于后续的合作和分发。

本书第 2 章介绍了 ROS 2 的通信机制，ROS 2 的数据传输需要在一个相同的 msg 或者 srv 接口定义下才能实现，其数据通信框架如图 6-3 所示。例如，通过键盘控制机器人运动，发送的速度指令就是 ROS 2 标准定义的线速度和角速度，至于这个速度如何在运动控制器中实现，则由之前开发的运动控制器完成。

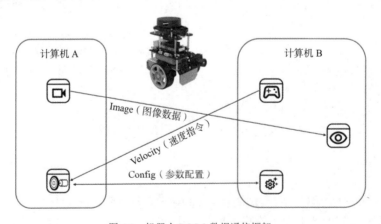

图 6-3　机器人 ROS 2 数据通信框架

再例如，机器人上装有相机，开发者要将相机的图像数据发送给上位机显示，或者进一步完成图像处理。这个图像数据也是 ROS 2 标准定义的，类似编程中的数据结构，按照这样的标准定义，两个节点的功能也被很好地解耦，它们可能是不同的程序员开发的，双方只要遵循指定的规则，就可以把各自开发好的功能完美结合到一起。

所以，要想使用 ROS 2 开发一款智能机器人，就需要按照 ROS 2 的规则把需要通信的数据封装好，这些封装好的功能包被称为机器人 ROS 2 底层驱动。

如图 6-2 所示，originbot_base 是 OriginBot 中的 ROS 2 底盘驱动节点，该节点提供的话题和服务如表 6-10 所示，开发者可以使用这些接口进一步完成上层应用的开发。

表 6-10　OriginBot 机器人 ROS 2 底盘驱动节点中的接口

数据内容	传输方向	接口类型	接口名称	数据类型
速度指令	上层应用→底盘驱动	话题	cmd_vel	geometry_msgs::msg::Twist
里程计	底盘驱动→上层应用	话题	odom	nav_msgs::msg::Odometry
机器人状态	底盘驱动→上层应用	话题	originbot_status	originbot_msgs::msg::OriginbotStatus
蜂鸣器状态	上层应用→底盘驱动	服务	originbot_buzzer	originbot_msgs::srv::OriginbotBuzzer
LED 状态	上层应用→底盘驱动	服务	originbot_led	originbot_msgs::srv::OriginbotLed
左轮 PID 参数	上层应用→底盘驱动	服务	originbot_left_pid	originbot_msgs::srv::OriginbotPID
右轮 PID 参数	上层应用→底盘驱动	服务	originbot_right_pid	originbot_msgs::srv::OriginbotPID
tf 坐标系	底盘驱动→上层应用	tf	-	tf2_ros::TransformBroadcaster

相关接口的具体实现在 originbot_base.cpp 中 OriginbotBase 的构造函数中定义，具体代码实现如下。

```cpp
// 创建里程计、机器人状态的发布者
odom_publisher_  = this->create_publisher<nav_msgs::msg::Odometry>("odom", 10);
status_publisher_ =
this->create_publisher<originbot_msgs::msg::OriginbotStatus>("originbot_status", 10);

// 创建速度指令的订阅者
cmd_vel_subscription_ =
this->create_subscription<geometry_msgs::msg::Twist>("cmd_vel", 10,
std::bind(&OriginbotBase::cmd_vel_callback, this, _1));

// 创建控制蜂鸣器和 LED 的服务
buzzer_service_ =
this->create_service<originbot_msgs::srv::OriginbotBuzzer>("originbot_buzzer",
std::bind(&OriginbotBase::buzzer_callback, this, _1, _2));
led_service_ =
this->create_service<originbot_msgs::srv::OriginbotLed>("originbot_led",
std::bind(&OriginbotBase::led_callback, this, _1, _2));
left_pid_service_ =
this->create_service<originbot_msgs::srv::OriginbotPID>("originbot_left_pid",
std::bind(&OriginbotBase::left_pid_callback, this, _1, _2));
right_pid_service_ =
```

```
this->create_service<originbot_msgs::srv::OriginbotPID>("originbot_right_pid",
std::bind(&OriginbotBase::right_pid_callback, this, _1, _2));

    // 创建 tf 广播器
    tf_broadcaster_ = std::make_unique<tf2_ros::TransformBroadcaster>(*this);
```

1. 上层应用→底盘驱动

无论是 SLAM 建图还是自主导航，又或者是视觉应用，都离不开对机器人的运动控制，所以机器人需要一个速度控制的接口，ROS 2 中一般把 cmd_vel 话题作为机器人速度控制的话题。

在 OriginBot 机器人中，当上层应用节点发布 cmd_vel 话题数据时，originbot_base 驱动节点中的 cmd_vel 话题订阅者就可以得到线速度和角速度消息，并完成运动学解算，将机器人的整体速度换算成两个轮子的速度，通过通信协议中定义的数据帧下发给运动控制器，由运动控制器完成 PID 闭环控制，让电机转起来。

如果要修改运动控制器中的 PID 参数，则可以通过 Service 实现，例如 originbot_base 驱动节点实现了 PID 参数动态配置的服务。大家可以回忆本书第 2 章介绍的服务通信，当服务端完成计算后会将结果反馈给调用该服务的节点，这里就是将 PID 是否设置完成的结果反馈给客户端。

除此之外，OriginBot 机器人上设计了 LED、蜂鸣器等功能，同样利用服务进行了封装，originbot_base 驱动节点作为服务器，一旦有客户端发送请求，就会把请求的指令通过串口发送给运动控制器，打开或者关闭 LED 和蜂鸣器，最后向客户端反馈结果。

这里的话题和服务的实现，就是 ROS 2 中核心概念的典型应用，大家之前学习了 ROS 2 的基础理论，在这里就派上用场了。

2. 底盘驱动→上层应用

上层应用不仅要给机器人发指令，还需要知道机器人的很多状态信息，这些信息由运动控制器反馈给应用处理器中的 ROS 2 驱动节点 originbot_base，再分别封装成对应的 ROS 2 话题，反馈给订阅该数据的应用节点。

对于移动机器人而言，最为常用的反馈信息就是里程计 odom 和姿态传感器 imu 话题消息。odom 记录机器人当前的位姿，imu 记录机器人实时的加速度和角速度，两者都是机器人定位的基础数据。

通过学习第 5 章，我们已经可以在运动控制器中读取 odom 和 imu 的数据，并且通过学习 6.1 节，我们可以通过通信协议的数据帧向 ROS 2 驱动节点发送 originbot_base。只需要将这些数据封装成 ROS 2 标准定义的消息，再通过 ROS 2 中的发布者对象发布出来就可以。

此外，为了方便调试，ROS 2 还专门设置了机器人状态 originbot_status 这个自定义的消息结构，它会将机器人的电量、LED 和蜂鸣器状态发布出来，便于大家查看或使用。

本节的内容不仅适用于开发 OriginBot 机器人，也同样适合在 ROS 1 或 ROS 2 环境下开发绝大部分移动机器人的 ROS 底盘驱动。

6.2.2　速度控制话题的订阅

运动是机器人至关重要的功能，不同形态机器人的运动方式也不尽相同，有类似 OriginBot 的差速运动，有类似无人机的飞行运动，还有类似人形机器人的步态控制。对于 ROS 2，无论是哪种形态的机器人，各种应用功能输出的运动指令都是 Twist 消息的 cmd_vel 话题，这就需要开发机器人的工程师做好对应该话题的底盘驱动开发，实现不同运动结构的底层控制。

以 OriginBot 机器人为例，当收到来自上层应用（如自主导航、键盘控制）发布的速度话题 cmd_vel 后，如何控制机器人运动起来呢？

如图 6-4 所示，originbot_base 节点订阅 cmd_vel 话题，一旦收到话题消息，就会通过 cmd_vel_callback()回调函数处理收到的 Twist 速度。

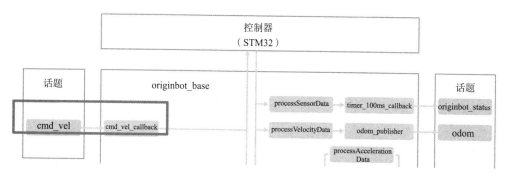

图 6-4　OriginBot 机器人运动控制框图

OriginBot 底盘驱动中速度控制功能的具体代码如下。

```cpp
void OriginbotBase::cmd_vel_callback(const geometry_msgs::msg::Twist::SharedPtr msg)
{
    DataFrame cmdFrame;
    float leftSpeed = 0.0, rightSpeed = 0.0;

    float x_linear = msg->linear.x;
    float z_angular = msg->angular.z;

    // 差分轮运动学模型求解
    leftSpeed  = x_linear - z_angular * ORIGINBOT_WHEEL_TRACK / 2.0;
    rightSpeed = x_linear + z_angular * ORIGINBOT_WHEEL_TRACK / 2.0;

    if (leftSpeed < 0)
        cmdFrame.data[0] = 0x00;
```

```
else
    cmdFrame.data[0] = 0xff;
cmdFrame.data[1] = int(abs(leftSpeed) * 1000) & 0xff; //速度值从 m/s 变为 mm/s
cmdFrame.data[2] = (int(abs(leftSpeed) * 1000) >> 8) & 0xff;

if (rightSpeed < 0)
    cmdFrame.data[3] = 0x00;
else
    cmdFrame.data[3] = 0xff;
cmdFrame.data[4] = int(abs(rightSpeed) * 1000) & 0xff; //速度值从 m/s 变为 mm/s
cmdFrame.data[5] = (int(abs(rightSpeed) * 1000) >> 8) & 0xff;

cmdFrame.check = (cmdFrame.data[0] + cmdFrame.data[1] + cmdFrame.data[2] +
                cmdFrame.data[3] + cmdFrame.data[4] + cmdFrame.data[5]) & 0xff;

// 封装速度命令的数据帧
cmdFrame.header = 0x55;
cmdFrame.id     = 0x01;
cmdFrame.length = 0x06;
cmdFrame.tail   = 0xBB;
try
{
    serial_.write(&cmdFrame.header, sizeof(cmdFrame)); //向串口发送数据
}

catch (serial::IOException &e)
{
    // 如果发送数据失败，则输出错误信息
    RCLCPP_ERROR(this->get_logger(), "Unable to send data through serial port");
}

// 考虑平稳停车的计数值
if((fabs(x_linear)>0.0001) || (fabs(z_angular)>0.0001))
    auto_stop_count_ = 0;
}
```

　　Twist 消息包含两部分：一是线速度（linear），二是角速度（angular），每个速度又由 x、y、z 三个分量组成。对于平面差速移动的机器人来讲，只有 x 方向的线速度（即前后运动）和围绕 z 轴的角速度（即左右旋转）有效，根据两轮差速的运动学模型，就可以求解得到两个轮子的速度指令，然后将其封装成通信数据帧，通过串口发送给运动控制器执行。

　　关于运动学模型相关的理论内容，请参考 5.4 节的讲解。

　　如图 6-5 所示，以键盘控制为例，我们一起体验一下机器人速度控制中话题的发布与订阅过程。

图 6-5　ROS 2 运动控制方式

首先通过 SSH 远程登录 OriginBot 机器人中的 Ubuntu 系统，启动两个终端分别输入以下命令。

```
# 启动机器人底盘节点 originbot_base
$ ros2 launch originbot_bringup originbot.launch.py

# 启动键盘控制节点
$ ros2 run teleop_twist_keyboard teleop_twist_keyboard
```

关于 SSH 软件的使用，请参考 2.11 节的内容。

第一行指令将启动机器人的底盘节点 originbot_base，其中会订阅 cmd_vel 话题，如图 6-6 所示。

```
root@ubuntu:~
root@ubuntu:~# ros2 launch originbot_bringup originbot.launch.py
[INFO] [launch]: All log files can be found below /root/.ros/log/2024-08-13-12-4
2-44-188953-ubuntu-5726
[INFO] [launch]: Default logging verbosity is set to INFO
[INFO] [originbot_base-1]: process started with pid [5728]
[INFO] [static_transform_publisher-2]: process started with pid [5730]
[INFO] [static_transform_publisher-3]: process started with pid [5732]
[originbot_base-1] Loading parameters:
[originbot_base-1]        - port name: ttyS3
[originbot_base-1]        - correct factor vx: 0.8980
[originbot_base-1]        - correct factor vth: 0.8740
[originbot_base-1]        - auto stop on: 0
[originbot_base-1]        - use imu: 0
[static_transform_publisher-3] [INFO] [1723524165.495855608] [static_transform_p
ublisher_Uw8dajyX7ixVLHr4]: Spinning until killed publishing transform from '/ba
se_link' to '/imu_link'
[static_transform_publisher-2] [INFO] [1723524165.495855650] [static_transform_p
ublisher_rZPW4mN1kPlQWPLf]: Spinning until killed publishing transform from '/ba
se_footprint' to '/base_link'
[originbot_base-1] [INFO] [1723524165.518974232] [originbot_base]: originbot ser
ial port opened
[originbot_base-1] [INFO] [1723524166.020188785] [originbot_base]: OriginBot Sta
rt, enjoy it.
```

图 6-6　启动机器人底盘节点

第二行指令启动键盘控制节点，读取键盘按键后发布 cmd_vel 话题，这样两个节点就可以相互通信。类似于控制海龟仿真，此时可以根据图 6-7 所示的终端中的信息操作 OriginBot 机器人运动。

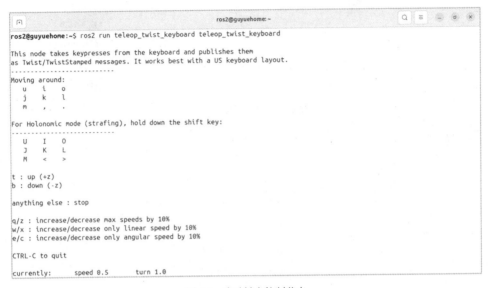

图 6-7　启动键盘控制节点

6.2.3　里程计话题与 tf 的维护

现在已经可以通过话题订阅让机器人动起来了，此时 OriginBot 机器人会发生位置变化，随着机器人的不断运动，如何确定它每时每刻的位置呢？这涉及机器人定位。

在 ROS 2 系统中，里程计是机器人定位的重要方式，OriginBot 机器人中使用编码器为里程计提供数据，在运动控制器中周期性采样两个轮子编码器反馈的速度信号，并且上传到应用处理器中。接下来，originbot_base 节点需要将速度进一步封装成 odom 里程计话题，同时不断刷新 tf 坐标树，让上层应用知道当前机器人的位置，如图 6-8 所示。

里程计根据速度对时间的积分求得位置，这种方法对误差十分敏感，所以精确的数据采集、设备标定、数据滤波等措施是十分必要的。

里程计中的机器人姿态涉及很多坐标关系，大家需要先了解 ROS 2 中关于位姿数据的基本规则。首先是单位，关于距离的单位默认是米（m），关于时间的单位默认是秒（s），关于速度的单位默认是米/秒（m/s），关于角的单位是弧度（rad）。

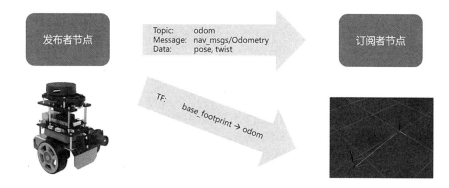

图 6-8　odom 里程计话题发布

其次是方向，如图 6-9 所示，ROS 2 默认的原则是右手坐标系。大家伸出右手，食指所指的是 x 轴的正方向，中指所指的是 y 轴的正方向，拇指所指的是 z 轴的正方向，所以机器人向前走，相当于给它一个 x 方向上的正速度，机器人向右平移，相当于给它一个 y 方向上的负速度。至于旋转，还是使用右手定则，弯曲四指，拇指是旋转轴的正方向，四指弯曲的方向就是旋转的正方向。例如，机器人在地面上向左转就是正的角速度，向右转就是负的角速度。

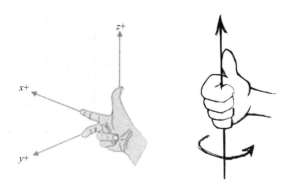

图 6-9　ROS 2 中的坐标系方向（右手坐标系）

体验一下机器人运动过程中的位置变化。首先，通过 SSH 远程登录 OriginBot，在两个终端分别输入以下命令，启动机器人的底盘和键盘控制节点。

```
$ ros2 launch originbot_bringup originbot.launch.py
$ ros2 run teleop_twist_keyboard teleop_twist_keyboard
```

接下来，在安装好 ROS 2 且和机器人处于同一网络的计算机上启动一个终端，输入以下命令启动 RViz 可视化软件。

```
$ ros2 run rviz2 rviz2
```

RViz 启动成功后，在 Fixed Frame 下拉列表中选择 odom，单击"Add"添加 tf 显示项，此时可以在 RViz 中看到代表机器人位姿的 base_footprint 坐标系和代表里程计坐标原点的 odom 坐标系，这两个坐标系之间的相对关系，就表示机器人使用里程计的定位结果。通过键盘控制机器人运动，可以实时看到两个坐标系之间的位姿变化，如图 6-10 所示。

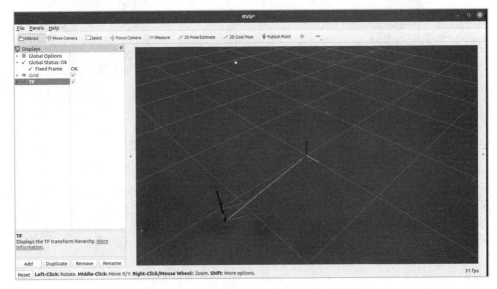

图 6-10　通过 RViz 显示机器人的 tf 坐标系关系

这里的里程计定位过程是如何实现的呢？

1. 里程计积分计算

运动控制器通过编码器实时采集 OriginBot 机器人左右两个轮子的速度，并且将其封装成通信协议的数据帧。通过串口将这些数据帧上传到应用处理器中的 originbot_base 节点，然后进入 processVelocityData 函数解析速度数据，并且通过运动学模型积分计算当前的里程位姿，再通过 odom 话题将其发布出去，完整的代码实现如下。

```
void OriginbotBase::processVelocityData(DataFrame &frame)
{
    float left_speed = 0.0, right_speed = 0.0;
    float vx = 0.0, vth = 0.0;
    float delta_th = 0.0, delta_x = 0.0, delta_y = 0.0;

    // 计算两个周期之间的时间差
    static rclcpp::Time last_time_ = this->now();
    current_time_ = this->now();
```

```
float dt = (current_time_.seconds() - last_time_.seconds());
last_time_ = current_time_;

// 获取机器人两侧轮子的速度，完成单位转换 mm/s --> m/s
uint16_t dataTemp = frame.data[2];
float speedTemp = (float)((dataTemp << 8) | frame.data[1]);
if (frame.data[0] == 0)
    left_speed = -1.0 * speedTemp / 1000.0;
else
    left_speed = speedTemp / 1000.0;

dataTemp = frame.data[5];
speedTemp = (float)((dataTemp << 8) | frame.data[4]);
if (frame.data[3] == 0)
    right_speed = -1.0 * speedTemp / 1000.0;
else
    right_speed = speedTemp / 1000.0;

// 通过两侧轮子的速度，计算机器人整体的线速度和角速度，通过校正参数进行校准
vx = correct_factor_vx_  * (left_speed + right_speed) / 2;
vth = correct_factor_vth_ * (right_speed - left_speed) / ORIGINBOT_WHEEL_TRACK;

// 计算里程计单周期内的姿态
delta_x = vx * cos(odom_th_) * dt;
delta_y = vx * sin(odom_th_) * dt;
delta_th = vth * dt;

// 计算里程计的累积姿态
odom_x_  += delta_x;
odom_y_  += delta_y;
odom_th_ += delta_th;

// 校正姿态角度，让机器人处于−180°~180°之间
if(odom_th_ > M_PI)
    odom_th_ -= M_PI*2;
else if(odom_th_ < (-M_PI))
    odom_th_ += M_PI*2;

// 发布里程计话题，完成 tf 广播
odom_publisher(vx, vth);
}
```

里程计在各个类型的机器人中运用十分广泛，以上代码是里程计积分计算位姿的常用框架，这里对关键代码再做拆分解析。

```
// 计算两个周期之间的时间差
static rclcpp::Time last_time_ = this->now();
current_time_ = this->now();

float dt = (current_time_.seconds() - last_time_.seconds());
last_time_ = current_time_;
```

里程计通过速度对时间的积分得到位移，时间间隔至关重要，这里定义了两个静态变量 last_time_ 和 current_time_，分别记录上一次和这一次执行 processVelocityData 函数的时间戳，将时间戳相减得到本次积分所需的时间间隔 dt。

```
// 获取机器人两侧轮子的速度，完成单位转换 mm/s --> m/s
uint16_t dataTemp = frame.data[2];
float speedTemp = (float)((dataTemp << 8) | frame.data[1]);
if (frame.data[0] == 0)
    left_speed = -1.0 * speedTemp / 1000.0;
else
    left_speed = speedTemp / 1000.0;

dataTemp = frame.data[5];
speedTemp = (float)((dataTemp << 8) | frame.data[4]);
if (frame.data[3] == 0)
    right_speed = -1.0 * speedTemp / 1000.0;
else
    right_speed = speedTemp / 1000.0;
```

接下来解析运动控制器反馈两个轮子的速度值 left_speed 和 right_speed，并且转换成 ROS 2 通用速度单位——m/s，速度数值的正负号表示轮子的正转或反转。

```
// 通过两侧轮子的速度，计算机器人整体的线速度和角速度，通过校正参数进行校准
vx = correct_factor_vx_ * (left_speed + right_speed) / 2;
vth = correct_factor_vth_ * (right_speed - left_speed) / ORIGINBOT_WHEEL_TRACK;
```

有了两个轮子的速度，结合两轮差速的运动学模型，继续求解以机器人中心为原点的线速度和角速度。

为此处添加了两个线性校正系数 correct_factor_vx_ 和 correct_factor_vth_，用于校准实际距离和理论积分距离之间的线性偏差。

```
// 计算里程计单周期内的姿态
delta_x = vx * cos(odom_th_) * dt;
delta_y = vx * sin(odom_th_) * dt;
delta_th = vth * dt;

// 计算里程计的累积姿态
```

```
odom_x_  += delta_x;
odom_y_  += delta_y;
odom_th_ += delta_th;
```

得到了时间间隔 dt 和机器人的速度 vx、vth，现在就可以计算在 dt 时间内机器人的 *x* 向位移 delta_x、*y* 向位移 delta_y、围绕 *z* 轴的旋转角度 delta_th，然后通过静态变量 odom_x_、odom_y_、odom_th_ 累加所有时间间隔内的位移和旋转，这样就通过积分的方式得到了机器人当前的坐标位置和旋转角度。

```
// 校正姿态角度，让机器人处于−180°~180°之间
if (odom_th_ > M_PI)
    odom_th_ -= M_PI*2;
else if (odom_th_ < (-M_PI))
    odom_th_ += M_PI*2;

// 发布里程计话题，完成 tf 广播
odom_publisher(vx, vth);
```

由于使用积分方法，当机器人旋转超过 180°后，角度值会超过 π，为了保持机器人的角度值永远处于±π 之间，这里额外做了姿态校正。

完成以上所有处理后，就可以通过 odom_publisher()函数发布 odom 话题，并且更新 tf 坐标树。

2. 里程计话题发布与 tf 坐标系维护

在 ROS 2 系统中，里程计话题所使用的消息是 nav_msgs/msg/Odometry，详细定义如下。

```
# 包含里程数据参考坐标系的名称 frame_id
std_msgs/Header header
   builtin_interfaces/Time stamp
      int32 sec
      uint32 nanosec
   string frame_id

# 机器人基坐标系
string child_frame_id

# 参考坐标系下的机器人位姿估计，包含位置（坐标）和姿态（四元数）
geometry_msgs/PoseWithCovariance pose
   Pose pose
      Point position
         float64 x
         float64 y
         float64 z
      Quaternion orientation
```

```
        float64 x 0
        float64 y 0
        float64 z 0
        float64 w 1
    float64[36] covariance

# 参考坐标系下的机器人状态估计，包含线速度和角速度
geometry_msgs/TwistWithCovariance twist
    Twist twist
        Vector3  linear
            float64 x
            float64 y
            float64 z
        Vector3  angular
            float64 x
            float64 y
            float64 z
    float64[36] covariance
```

里程计消息包含两部分。

- **pose**：机器人当前位置坐标，包括机器人的 x、y、z 三轴位置与方向参数，以及用于校正误差的协方差矩阵。
- **twist**：机器人当前的运动状态，包括 x、y、z 三轴的线速度与角速度，以及用于校正误差的协方差矩阵。

在上述消息结构中，除速度与位置的关键信息外，还包含用于滤波算法的协方差矩阵。在精度要求不高的机器人系统中，可以使用默认的协方差矩阵；而在精度要求较高的系统中，需要先对机器人精确建模，再通过仿真、实验等方法确定该矩阵的具体数值。

接下来，在 odom_publisher()函数中，将计算好的里程计数据封装为 Odometry 消息，并且发布出去，具体的代码实现如下。

```
void OriginbotBase::odom_publisher(float vx, float vth)
{
    auto odom_msg = nav_msgs::msg::Odometry();

    //里程数据计算
    odom_msg.header.frame_id = "odom";
    odom_msg.header.stamp = this->get_clock()->now();
    odom_msg.pose.pose.position.x = odom_x_;
    odom_msg.pose.pose.position.y = odom_y_;
    odom_msg.pose.pose.position.z = 0;
```

```cpp
tf2::Quaternion q;
q.setRPY(0, 0, odom_th_);
odom_msg.child_frame_id = "base_footprint";
odom_msg.pose.pose.orientation.x = q[0];
odom_msg.pose.pose.orientation.y = q[1];
odom_msg.pose.pose.orientation.z = q[2];
odom_msg.pose.pose.orientation.w = q[3];

const double odom_pose_covariance[36] = {1e-3, 0, 0, 0, 0, 0,
                                         0, 1e-3, 0, 0, 0, 0,
                                         0, 0, 1e6, 0, 0, 0,
                                         0, 0, 0, 1e6, 0, 0,
                                         0, 0, 0, 0, 1e6, 0,
                                         0, 0, 0, 0, 0, 1e-9};
const double odom_pose_covariance2[36]= {1e-3, 0, 0, 0, 0, 0,
                                         0, 1e-3, 0, 0, 0, 0,
                                         0, 0, 1e6, 0, 0, 0,
                                         0, 0, 0, 1e6, 0, 0,
                                         0, 0, 0, 0, 1e6, 0,
                                         0, 0, 0, 0, 0, 1e-9};


odom_msg.twist.twist.linear.x = vx;
odom_msg.twist.twist.linear.y = 0.00;
odom_msg.twist.twist.linear.z = 0.00;

odom_msg.twist.twist.angular.x = 0.00;
odom_msg.twist.twist.angular.y = 0.00;
odom_msg.twist.twist.angular.z = vth;

const double odom_twist_covariance[36] = {1e-3, 0, 0, 0, 0, 0,
                                          0, 1e-3, 1e-9, 0, 0, 0,
                                          0, 0, 1e6, 0, 0, 0,
                                          0, 0, 0, 1e6, 0, 0,
                                          0, 0, 0, 0, 1e6, 0,
                                          0, 0, 0, 0, 0, 1e-9};
const double odom_twist_covariance2[36] = {1e-3, 0, 0, 0, 0, 0,
                                           0, 1e-3, 1e-9, 0, 0, 0,
                                           0, 0, 1e6, 0, 0, 0,
                                           0, 0, 0, 1e6, 0, 0,
                                           0, 0, 0, 0, 1e6, 0,
                                           0, 0, 0, 0, 0, 1e-9};

if (vx == 0 && vth == 0)
    memcpy(&odom_msg.pose.covariance, odom_pose_covariance2,
sizeof(odom_pose_covariance2)),
```

```
            memcpy(&odom_msg.twist.covariance, odom_twist_covariance2,
sizeof(odom_twist_covariance2));
        else
            memcpy(&odom_msg.pose.covariance, odom_pose_covariance,
sizeof(odom_pose_covariance)),
            memcpy(&odom_msg.twist.covariance, odom_twist_covariance,
sizeof(odom_twist_covariance));

        // 发布里程计话题
        odom_publisher_->publish(odom_msg);

        geometry_msgs::msg::TransformStamped t;

        t.header.stamp = this->get_clock()->now();
        t.header.frame_id = "odom";
        t.child_frame_id  = "base_footprint";

        t.transform.translation.x = odom_x_;
        t.transform.translation.y = odom_y_;
        t.transform.translation.z = 0.0;

        t.transform.rotation.x = q[0];
        t.transform.rotation.y = q[1];
        t.transform.rotation.z = q[2];
        t.transform.rotation.w = q[3];

        if(pub_odom_){
            // 广播里程计 tf
            tf_broadcaster_->sendTransform(t);
        }
    }
```

以上代码首先创建里程计消息 odom_msg，并将之前计算好的里程计数据 odom_x_、odom_y_填充进去。在姿态数据部分，Odometry 消息中的姿态描述使用的是四元数，而之前计算的姿态是欧拉角，两者意义相同但描述方法不同，所以需要使用 tf2::Quaternion 提供的setRPY()方法将欧拉角转换为四元数。此外，Odometry 消息中还包含协方差矩阵，可用于未来的滤波计算。里程计消息填充完毕后，就可以通过 odom_publisher_ 发布，便于上层应用订阅使用机器人的定位数据。

在 ROS 2 系统中，除了发布 Odom 数据，还需要通过 tf 维护机器人本体与外界环境之间的位姿关系，所以 odom_publisher()函数还根据里程计数据、通过 tf_broadcaster_ 广播更新了 tf。

以上就是机器人里程计相关话题发布和 tf 更新维护的代码实现。

6.2.4 机器人状态的动态监控

里程计是机器人重要的状态数据，除此之外，机器人的状态数据通常还有电池电量、I/O 状态等。OriginBot 机器人也进行了这部分的设计和实现。

由于每个机器人能够提供的状态不完全一样，ROS 2 中并没有针对类似消息的标准定义，大家可以通过消息接口自定义的方式来实现，例如本书针对 OriginBot 机器人设计了 originbot_msgs/msg/OriginbotStatus 消息。

```
float32 battery_voltage      # 电池电量，单位 V
bool buzzer_on               # 机器人上蜂鸣器的状态，true 表示开启，false 表示关闭
bool led_on                  # 机器人上 LED 的状态，true 表示开启，false 表示关闭
```

这些机器人的状态数据都是从运动控制器周期性反馈到应用处理器中的，数据解析后保存到程序对应的变量中，具体的代码实现如下。

```
void OriginbotBase::timer_100ms_callback()
{
    ...

    // 发布机器人的状态信息
    originbot_msgs::msg::OriginbotStatus status_msg;

    status_msg.battery_voltage = robot_status_.battery_voltage;
    status_msg.buzzer_on = robot_status_.buzzer_on;
    status_msg.led_on = robot_status_.led_on;

    status_publisher_->publish(status_msg);
}
```

在 OriginBot ROS 2 底盘驱动节点的构造函数 OriginbotBase()中，创建一个周期为 100ms 的定时器，按照 10Hz 的频率触发 timer_100ms_callback()回调函数，创建机器人的状态消息 status_msg。填充当前最新的状态信息后，通过 status_publisher_ 发布出去。如果其他应用或终端需要查看机器人的状态，就可以订阅 originbot_status 话题获取该信息。

例如通过命令行的方式，订阅 originbot_status 话题，结果如图 6-11 所示。

```
$ ros2 topic echo /originbot_status
```

订阅 originbot_status 话题前，请确保已通过以下命令启动机器人底盘节点 ros2 launch originbot_bringup originbot.launch.py。

图 6-11　订阅 originbot_status 话题

在机器人状态中显示的蜂鸣器和 LED 该如何控制呢？可以使用 Service 服务机制实现对应的接口驱动，不过需要自定义服务机制的接口 originbot_msgs/srv/OriginbotBuzzer 和 originbot_msgs/srv/OriginbotLed，它们的数据结构相同。

```
bool on       # I/O控制指令，true打开，false关闭
---
bool result   # 反馈I/O控制结果，true表示成功，false表示失败
```

以蜂鸣器的接口驱动为例，详细的代码实现如下。

```
bool OriginbotBase::buzzer_control(bool on)
{
    DataFrame configFrame;

    // 封装蜂鸣器指令的数据帧
    configFrame.header = 0x55;
    configFrame.id     = 0x07;
    configFrame.length = 0x06;
    configFrame.data[0]= 0x00;
    configFrame.data[1]= 0x00;
    configFrame.data[2]= 0xFF;

    if(on)
        configFrame.data[3]= 0xFF;
    else
        configFrame.data[3]= 0x00;
```

```
    configFrame.data[4]= 0x00;
    configFrame.data[5]= 0x00;
    configFrame.check = (configFrame.data[0] + configFrame.data[1] + configFrame.data[2] +
            configFrame.data[3] + configFrame.data[4] + configFrame.data[5]) & 0xff;
    configFrame.tail  = 0xBB;

    try
    {
        serial_.write(&configFrame.header, sizeof(configFrame)); //向串口发送数据
    }

    catch (serial::IOException &e)
    {
        //如果发送数据失败，则输出错误信息
        RCLCPP_ERROR(this->get_logger(), "Unable to send data through serial port");
    }

    return true;
}

void OriginbotBase::buzzer_callback(const
std::shared_ptr<originbot_msgs::srv::OriginbotBuzzer::Request> request,
std::shared_ptr<originbot_msgs::srv::OriginbotBuzzer::Response> response)
{
    robot_status_.buzzer_on = request->on;

    if(buzzer_control(robot_status_.buzzer_on))
    {
        RCLCPP_INFO(this->get_logger(), "Set Buzzer state to %d", robot_status_.buzzer_on);
        response->result = true;
    }
    else
    {
        RCLCPP_WARN(this->get_logger(), "Set Buzzer state error [%d]",
robot_status_.buzzer_on);
        response->result = false;
    }
}
```

当有客户端请求蜂鸣器控制的服务后，底盘驱动中的服务器进入 buzzer_callback()回调函数，根据请求中的 I/O 控制指令 request->on，使用 buzzer_control()函数封装通信协议的数据帧，然后通过 serial_.write()函数发送到运动控制器端操作蜂鸣器 I/O。如果控制成功，则服务器反馈结果 true，否则反馈 false。

也可以通过以下命令控制蜂鸣器打开或关闭，如图 6-12 所示，在终端中可以看到服务反馈的结果。

```
## 打开蜂鸣器
$ ros2 service call /originbot_buzzer originbot_msgs/srv/OriginbotBuzzer "'on': true"

## 关闭蜂鸣器
$ ros2 service call /originbot_buzzer originbot_msgs/srv/OriginbotBuzzer "'on': false"
```

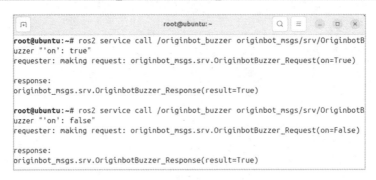

图 6-12　通过服务控制 OriginBot 中的蜂鸣器打开或关闭

与机器人上蜂鸣器的控制方式相同，OriginBot 的底盘驱动中还实现了 LED 的控制和 PID 参数的修改，具体代码的实现这里不再赘述，大家可以在终端中使用如下服务调用动态控制。

```
## 打开 LED
$ ros2 service call /originbot_led originbot_msgs/srv/OriginbotLed "'on': true"
## 关闭 LED
$ ros2 service call /originbot_led originbot_msgs/srv/OriginbotLed "'on': false"

## 设置左轮的 PID 控制参数
$ ros2 service call /originbot_left_pid originbot_msgs/srv/OriginbotPID "{'p': 10, 'i': 0,
'd': 0.1}"
## 设置右轮的 PID 控制参数
$ ros2 service call /originbot_right_pid originbot_msgs/srv/OriginbotPID "{'p': 10, 'i': 0,
'd': 0.1}"
```

到这里为止，基于 ROS 2 的核心概念和分布式通信网络，以 OriginBot 机器人为例，我们实现了机器人底盘的 ROS 2 驱动开发，在此之上，后续章节将继续搭建机器人的上层应用功能！

6.3　机器人运动编程与可视化

完成 ROS 2 底盘驱动开发后，就可以通过 ROS 2 控制机器人运动并获取传感器信息了。本节从机器人最基础的运动功能开始，搭建一个简单的运动控制应用。

在海龟仿真器的应用中，大家通过命令行发布速度指令，让海龟走出一个圆形轨迹，本节将尝试让实物机器人走出一个圆形轨迹。

6.3.1　ROS 2 速度控制消息定义

6.2 节介绍了 ROS 2 机器人运动控制通常将 cmd_vel 话题作为接口，机器人底盘驱动会解析 cmd_vel 发布的消息，这个消息的类型是 Twist，其中具体的数据结构是什么样的呢？大家可以使用如下指令查看，其结构如图 6-13 所示。

```
$ ros2 interface show geometry_msgs/msg/Twist
```

```
ros2@guyuehome:~$ ros2 interface show geometry_msgs/msg/Twist
# This expresses velocity in free space broken into its linear and angular parts
.

Vector3  linear
        float64 x
        float64 y
        float64 z
Vector3  angular
        float64 x
        float64 y
        float64 z
```

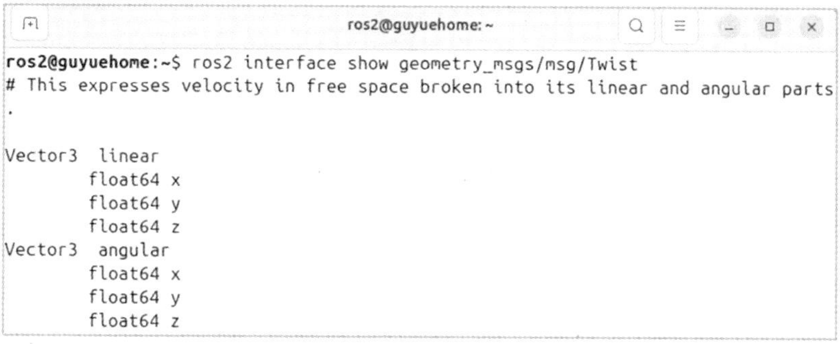

图 6-13　Twist 消息结构

可以看到，Twist 消息非常简洁，只包含线速度和角速度两个向量，每个向量由 x、y、z 三轴的分量组成，无论是地上跑的、天上飞的、水下游的机器人，只要在三维世界中运动，都可以通过 Twist 消息传递速度指令。

再次强调，在 ROS 2 系统中，线速度默认的单位是 m/s，角速度默认的单位是 rad/s。根据右手坐标系原则确定方向，向前走是 x 正方向，向左转是围绕 z 轴旋转的正方向。

在机器人 ROS 2 底盘驱动中，已经集成了速度指令的订阅者，如果要控制机器人走一个圆，只需要创建一个线速度和角速度的 Twist 消息，并通过速度话题发布。

大家可以使用控制海龟的方式，直接在命令行中发布 OriginBot 的速度话题。

```
$ ros2 topic pub --rate 1 /cmd_vel geometry_msgs/msg/Twist "{linear: {x: 0.2, y: 0.0, z: 0.0}, angular: {x: 0.0, y: 0.0, z: 0.8}}"
```

以上命令以 1Hz 的频率发布 x 轴平移线速度为 0.2m/s、z 轴旋转角速度为 0.8rad/s，此时启动机器人的底盘，就可以看到机器人自动走出一个圆形的轨迹了，效果如图 6-14 所示。

图 6-14　机器人圆周运动效果

6.3.2　运动编程与可视化

除了通过命令行发布话题，更常用的方式是编写程序发布速度话题，这样更容易集成到机器人应用中。例如，机器人看到前边有障碍物，通过程序发布速度话题，调转方向躲过障碍物。

我们先运行完整的例程看一下效果。启动 OriginBot 机器人的底盘后，在机器人或者同网络的计算机端运行如下指令，运行过程如图 6-15 所示。

```
$ ros2 run originbot_demo draw_circle
```

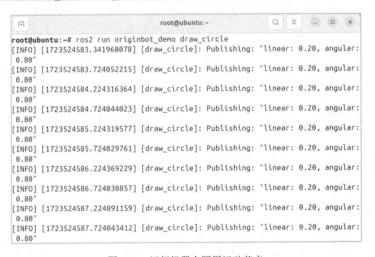

图 6-15　运行机器人圆周运动节点

启动成功后，就可以看到机器人像图 6-14 所示那样，开始做圆周运动了。

继续深入学习以上节点的代码编程方法，代码文件是 originbot_demo/draw_circle.py，完整内容如下。

```python
import rclpy                               # ROS 2 Python 接口库
from rclpy.node import Node                # ROS 2 节点类
from geometry_msgs.msg import Twist        # 速度话题的消息


"""
创建一个发布者节点
"""
class PublisherNode(Node):

    def __init__(self, name):
        super().__init__(name)             # ROS 2 节点父类初始化
        # 创建发布者对象（消息类型、话题名、队列长度）
        self.pub = self.create_publisher(Twist, 'cmd_vel', 10)
        # 创建一个定时器（单位为 s 的周期，定时执行的回调函数）
        self.timer = self.create_timer(0.5, self.timer_callback)

    def timer_callback(self):              # 创建定时器周期性执行的回调函数
        twist = Twist()                    # 创建一个 Twist 类型的消息对象
        twist.linear.x = 0.2               # 填充消息对象中的线速度
        twist.angular.z = 0.8              # 填充消息对象中的角速度
        self.pub.publish(twist)            # 发布话题消息
        self.get_logger().info('Publishing: "linear: %0.2f, angular: %0.2f"' %
(twist.linear.x, twist.angular.z))

def main(args=None):                       # ROS 2 节点主入口 main 函数
    rclpy.init(args=args)                  # ROS 2 Python 接口初始化
    node = PublisherNode("draw_circle")    # 创建 ROS 2 节点对象并进行初始化
    rclpy.spin(node)                       # 循环等待 ROS 2 退出
    node.destroy_node()                    # 销毁节点实例
    rclpy.shutdown()                       # 关闭 ROS 2 Python 接口
```

以上代码的编程方法与 2.5.4 节讲解的话题发布者节点相似，不同点如下。

- 发布者发布的话题名称不一样，这里是 cmd_vel，目的是控制机器人运动。
- 消息类型不一样，这里是 Twist，对应填充的也是 Twist 消息结构中的线速度和角速度。

其他流程完全一样，所以只要熟悉话题发布和订阅者的大框架，换成任何一种话题和消息都可以轻松应对。

6.4　相机驱动与图像数据

我们已经可以通过遥控或者编程控制机器人运动啦，这还不够，还得让机器人看得见外部的环境，接下来就为机器人插上"眼睛"——相机。

6.4.1 常用相机类型

相机是机器人的"眼睛",可以让机器人看到外边的世界,常见的相机有单目相机、双目相机、三维相机等,如图 6-16 所示。

图 6-16 常见的相机

单目相机的原理相对简单,如图 6-17 所示,光线通过镜头进入相机内部的感光传感器,然后将模拟信号转换为数字信号,之后就可以得到很多像素组成的图像信息,在控制系统中实现图像处理、物体识别等应用。

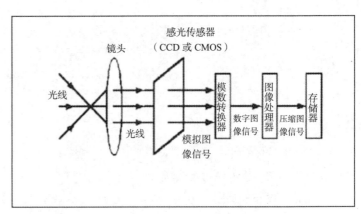

图 6-17 单目相机成像原理

传统视觉相机获取的是二维图像,缺少空间深度信息,随着工作要求越来越复杂,3D 视觉技术出现。该技术不仅有效解决了复杂物体的模式识别和 3D 测量难题,还能实现更加复杂的人机交互功能,得到越来越广泛的应用。目前,工业领域主流的 3D 视觉技术方案主要有三种:飞行时间(ToF)法、结构光法、双目立体视觉法。这些 3D 视觉技术也带来了相机硬件的变革,相应的核心传感器和半导体芯片技术发展迅速。

随着半导体行业的发展,机器视觉系统逐渐集成化、小型化、智能化,很多智能相机看上去小巧玲珑,不过巴掌大小,但其内部集成了高速处理器,可以输出识别结果,省去了外接的处理器。

针对机器人常用的视觉传感器，ROS 2 中几乎都有标准的驱动包和消息定义。先来看看最为常用的二维彩色相机，以笔记本电脑上的相机为例，我们先使用 ROS 2 驱动包让它"跑"起来。

6.4.2　相机驱动与可视化

2.5 节介绍了如何使用 usb_cam 功能包启动相机节点，我们回顾一下操作流程。首先通过以下命令安装 usb_cam 功能包，安装过程如图 6-18 所示。

```
$ sudo apt install ros-jazzy-usb-cam
```

```
ros2@guyuehome:~$ sudo apt install ros-jazzy-usb-cam
Reading package lists... Done
Building dependency tree... Done
Reading state information... Done
The following packages will be upgraded:
  ros-jazzy-usb-cam
1 upgraded, 0 newly installed, 0 to remove and 552 not upgraded.
Need to get 169 kB of archives.
After this operation, 0 B of additional disk space will be used.
Get:1 http _____ tsinghua.edu.cn/ros2/ubuntu noble/main amd64 ros-jazzy
-usb-cam amd64 0.8.1-1noble.20240731.165845 [169 kB]
Fetched 169 kB in 0s (422 kB/s)
(Reading database ... 313212 files and directories currently installed.)
Preparing to unpack .../ros-jazzy-usb-cam_0.8.1-1noble.20240731.165845_amd64.deb
...
Unpacking ros-jazzy-usb-cam (0.8.1-1noble.20240731.165845) over (0.8.1-1noble.20
240703.180939) ...
Setting up ros-jazzy-usb-cam (0.8.1-1noble.20240731.165845) ...
```

图 6-18　安装 usb_cam 功能包

安装完成后，就可以使用以下命令驱动笔记本电脑上的相机。

```
$ ros2 run usb_cam usb_cam_node_exe
```

此处如果使用的是虚拟机，需要先将相机连接到虚拟机中：单击菜单栏中的"虚拟机"选项，选择"可移动设备"，找到需要连接的相机型号，单击"连接"。

运行成功后可以使用 ROS 2 Qt 工具箱中的 rqt_image_view 查看图像数据。

```
$ ros2 run rqt_image_view rqt_image_view
```

启动成功后，在菜单栏的下拉框中选择图像话题 image_raw，就可以看到当前相机的实时画面了，如图 6-19 所示。

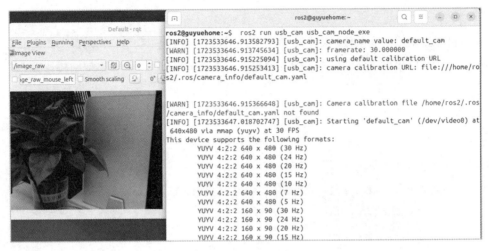

图 6-19　通过 rqt_image_view 查看相机图像

在某些情况下，可能需要订阅多个图像数据，那么也可以使用 usb-cam 功能包提供的另一种启动方式。

```
$ ros2 launch usb_cam camera.launch.py
```

以上 launch 文件会将图像数据分配到一个命名空间 camera1 下，对应的图像话题也会变成 /camera1/image_raw，如图 6-20 所示，这样就避免了多个图像话题名的冲突。

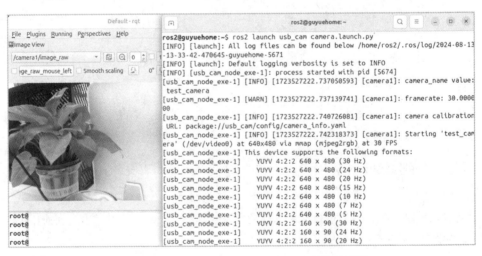

图 6-20　运行 usb_cam 功能包中的 launch 文件并显示图像

这里使用的 usb_cam 功能包是基于 V4L 协议封装的 USB 相机驱动包，核心节点是 usb_cam_node_exe，相关的话题和主要参数如表 6-11 和表 6-12 所示。

表 6-11 usb_cam 功能包中的话题

	名称	类型	描述
话题发布	~<camera_name>/image	sensor_msgs/Image	发布图像数据

表 6-12 usb_cam 功能包中的参数

参数	类型	默认值	描述
video_device	string	"/dev/video0"	相机设备号
image_width	int	640	图像横向分辨率
image_height	int	480	图像纵向分辨率
framerate	int	30	帧率
camera_info_url	string	"package://usb_cam/config/camera_info.yaml"	相机校准文件路径
camera_name	string	"test_camera"	相机名称
pixel_format	string	"mjpeg2rgb"	像素编码： yuyv2rgb：V4L2 捕捉格式为 YUYV，ROS 2 图像编码为 RGB8 uyvy2rgb：V4L2 捕捉格式为 UYVY，ROS 2 图像编码为 RGB8 mjpeg2rgb：V4L2 捕捉格式为 MJPEG，ROS 2 图像编码为 RGB8 rgb8：V4L2 捕捉格式和 ROS 2 图像编码都为 RGB8 yuyv：V4L2 捕捉格式和 ROS 2 图像编码都为 YUYV uyvy：V4L2 捕捉格式和 ROS 2 图像编码都为 UYVY m4202rgb8：V4L2 捕捉格式为 M420（又名 YUV420），ROS 2 图像编码为 RGB8 mono8：V4L2 捕捉格式和 ROS 2 图像编码都为 MONO8 mono16：V4L2 捕捉格式和 ROS 2 图像编码都为 MONO16 y102mono8：V4L2 捕捉格式为 Y10 （又名 MONO10），ROS 2 图像编码为 MONO8
io_method	string	"mmap"	I/O 通道： read：在用户和内核空间之间复制视频帧 mmap：在内核空间分配的内存映射缓冲区 userptr：在用户空间分配的内存缓冲区

6.4.3 ROS 2 图像消息定义

无论是 USB 相机还是 RGBD 相机，发布的图像数据格式都多种多样，在处理数据之前，最好先了解这些数据的格式。

RGB 相机启动成功后，可以使用以下命令查看当前系统中的图像话题，效果如图 6-21 所示。

```
$ ros2 topic info -v /image_raw
```

```
ros2@guyuehome:~$ ros2 topic info -v /camera1/image_raw
Type: sensor_msgs/msg/Image

Publisher count: 1

Node name: camera1
Node namespace: /
Topic type: sensor_msgs/msg/Image
Topic type hash: RIHS01_d31d41a9a4c4bc8eae9be757b0beed306564f7526c88ea6a4588fb9582527d47
Endpoint type: PUBLISHER
GID: 01.0f.6a.4c.29.17.f8.fa.00.00.00.00.00.00.18.03
QoS profile:
  Reliability: RELIABLE
  History (Depth): UNKNOWN
  Durability: VOLATILE
  Lifespan: Infinite
  Deadline: Infinite
  Liveliness: AUTOMATIC
  Liveliness lease duration: Infinite

Subscription count: 1

Node name: rqt_gui_cpp_node_5471
Node namespace: /
Topic type: sensor_msgs/msg/Image
Topic type hash: RIHS01_d31d41a9a4c4bc8eae9be757b0beed306564f7526c88ea6a4588fb9582527d47
Endpoint type: SUBSCRIPTION
GID: 01.0f.6a.4c.5f.15.cf.99.00.00.00.00.00.00.26.04
QoS profile:
  Reliability: BEST_EFFORT
```

图 6-21　查看图像话题信息

图像话题的消息类型是 sensor_msgs/Image，这是 ROS 2 定义的一种原始图像消息类型，可以使用以下命令查看消息的详细定义，如图 6-22 所示。

```
$ ros2 interface show sensor_msgs/msg/Image
```

```
                                                ros2@guyuehome: ~
ros2@guyuehome:~$ ros2 interface show sensor_msgs/msg/Image
# This message contains an uncompressed image
# (0, 0) is at top-left corner of image

std_msgs/Header header # Header timestamp should be acquisition time of image
        builtin_interfaces/Time stamp
                int32 sec
                uint32 nanosec
        string frame_id
                                # Header frame_id should be optical frame of camera
                                # origin of frame should be optical center of cameara
                                # +x should point to the right in the image
                                # +y should point down in the image
                                # +z should point into to plane of the image
                                # If the frame_id here and the frame_id of the CameraInfo
                                # message associated with the image conflict
                                # the behavior is undefined

uint32 height                   # image height, that is, number of rows
uint32 width                    # image width, that is, number of columns

# The legal values for encoding are in file include/sensor_msgs/image_encodings.hpp
# If you want to standardize a new string format, join
# ros-users@lists.ros.org and send an email proposing a new encoding.

string encoding                 # Encoding of pixels -- channel meaning, ordering, size
                                # taken from the list of strings in include/sensor_msgs/image_encodings.hpp

uint8 is_bigendian              # is this data bigendian?
uint32 step                     # Full row length in bytes
uint8[] data                    # actual matrix data, size is (step * rows)
```

图 6-22　sensor_msgs/Image 图像消息类型的定义

在以上 sensor_msgs/Image 消息的定义中：

- header 表示消息头，包含图像的序号，时间戳和绑定坐标系。
- height 表示图像的纵向分辨率，即图像包含多少行像素，例如 480。
- width 表示图像的横向分辨率，即图像包含多少列像素，例如 640。
- encoding 表示图像的编码格式，包含 RGB、YUV 等常用格式，不涉及图像压缩编码。
- is_bigendian 表示图像数据的大小端存储模式。
- step 表示一行图像数据的字节数量，作为数据的步长参数，例如图像一行有 640 个像素，step 就等于 width×3=640×3=1920 字节。
- data 表示存储图像数据的数组，大小为 step×height 字节，例如分辨率为 640 像素×480 像素的相机图像，根据该公式就可以算出一帧图像的数据大小是 1920×480=921600 字节，即 0.9216MB。

一帧分辨率为 640 像素×480 像素的图像的数据量就接近 1MB，如果按照 30 帧/s 的帧率计算，那么相机每秒产生的数据量就接近 30MB，如果是更高清的图像，那么原始图像的数据量将非常庞大！如此大的数据量在实际应用中是接受不了的，尤其在远程传输图像的场景中，图像占用的带宽过大，会对无线网络造成很大压力。在实际应用中，图像在传输前往往会进行压缩处理，ROS 2 也设计了压缩图像的消息类型——sensor_msgs/CompressedImage，该消息类型的定义如图 6-23 所示。

```
ros2@guyuehome:~$ ros2 interface show sensor_msgs/msg/CompressedImage
# This message contains a compressed image.

std_msgs/Header header # Header timestamp should be acquisition time of image
        builtin_interfaces/Time stamp
                int32 sec
                uint32 nanosec
        string frame_id
                                # Header frame_id should be optical frame of camera
                                # origin of frame should be optical center of cameara
                                # +x should point to the right in the image
                                # +y should point down in the image
                                # +z should point into to plane of the image

string format                   # Specifies the format of the data
                                # Acceptable values differ by the image transport used:
                                # - compressed_image_transport:
                                #     ORIG_PIXFMT; CODEC compressed [COMPRESSED_PIXFMT]
                                #   where:
                                #   - ORIG_PIXFMT is pixel format of the raw image, i.e.
                                #     the content of sensor_msgs/Image/encoding with
                                #     values from include/sensor_msgs/image_encodings.h
                                #   - CODEC is one of [jpeg, png, tiff]
                                #   - COMPRESSED_PIXFMT is only appended for color images
                                #     and is the pixel format used by the compression
                                #     algorithm. Valid values for jpeg encoding are:
                                #     [bgr8, rgb8]. Valid values for png encoding are:
                                #     [bgr8, rgb8, bgr16, rgb16].
```

图 6-23　sensor_msgs/CompressedImage 压缩图像消息类型的定义

压缩图像消息相比原始图像消息的定义要简单不少，除了消息头，只包含图像的压缩编码格式 format 和存储图像数据的 data 数组。图像压缩编码格式包含 JPEG、PNG、BMP 等，每种编码格式对数据的结构都进行了详细定义，所以在消息类型的定义中省去了很多不必要的信息。

6.4.4 三维相机驱动与可视化

三维相机的种类也不少，很多驱动已经集成在 ROS 2 生态中，这里以图 6-24 所示的 RealSense 为例，介绍其驱动安装与可视化过程。

图 6-24   RealSense 三维相机

在安装 RealSense 的 ROS 2 驱动包之前，还需要安装 RealSense 的官方 SDK，具体方法可以参考 RealSense 的官方网站。

SDK 安装完成后 就可以继续安装 RealSense 的 ROS 2 驱动包了。

```
$ sudo apt install ros-jazzy-realsense2-*
```

安装成功后，使用以下命令启动 RealSense 相机驱动节点。

```
$ ros2 launch realsense2_camera rs_launch.py
```

三维相机的图像是什么样的呢？启动 RViz，设置 Fix Frame 为 camera_link，通过 Add 添加 PointCloud2 显示项和 Image 显示项，分别设置点云数据和图像数据的话题名，就可以看到如图 6-25 所示的三维图像效果。

图 6-25   在 RViz 中查看三维点云数据

6.4.5 ROS 2 点云消息定义

三维点云数据的消息类型是什么呢？可以使用如下命令查看，如图 6-26 所示。

```
$ ros2 interface show sensor_msgs/msg/PointCloud2
```

```
ros2@guyuehome:~$ ros2 interface show sensor_msgs/msg/PointCloud2
# This message holds a collection of N-dimensional points, which may
# contain additional information such as normals, intensity, etc. The
# point data is stored as a binary blob, its layout described by the
# contents of the "fields" array.
#
# The point cloud data may be organized 2d (image-like) or 1d (unordered).
# Point clouds organized as 2d images may be produced by camera depth sensors
# such as stereo or time-of-flight.

# Time of sensor data acquisition, and the coordinate frame ID (for 3d points).
std_msgs/Header header
        builtin_interfaces/Time stamp
                int32 sec
                uint32 nanosec
        string frame_id

# 2D structure of the point cloud. If the cloud is unordered, height is
# 1 and width is the length of the point cloud.
uint32 height
uint32 width

# Describes the channels and their layout in the binary data blob.
PointField[] fields
        uint8 INT8    = 1
        uint8 UINT8   = 2
        uint8 INT16   = 3
        uint8 UINT16  = 4
        uint8 INT32   = 5
        uint8 UINT32  = 6
        uint8 FLOAT32 = 7
        uint8 FLOAT64 = 8
```

图 6-26　sensor_msgs/msg/PointCloud2 三维点云消息类型的定义

在 sensor_msgs/msg/PointCloud2 消息的定义中：

- height 表示点云图像的纵向分辨率，即图像包含多少行像素。
- width 表示点云图像的横向分辨率，即图像包含多少列像素。
- fields 表示每个点的数据类型。
- is_bigendian 表示数据的大小端存储模式。
- point_step 表示单点的数据字节步长。
- row_step 表示一列数据的字节步长。
- data 表示点云数据的存储数组，总字节大小为 row_step×height。
- is_dense 表示是否有无效点。

点云数据中每个像素的三维坐标都是浮点数，而且还包含图像数据，所以单帧数据量很大。如果使用分布式网络传输，在带宽有限的前提下，需要考虑能否满足稳定的数据传输要求，或者将数据压缩后再进行传输。

6.5 激光雷达驱动与可视化

除了使用相机查看环境信息，机器人还可以通过激光雷达获取障碍物距离、环境轮廓等信息，同时，激光雷达也是机器人构建 SLAM 地图、自主导航的常用传感器。

6.5.1 常见激光雷达类型

激光雷达是一种常见的传感器，能够精确地测量周围环境的距离和形状，广泛应用于自动驾驶、无人机、安防监控等场景。可以根据获取数据的丰富度进行分类。

1. 单线激光雷达

如图 6-27 所示，单线激光雷达使用单个激光束进行测量，通过旋转或摆动的方式，将激光束发射到周围的环境中，然后通过计算激光返回的时间来测量物体的距离和角度。

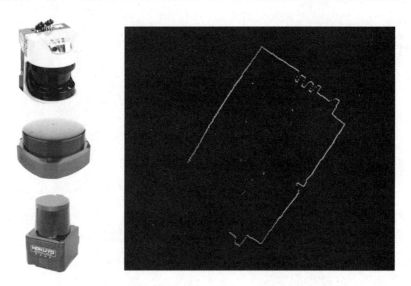

图 6-27 常见单线激光雷达及数据形态

单线激光雷达结构简单、成本较低，适用于对成本敏感或对环境感知需求不高的场景，如家用扫地机器人、低速自动驾驶、安防巡检等。不过由于只有一条激光束，单线激光雷达的扫描范围和数据采集速度有限，通常只能在一个平面上进行 360°扫描，采集到的数据较少，对于高精度和复杂环境的感知能力较弱。

OriginBot 机器人使用的就是单线激光雷达，激光头发射激光，接收头接收反射光，然后通过几何关系或者飞行时间测量采样点的距离，原理示意如图 6-28 所示。

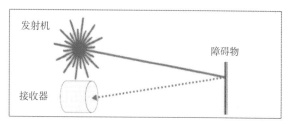

图 6-28　单线激光雷达原理示意图

雷达上还有一个电机，带动发射和接收头匀速旋转，一边转一边检测，就可以得到 360° 范围内大量采样点的距离，从而获取雷达所在平面中的障碍物深度信息。

2. 多线激光雷达

如图 6-29 所示，多线激光雷达使用多条激光束进行测量，每条激光束能够在不同的角度进行扫描，从而在较短的时间内获取更全面的环境信息。

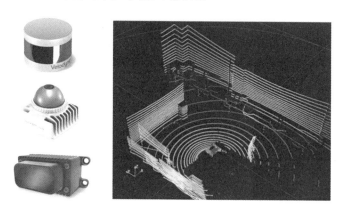

图 6-29　常见多线激光雷达及数据形态

多线激光雷达可以同时在多个平面上进行扫描，覆盖范围更广，可以在较大程度上还原复杂环境的三维模型，常用于自动驾驶汽车、无人机、智能交通系统等需要高精度、高可靠性环境感知的领域。相较于单线激光雷达，多线激光雷达可以在更短的时间内采集更多的环境数据，从而提高了对快速变化的环境的适应能力。不过由于需要更多的发射器和接收器，多线激光雷达的成本和结构复杂度相对较高。

6.5.2　ROS 2 雷达消息定义

针对单线激光雷达，ROS 2 在 sensor_msgs 包中定义了专用消息——LaserScan，用于存储激光雷达的数据，具体定义如图 6-30 所示。

```
ros2@guyuehome: ~
ros2@guyuehome:~$ ros2 interface show sensor_msgs/msg/LaserScan
# Single scan from a planar laser range-finder
#
# If you have another ranging device with different behavior (e.g. a sonar
# array), please find or create a different message, since applications
# will make fairly laser-specific assumptions about this data

std_msgs/Header header # timestamp in the header is the acquisition time of
        builtin_interfaces/Time stamp
                int32 sec
                uint32 nanosec
        string frame_id
                            # the first ray in the scan.
                            #
                            # in frame frame_id, angles are measured around
                            # the positive Z axis (counterclockwise, if Z is up)
                            # with zero angle being forward along the x axis

float32 angle_min           # start angle of the scan [rad]
float32 angle_max           # end angle of the scan [rad]
float32 angle_increment     # angular distance between measurements [rad]

float32 time_increment      # time between measurements [seconds] - if your scanner
                            # is moving, this will be used in interpolating position
                            # of 3d points
float32 scan_time           # time between scans [seconds]

float32 range_min           # minimum range value [m]
float32 range_max           # maximum range value [m]

float32[] ranges            # range data [m]
                            # (Note: values < range_min or > range_max should be discarded)
```

图 6-30   sensor_msgs/LaserScan 消息类型的定义

- angle_min：可检测范围的起始角度。
- angle_max：可检测范围的终止角度，与 angle_min 组成激光雷达的可检测范围。
- angle_increment：采集的相邻数据帧之间的角度步长。
- time_increment：采集的相邻数据帧之间的时间步长，当传感器处于相对运动状态时进行补偿。
- scan_time：采集一帧数据所需要的时间。
- range_min：最近可检测深度的阈值。
- range_max：最远可检测深度的阈值。
- ranges：一帧深度数据的存储数组。

以上是雷达的基本配置，运行过程中不会有太大变化，真正的深度信息都保存在最后的 ranges 数组中，例如一圈有 360 个点，这 360 个点的深度信息就都存在这里，大家在使用时可以直接读取这个数据。

类似相机、激光雷达这样的传感器标准定义，在 ROS 2 中有很多，这也是 ROS 2 保证软件复用性的一个重要方法。不管我们使用哪家公司生产的传感器，最终得到是一致的数据结构，上层算法不需要考虑底层设备的影响。

针对多线激光雷达，ROS 2 中使用的消息与三维相机相同，都是 6.4.5 节介绍的 sensor_msgs/msg/PointCloud2。

6.5.3　激光雷达驱动与数据可视化

OriginBot 机器人上搭载了一款单线激光雷达，适合室内移动机器人使用，可以 **6Hz** 的频率检测 360°范围内的障碍信息，最远检测距离是 12m。针对这款激光雷达，ROS 2 驱动包中有丰富的参数配置，大家可以根据实际需求设置端口号、波特率、坐标系名称、测量距离等参数。

```
# ROS 2 节点参数配置
ros__parameters:
  # 串口名称，用于与激光雷达通信
  serialport_name: "/dev/ttyUSB0"

  # 串口波特率，用于设置与激光雷达通信的速率
  serialport_baud: 115200

  # 激光雷达数据帧的 ID，用于在 ROS 2 中标识数据所属的坐标系
  frame_id: "laser_frame"

  # 是否使用固定分辨率模式，如果为 false，则可能根据配置或环境自动调整
  resolution_fixed: false

  # 是否自动重新连接，如果与激光雷达的连接断开，则尝试重新连接
  auto_reconnect: true

  # 是否反转数据（例如角度或距离），通常用于解决硬件安装方向问题
  reversion: false

  # 是否反转扫描方向，影响扫描数据的方向性
  inverted: false

  # 扫描的最小角度，单位为°
  angle_min: -180.0

  # 扫描的最大角度，单位为°
  angle_max: 180.0

  # 测量的最小距离，单位通常为 m
  range_min: 0.001

  # 测量的最大距离，单位通常为 m
  range_max: 64.0

  # 扫描速度，扫描一圈所需的时间
  aim_speed: 6.0

  # 采样率，影响数据发布的频率
```

```
sampling_rate: 3

# 是否允许改变角度偏移量，用于校准扫描数据的起始角度
angle_offset_change_flag: false

# 角度偏移量，用于调整扫描数据的起始角度
angle_offset: 0.0

# 忽略数组字符串，通常用于指定需要忽略的特定数据点或区域
ignore_array_string: ""

# 是否启用滑动窗口滤波器，用于平滑数据
filter_sliding_enable: true

# 滑动窗口滤波器的跳跃阈值，用于检测并忽略异常值
filter_sliding_jump_threshold: 50

# 是否启用滑动窗口滤波器的最大范围限制
filter_sliding_max_range_flag: false

# 滑动窗口滤波器的最大范围限制值
filter_sliding_max_range: 8000

# 滑动窗口滤波器的大小
filter_sliding_window: 3

# 是否启用尾部滤波器的距离限制
filter_tail_distance_limit_flag: false

# 尾部滤波器的距离限制值
filter_tail_distance_limit_value: 8000

# 尾部滤波器的级别，影响滤波的强度和效果
filter_tail_level: 8

# 尾部滤波器的邻居数量，用于在定义滤波时考虑相邻点数量
filter_tail_neighbors: 0
```

远程登录 OriginBot 后，就可以使用激光雷达获取信息了，使用以下命令启动激光雷达的驱动节点。

```
$ ros2 launch originbot_bringup originbot.launch.py use_lidar:=true
```

如果想查看更多关于激光雷达发布的信息，还可以使用以下命令，如图 6-31 所示。

```
$ ros2 topic echo /scan
```

```
ros2@guyuehome:~$ ros2 topic echo /scan
header:
  stamp:
    sec: 1723531046
    nanosec: 733666186
  frame_id: laser_link
angle_min: -3.1415927410125732
angle_max: 3.1415927410125732
angle_increment: 0.0125915538196209
time_increment: 0.0003285326820332557
scan_time: 0.16393780708312988
range_min: 0.0010000000474974513
range_max: 64.0
ranges:
- 0.0
- 0.0
- 2.440999984741211
- 2.427999973297119
- 2.4170000553131104
- 2.4089999198913574
- 2.4189999103546143
- 0.0
- 1.5700000524520874
```

图 6-31　输出激光雷达发布的话题消息

　　终端中的激光数据并不形象，难以理解，可以使用 RViz 在图形化界面下显示激光雷达数据。将 Fixed Frame 修改为 laser，单击 Add 按钮添加 LaserScan 显示插件，设置插件订阅/scan 话题，就可以看到如图 6-32 所示的激光雷达数据了。

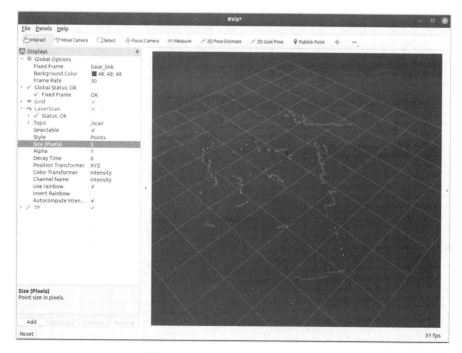

图 6-32　在 RViz 中显示激光雷达数据

6.6 IMU 驱动与数据可视化

OriginBot 机器人中的 IMU 集成在运动控制器上，由运动控制器通过串口得到 IMU 的实时数据，再通过通信协议传输到应用处理器中，在底盘驱动里进一步封装为 ROS 2 中的 IMU 话题。

IMU 数据中所包含的加速度和角速度不太直观，这里通过 ROS 2 中的可视化工具让这些数据更易于理解。

6.6.1 ROS 2 IMU 消息定义

先来了解一下 ROS 2 中的 IMU 消息定义，可以通过如下命令查询，结果如图 6-33 所示。

```
$ ros2 interface show sensor_msgs/msg/Imu
```

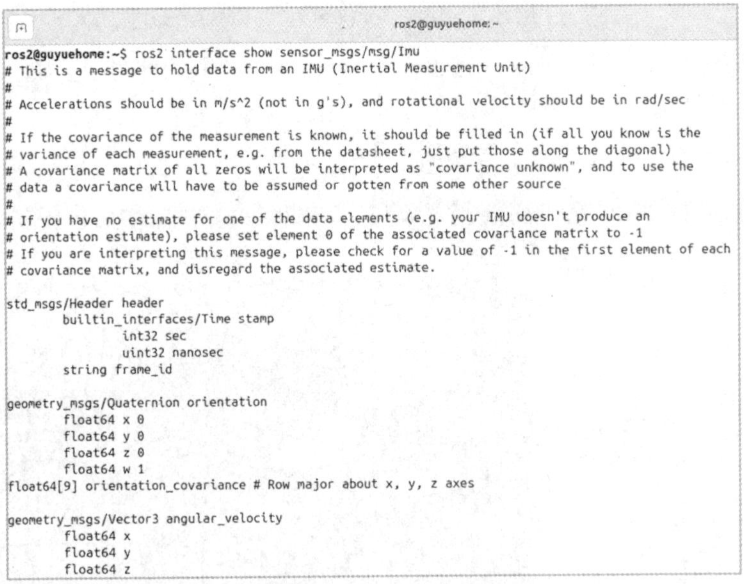

```
ros2@guyuehome:~$ ros2 interface show sensor_msgs/msg/Imu
# This is a message to hold data from an IMU (Inertial Measurement Unit)
#
# Accelerations should be in m/s^2 (not in g's), and rotational velocity should be in rad/sec
#
# If the covariance of the measurement is known, it should be filled in (if all you know is the
# variance of each measurement, e.g. from the datasheet, just put those along the diagonal)
# A covariance matrix of all zeros will be interpreted as "covariance unknown", and to use the
# data a covariance will have to be assumed or gotten from some other source
#
# If you have no estimate for one of the data elements (e.g. your IMU doesn't produce an
# orientation estimate), please set element 0 of the associated covariance matrix to -1
# If you are interpreting this message, please check for a value of -1 in the first element of each
# covariance matrix, and disregard the associated estimate.

std_msgs/Header header
        builtin_interfaces/Time stamp
                int32 sec
                uint32 nanosec
        string frame_id

geometry_msgs/Quaternion orientation
        float64 x 0
        float64 y 0
        float64 z 0
        float64 w 1
float64[9] orientation_covariance # Row major about x, y, z axes

geometry_msgs/Vector3 angular_velocity
        float64 x
        float64 y
        float64 z
```

图 6-33 sensor_msgs/msg/Imu 消息类型的定义

在 IMU 的消息定义中，主要包含了三个核心内容：四元数姿态、角速度向量、线加速度向量，每部分同时带有一个协方差矩阵参数，便于对数据进行滤波计算。

6.6.2 IMU 驱动与可视化

IMU 中的姿态和速度如何可视化呢？RViz 中已经提供了对应的插件，可以方便大家看到对应的 IMU 数据变化。

通过 SSH 远程连接 OriginBot 后，在终端中输入如下指令，即可启动机器人底盘及 IMU 节点，如图 6-34 所示。

```
$ ros2 launch originbot_bringup originbot.launch.py use_imu:=true
```

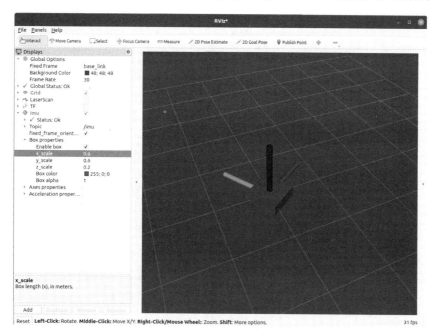

```
root@ubuntu:~# ros2 launch originbot_bringup originbot.launch.py use_imu:=true
[INFO] [launch]: All log files can be found below /root/.ros/log/2024-08-13-14-25-50-351513-ubuntu-6149
[INFO] [launch]: Default logging verbosity is set to INFO
[INFO] [originbot_base-1]: process started with pid [6151]
[INFO] [static_transform_publisher-2]: process started with pid [6153]
[INFO] [static_transform_publisher-3]: process started with pid [6155]
[originbot_base-1] Loading parameters:
[originbot_base-1]              - port name: ttyS3
[originbot_base-1]              - correct factor vx: 0.8980
[originbot_base-1]              - correct factor vth: 0.8740
[originbot_base-1]              - auto stop on: 0
[originbot_base-1]              - use imu: 1
[static_transform_publisher-2] [INFO] [1723530350.793000793] [static_transform_publisher_u9yLZ6XLtsRkI9MI]: Spinning unti
l killed publishing transform from '/base_footprint' to '/base_link'
[static_transform_publisher-3] [INFO] [1723530350.793448430] [static_transform_publisher_4WXpnNKaqeqIqIfl]: Spinning unti
l killed publishing transform from '/base_link' to '/imu_link'
[originbot_base-1] [INFO] [1723530350.804431487] [originbot_base]: originbot serial port opened
[originbot_base-1] [INFO] [1723530351.316538811] [originbot_base]: IMU calibration ok.
[originbot_base-1] [INFO] [1723530351.817221609] [originbot_base]: OriginBot Start, enjoy it.
```

图 6-34　启动 OriginBot 底盘和 IMU 节点

在同一网络中的计算机端，通过以下命令安装 RViz 的 IMU 插件。

```
$ sudo apt install ros-jazzy-rviz-imu-plugin
```

安装完成后，启动 RViz，如图 6-35 所示，添加 IMU 显示项插件，并且设置订阅的话题名为 imu，此时就可以看到可视化的 IMU 信息，摇动机器人，RViz 中的坐标轴也会跟随运动。

图 6-35　IMU 数据可视化

6.7　本章小结

通过对本章内容的学习，我们成功构建了运动控制器与应用处理器之间的通信协议，确保两者间数据传输的高效与稳定。在控制系统的构建过程中，我们进一步应用了 ROS 2 的核心概念，对数据进行了系统化封装，通过 ROS 2 的话题和服务机制，实现了控制指令的下发与机器人状态的反馈。同时，我们还通过 ROS 2 提供的各种功能包，快速实现了对机器人的运动控制，以及多种常用传感器的驱动与可视化，让机器人动得了、看得见！

到这里为止，本书的第 2 部分已经结束，我们共同搭建了 OriginBot 机器人，第 3 部分将继续讲解机器人的应用开发，带领大家一起实现更多智能化的机器人功能。

第 3 部分

ROS 2
机器人应用

7

ROS 2 视觉应用：让机器人看懂世界

对于人类而言，超过 90%的信息是通过视觉获取的。眼睛作为大量视觉信息的传感器，将信息传递给大脑这个"处理器"进行处理，之后大家才能理解外部环境并建立自己的世界观。那么，如何使机器人也能理解外部环境呢？我们首先想到的方法是为机器人装配一双"眼睛"，使其能够像人类一样理解世界。然而，这个过程对于机器人来说要复杂得多。本章将和大家一起探讨机器人中的视觉处理技术。

在不久的将来，机器人也许会成为每个家庭中的一员，可以处理繁杂的家务工作，例如图 7-1 所示的这款机器人。它想完成洗碗的工作，需要先通过视觉找到碗的位置，然后分析该如何进行抓取，并将碗放入洗碗机中，再关闭洗碗机的门。除了洗碗，这款机器人还可以叠衣服、摆放物品、倒红酒、插花，这些任务的完成，都离不开机器视觉的参与。

图 7-1　家庭服务机器人演示

7.1　机器视觉原理简介

机器视觉，就是用计算机来模拟人的视觉功能，但这并不仅仅是人眼的简单延伸，更重要的是像人脑一样，可以从客观事物的图像中提取信息，进行处理并加以理解，最终用于实际检测、控制等场景。

获取图像信息相对简单，但想让机器人理解图像中千变万化的物品，就难上加难了。为了解决这一系列复杂的问题，机器视觉成为一个涉猎广泛的交叉学科，横跨人工智能、神经生物学、物理学、计算机科学、图像处理、模式识别等诸多领域，如图 7-2 所示。时至今日，在各个领域中，都有大量开发者或组织参与其中，也积累了众多技术，不过依然有很多问题亟待解决，机器视觉的研究也将是一项长久的工作。

图 7-2　机器视觉在工业和交通领域的应用示例

机器视觉相关的关键技术不少，例如视觉图像的采集和信号处理，这主要是通过传感器采集外部光信号的过程，光信号最终会转变成数字电路的信号，便于下一步处理。获取图像之后，更重要的是要识别图像中的物体、确定物体的位置，或者检测物品的变化，这就要用到模式识别或机器学习等技术，这部分也是当今机器视觉研究的重点。

和人类的两只眼睛不同，机器用于获取图像的传感器种类较为丰富，可以是一个相机，也可以是两个相机，还可以是三个、四个、很多个相机。这些相机不仅可以获取颜色信息，还可以获取深度或者能量信息（红外相机）。人类视觉擅长对复杂、非结构化的场景进行定性解释，但机器视觉凭借速度、精度和可重复性等优势，非常适合对结构化场景进行定量测量，当然，这也会给后期的处理带来一些计算压力。

在工业领域，机器视觉系统已经被广泛用于自动检验、工件加工、装配自动化，以及生产过程控制等工作。随着机器人的快速发展和广泛应用，机器视觉也逐渐被应用于农业、AMR 物流、服务、无人驾驶等各种机器人，活跃在农场、物流、仓储、交通、医院等多种环境中。

一般来讲，典型的机器视觉系统可以分为如图 7-3 所示的三部分：图像采集、图像分析和控制输出。

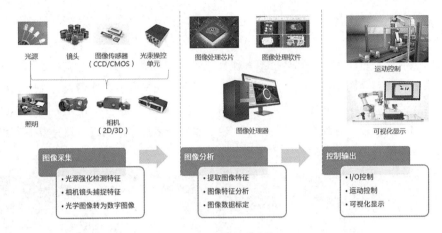

图 7-3　机器视觉系统

1. 图像采集

图像采集注重对原始光学信号的采样，是整个视觉系统的传感部分，核心是相机和相关的配件。其中光源用于照明待检测的物体，并凸显其特征，以便让相机更好地捕捉图像。光源是影响机器视觉系统成像质量的重要因素，好的光源和照明效果对机器视觉判断影响很大。当前，机器视觉的光源已经突破人眼的可见光范围，其光谱范围跨越红外光（IR）、可见光、紫外光（UV）乃至 X 射线波段，可实现更精细和更广泛的检测，满足特殊成像需求。

相机被喻为机器视觉系统的"眼睛"，承担着图像信息采集的重要任务。图像传感器又是相机的核心元器件，主要有 CCD 和 CMOS 两种类型，其工作原理是将相机镜头接收到的光学信号转化为数字信号。选择合适的相机是机器视觉系统设计的重要环节，不仅直接决定了图像采集的质量和速度，也与整个系统的运行模式相关。

2. 图像分析

图像处理系统接收到相机传来的数字图像后，通过各种软件算法进行图像特征提取、特征分析和数据标定，最后进行判断。这是各种视觉算法研究最为集中的部分，从传统的模式识别算法，到当前热门的各种机器学习方法，都是为了让机器更好地理解环境。

对于人来讲，识别某个物体是苹果似乎理所当然，但是对于机器人来讲，这需要提取各种各样不同种类、颜色、形状的苹果的特征，然后训练得到一个苹果的"模型"，再通过这个模型对实时图像做匹配，从而分析面前这个东西到底是不是苹果。

3. 控制输出

在机器人系统中，视觉识别的结果最终要和机器人的某些行为绑定，也就是第 3 部分——

控制输出，包含 I/O 接口、运动控制、可视化显示等。当图像处理系统完成图像分析后，将判断的结果发给机器人控制系统，接下来由机器人完成运动控制。例如，视觉识别到了抓取目标的位置，通过 I/O 接口控制夹爪完成抓取和放置，这个过程中识别的结果和运动的状态，都可以在上位机中显示，方便大家监控。

就机器视觉而言，在这三部分中，图像分析占据了绝对的核心，涉及的方法、使用的各种软件或者框架非常多，如 OpenCV、YOLO 等，这也是后续开发的主要部分。

7.2　ROS 2 相机标定

在第 6 章中，我们已经可以通过 ROS 2 的相机驱动获取图像，这是视觉处理的第一步——图像采集。但数据是否可靠、质量是否满足要求？这就需要引入一些其他的方法优化采集到的数据，例如本节将要介绍的相机标定。

相机这种精密仪器对光学器件的要求较高，由于相机内部与外部的一些原因，生成的物体图像往往会发生畸变，为避免数据源造成的误差，需要对相机的参数进行标定。ROS 2 官方提供了用于单目和双目相机标定的功能包——camera_calibration。

7.2.1　安装相机标定功能包

首先使用以下命令安装相机标定功能包 camera_calibration，安装过程如图 7-4 所示。

```
$ sudo apt install ros-jazzy-camera-calibration
```

```
ros2@guyuehome:~$ sudo apt install ros-jazzy-camera-calibration
[sudo] password for ros2:
Reading package lists... Done
Building dependency tree... Done
Reading state information... Done
The following additional packages will be installed:
  python3-semver
The following NEW packages will be installed:
  python3-semver ros-jazzy-camera-calibration
0 upgraded, 2 newly installed, 0 to remove and 534 not upgraded.
Need to get 92.7 kB of archives.
After this operation, 369 kB of additional disk space will be used.
Do you want to continue? [Y/n] y
Get:1 http://mirrors.tuna.tsinghua.edu.cn/ros2/ubuntu noble/main amd64 ros-jazzy-camera-calibration amd64 5.0.3-1noble.20
240731.160453 [78.9 kB]
Get:2 https://mirrors.ustc.edu.cn/ubuntu noble/universe amd64 python3-semver all 2.10.2-3 [13.8 kB]
Fetched 92.7 kB in 1s (96.9 kB/s)
Selecting previously unselected package python3-semver.
(Reading database ... 325712 files and directories currently installed.)
Preparing to unpack .../python3-semver_2.10.2-3_all.deb ...
Unpacking python3-semver (2.10.2-3) ...
Selecting previously unselected package ros-jazzy-camera-calibration.
Preparing to unpack .../ros-jazzy-camera-calibration_5.0.3-1noble.20240731.16045
3_amd64.deb ...
Unpacking ros-jazzy-camera-calibration (5.0.3-1noble.20240731.160453) ...
Setting up python3-semver (2.10.2-3) ...
Setting up ros-jazzy-camera-calibration (5.0.3-1noble.20240731.160453) ...
```

图 7-4　camera_calibration 功能包安装

标定需要用到图 7-5 所示的棋盘格图案的标定靶，可以在本书配套源码中找到（learning_cv/ docs/checkerboard.pdf），请大家将该标定靶打印出来贴到硬纸板上以备使用。

图 7-5　棋盘格图案的标定靶

在实际应用中，为提高标定质量，需要采用精度更高的标定靶，这里打印的标定靶仅用于功能演示。

7.2.2　运行相机标定节点

一切准备就绪后开始标定相机。首先使用以下命令启动 USB 相机。

```
$ ros2 launch usb_cam camera.launch.py
```

根据使用的相机和标定靶棋盘格尺寸，相应修改以下参数，运行命令后即可启动标定程序。

```
$ ros2 run camera_calibration cameracalibrator --size 8x6 --square 0.024 --ros-args -r image:=camera/image_raw -p camera:=/default_cam
```

cameracalibrator 标定程序需要输入以下参数。

- size：标定棋盘格的内部角点个数，这里使用的棋盘一共有 6 行，每行有 8 个内部角点。
- square：这个参数对应每个棋盘格的边长，单位是 m。
- image：设置相机发布的图像话题。
- camera：相机名称，这里使用 usb_cam 默认的相机名 default_cam。

7.2.3　相机标定流程

标定程序启动成功后，将标定靶放置在相机视野范围内，就可以看到图 7-6 所示的界面。

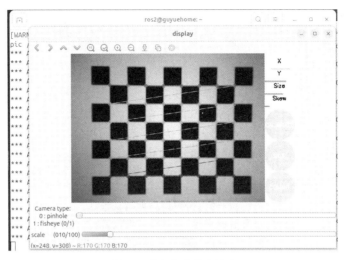

图 7-6　相机标定程序界面

在标定成功前，右边的按钮都为灰色，不能点击。为了提高标定的准确性，如图 7-7 所示，需要尽量让标定靶出现在相机视野范围内的各个区域，界面右上角的进度条会提示标定进度。

- X：标定靶在相机视野中的左右移动。
- Y：标定靶在相机视野中的上下移动。
- Size：标定靶在相机视野中的前后移动。
- Skew：标定靶在相机视野中的倾斜转动。

图 7-7　相机标定过程

不断在视野中移动标定靶，直到"CALIBRATE"按钮变色，如图 7-8 所示，此时表示标定程序的参数采集完成，单击"CALIBRATE"按钮，标定程序将开始自动计算相机的标定参数。

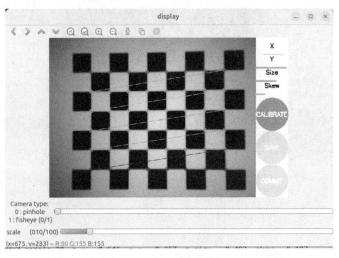

图 7-8　标定数据采集完成

这个过程需要等待一段时间，界面可能会变成灰色无响应状态，千万不要关闭。

参数计算完成后，界面恢复正常，如图 7-9 所示，终端中会显示标定结果。

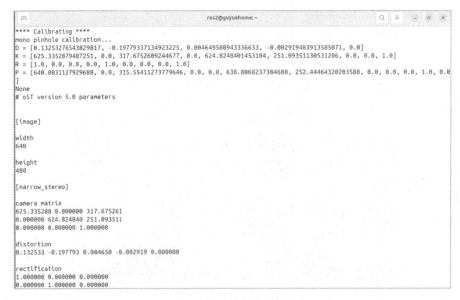

图 7-9　终端中的标定结果

生成标定数据后返回标定图像界面，如图 7-10 所示，"SAVE"和"COMMIT"按钮的颜色会变化。

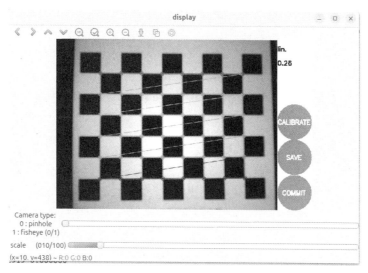

图 7-10　生成标定数据后即可保存和提交数据

单击"SAVE"按钮，标定参数将被保存到默认的文件夹下，如图 7-11 所示，可以在终端中看到该路径。

```
projection
640.003113 0.000000 315.554113 0.000000
0.000000 638.806824 252.444643 0.000000
0.000000 0.000000 1.000000 0.000000

('Wrote calibration data to', '/tmp/calibrationdata.tar.gz')
```

图 7-11　标定参数的保存路径

单击"COMMIT"选项，提交数据并退出程序。打开/tmp 文件夹，就可以看到标定结果的压缩文件 calibrationdata.tar.gz。该文件解压后的内容如图 7-12 所示，从中可以找到名为 ost.yaml 的标定结果文件，将该文件复制出来，重新命名就可以使用了。

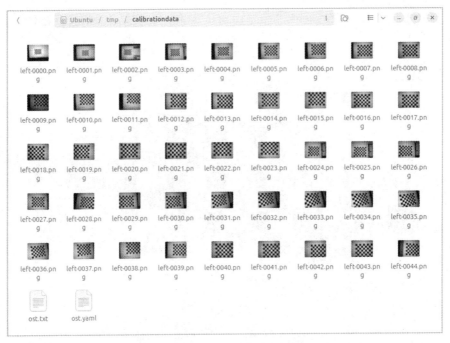

图 7-12　标定后生成的所有文件

7.2.4　相机标定文件的使用

标定相机生成的配置文件是.yaml 格式的，需要在启动相机时加载，加载的方式有多种，大家可以根据实际情况选择。

方法 1：将标定文件放置在默认路径下

usb_cam 相机驱动节点启动时，会默认从~/.ros/camera_info/路径下加载标定文件，所以大家可以将配置文件命名为相机名后放置到该路径下，如图 7-13 所示。

图 7-13　相机标定文件的默认位置

~/.ros/是主文件夹下的一个隐藏文件，默认不显示，在 Ubuntu 中可以通过快捷键 Ctrl+H 显示隐藏文件。

配置文件拷贝到该路径后，不仅需要修改文件名，还需要打开文件确认相机名称是否正确，此处使用的相机名为 default_cam，文件中的标定参数如下。

```
image_width: 640
image_height: 480
camera_name: default_cam
camera_matrix:
  rows: 3
  cols: 3
  data: [625.33529,   0.     , 317.67526,
           0.     , 624.82484, 251.09351,
           0.     ,   0.     ,   1.     ]
distortion_model: plumb_bob
distortion_coefficients:
  rows: 1
  cols: 5
  data: [0.132533, -0.197793, 0.004650, -0.002919, 0.000000]
rectification_matrix:
  rows: 3
  cols: 3
  data: [1., 0., 0.,
         0., 1., 0.,
         0., 0., 1.]
projection_matrix:
  rows: 3
  cols: 4
  data: [640.00311,   0.     , 315.55411,   0.     ,
           0.     , 638.80682, 252.44464,   0.     ,
           0.     ,   0.     ,   1.     ,   0.     ]
```

关闭 usb_cam 相机驱动节点后重新运行，就可以看到加载标定文件的日志了，如图 7-14 所示。

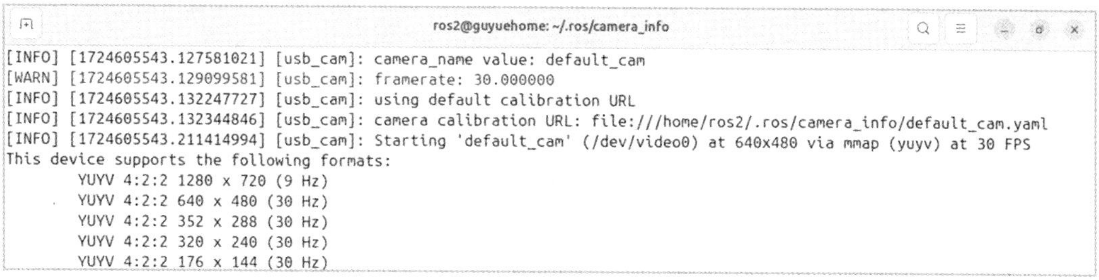
ros2@guyuehome: ~/.ros/camera_info
[INFO] [1724605543.127581021] [usb_cam]: camera_name value: default_cam
[WARN] [1724605543.129099581] [usb_cam]: framerate: 30.000000
[INFO] [1724605543.132247727] [usb_cam]: using default calibration URL
[INFO] [1724605543.132344846] [usb_cam]: camera calibration URL: file:///home/ros2/.ros/camera_info/default_cam.yaml
[INFO] [1724605543.211414994] [usb_cam]: Starting 'default_cam' (/dev/video0) at 640x480 via mmap (yuyv) at 30 FPS
This device supports the following formats:
YUYV 4:2:2 1280 x 720 (9 Hz)
YUYV 4:2:2 640 x 480 (30 Hz)
YUYV 4:2:2 352 x 288 (30 Hz)
YUYV 4:2:2 320 x 240 (30 Hz)
YUYV 4:2:2 176 x 144 (30 Hz)
图 7-14　相机驱动启动时自动加载标定参数文件

方法 2：启动相机驱动节点时手动设置加载路径

usb_cam 相机驱动节点是根据参数获取标定文件路径后进行加载的，因此可以在启动该节点时，在指令后加上标定文件的路径。例如将标定文件放置在默认路径下，在启动相机时，也可以通过如下指令加载。

```
$ ros2 run usb_cam usb_cam_node_exe --ros-args -p
camera_info_url:=file:///home/guyuehome/.ros/camera_info/default_cam.yaml
```

方法 3：通过参数文件加载

usb_cam 节点中有很多可以配置的参数，可以将这些参数放置到一个参数文件中，在启动节点时一次性加载，其中就包含标定文件的路径。

打开 usb_cam 功能包下的 config 文件夹，其中已经包含参数文件的示例 params_1.yaml。

```
/**:
  ros__parameters:
    video_device: "/dev/video0"
    framerate: 30.0
    io_method: "mmap"
    frame_id: "camera"
    pixel_format: "mjpeg2rgb"  # see usb_cam/supported_formats for list of supported formats
    av_device_format: "YUV422P"
    image_width: 640
    image_height: 480
    camera_name: "test_camera"
    camera_info_url: "package://usb_cam/config/camera_info.yaml"
    brightness: -1
    contrast: -1
    saturation: -1
    sharpness: -1
    gain: -1
    auto_white_balance: true
    white_balance: 4000
    autoexposure: true
    exposure: 100
    autofocus: false
    focus: -1
```

其中，camera_info_url 参数就表示标定文件的路径，可以根据实际路径修改。修改完成后，再次运行相机节点时，加载该参数文件即可，运行效果如图 7-15 所示，可以看到加载参数文件的日志提示。

```
$ ros2 run usb_cam usb_cam_node_exe --ros-args --params-file
/opt/ros/jazzy/share/usb_cam/config/params_1.yaml
```

```
ros2@guyuehome:/opt/ros/jazzy/share/usb_cam/config$  ros2 run usb_cam usb_cam_node_exe --ros-args --params-file /opt/ros/
jazzy/share/usb_cam/config/params_1.yaml
[INFO] [1724605839.122144664] [usb_cam]: camera_name value: test_camera
[WARN] [1724605839.122374897] [usb_cam]: framerate: 30.000000
[INFO] [1724605839.123818136] [usb_cam]: camera calibration URL: package://usb_cam/config/camera_info.yaml
[INFO] [1724605839.183215788] [usb_cam]: Starting 'test_camera' (/dev/video0) at 640x480 via mmap (mjpeg2rgb) at 30 FPS
This device supports the following formats:
        YUYV 4:2:2 1280 x 720 (9 Hz)
        YUYV 4:2:2 640 x 480 (30 Hz)
        YUYV 4:2:2 352 x 288 (30 Hz)
        YUYV 4:2:2 320 x 240 (30 Hz)
```

图 7-15　相机标定文件加载

如果大家觉得在命令行后边加参数文件不太方便，那么可以通过 launch 文件的方式进行加载，以下内容在/opt/ros/jazzy/share/usb_cam/launch/camera.launch.py 中。

```
...

from camera_config import CameraConfig, USB_CAM_DIR

# 定义一个摄像头配置列表
CAMERAS = []
# 添加一个摄像头配置到列表中
CAMERAS.append(
    CameraConfig(
        name='camera',
        param_path=Path(USB_CAM_DIR, 'config', 'params_1.yaml')
    )
)

    # 解析命令行参数
    parser = argparse.ArgumentParser(description='usb_cam demo')
    parser.add_argument('-n', '--node-name', dest='node_name', type=str,
                        help='设备的名称', default='usb_cam')

    # 创建摄像头节点列表
    camera_nodes = [
        Node(
            package='usb_cam', executable='usb_cam_node_exe', output='screen',
            name=camera.name,
            namespace=camera.namespace,
            parameters=[camera.param_path],
            remappings=camera.remappings
        )
        for camera in CAMERAS
    ]

    # 创建一个组动作，包含所有摄像头节点
    camera_group = GroupAction(camera_nodes)

...
```

以上启动文件中引入了一个相机组，大家可以设置其中的配置文件和命名空间，此处分别是 params_1.yaml 和 camera，如图 7-16 所示，启动该 launch 文件时可以看到输出的结果在 camera 命名空间下。

图 7-16 带有命名空间的相机话题列表

如果相机没有发生变化，那么只需执行一次相机标定。

7.2.5 双目相机标定

camera_calibration 功能包还支持双目相机的标定。启动双目相机的驱动后，ROS 2 系统中应该同时存在两个相机的图像话题，此时可以通过如下指令启动标定程序。

```
$ ros2 run camera_calibration cameracalibrator \
  --size=8x6 \
  --square=0.024 \
  --approximate=0.3 \
  --no-service-check \
  --ros-args --remap /left:=/left/image_rect \
  --remap /right:=/right/image_rect
```

其中，left 对应左侧相机的图像话题名，right 对应右侧相机的图像话题名，根据实际情况修改即可。运行成功后可以看到如图 7-17 所示的界面，包含左右两个相机的图像。

图 7-17 双目相机标定

接下来的标定过程与单目相机完全一致，标定结束后会生成一个双目相机的标定文件，使用方法依然与单目相机一致，这里不再赘述。

相机标定完成后，就可以继续开发图像处理功能了，开发过程中使用最多的库是 OpenCV。

7.3 OpenCV 图像处理

OpenCV（Open Source Computer Vision Library）是一个基于 BSD 许可发行的跨平台开源计算机视觉库，可以运行在 Linux、Windows 和 macOS 等操作系统上。OpenCV 由一系列 C 函数和少量 C++ 类构成，同时提供 C++、Python、Ruby、MATLAB 等语言的接口，实现了图像处理和计算机视觉方面的很多通用算法，而且对非商业应用和商业应用都是免费的。

7.3.1 安装 OpenCV

基于 OpenCV 库可以快速开发机器视觉方面的应用，ROS 2 中已经集成了 OpenCV 库和相关的接口功能包，如图 7-18 所示，大家可以使用以下命令安装。

```
$ sudo apt install ros-jazzy-vision-opencv libopencv-dev python3-opencv
```

```
                                    ros2@guyuehome: ~
ros2@guyuehome:~$ sudo apt install ros-jazzy-vision-opencv libopencv-dev python3-opencv
Reading package lists... Done
Building dependency tree... Done
Reading state information... Done
ros-jazzy-vision-opencv is already the newest version (4.1.0-1noble.20240712.143749).
libopencv-dev is already the newest version (4.6.0+dfsg-13.1ubuntu1).
python3-opencv is already the newest version (4.6.0+dfsg-13.1ubuntu1).
```

图 7-18　安装 ROS 2 OpenCV 库

7.3.2 在 ROS 2 中使用 OpenCV

ROS 2 为开发者提供了与 OpenCV 的接口功能包——cv_bridge。如图 7-19 所示，开发者可以通过该功能包，将 ROS 2 中的图像消息转换成 OpenCV 格式的图像，并且调用 OpenCV 库进行各种图像处理；或者将 OpenCV 处理后的数据转换成 ROS 2 的图像消息，通过话题进行发布，实现各节点之间的图像传输。

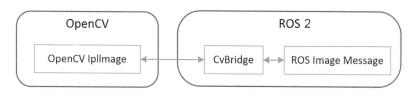

图 7-19　cv_bridge 功能包的作用

"bridge"的概念在 ROS 中经常出现，其主要功能是在两个数据结构不兼容的系统之间完成数据转换，在它们之间搭建一座可以互通数据的"桥梁"，扩展功能，例如 cv_bridge（ROS 与 OpenCV 之间的数据转换）、gazebo_bridge（ROS 与 Gazebo 之间的数据转换）、web_bridge（ROS 与 Web Json 之间的数据转换），等等。

接下来通过一个简单的例程，介绍如何使用 cv_bridge 完成 ROS 2 与 OpenCV 之间的图像转换。在该例程中，一个 ROS 2 节点订阅相机驱动发布的图像消息，然后将其转换成 OpenCV 的图像数据进行显示，最后将该 OpenCV 格式的图像转换回 ROS 2 图像消息发布并显示。

启动三个终端，分别运行以下命令，启动该例程。

```
$ ros2 run usb_cam usb_cam_node_exe
$ ros2 run learning_cv cv_bridge_test
$ ros2 run rqt_image_view rqt_image_view
```

例程运行的效果如图 7-20 所示，图中左边是通过 cv_bridge 将 ROS 2 图像消息转换成 OpenCV 图像数据之后的显示效果，使用 OpenCV 库在图像左上角绘制了一个红色的圆；图中右边是将 OpenCV 图像数据再次通过 cv_bridge 转换成 ROS 2 图像消息后的显示效果，左右两幅图像应该完全一致。

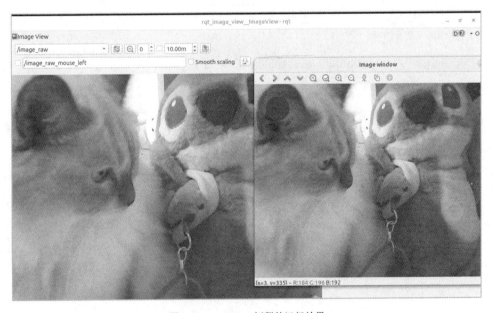

图 7-20　cv_bridge 例程的运行效果

实现该例程的源码 learning_cv/cv_bridge_test.py 内容如下。

```
import rclpy                                    # 导入 ROS 2 Python 库
from rclpy.node import Node                     # 从 rclpy 模块导入 Node 类
from sensor_msgs.msg import Image               # 导入用于图像消息的类型
from cv_bridge import CvBridge                  # 导入 CvBridge, 用于 ROS 2 和 OpenCV 之间的图像转换
import cv2                                      # 导入 OpenCV 库
import numpy as np                              # 导入 NumPy 库

class ImageSubscriber(Node):                    # 定义一个名为 ImageSubscriber 的类, 继承自 Node
    def __init__(self, name):
        super().__init__(name)                  # 初始化 Node 类

        # 创建一个订阅者, 订阅 image_raw 话题
        self.sub = self.create_subscription(
            Image, 'image_raw', self.listener_callback, 10)

        # 创建一个发布者, 发布 cv_bridge_image 话题
        self.pub = self.create_publisher(
            Image, 'cv_bridge_image', 10)

        # 创建一个 CvBridge 对象
        self.cv_bridge = CvBridge()

    def listener_callback(self, data):
        # 将 ROS 图像消息转换为 OpenCV 图像数据
        image = self.cv_bridge.imgmsg_to_cv2(data, 'bgr8')

        (rows, cols, channels) = image.shape     # 获取图像的尺寸和通道数
        if cols > 60 and rows > 60:              # 如果图像足够大
            cv2.circle(image, (60, 60), 30, (0, 0, 255), -1)   # 在图像上绘制一个圆
        cv2.imshow("Image window", image)        # 显示图像窗口
        cv2.waitKey(3)                           # 等待 3 毫秒

        # 将修改后的 OpenCV 图像数据转换回 ROS 图像消息并发布
        self.pub.publish(self.cv_bridge.cv2_to_imgmsg(image, "bgr8"))

def main(args=None):                             # 定义 main 函数
    rclpy.init(args=args)                        # 初始化 ROS 2
    node = ImageSubscriber("cv_bridge_test")     # 创建 ImageSubscriber 类的实例
    rclpy.spin(node)                             # 保持节点运行, 处理回调函数
    node.destroy_node()                          # 销毁节点
    rclpy.shutdown()                             # 关闭 ROS 2
```

分析以上例程代码的关键部分。

```
from cv_bridge import CvBridge                  # ROS 2 与 OpenCV 图像转换类
import cv2                                      # OpenCV 图像处理库
```

要调用 OpenCV,必须先导入 OpenCV 模块,另外还需要导入 cv_bridge 所需要的一些模块。

```
self.sub = self.create_subscription(
    Image, 'image_raw', self.listener_callback, 10)
self.pub = self.create_publisher(
    Image, 'cv_bridge_image', 10)
self.cv_bridge = CvBridge()
```

代码中定义了一个订阅者 sub 接收原始图像消息,然后定义一个发布者 pub 发布 OpenCV 处理后的图像消息,此外还定义一个 CvBridge 的句柄,用于调用相关的转换接口。

```
image = self.cv_bridge.imgmsg_to_cv2(data, 'bgr8')
```

imgmsg_to_cv2()接口的功能是将 ROS 2 图像消息转换成 OpenCV 图像数据,该接口有两个输入参数,第一个参数指向图像消息流,第二个参数用来定义转换的图像数据格式。

```
self.pub.publish(self.cv_bridge.cv2_to_imgmsg(image, "bgr8"))
```

cv2_to_imgmsg()接口的功能是将 OpenCV 格式的图像数据转换成 ROS 2 图像消息,该接口同样要求输入图像数据流和数据格式这两个参数。

从这个例程来看,ROS 2 中调用 OpenCV 的方法并不复杂,熟悉 imgmsg_to_cv2()、cv2_to_imgmsg()这两个接口函数的使用方法就可以了。

关于 OpenCV 与 ROS 2 的基础应用,第 2 章的应用示例中已经进行了多次讲解,大家可以回顾一下。

接下来通过几个视觉应用,帮助大家打通 ROS 2 开发机器人视觉功能的"任督二脉"。

7.4 视觉应用一:视觉巡线

如何让机器人更好地适应环境,尽量减少对环境的依赖呢?如果有一个具备"眼睛"这一特殊属性的相机,那么是不是可以通过视觉动态分析环境信息,从而控制机器人运动呢?例如对于路面上行驶的汽车,道路线就相当于一个信号,可以告知驾驶员知道该往哪走,至于路两旁是山还是海,其实影响并不大。

7.4.1 基本原理与实现框架

按照道路线指引的逻辑,假设也给机器人铺设一个专用的道路线,机器人不用关心周围到底有什么障碍物,哪里有线就往哪里走,这样就将一个复杂的路径规划问题简化成了路径跟踪问题。至于视觉或者其他传感器,其作用就是辅助机器人寻找道路线在哪里。

这种方法其实在工业界已经普及,例如常见的 AGV 物流机器人,工厂环境复杂,为了让机器人可以稳定快速地运行,工厂会为机器人铺设专用的道路标志,如图 7-21 所示,这个标志可能是二维码标签，也可能是有明显颜色的道路线，还可能是磁导线，总之就是给机器人一个明确的运行信号，包括减速、分叉、停止等，机器人按照这个信号行驶就可以了。

图 7-21　AGV 物流机器人及其专用道路标志

回到巡线功能，其原理也是类似的，如图 7-22 所示，机器人发现道路线出现在视野的左侧，于是向左转，偏得越厉害，转向的速度就可以给得越大，只要尽量保持道路线在视野的中间即可。

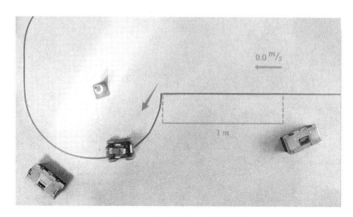

图 7-22　移动机器人视觉巡线

思路清楚了，接下来就要开始动手操作了。根据上述说明的原理及 OpenCV 的实现方式，可以将机器人巡线运动的过程分为六个步骤。

（1）图像输入：通过相机驱动发布图像信息。

（2）二值化处理：对输入图形进行二值化处理，获取目标线路。

（3）索引路径线：定位目标路径线位置。

（4）计算路径线坐标：根据目标路径线计算目标坐标位置。

（5）计算速度指令：通过路径线坐标计算速度指令。

（6）指令输出：发布速度控制指令。

7.4.2 机器人视觉巡线仿真

我们先来尝试在仿真环境下实现视觉巡线功能。例程代码存放在 originbot_desktop 仓库中，先来看一下最终的演示效果。

通过以下命令启动该例程。

```
$ ros2 launch originbot_gazebo_harmonic load_originbot_into_line_follower_gazebo.launch.py
```

Gazebo 启动成功后，如图 7-23 所示，可以看到黄色的路径线，仿真机器人在路径线的起点处。

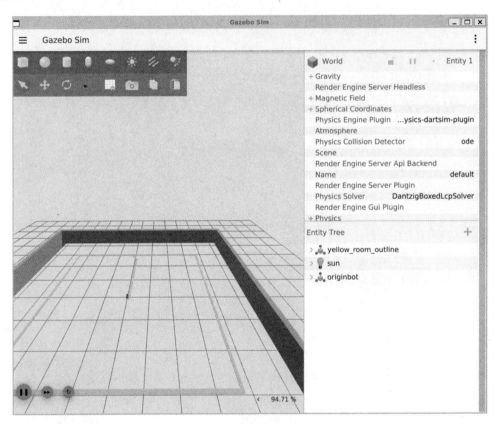

图 7-23　机器人视觉巡线仿真

启动 RViz，添加 Image 显示项，就可以看到实时的图像数据，如图 7-24 所示。

```
$ ros2 run rviz2 rviz2
```

图 7-24　查看机器人视觉巡线的实时图像

重新打开一个终端，启动视觉巡线功能。

```
$ ros2 run originbot_demo line_follower
```

启动成功后，仿真机器人开始巡线运动，同时弹出一个巡线检测结果的实时显示窗口，如图 7-25 所示。

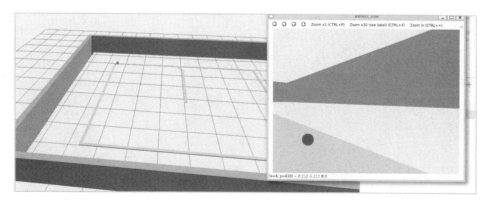

图 7-25　机器人视觉巡线流程

实现该例程的源码 originbot_demo/originbot_dem/line_follower.py 内容如下。

```python
import rclpy
from rclpy.node import Node
from sensor_msgs.msg import Image
from geometry_msgs.msg import Twist

import numpy as np
import cv2
import cv_bridge

# 创建 ROS 和 OpenCV 之间的桥接器
bridge = cv_bridge.CvBridge()

def image_callback(msg):
    # 将 ROS 图像消息转换为 OpenCV 图像格式
    image_input = bridge.imgmsg_to_cv2(msg, desired_encoding='bgr8')

    # 将图像从 BGR 转换为 HSV 颜色空间
    hsv = cv2.cvtColor(image_input, cv2.COLOR_BGR2HSV)
    # 定义黄色的 HSV 阈值范围
    lower_yellow = np.array([10, 10, 10])
    upper_yellow = np.array([255, 255, 250])
    # 创建掩码以只获取黄色区域
    mask = cv2.inRange(hsv, lower_yellow, upper_yellow)

    # 获取图像的高度、宽度和深度
    h, w, d = image_input.shape
    # 定义搜索区域
    search_top = int(3*h/4)
    search_bot = int(3*h/4 + 20)
    mask[0:search_top, 0:w] = 0
    mask[search_bot:h, 0:w] = 0

    # 计算掩码的质心
    M = cv2.moments(mask)
    if M['m00'] > 0:
        cx = int(M['m10']/M['m00'])
        cy = int(M['m01']/M['m00'])
        # 在质心位置绘制红色圆点
        cv2.circle(image_input, (cx, cy), 20, (0,0,255), -1)
        # 开始控制逻辑
        err = cx - w/2
        twist = Twist()
        twist.linear.x = 0.2
        twist.angular.z = -float(err) / 500
```

```
            publisher.publish(twist)
            # 结束控制逻辑

        # 显示处理后的图像
        cv2.imshow("detect_line", image_input)
        cv2.waitKey(3)

    def main():
        rclpy.init()
        global node
        node = Node('follower')

        global publisher
        publisher = node.create_publisher(Twist, '/cmd_vel',
    rclpy.qos.qos_profile_system_default)
        subscription = node.create_subscription(Image, 'camera/image_raw',
                                        image_callback,
                                        rclpy.qos.qos_profile_sensor_data)

        rclpy.spin(node)

    try:
        main()
    except (KeyboardInterrupt, rclpy.exceptions.ROSInterruptException):
        # 发送空消息以停止机器人
        empty_message = Twist()
        publisher.publish(empty_message)

        # 清理节点并关闭 rclpy
        node.destroy_node()
        rclpy.shutdown()
        exit()
```

我们一起分析以上例程的代码。

```
    subscription = node.create_subscription(Image, 'camera/image_raw',
                                    image_callback,
                                    rclpy.qos.qos_profile_sensor_data)
```

第 1 步，输入图像。在这个例子中，使用了 ROS 2 的订阅功能 node.create_subscription 来接收相机发布的图像数据。第 1 个参数声明接收的数据格式是 Image，即图像格式；第 2 个参数是所订阅的话题名称，表明订阅的是相机发布的原始图像数据；第 3 个参数是回调函数的名称 image_callback，这意味着每当收到一帧图像时，ROS 2 就会自动调用 image_callback 函数进行处理；第 4 个参数是关于 ROS 2 的 QoS 机制，确保数据的可靠传输。

```
image_input = bridge.imgmsg_to_cv2(msg,desired_encoding='bgr8')

hsv = cv2.cvtColor(image_input, cv2.COLOR_BGR2HSV)
lower_yellow = np.array([ 10,  10,  10])
upper_yellow = np.array([255, 255, 250])
mask = cv2.inRange(hsv, lower_yellow, upper_yellow)
```

第 2 步是图像二值化。这一步使用 cv_bridge 将 ROS 采集的图像消息转换成 OpenCV 能够处理的格式，这样就可以使用 OpenCV 提供的丰富的图像处理功能。接着，将 RGB 颜色空间转换为 HSV 颜色空间，这样可以更方便地进行颜色识别。然后，通过设定阈值将目标颜色（黄色）提取出来，形成二值化的图像。

```
h, w, d = image_input.shape
search_top = int(3*h/4)
search_bot = int(3*h/4 + 20)
mask[0:search_top, 0:w] = 0
mask[search_bot:h, 0:w] = 0
```

第 3 步，索引路径线。路径线索引之后就可以获取跟踪目标点的最佳位置。这一步对图像进行了裁剪，只保留了中间部分，去除了图像顶部和底部的干扰，处理后就可以将注意力集中在可能存在路径线的区域，从而提高路径线检测的准确性和效率。

```
M = cv2.moments(mask)
if M['m00'] > 0:
  cx = int(M['m10']/M['m00'])
  cy = int(M['m01']/M['m00'])
```

第 4 步，计算路径线坐标。这一步利用 OpenCV 的 cv2.moments() 函数计算掩码图像中黄色区域的质心坐标 (cx, cy)。这些坐标将用于确定路径线的位置。如果黄色区域的质心有效（即 m00 大于零），则计算质心坐标 cx 和 cy，表示路径线的位置。

```
err = cx - w/2
twist = Twist()
twist.linear.x = 0.2
twist.angular.z = -float(err) / 500
```

第 5 步，计算速度指令，根据路径线中心点在相机视野中的偏差大小，线性换算成机器人的角速度，线速度为固定值 0.2m/s。

```
publisher.publish(twist)
```

第 6 步，将计算得到的速度控制消息发布到 ROS 2 话题 /cmd_vel，这样就能控制机器人运动，使其跟随黄色线行驶。

7.4.3　真实机器人视觉巡线

以 OriginBot 为例，看一下机器人仿真巡线在真实机器人上的实现效果如何。

这里需要启动三个终端，分别运行三个主要的功能。

```
# 机器人终端 1：启动机器人底盘驱动节点
$ export RMW_IMPLEMENTATION=rmw_cyclonedds_cpp
$ ros2 launch originbot_bringup originbot.launch.py use_camera:=true

# 机器人终端 2：运行视觉巡线节点，并且发布速度控制话题，控制机器人速度
$ export RMW_IMPLEMENTATION=rmw_cyclonedds_cpp
$ ros2 run originbot_linefollower follower

# 计算机端：订阅机器人相机看到的图像
$ ros2 run rqt_image_view rqt_image_view
```

为了保证图像的实时性，这里将使用的 DDS 切换为 cyclonedds，避免因为 DDS 切片导致图像延迟。

现在机器人已经开始沿着一条黑色路径线慢慢运动。大家也可以在打开的 rqt_image_view 中订阅识别结果的图像话题，看一下路径线识别的实时效果，红色点通常会一直压在所识别到路径线的中心位置，如图 7-26 所示。

图 7-26　真实机器人视觉巡线效果

大家可能会发现真实机器人巡线的过程并不稳定，这是因为图像处理的过程与所处的环境相关，不同环境之下的颜色阈值不同，我们还需要结合实际环境调试程序中的颜色阈值。

以上真实机器人巡线运动的代码实现在 originbot_linefollower/follower.py 中，与 7.4.2 节仿真环境下机器人视觉巡线的实现过程几乎一样，这里不再赘述。

7.5 视觉应用二：二维码识别

在日常生活中，我们每天接触最多的图像识别场景是什么？扫二维码一定是其中之一。

如图 7-27 所示，微信登录要扫二维码，手机支付要扫二维码，使用共享单车也要扫二维码。除了这些在日常生活中已经非常普及的场景，二维码在工业生产中也被广泛使用，例如标记物料型号，或者保存产品的生产信息。

图 7-27　二维码应用

深入生活、生产各个环节的二维码又被称为二维条码，是在一维条码的基础上发展而来的。一维条码能够保存的信息量有限，二维条码在平面上扩展了一个维度，使用黑白相间的图形来记录信息，内容就丰富多了。

既然二维码可以保存很多信息，那有没有可能和机器人应用结合？当然没有问题，很多机器人应用场景中有二维码识别需求。二维码识别和机器人视觉巡线类似，同样可以使用 ROS 2 与 OpenCV 结合的方式，让机器人识别二维码并执行预先在二维码中设定的一些动作。

7.5.1　二维码扫描库——Zbar

Zbar 是一个开源的条形码和二维码扫描库，可以用于快速识别和解码条形码和二维码。安装起来也非常简单，只需要执行以下命令。

```
$ sudo apt install libzbar-dev
```

Zbar 库的功能主要包含以下 4 部分。

1. 图像获取与预处理

Zbar 库首先需要获取输入图像，可以是相机捕获的实时图像，也可以是已保存的静态图像文件。在处理之前，通常需要对图像进行预处理，如灰度化、降噪、边缘检测等，以提高后续解码的准确性和效率。

2. 符号定位与定位模式

Zbar 库使用图像处理技术来定位输入图像中的条形码或二维码符号。对于不同类型的符号（如二维码、一维条形码等），Zbar 会采用不同的定位算法和策略来确定符号的位置和边界。对于二维码，通常会检测其定位模式（Finder Patterns）以及可能的三个定位角。

3. 符号解码

一旦符号被正确定位，Zbar 库就会进行解码操作。对于一维条形码，这涉及解析条形的宽度和间距信息，然后将它们映射到特定的编码规则（如 EAN-13、Code 128 等）。对于二维码，Zbar 库会解析图案中的数据矩阵，根据 QR 码或 Data Matrix 码的编码规则提取数据。

4. 数据输出与应用集成

Zbar 库解码成功后，会输出识别到的数据内容，如文本、网址、数字等。这些数据可以被进一步处理，用于应用程序的功能实现，如自动填充表单、商品信息查询、登录验证等。

7.5.2 相机识别二维码

了解完二维码识别的原理后，我们先在本地计算机上运行一下相机识别二维码的示例。

originbot_desktop 代码仓库中包含二维码识别的功能包——originbot_qrcode_detect，可以使用以下命令运行功能包。

```
# 计算机终端 1：启动相机节点
$ ros2 launch usb_cam camera.launch.py

# 计算机终端 2：启动二维码识别节点
$ ros2 run originbot_qrcode_detect originbot_qrcode_detect

# 计算机终端 3：启动可视化界面
$ rqt
```

运行以上命令后，可以看到图 7-28 所示的画面。

画面左侧是 rqt 界面显示的二维码识别界面，会显示二维码的定位和识别结果；画面右侧是终端输出的信息"Learn Robotics Go to Guyuehome"，这就是二维码中的信息。

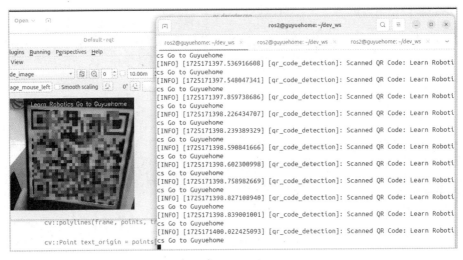

图 7-28　二维码识别结果

以上功能是如何通过代码实现的呢？完整功能的实现在 originbot_qrcode_detect/src/ qr_decoder.cpp 中，内容如下。

```cpp
#include "rclcpp/rclcpp.hpp"
#include "sensor_msgs/msg/image.hpp"
#include <cv_bridge/cv_bridge.hpp>
#include "opencv2/opencv.hpp"
#include "opencv2/imgproc.hpp"
#include "opencv2/imgcodecs.hpp"
#include "opencv2/highgui.hpp"
#include "zbar.h"
#include <std_msgs/msg/string.hpp>

class QrCodeDetection : public rclcpp::Node
{
public:
  QrCodeDetection() : Node("qr_code_detection")
  {
    subscription_ = this->create_subscription<sensor_msgs::msg::Image>(
      "/camera/image_raw", 10, std::bind(&QrCodeDetection::imageCallback, this,
      std::placeholders::_1));

    qr_code_pub_ = this->create_publisher<std_msgs::msg::String>("qr_code", 10);
    image_pub_ = this->create_publisher<sensor_msgs::msg::Image>("qr_code_image", 10);
  }

private:
```

```cpp
    void imageCallback(const sensor_msgs::msg::Image::SharedPtr msg)
    {
      try {
        cv_bridge::CvImagePtr cv_ptr = cv_bridge::toCvCopy(msg,
sensor_msgs::image_encodings::BGR8);
        cv::Mat frame = cv_ptr->image;
        cv::Mat gray;
        cv::cvtColor(frame, gray, cv::COLOR_BGR2GRAY);

        zbar::ImageScanner scanner;
        scanner.set_config(zbar::ZBAR_NONE, zbar::ZBAR_CFG_ENABLE, 1);
        zbar::Image zbar_image(frame.cols, frame.rows, "Y800", (uchar *)gray.data, frame.cols
* frame.rows);
        scanner.scan(zbar_image);

        for (zbar::Image::SymbolIterator symbol = zbar_image.symbol_begin();
            symbol != zbar_image.symbol_end(); ++symbol) {
          std::string qr_code_data = symbol->get_data();
          RCLCPP_INFO(this->get_logger(), "Scanned QR Code: %s", qr_code_data.c_str());

          // 发布二维码数据
          auto qr_code_msg = std_msgs::msg::String();
          qr_code_msg.data = qr_code_data;
          qr_code_pub_->publish(qr_code_msg);

          // 在图像上绘制二维码边界和信息
          std::vector<cv::Point> points;
          for (int i = 0; i < symbol->get_location_size(); i++) {
            points.push_back(cv::Point(symbol->get_location_x(i),
            symbol->get_location_y(i)));
          }
          cv::polylines(frame, points, true, cv::Scalar(0, 255, 0), 2);

          cv::Point text_origin = points[0];
          text_origin.y -= 10;  // 将文本位置稍微上移
          cv::putText(frame, qr_code_data, text_origin, cv::FONT_HERSHEY_SIMPLEX, 0.8,
          cv::Scalar(0, 255, 0), 2);
        }

        // 发布带有二维码标记的图像
        sensor_msgs::msg::Image::SharedPtr out_img =
        cv_bridge::CvImage(std_msgs::msg::Header(), "bgr8", frame).toImageMsg();
        image_pub_->publish(*out_img);
      }
      catch (cv_bridge::Exception &e) {
        RCLCPP_ERROR(this->get_logger(), "cv_bridge exception: %s", e.what());
```

```
    return;
  }
}

rclcpp::Subscription<sensor_msgs::msg::Image>::SharedPtr subscription_;
rclcpp::Publisher<std_msgs::msg::String>::SharedPtr qr_code_pub_;
rclcpp::Publisher<sensor_msgs::msg::Image>::SharedPtr image_pub_;
};

int main(int argc, char *argv[])
{
  rclcpp::init(argc, argv);
  rclcpp::spin(std::make_shared<QrCodeDetection>());
  rclcpp::shutdown();
  return 0;
}
```

重点分析以上代码的关键内容。

```
  subscription_ = this->create_subscription<sensor_msgs::msg::Image>(
    "/camera/image_raw", 10, std::bind(&QrCodeDetection::imageCallback, this,
    std::placeholders::_1));
```

首先通过订阅图像话题的数据捕获图像，每接收到一次图像消息就执行一次回调函数。正如下面的代码，每接收一次 image 话题数据就执行一次 imageCallback 的代码。

```
  // 遍历识别到的 QR 码
  for (zbar::Image::SymbolIterator symbol = zbar_image.symbol_begin();
    symbol != zbar_image.symbol_end(); ++symbol) {
    const char *qrCode_msg = symbol->get_data().c_str();
    RCLCPP_INFO(this->get_logger(), "Scanned QR Code: %s", qrCode_msg);

    auto sign_com_msg = std_msgs::msg::String();
    sign_com_msg.data = qrCode_msg;

    // 发布 QR 码内容
    auto qr_code_msg = std_msgs::msg::String();
    qr_code_msg.data = qr_code_data;
    qr_code_pub_->publish(qr_code_msg);
```

在收到话题数据进入回调函数后，进一步实现二维码的定位与解析。先按照要求将输入的图像进行灰度化处理，然后调用 Zbar 库的二维码定位和 scan 方法进行识别，最后发布识别结果。

```
  // 在图像上绘制二维码边界和信息
  std::vector<cv::Point> points;
```

```
for (int i = 0; i < symbol->get_location_size(); i++) {
  points.push_back(cv::Point(symbol->get_location_x(i),
  symbol->get_location_y(i)));
}
cv::polylines(frame, points, true, cv::Scalar(0, 255, 0), 2);

cv::Point text_origin = points[0];
text_origin.y -= 10;    // 将文本位置稍微上移
cv::putText(frame, qr_code_data, text_origin, cv::FONT_HERSHEY_SIMPLEX, 0.8,
cv::Scalar(0, 255, 0), 2);
}

// 发布带有二维码标记的图像
sensor_msgs::msg::Image::SharedPtr out_img =
cv_bridge::CvImage(std_msgs::msg::Header(), "bgr8", frame).toImageMsg();
image_pub_->publish(*out_img);
```

此外，还可以将二维码结果和图像信息进行融合，可以使用以上 OpenCV 的接口实现。

7.5.3　真实机器人相机识别二维码

以 OriginBot 机器人为例，大家可以继续体验二维码识别在真实机器人上运行的效果。

使用终端 SSH 连接 OriginBot 机器人后，执行以下指令。

```
$  ros2 launch qr_code_detection qr_code_detection.launch.py
```

启动摄像头时，需要加载标定文件，否则可能无法识别二维码。

运行成功后，在同一网络的 PC 端打开浏览器，输入 http://IP:8000 ，选择"web 展示端"，即可查看图像和算法效果，如图 7-29 所示。

图 7-29　机器人二维码识别效果

此处网页链接中的"IP"需要修改为 OriginBot 的实际 IP 地址。

以上真实机器人二维码识别的代码实现在 originbot_example/qr_code_detect 功能包中，与本地实现二维码识别的实现过程几乎一样，这里不再赘述。

7.5.4　真实机器人二维码跟随

机器人既然能够识别二维码了，那么是否可以根据二维码的内容做一些其他的事情呢？最简单的就是二维码运动控制，我们一起来看一下如何串联二维码识别和机器人的运动控制功能。

以 OriginBot 机器人为例，远程登录机器人系统后，打开三个终端，分别输入如下命令，启动机器人并运行二维码识别和跟踪功能。

```
# 终端 1：启动机器人运动底盘
$ ros2 launch originbot_bringup originbot.launch.py

# 终端 2：启动二维码识别
$ ros2 launch qr_code_detection qr_code_detection.launch.py

# 终端 3：启动二维码控制节点
$ ros2 run qr_code_control qr_code_control_node
```

接下来，将之前打印好的二维码放在机器人面前，机器人就会根据识别出来的结果前后左右运动，如图 7-30 所示。

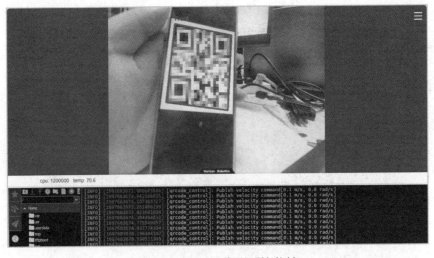

图 7-30　机器人二维码识别与控制

基于二维码的识别结果，需要重新编写一个处理识别结果的节点，即 qr_code_control_node 节点，这个节点的作用就是让机器人根据二维码的内容进行运动，关键代码如下。

```
def setTwist(self, linear_x, angular_z):
    # 限制线性速度和角速度的范围
    linear_x = max(min(linear_x, 0.1), -0.1)
    angular_z = max(min(angular_z, 1.0), -1.0)

    # 设置机器人的移动速度
    self.twist.linear.x = linear_x
    self.twist.angular.z = angular_z

def setTwistWithQrInfo(self, qrcode_info: String):
    # 解析 QR 码信息
    info = qrcode_info.data

    # 根据 QR 码信息调整机器人的移动方向和速度
    if 'Front' in info:
        self.setTwist(0.1, 0.0)            # 向前移动
    elif 'Back' in info:
        self.setTwist(-0.1, 0.0)           # 向后移动
    elif 'Left' in info:
        self.setTwist(0.0, 0.4)            # 向左转
    elif 'Right' in info:
        self.setTwist(0.0, -0.4)           # 向右转
    else:
        self.setTwist(0.0, 0.0)            # 停止移动

    # 发布控制命令
    self.pubControlCommand()
```

以上代码和我们之前学习的机器人视觉巡线控制类似，通过订阅二维码识别结果来控制机器人前后左右运动，二维码在视野中的位置偏左，就让机器人向左运动，反之则向右运动；然后将速度指令输入 pubControlCommand 函数，通过话题发布控制机器人运动。

二维码信息丰富，识别稳定。除了这里演示的二维码跟随控制，还可以将二维码贴到某些物体上，将物体识别简化为对二维码的识别；也可以让机器人在导航过程通过扫描二维码确定自己的当前位置，减少全局累积误差。二维码的应用场景非常多，大家可以继续探索。

7.6　机器学习应用一：深度学习视觉巡线

我们使用 OpenCV 开发了机器人视觉巡线，让小车跟随路径线运动。然而，基于 OpenCV 的图像识别受光线影响较大，一旦场地等环境变化，就需要重新调整阈值，有没有可能让机器人自主适应环境的变化呢？也就是让机器人自己来学习。

7.6.1　基本原理与实现框架

相比传统图像处理，深度学习能够让机器视觉适应更多的变化，从而提高复杂环境下的精确程度。与传统的模板匹配方式不同，深度学习的开发方法发生了本质变化，常用的开发流程如图 7-31 所示。

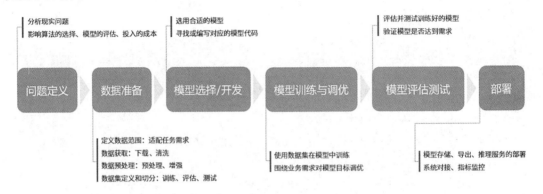

图 7-31　深度学习的开发流程

机器学习的核心目的是解决问题，主要可以分为 6 个步骤。

（1）**问题定义**：要解决的问题是什么？例如对于视觉巡线，就是识别路径线在图像中的位置。

（2）**数据准备**：针对要解决的问题准备数据。例如准备各种巡线场景的图像数据，标注后供机器学习使用。

（3）**模型选择/开发**：模型就是处理数据的一套流程，也就是大家常听说的 CNN 卷积神经网络、GAN 生成对抗网络、RNN 循环神经网络等。

（4）**模型训练与调优**：将数据放入模型中，通过训练得到最优的参数。该过程可以理解为机器的学习过程。

（5）**模型评估测试**：就像小测验一样，拿一些数据给训练好的模型，观察最后的效果。

（6）**部署**：一切准备就绪后，就可以把训练好的模型放到机器人上了，也就是正式把知识传授给某个机器人，让它解决之前提出的问题。

7.6.2　深度学习视觉巡线应用

本节将带领大家一起在真实机器人中运行基于深度学习的视觉巡线功能。

以 OriginBot 机器人为例，通过终端 SSH 连接机器人后，可以在终端中运行以下两行指令，界面如图 7-32 所示。

```
# 进入功能包目录
$ cd /userdata/dev_ws/src/originbot/originbot_deeplearning/line_follower_perception/
```

```
# 运行基于深度学习的视觉巡线功能
$ ros2 run line_follower_perception line_follower_perception --ros-args -p
model_path:=model/resnet18_224x224_nv12.bin -p model_name:=resnet18_224x224_nv12
```

```
root@ubuntu: /userdata/dev_ws/src/originbot/originbot_deeplearning/line_follower_perception
root@ubuntu:~# cd /userdata/dev_ws/src/originbot/originbot_deeplearning/line_follower_perception/
root@ubuntu:/userdata/dev_ws/src/originbot/originbot_deeplearning/line_follower_perception# ros2 run line_follower_percep
tion line_follower_perception --ros-args -p model_path:=model/resnet18_224x224_nv12.bin -p model_name:=resnet18_224x224_n
v12
[INFO] [1724678936.735417947] [dnn]: Node init.
[INFO] [1724678936.735936825] [LineFollowerPerceptionNode]: path:model/resnet18_224x224_nv12.bin

[INFO] [1724678936.736008720] [LineFollowerPerceptionNode]: name:resnet18_224x224_nv12

[INFO] [1724678936.736207712] [dnn]: Model init.
[EasyDNN]: EasyDNN version = 1.6.1_(1.18.6 DNN)
[BPU_PLAT]BPU Platform Version(1.3.3)!
[HBRT] set log level as 0. version = 3.15.25.0
[DNN] Runtime version = 1.18.6_(3.15.25 HBRT)
[A][DNN][packed_model.cpp:234][Model](2024-08-26,21:28:57.310.835) [HorizonRT] The model builder version = 1.8.7
[INFO] [1724678937.453180869] [dnn]: The model input 0 width is 224 and height is 224
[INFO] [1724678937.453404531] [dnn]: Task init.
[INFO] [1724678937.455679034] [dnn]: Set task_num [4]
```

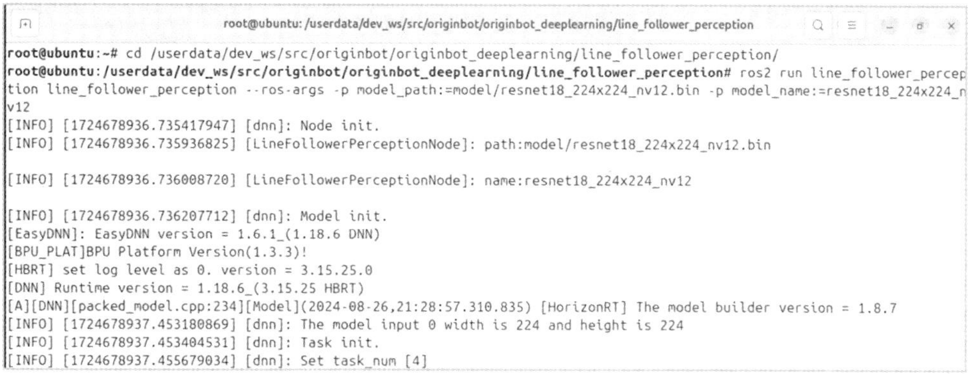

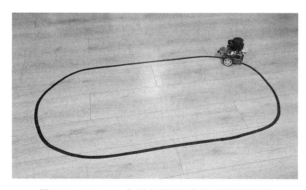

图 7-32　运行基于深度学习的视觉巡线功能

以上两行命令的作用是运行巡线模型，然后只需启动相机文件即可运行巡线案例。

将 OriginBot 机器人放置到巡线的场景中，在机器人端启动两个终端，分别运行如下命令。

```
# 机器人中的终端 1：启动零拷贝模式下的摄像头驱动，加速内部的图像处理效率
$ ros2 launch originbot_bringup camera_internal.launch.py

# 机器人中的终端 2：启动机器人底盘
$ ros2 launch originbot_bringup originbot.launch.py
```

启动成功后，就可以看到机器人开始巡线运动了，如图 7-33 所示。

图 7-33　OriginBot 机器人基于深度学习的视觉巡线

体验了深度学习视觉巡线，大家是不是发现这种方式更加顺畅呢？接下来，我们继续学习如何在自己的机器人上通过深度学习实现视觉巡线的功能。

7.6.3 数据采集与模型训练

问题已经很明确了，就是要控制机器人巡线运动，所以接下来需要做的是数据采集和模型训练。

7.4 节已经定义巡线的解决路径是设定一个坐标点，并且明确了可以通过坐标点在视野中的位置偏差来控制机器人的走向。使用深度学习的方法也是一样，二者的区别是识别路径线中心点的方法不同，而识别之后的控制方法完全相同。

想要使用深度学习的方法识别路径线，就需要通过大量数据"教"机器人辨认路径线，这就涉及数据集的制作，也就是对采集到的图像数据进行路径点坐标标注，一张图像对应一个（x，y）的位置，作为一个数据，如果生成了一系列数据就成为一个数据集，而后就可以将数据集输入模型进行训练。

数据采集和标注的方法有很多，大家可以逐帧保存机器人采集的图像，并且使用工具进行标注。OriginBot 则专门开发了一个实时在线采集和标注的功能节点，在启动机器人和相机后，可以通过如下命令运行。

```
#计算机端
$ cd ~/dev_ws/src/originbot_desktop/originbot_deeplearning/line_follower_model
$ ros2 run line_follower_model annotation
```

在运行的节点中，程序会订阅最新的图像话题，将其剪裁后通过一个可视化窗口显示出来，数据采集成功后，单击画面垂直方向上路径线的中心处，即完成对该帧图像数据的标注，如图7-34 所示。

图 7-34　路径线图像数据采集与标注

以上数据标注功能的代码实现在 originbot_deeplearning/line_follower_model/line_follower_model/annotation_member_function.py 中，大家有兴趣可以详细查阅。

标注完成后，敲击回车键，程序自动将该图像保存至当前路径下的 image_dataset 文件夹中，并且保存标记结果。图像命名方式为 xy_[x 坐标]_[y 坐标]_[uuid].jpg，其中，uuid 为图像唯一标志符，避免出现相同的文件名称。

通过不断调整机器人在巡线场景中的位置，循环完成以上数据采集和标注过程，数据集中建议至少包含 100 张图像。当环境或者场地变化时，也可以采集对应的图像一起训练，提高模型的适应性。采集完成后的数据集如图 7-35 所示。

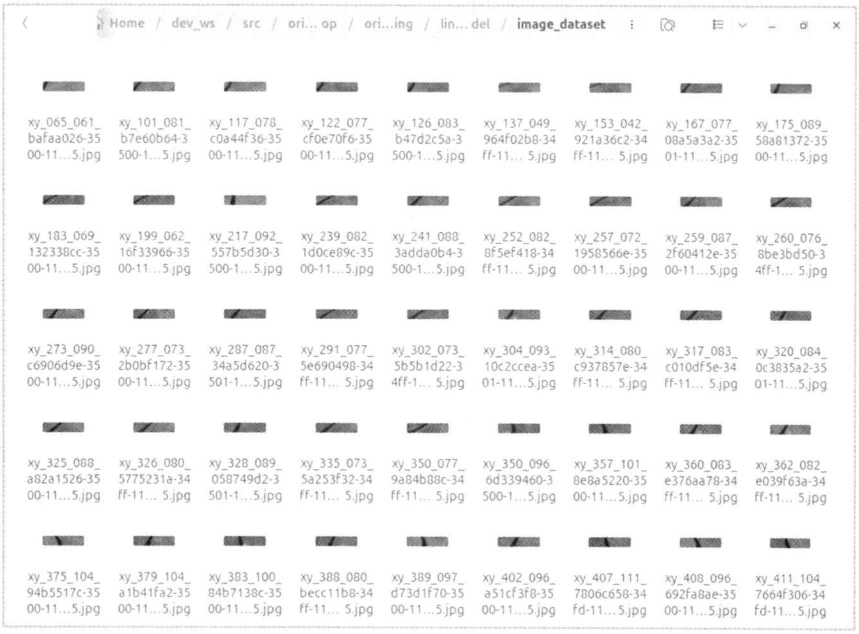

图 7-35　视觉巡线图像数据集示例

理论上，完成标注的数据集越多，未来提供给模型训练的数据就越多，训练得到的模型效果也越好。这就类似于机器人学习的数据越多，学习的成果就越好。

完成数据集的准备后，就可以着手准备将标注好的数据输入模型中进行训练了。然而，在开始训练前还要做一个重要的决策：选择哪个模型最适合要完成的任务？

卷积神经网络（Convolutional Neural Network，CNN）是目前广泛用于图像、自然语言处理等领域的深度神经网络模型。1998 年，Lecun 等人提出了一种基于梯度的反向传播算法用于文档的识别。在这个神经网络中，卷积层（Convolutional Layer）扮演着至关重要的角色。随着运算能力的不断增强，一些大型的 CNN 网络开始在图像领域中展现出巨大的优势，2012 年，Krizhevsky 等人提出了 AlexNet 网络结构，并在 ImageNet 图像分类竞赛中以超过之前 11%的优势取得了冠军。随后，不同的学者提出了一系列的网络结构并不断刷新 ImageNet 的成绩，其中比较经典的网络包括 VGG、GoogLeNet 和 ResNet。

卷积神经网络由输入层、卷积层、池化层、全连接层及输出层组成，其结构如图 7-36 所示。

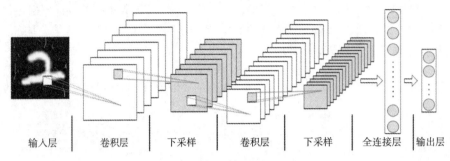

图 7-36　卷积神经网络基本结构

综合考虑模型的成熟度、训练模型对 CPU/GPU 的硬件要求，这里的视觉巡线功能选择一种经典的 CNN 网络模型——残差神经网络（ResNet）。ResNet 是由微软研究院的何恺明、张祥雨、任少卿、孙剑等人提出的，在 2015 年的 ImageNet 大规模视觉识别挑战（ImageNet Large Scale Visual Recognition Challenge，ILSVRC）中取得了冠军。ResNet 巧妙地利用了 shortcut 连接，解决了深度网络中模型退化的问题，是当前应用最为广泛的 CNN 特征提取网络之一。在 ResNet 包含的多个规模的网络模型中，常用的 ResNet18 网络结构如图 7-37 所示。

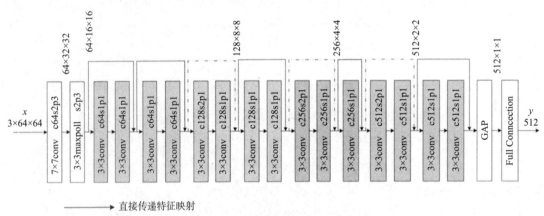

图 7-37　ResNet18 网络结构

为了输出路径线坐标值(x, y)，这里需要修改 ResNet18 网络 FC 输出为 2，即直接输出路径线的(x, y)坐标值。ResNet18 的图像输入分辨率为 224 像素×224 像素。

选定模型后，可以使用 PyTorch 或者 Tensorflow 等深度学习框架进行代码实现，此处使用 PyTorch 进行代码实现。

完成深度学习开发环境的配置后，可以运行以下命令，利用计算机的 CPU 资源训练视觉巡线的模型。

```
# 计算机端
$ cd ~/dev_ws/src/originbot_desktop/originbot_deeplearning/line_follower_model
$ ros2 run line_follower_model training
```

训练过程相对漫长，请耐心等待。训练完成后会产生模型文件，如图 7-38 所示。

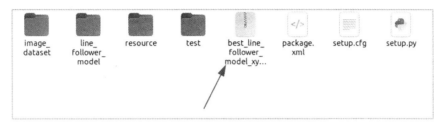

图 7-38　训练产生的模型文件

以上模型训练的完整代码实现在 originbot_deeplearning/line_follower_model/line_follower_model/training_member_function.py 中，学习前需要具备一些 PyTorch 深度学习的基础知识，大家有兴趣可以详细查阅。

7.6.4　模型效果评估测试

模型训练结束后，还需要验证模型的效果，如果效果好就可以继续部署使用，如果效果不好则需要继续调整数据或者优化模型重新训练。

在终端中运行如下命令，启动一个验证程序，显示模型对某图像数据集推理的结果，使用一个红色的点标记识别到的路径线中点，同时在终端中输出(x, y)的坐标值，如图 7-39 所示。

```
# 计算机端
$ cd ~/dev_ws/src/originbot_desktop/originbot_deeplearning/line_follower_model
$ python3 line_follower_model/verify.py
```

以上模型验证的完整代码实现在 originbot_deeplearning/line_follower_model/line_follower_model/verify.py 中，学习前需要具备一些 PyTorch 深度学习的基础知识，大家有兴趣可以详细查阅。

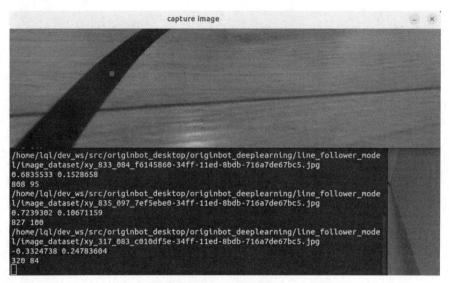

图 7-39　计算机端验证模型文件的效果

7.6.5　在机器人中部署模型

模型训练和验证完毕，深度学习的开发工作已经完成了一大半，接下来需要将训练好的模型部署在机器人端。这里存在一个问题：训练是在计算机上完成的，机器人上使用的芯片架构不同、算力性能不同、算子支持不同，是否能运行训练好的模型？这就需要一套标准化的流程，如图 7-40 所示。

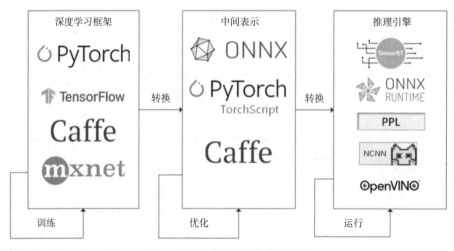

图 7-40　模型转换与量化部署流程

为了让模型能够部署到某一环境上，开发者可以使用任意一种深度学习框架定义网络结构，如 PyTorch 或 TensorFlow，并通过模型训练确定网络中的参数。之后，模型的结构和参数会被转换成只描述网络结构的中间表示，一些针对网络结构的优化会在中间表示上进行。最后，用面向硬件的高性能编程框架编写程序，从而高效完成深度学习网络中算子的推理。引擎会把中间表示转换成特定的文件格式，并在对应的硬件平台上高效运行模型。

这样的部署流程可以解决模型部署中的两大问题。

（1）使用对接深度学习框架和推理引擎的中间表示，开发者不必担心如何在新环境中运行复杂的框架。

（2）通过中间表示的网络结构优化，以及推理引擎对运算的底层优化，模型的运算效率可以大幅提升。

接下来，以部署视觉巡线模型到 OriginBot 机器人中的 RDK X3 为例，介绍真实环境下如何量化部署深度学习模型。

我们已经完成模型训练的第 1 步，接下来只需要完成中间表示和引擎推理即可。具体来说就是两个中间过程——模型转换和板端部署。

1. 模型转换

正式介绍模型转换之前，我们需要了解开放神经网络交换格式（Open Neural Network Exchange，ONNX）。ONNX 是 Meta（原脸书）和微软在 2017 年共同发布的用于标准描述计算图的一种格式。目前，在数家机构的共同维护下，ONNX 已经对接了多种深度学习框架和多种推理引擎，被视为连接深度学习框架和推理引擎的桥梁，就像编译器的中间语言一样。

ONNX 听上去很复杂，但是具体到模型转换过程，其实只需要使用 torch.onnx.export 这个接口函数即可。

```
torch.onnx.export(model,
        x,
        "./best_line_follower_model_xy.onnx",
        export_params=True,
        opset_version=11,
        do_constant_folding=True,
        input_names=['input'],
        output_names=['output'])
```

其中，torch.onnx.export 是 PyTorch 自带的把模型转换成 ONNX 格式的函数。前三个参数的含义分别是要转换的模型、模型的任意一组输入、导出的 ONNX 文件的文件名。转换模型时，需要原模型和输出文件名是很容易理解的，但为什么需要为模型提供一组输入呢？从 PyTorch 的模型到 ONNX 的模型，本质上是一种语言上的翻译，需要像编译器一样彻底解析原模型的代码，记录所有控制流。所以给定一组输入，再实际执行一遍模型就可以把这组输入对应的计算图记录下来，保存为 ONNX 格式。export 函数用的就是追踪导出方法，需要给定任意一组输入，让模型"跑"起来。

在剩下的参数中，opset_version 表示 ONNX 算子集的版本，input_names、 output_names 分别是输入、输出 tensor 的名称。

在 OriginBot 机器人的深度学习开发环境中，可以执行以下命令生成 ONNX 模型，最终生成的 ONNX 模型如图 7-41 所示。

```
$ cd ~/dev_ws/src/originbot_desktop/originbot_deeplearning/line_follower_model
$ ros2 run line_follower_model generate_onnx
```

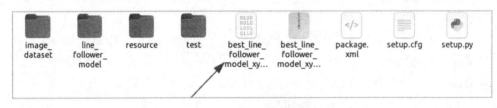

图 7-41　生成 ONNX 模型

完成 ONNX 模型转换之后，还需要让 ONNX 模型根据部署的硬件在被板端优化的推理框架中运行，如果 ONNX 不支持这一行为，则需要将其进一步转化为能被支持的模型，此时就需要引出 AI 工具链，也就是模型转换的工具。

OriginBot 机器人使用 RDK X3 作为机器人的"大脑"，具备 5Tops 算力的 AI 引擎，如果将模型部署在这个 AI 引擎上，就需要使用配套的 AI 工具链，快速实现 ONNX 模型到.bin 模型的转换。

使用 RDK X3 工具链完成模型转换的详细步骤请参考 OriginBot 的 ORG 官网。

2. 板端部署

模型转换后，就得到了可以在 RDK X3 上运行的定点模型，如何将其部署在 RDK X3 上，实现图像获取、模型推理、运动控制功能呢？将编译生成的定点模型 resnet18_224x224_ nv12.bin 复制到 OriginBot 端 line_follower_perception 功能包下的 model 文件夹中，替换原有的模型，并且重新编译工作空间。

编译完成后，可以通过如下命令部署模型，其中参数 model_path 和 model_name 指定模型的路径和名称。

```
# 机器人端
$ cd /userdata/dev_ws/src/originbot/originbot_deeplearning/line_follower_perception/
```

```
$ ros2 run line_follower_perception line_follower_perception --ros-args -p
model_path:=model/resnet18_224x224_nv12.bin -p model_name:=resnet18_224x224_nv12
```

接下来参考 7.6.1 节中的操作步骤完成机器人相机和底盘的启动，机器人就会开始巡线运动啦！

7.7　机器学习应用二：YOLO 目标检测

目标检测是计算机视觉领域的核心问题之一，其任务是给定一张图像或者是一个视频帧，让计算机定位出这个目标的位置并且知道目标物是什么，即输出目标的 Bounding Box（边框）及对应的标签。通过目标检测输出的目标物类别和位置就成为机器人理解世界以及做复杂任务的重要手段之一。例如机器人结合机械臂，通过目标检测可以实现视觉抓取；机器人结合移动部件可以实现目标跟踪，等等。

"你只看一次：统一的实时目标检测"（You Only Look Once: Unified, Real-Time Object Detection，YOLO）是一种将深度学习目标检测与机器人应用相结合的算法。本节将通过将 YOLO 目标检测部署在真实机器人上，帮助大家进一步加深对机器人结合深度学习应用的理解。

7.7.1　基本原理与实现框架

在正式引入 YOLO 算法之前，我们需要了解机器学习的基本流程和原理。除了 7.6.1 节讲到的 6 个步骤，我们通常将机器学习流程分为三部分，也就是机器学习的三板斧：策略（模型）、损失函数及优化算法。

- 策略（模型）：可以比喻为一个学习者或工匠，它是一个具体的实体，用来执行特定的任务或解决问题，在机器学习中，策略指模型的选择和架构。
- 损失函数：可以看作策略（模型）的导师或评判标准，它量化了模型预测与实际观察之间的差异或"损失"。
- 优化算法：类似于模型学习过程中的"指挥家"，指导模型朝着正确的方向前进，使损失最小化。

如图 7-42 所示，视觉领域内最常见的三类问题分别是物体分类、目标检测及语义分割。

图 7-42　物体分类、目标检测及语义分割

在 YOLO 算法发布之前，目标检测领域通常使用 R-CNN 或 Fast R-CNN 等两阶段算法。这类算法的一般思路是 proposal+分类（proposal 提供位置信息，分类提供类别信息）。这样虽然可以实现高精度识别，但是识别速度较慢。

在两阶段算法盛行时，YOLO 横空出世，将两阶段合二为一，变为单阶段算法。即在输出层同时输出目标分类和目标位置。从机器学习的角度来看，就是将分类问题变为回归问题。

为什么 YOLO 可以这么快呢？如图 7-43 所示。

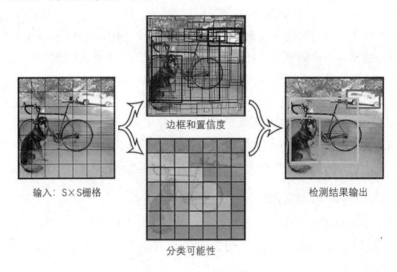

图 7-43　YOLO 算法思路

先看策略部分，当图像输入 YOLO 的网络中，YOLO 会将输入的图像划分成为固定大小的网格，对于每个网格，YOLO 会通过一个卷积神经网络进行单次前向传递预测一个固定数量的边界框，每个边界框包含 5 个主要的属性描述，即

- **边界框中心的 *x* 坐标（bx）**：通常是相对于图像宽度的比例值，取值范围在 0 到 1 之间。
- **边界框中心的 *y* 坐标（by）**：通常是相对于图像高度的比例值，取值范围在 0 到 1 之间。
- **边界框的宽度（bw）**：通常是相对于图像宽度的比例值。
- **边界框的高度（bh）**：通常是相对于图像高度的比例值。
- **置信度（conf）**：这是一个 0 到 1 之间的值，表示模型预测边界框中含有目标的置信度，同时包含边界框预测的准确性。

除了这五个参数，YOLO 还会为每个边界框输出类别概率。这些概率表示模型对于边界框中包含特定类别目标的预测置信度。例如，如果 YOLO 模型被训练用来检测 3 个类别的目标，那么对于每个边界框，模型还会输出 3 个概率值，分别对应这 3 个类别。完成上面的步骤后，就可以在每个网格中获取目标可能包含的信息，那么如何评判预测的准确性呢？这就需要损失函数发挥作用了。YOLO 的损失函数综合考虑了目标位置的回归精度、目标存在的置信度及类别预测的准确性。具体来说，损失函数包括以下内容。

- 位置误差（Bounding Box Regression Loss）：衡量预测边界框位置与真实位置之间的差异。
- 置信度误差（Object Confidence Loss）：评估模型对目标存在与否的置信度预测。
- 类别误差（Class Loss）：用于分类问题，衡量预测的类别与真实类别之间的交叉熵损失。

优化目标是最小化以上三部分损失的加权和，通过反向传播来调整模型参数，以使损失函数达到最小值。

最后就获得了每个网格中的预测数据，但这里会出现一个问题：同一个目标可能被多个 Bounding Box 框选。此时 YOLO 提出了一种十分有效的方式，也就是大名鼎鼎的非最大抑制（Non-Maximum Suppression）——根据置信度和重叠程度筛选出最佳的边界框，这样就完成了一个非常有效的目标检测流程。

随着人工智能领域的发展，YOLO 算法也在快速迭代，如图 7-44 所示。

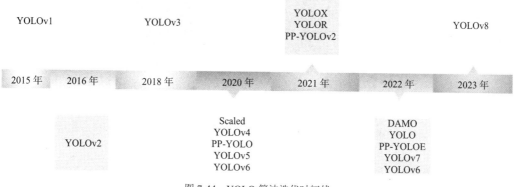

图 7-44　YOLO 算法迭代时间线

7.7.2　YOLO 目标检测部署

在正式开始介绍 YOLO 算法部署前，大家可以先体验一下 YOLO 算法的效果。

1. 代码分支切换

```
# 首先执行 git clone 指令拉取 YOLOv5 的代码，然后切换到 v2.0 的分支以适应板端支持的算子
$ git checkout v2.0
```

2. 配置 Conda 环境，下载依赖

```
# 创建一个名为 yolov5 的新 Conda 环境，并指定 Python 版本为 3.7
$ conda create -n yolov5 python=3.7
# 激活名为 yolov5 的 Conda 环境
```

```
$ conda activate yolov5
# 在激活的环境中安装 PyTorch、torchvision、torchaudio，以及对应的 CUDA 11.7 支持
$ conda install pytorch torchvision torchaudio pytorch-cuda=11.7 -c pytorch -c nvidia
# 安装 requirements.txt 文件中列出的所有 Python 包
$ pip install -r requirements.txt -i https://pypi.tuna.tsinghua.edu.cn/simple
# 安装 apex 库
$ pip install apex -i https://pypi.tuna.tsinghua.edu.cn/simple
```

3. 验证基本环境

```
$ python3 detect.py --source ./inference/images/ --weights yolov5s.pt --conf 0.4
```

运行成功后，就可以看到如图 7-45 所示的目标检测结果了。

图 7-45　YOLOv5 官方示例

YOLOv5 有 YOLOv5n、YOLOv5s、YOLOv5m、YOLOv5l、YOLOv5x 五个版本，如图 7-46 所示，这几个模型的结构基本一样，不同的是模型深度 depth_multiple 和模型宽度 width_multiple 这两个参数。其中，YOLOv5n 是 YOLOv5 系列中深度最小、特征图的宽度最小的网络，是专为小算力移动设备优化得到的，其他四个版本在此基础上不断加深、不断加宽，以提供更高的处理能力和精度。

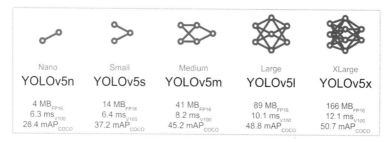

图 7-46　YOLOv5 算法的版本

7.7.3　数据采集与模型训练

OriginBot 机器人上部署了基于 YOLOv5 的足球识别功能，大家可以连接机器人后运行以下命令。

```
# 机器人终端1：启动足球识别节点
$ ros2 run play_football play_football

# 机器人终端2：启动相机节点
$ ros2 launch originbot_bringup camera_internal.launch.py
```

运行后即可看到图 7-47 所示界面，终端中输出了识别的位置、类型，以及是足球的可能性。

```
root@ubuntu: ~                                                          Q  ≡  _  ☐  ×
root@ubuntu:~# ros2 run play_football play_football
[INFO] [1724688840.367779288] [dnn]: Node init.
[INFO] [1724688840.368326954] [dnn]: Model init.
[EasyDNN]: EasyDNN version = 1.6.1_(1.18.6 DNN)
[BPU_PLAT]BPU Platform Version(1.3.3)!
[HBRT] set log level as 0. version = 3.15.25.0
[DNN] Runtime version = 1.18.6_(3.15.25 HBRT)
[A][DNN][packed_model.cpp:234][Model](2024-08-27,00:14:00.761.166) [HorizonRT] The model builder version = 1.8.7
[INFO] [1724688840.887528549] [dnn]: The model input 0 width is 672 and height is 672
[WARN] [1724688840.887679041] [dnn]: Run default SetOutputParser.
[WARN] [1724688840.887750224] [dnn]: Set output parser with default dnn node parser, you will get all output tensors and
should parse output_tensors in PostProcess.
[INFO] [1724688840.887800444] [dnn impl]: Set default output parser
[INFO] [1724688840.888211579] [dnn]: Task init.
[INFO] [1724688840.889905339] [dnn]: Set task_num [4]
[INFO] [1724688840.931662007] [dnn]: task id: 3 set bpu core: 2


[WARN] [1724688840.932734835] [dnn]: Try to reset dnn infer ctrl param
[WARN] [1724688840.932899789] [dnn]: Run infer success after reset dnn infer ctrl param. Task para set will be enable!
[INFO] [1724688841.012233640] [playfootball_node]: roi rect: 518.656 335.03 671 501.789, roi type: football, score:0.6651
5
[INFO] [1724688841.032091869] [playfootball_node]: roi rect: 503.933 350.981 671 499.579, roi type: football, score:0.620
173
[INFO] [1724688841.084920190] [playfootball_node]: roi rect: 490.572 360.296 671 498.137, roi type: football, score:0.616
031
[INFO] [1724688841.146262895] [playfootball_node]: roi rect: 474.864 359.097 671 500.666, roi type: football, score:0.467
318
[INFO] [1724688841.204712585] [playfootball_node]: roi rect: 464.936 364.861 671 498.114, roi type: football, score:0.444
002
```

图 7-47　OriginBot 基于 YOLOv5 识别足球

接下来详细讲解这套目标检测功能是如何实现的，板端部署流程如图 7-48 所示。

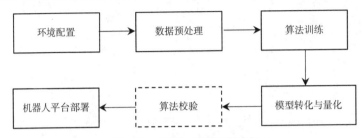

图 7-48　深度学习板端部署流程

数据采集流程与 7.6.3 节一致，可以通过以下命令运行一个数据采集和标注节点，一边获取图像数据，一边标注图像。

```
$ cd ~/dev_ws/src/originbot_desktop/originbot_deeplearning/yolo_detection
$ ros2 run image_annotation annotation
```

运行成功后会显示实时图像，如图 7-49 所示，单击画面锁定当前帧。通过点击、释放鼠标画出一个矩形，并按下 1、2 等键进行类别选择，当标注完前帧所有目标物后，按下回车键，即可将 image 和 label 保存到指定文件夹，按"Q"键退出标注功能。

图 7-49　图像数据的采集与标注

可以在代码中更改保存路径。

完成数据采集和标注之后便进入模型训练阶段。YOLO 有很多版本，应该选择哪个版本呢？对于机器人开发部署，并不是版本越新越好，还需要考虑是否支持所有的算子，就像将 PyTorch/TensorFlow 训练的模型转换为 ONNX 中间表示文件后，还需要进一步将中间表示文件转换为特定硬件平台的优化格式，并在对应硬件平台上高效运行。在这个过程中，推理引擎和相关工具链的支持至关重要，它们需要能够正确解释和优化模型中的所有算子。如果某些新引入的算子或结构不被支持，则可能导致转换失败或性能下降。

以 OriginBot 机器人中的 RDK X3 为例，经过查阅其算子支持列表，可以发现 YOLOv5 2.0 版本的算法能够支持的算子最多，这也意味着这个版本在板端运行的效果更大概率是最好的。所以此处选择 YOLOv5 2.0 版本算法。

参考 7.7.2 节完成 YOLO 开发环境的配置之后，就可以在计算机端使用标注好的数据训练自己的模型了。

```
$ python train.py --img 672 --batch 16 --epochs 1 --data /home/lql /yolo/data/data/data.yaml
--weights yolov5s.pt
```

训练过程相对漫长，请大家耐心等待，终端中会不断更新训练的进度，如图 7-50 所示。

0/199	0.78G	0.1131	0.02598	0	0.1391	1	640	0	0	0.01334	0.003544	0.02795	0.01251	0
1/199	0.828G	0.0668	0.02181	0	0.08862	3	640	1	0.03571	0.2785	0.1383	0.01893	0.009623	0
2/199	0.828G	0.06393	0.0196	0	0.08353	2	640	1	0.05058	0.2444	0.09602	0.01709	0.007993	0
3/199	0.828G	0.0575	0.0173	0	0.07481	4	640	0.09755	0.2857	0.1238	0.04216	0.016	0.007107	0
4/199	0.828G	0.06524	0.01389	0	0.07913	1	640	0.3237	0.2738	0.1744	0.09684	0.02103	0.006053	0
5/199	0.828G	0.06114	0.01553	0	0.07667	1	640	0.1215	0.2026	0.1167	0.05307	0.0187	0.006474	0
6/199	0.828G	0.06479	0.01346	0	0.07825	0	640	0.2304	0.4286	0.4615	0.1618	0.02042	0.00519	0
7/199	0.828G	0.05279	0.01447	0	0.06726	2	640	0.1476	0.9286	0.3881	0.1799	0.01507	0.006122	0
8/199	0.828G	0.05196	0.01234	0	0.0643	2	640	0.1221	0.6786	0.4814	0.2524	0.01781	0.005745	0
9/199	0.828G	0.05158	0.01363	0	0.06521	0	640	0.1156	0.7857	0.2098	0.05092	0.01757	0.005764	0
10/199	0.828G	0.05357	0.0118	0	0.06538	3	640	0.1963	0.6429	0.3061	0.1216	0.0136	0.005621	0
11/199	0.826G	0.04162	0.0111	0	0.05272	1	640	0.1219	0.9643	0.3338	0.1903	0.01407	0.006497	0
12/199	0.828G	0.04104	0.01057	0	0.05162	2	640	0.15	0.9643	0.3046	0.1704	0.01261	0.005897	0
13/199	0.828G	0.04044	0.009435	0	0.04988	2	640	0.1597	1	0.5213	0.2901	0.01284	0.005335	0
14/199	0.828G	0.0366	0.009919	0	0.04652	1	640	0.1502	1	0.4542	0.2397	0.0129	0.006808	0
15/199	0.828G	0.03753	0.008634	0	0.04616	1	640	0.1791	1	0.3941	0.1704	0.01152	0.005965	0
16/199	0.828G	0.03411	0.008694	0	0.04281	1	640	0.1651	1	0.3817	0.1697	0.01205	0.008087	0
17/199	0.828G	0.03327	0.007722	0	0.04099	1	640	0.1944	0.9643	0.2411	0.1201	0.01111	0.006437	0
18/199	0.828G	0.03303	0.008499	0	0.04153	1	640	0.1733	0.9643	0.2978	0.1812	0.01133	0.006325	0
19/199	0.828G	0.02984	0.008281	0	0.03812	0	640	0.1722	0.9643	0.3667	0.2169	0.009854	0.006877	0
20/199	0.828G	0.0322	0.008233	0	0.04043	0	640	0.193	0.9643	0.3268	0.2116	0.01024	0.006561	0
21/199	0.828G	0.02827	0.007886	0	0.03615	1	640	0.1531	1	0.3546	0.2461	0.009892	0.007907	0

图 7-50 YOLO 模型训练过程

训练完成后，可以在训练结果目录下看到模型相关的评估结果，如图 7-51 所示。

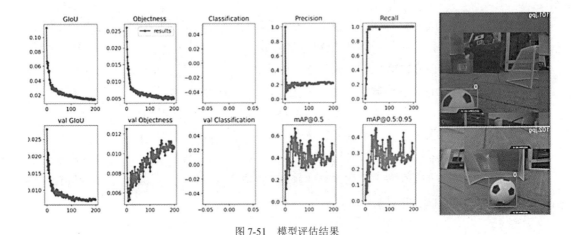

图 7-51　模型评估结果

　　此外，可以在 weights 目录下看到 best.pt 文件，这个就是最后训练生成的模型文件。接下来需要将模型转换成中间表示文件 ONNX 及部署到 OriginBot 机器人 RDK X3 上的.bin 文件，详细的操作步骤与 7.6.5 节相同，这里不再赘述。

　　模型转换和量化部署的详细步骤也可以参考 OriginBot 的官网。

　　最终部署到 OriginBot 机器人上的.bin 模型的运行效果如图 7-52 所示，可以实时准确地识别图像中的足球目标。

图 7-52　基于 YOLO 的目标检测

7.7.4　机器人目标检测与跟随

　　完成了模型的训练及转换，现在不妨将.bin 文件复制到 OriginBot 上让机器人动起来。

　　这里可以基于足球目标的检测，进一步实现机器人识别并跟踪足球运动，甚至实现踢球的功能。

```
# 机器人终端 1
$ ros2 run play_football play_football

# 机器人终端 2
$ ros2 launch originbot_bringup camera_internal.launch.py

# 机器人终端 3
$ ros2 launch originbot_bringup originbot.launch.py
```

此时可以看到 OriginBot 追踪足球进行运动了，如图 7-53 所示。

图 7-53　OriginBot 机器人基于 YOLO 的目标检测与跟随

7.6 和 7.7 节重点介绍机器学习在机器人中的应用流程，涉及较多机器学习相关的理论与实践，这里不再展开讲解，大家可以参考其他资料，以及 OriginBot 官网上的内容。

7.8　本章小结

本章从机器视觉的基本原理开始，介绍了相机数据采集及标定方式，然后重点介绍了如何使用 OpenCV 进行机器人视觉开发，并延伸出 OpenCV 处理视觉的局限性，讲解了如果通过深度学习解决机器人视觉检测问题。在深度学习结合机器人应用的过程中，以 OriginBot 为例演示了如何进行 AI 模型的训练、转换、量化和部署，涉及较多机器学习相关的理论与实践，大家可以参考其他资料，以及 OriginBot ORG 官网上的详细操作进一步学习。

接下来我们将进入下一个篇章，SLAM 和自主导航！

8

ROS 2 地图构建：让机器人理解环境

在与机器人的日常交互中，大家有没有想过这样一些问题：送餐机器人为什么可以准确地将美食送过来？扫地机器人为什么可以扫到家中的每个角落？智能驾驶汽车又为什么可以对周围环境了如指掌？这些问题的背后都离不开一项重要的技术——SLAM，即时定位与地图构建。

8.1　SLAM 地图构建原理

闭上眼睛，想象自己正在一个未知的房间中，你想了解所处的环境，于是张开手臂，一点一点触摸周围的墙壁，沿着墙慢慢走。不一会儿，你感觉似乎摸到了一个熟悉的地方，又回到了起点，这时你隐约感觉到所在的房间是一个长方体，你正在房间的某个墙壁边缘。没错，你已经了解了未知环境的大致地图和自己所处的位置。

好了，可以睁开眼睛了，回想一下刚才的过程，这就是 SLAM，手臂是传感器，最后得到的结果就是感知到的地图和定位信息。

8.1.1　SLAM 是什么

简单来讲，SLAM（Simultaneous Localization And Mapping，即时定位与地图构建）就是机器人来到一个未知空间，不知道自己在哪里，也不知道周围环境什么样，接下来需要通过传感器逐步建立对环境的认知，并且确定自己所处的位置。

这里出现了两个关键词：自主定位和地图构建。也就是说，机器人会在未知的环境中，一边确定自己的位置，一边构建地图，最后输出如图 8-1 所示的地图信息。

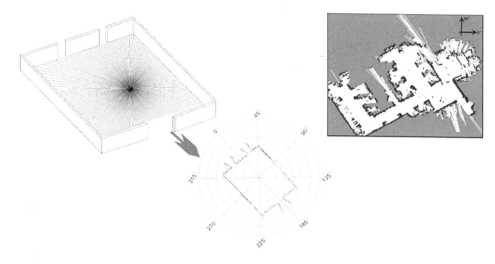

图 8-1　SLAM 地图构建示意图

　　把 SLAM 抽象为一个黑盒，在使用时，它的输入是机器人的传感器信息，包括感知环境信息的外部传感器，以及感知自身状态的内部传感器；输出是机器人的定位结果和环境地图。

　　定位结果比较好理解，无非就是机器人的 x、y、z 坐标和姿态角度，如果在室外，那么可能还有 GPS 信息。那环境地图是什么样的呢？如图 8-2 所示的几张图像，其实都是 SLAM 建立的地图，主要是对环境的描述，格式上包括栅格地图、点云地图、稀疏点地图和拓扑地图等。

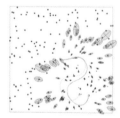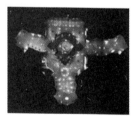

图 8-2　各种 SLAM 地图构建算法输出的地图示例

　　总体而言，SLAM 并不是一种具体的算法，而是一种技术，能够实现这种技术的算法有很多。如今，SLAM 已经成为移动机器人必备的一项基本技能，其重要性可想而知。

　　如图 8-3 所示，一架搭载了三维相机和激光雷达的无人机，正在探索一栋从未到过的房屋。房屋很大，操控者希望利用机器人建立每一层的地图，于是远程操控无人机，通过机载摄像头观察房间内的环境，同时利用三维相机和激光雷达，通过 SLAM 算法建立所到之处的环境地图，也就是图中左侧的三维地图。随着机器人一层一层完成探索，环境地图也会逐渐完善，最终展现出整个房子的内部状态，也就是 SLAM 构建输出的完整地图。

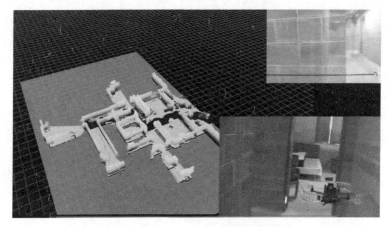

图 8-3　无人机 SLAM 地图构建

　　类似以上 SLAM 过程，如果有一个未知的神秘空间，人类无法直接进入，那么可以放一架无人机，人只需在远程操作，就可以很快建立未知空间的全貌地图。类似的功能还可以应用于自然灾害后的现场勘探、森林防护过程中的远程巡检，还有军事领域的诸多无人化场景。

　　SLAM 技术不仅可以根据静态物体构建周围的环境，也能处理动态场景。自动驾驶汽车是一个非常复杂的系统，路面上除了有道路、建筑、指示灯等环境物体，还有大量行人和车辆，此时，就需要汽车通过多种传感器综合感知环境信息，动态建立环境地图，同时在地图中识别哪些是人、哪些是建筑物、哪些是其他汽车，帮助控制系统做出运动决策。如图 8-4 所示，自动驾驶汽车中的 SLAM 算法根据三维雷达的点云数据，实时构建路面上的地图信息，完成驾驶任务。

图 8-4　自动驾驶汽车 SLAM 地图构建

8.1.2　SLAM 基本原理

了解了 SLAM 的基本概念，接下来继续探究 SLAM 的基本原理。从之前的内容中，我们知道能够实现 SLAM 技术的算法很多，本节主要介绍多数算法使用的典型结构。

如图 8-5 所示，在 SLAM 算法的典型结构中，包括前端和后端两部分，前端处理输入的原始数据，后端做全局定位和地图闭环。

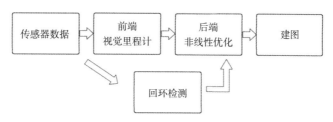

图 8-5　SLAM 算法的典型结构

继续展开，如图 8-6 所示，将环境感知器和位姿传感器得到的数据作为 SLAM 系统的输入。

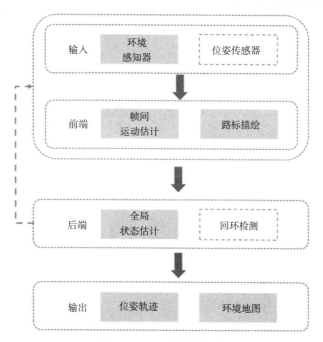

图 8-6　SLAM 算法的前后端功能

SLAM 前端利用输入的传感器信息，对各种特征点做选择、提取和匹配，从中提取帧间运动估计与局部路标描绘，得到一个短时间内的位姿。

SLAM 后端在前端结果之上继续估计系统的状态及不确定性，输出位姿轨迹及环境地图。回环检测（Loop Closure）通过检测当前场景与历史场景的相似性，判断当前位置是否在之前被访问过，从而纠正位姿轨迹的偏移。

后端算法是 SLAM 算法的核心，它能够实现全局状态估计，常用滤波、优化等方法进行处理。2000 年以前，SLAM 后端以滤波法为主，但是滤波法存在累积误差、线性化误差、样本量大的问题，而优化法可以更好地利用历史数据，兼顾效率和精度，逐渐成为主流方法。

经过这一系列复杂的过程，就得到了由机器人实时位姿连接而成的一条运动轨迹，以及周围环境的地图。

8.1.3　SLAM 后端优化

针对不同的 SLAM 算法，前端和后端的实现存在差异。前端算法需要针对不同的传感器输入进行不同的处理，例如针对视觉算法的特征点匹配，或者是针对雷达算法的帧间匹配，需要提取和匹配特征点或关键点，以估计传感器的运动和环境的变化。后端算法通常负责优化整个地图和路径，确保全局一致性和精度。只有通过前端和后端的协同工作，SLAM 系统才能在未知环境中构建精确的地图并实现自主定位。

后端算法可以分为两大类，一类是图优化算法，另一类是基于滤波器的优化算法。

1. 图优化算法

优化算法将 SLAM 问题表示为一个图，这里的"图"指计算机和数据结构中的图结构，包含节点和边。在 SLAM 中，一个完整的图代表了整个 SLAM 的运动过程，其中节点代表机器人的位姿或地图中的特征点，边则表示这些位姿或特征点之间的相对关系。

例如，如果用 X_1 和 X_2 表示两个节点，它们之间的约束就可以表示为 X_1 到 X_2 的转换（X_1 的逆右乘 X_2），这样就形成了一个由多个节点和边构成的图。图优化的目标是优化 SLAM 过程中累积的误差。具体来说，当机器人从 X_1 出发，最终到达 X_n 时，可能会发现 X_n 与 X_1 的环境特征相似，这种现象的背后实现就是回环检测。回环检测的结果可以帮助机器人确定 X_1 与 X_n 的相对位置，这个位置的估计基于两个参考值，即直接从 X_1 到 X_n 的观测结果和从 X_1 经过 X_2、X_3 等中间节点到达 X_n 的累积路径。图优化算法通过非线性优化技术，如高斯-牛顿法或 Levenberg-Marquardt 法，最小化这两个参考值之间的误差，从而优化所有节点的位姿和地图的准确性。

如图 8-7 所示，假设机器人在一个室内环境中导航。从起点 X_1 出发，机器人沿着一条路径通过多个中间点（X_2, X_3,…, X_{n-1}）最终到达 X_n。由于传感器的误差和外界环境的影响，每次移动都可能引入小的位姿估计误差，这些误差会随时间累积。如果在 X_n 处，机器人观测到的环境与 X_1 非常相似，通过回环检测，机器人就可以确定它已经回到接近起点的位置。此时，图优化

算法在 X_1 和 X_n 之间添加一个新的约束边，并调整所有节点的位姿，以使整个路径的位姿估计与新的约束相符，从而减小累积在 X_n 处的较大误差。

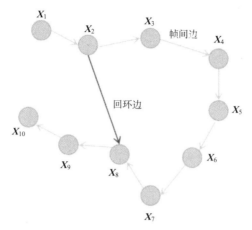

图 8-7　图优化算法

通过图优化的过程，原本累积在 X_n 处的较大误差得到了纠偏。图优化算法利用回环检测提供的新信息来"拉直"整个路径的位姿估计，使其更加符合实际的环境观测。目前，图优化算法是最主流的 SLAM 后端算法，如本章后续将要用到的 Cartographer 就使用了图优化进行后端处理。

2. 基于滤波器的优化算法

基于滤波器的优化算法通过递归估计处理机器人在未知环境中的定位和地图构建问题。背后的原理主要是利用贝叶斯滤波器连续更新机器人的状态估计，如卡尔曼滤波器、扩展卡尔曼滤波器或粒子滤波器等。整个过程包括状态预测、实际测量、数据关联和状态更新。

在基于滤波器的 SLAM 中，机器人的每次移动或观测都被视为一个更新步骤，其中，机器人的状态包括位姿（位置和方向）及其对环境的部分地图信息。每当机器人从一个位置移动到另一个位置，或者通过其传感器进行观测时，滤波器就会更新状态估计。

如图 8-8 所示，同样假设机器人在室内环境导航。机器人从起点开始，通过其传感器收集周围环境的数据。机器人在移动过程中，每到达一个新的位置，就会使用这些传感器数据来更新其对环境的认知。基于滤波器的方法会利用这些连续的观测数据，通过预测和更新步骤递归地精细化机器人的位姿估计。

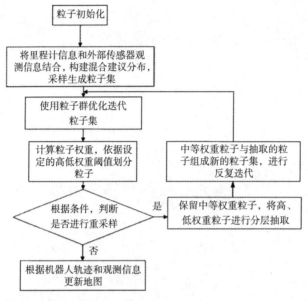

图 8-8　基于滤波器的优化算法流程

在预测步骤中，滤波器根据机器人的控制输入（例如常见的里程计或者 IMU 信息）预测其可能的新位置。在更新步骤中，当机器人进行观测时，滤波器会将观测数据与预测状态进行比较，并调整估计以减少预测和实际观测之间的差异。这个过程不断重复，随着时间的推移，估计的准确性逐渐提高。

通过这种方式，基于滤波器的 SLAM 可以有效处理传感器噪声和环境中的不确定性，逐步构建出环境的详细地图，并实时更新机器人的位姿估计。

这种算法的优点和缺点非常明显：算法更新数据时，只根据当前的实际值进行预测比对，忽略之前预测过的数据，所以每次更新的计算量基本一致且较小；但是，如果之前的数据存在误差，那么无法修复累积了误差的 SLAM 建图数据。常见的基于滤波器后端的 SLAM 算法有 Gmapping 等。

8.2　SLAM Toolbox 地图构建

SLAM Toolbox 是一种开源的 SLAM 算法框架，由 Steve Macenski 在 Simbe Robotics 创立，支持激光雷达、摄像头和 IMU 等多种传感器的融合计算。该算法使用了一种被称为 Bundle Adjustment 的优化方法优化机器人的位姿和地图，不仅提供了常规移动机器人所需的 2D SLAM 功能，还包括了一些高级特性，如地图的连续细化、重映射，以及基于优化的定位模式等，是机器人开发者目前最常使用的激光 SLAM 算法之一。

8.2.1 算法原理介绍

slam_toolbox 是一个运行在 ROS 中的同步模式节点，通过订阅激光扫描和里程计数据生成机器人的地图和位姿估计，实现了 SLAM Toolbox 算法，整体可以分为三部分，如图 8-9 所示。

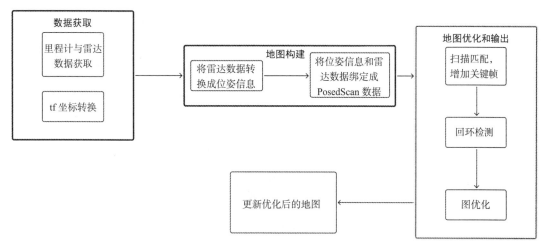

图 8-9　SLAM Toolbox 算法结构

1. 数据获取

算法专门设置了一个 ROS 节点实时收集来自机器人里程计和雷达传感器的数据，此时可以获取机器人的位置、速度和环境的扫描数据。此外，节点还负责发布从地图到里程计的坐标变换信息，这些构成了后续数据处理和地图构建的基础。

2. 地图构建

SLAM Toolbox 使用扫描匹配算法优化从里程计获得初步位姿数据，以提高位姿的准确性，与此同时，系统会进行回环检测，如果检测到回环，那么位姿图将进行相应的优化处理，以纠正累积的导航误差。

3. 地图优化和输出

SLAM Toolbox 专门设置了一个优化器，定期对整个位姿图进行优化，精确更新机器人的位姿估计。这些优化后的位姿数据被用来计算和发布最新的地图到里程计的变换，同时用于生成和更新机器人所依赖的地图。

8.2.2 安装与配置方法

SLAM Toolbox 算法已经集成在 ROS 2 的软件源中，可以通过如下命令安装。

```
$ sudo apt install ros-jazzy-slam-toolbox
```

如果需要学习 slam_toolbox 的源码，那么需要使用源码安装的方式，具体安装步骤可以参考 slam_toolbox 的代码仓库。

8.2.3　仿真环境中的 SLAM Toolbox 地图构建

slam_toolbox 功能包的使用非常简单，这里先以仿真环境为例，带大家一起体验 SLAM Toolbox 算法的建图过程。

启动第一个终端，使用如下命令启动仿真环境。

```
$ ros2 launch learning_gazebo_harmonic load_mbot_lidar_into_maze_gazebo_harmonic.launch.py
```

稍等片刻，启动成功后，如图 8-10 所示，可以看到包含机器人模型的仿真环境。

图 8-10　机器人 SLAM 建图仿真环境

接下来，启动 SLAM Toolbox 地图构建算法和 RViz 上位机。

```
# 启动 slam_toolbox 功能包中的算法节点
$ ros2 launch slam_toolbox online_async_launch.py

# 新开一个终端启动 RViz
$ ros2 launch originbot_viz display_slam.launch.py
```

如果一切正常，如图 8-11 所示，那么可以看到带有地图的 RViz 界面。如果此时没有显示地图信息，那么可以单击"Add"后选择"Map"显示项插件，然后配置订阅地图的话题，就可以看到正在建立的地图效果了！

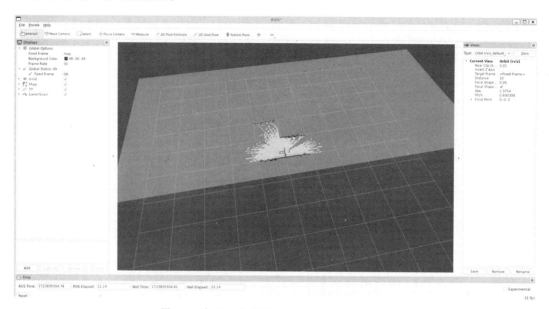

图 8-11　在 RViz 中看到的 SLAM Toolbox 建图效果

此时，RViz 中只显示了机器人周边一小片信息，为了让机器人建立环境的完整地图，还需要控制机器人不断探索未知空间。通过如下命令启动一个键盘控制节点。

```
$ ros2 run teleop_twist_keyboard teleop_twist_keyboard
```

在键盘控制的终端中，单击键盘的上下左右键，控制机器人探索未知的环境，RViz 中也会逐渐出现地图的全貌，如图 8-12 所示。

控制机器人完成所有区域的地图构建后，可以将地图保存为一个本地文件，需要使用一个叫作 nav2_map_server 的工具，使用如下命令安装。

```
$ sudo apt install ros-jazzy-nav2-map-server
```

然后，使用如下命令保存地图，并将其命名为"cloister"。

```
$ ros2 run nav2_map_server map_saver_cli -t map -f cloister
```

以上命令会将地图保存到终端的当前路径下，共有两个文件，其中，.pgm 是地图的数据文件，.yaml 是地图的描述文件，如图 8-13 所示。

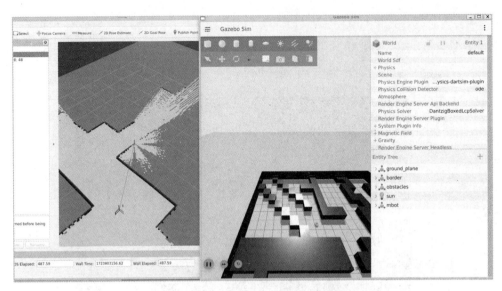

图 8-12　SLAM Toolbox 地图构建过程

```
ros2@guyuehome:~$ ros2 run nav2_map_server map_saver_cli -t map -f cloister
[INFO] [1723828483.052989387] [map_saver]:
        map_saver lifecycle node launched.
        Waiting on external lifecycle transitions to activate
        See ████ ████ ros2.org/articles/node_lifecycle.html for more information.
[INFO] [1723828483.053726817] [map_saver]: Creating
[INFO] [1723828483.064108864] [map_saver]: Configuring
[INFO] [1723828483.128147844] [map_saver]: Saving map from 'map' topic to 'cloister' file
[WARN] [1723828483.128445254] [map_saver]: Free threshold unspecified. Setting it to default value: 0.250000
[WARN] [1723828483.128463175] [map_saver]: Occupied threshold unspecified. Setting it to default value: 0.650000

[INFO] [1723828485.183701416] [map_saver]: Destroying
[ros2run]: Process exited with failure 1
```

图 8-13　使用 nav2_map_server 保存建立好的地图

在后续使用导航时，需要将地图的两个文件复制到导航功能包中。

8.2.4　真实机器人 SLAM Toolbox 地图构建

在仿真环境中完成了 SLAM Toolbox 算法的建图，大家肯定还不过瘾，如果换成真实机器人，又该如何实现类似的 SLAM 过程呢？接下来以 OriginBot 机器人为例，进一步实现真实机器人的 SLAM。

先来看真实机器人使用 SLAM Toolobox 算法的建图效果。首先需要 SSH 连接到 OriginBot 机器人，启动机器人底盘节点，该节点发布机器人的里程计数据和雷达数据，这也是 SLAM 算法必要的传感器输入数据。

```
# 启动机器人的底盘
```

```
$ ros2 launch originbot_bringup originbot.launch.py use_lidar:=true

# 运行 SLAM Toolobox 地图构建算法
$ ros2 launch slam_toolbox online_async_launch.py
```

此时，SLAM Toolobox 算法已经在机器人中运行起来了，如何看到 SLAM 的动态效果呢？在同一个网络下的计算机上运行如下命令，启动 RViz 上位机，可以看到如图 8-14 所示的建图效果。

```
# 计算机端
$ ros2 launch originbot_viz display_slam.launch.py
```

计算机与机器人必须在同一个局域网中。

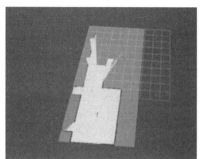

图 8-14　使用 OriginBot 运行 SLAM Toolobox 算法的过程

如何让机器人把整个房间的环境完整构建出来呢？如图 8-15 所示，还要运行如下命令启动键盘控制节点。

```
$ ros2 run teleop_twist_keyboard teleop_twist_keyboard
```

键盘控制可以在计算机端运行，也可以在机器人端运行。

启动后根据日志提示按下 z 键，先降低机器人的运动速度，让机器人有足够的时间完成算法，提高 SLAM 的建图精度。接下来控制小车移动，同步观察 RViz 中的地图变化，大家会发现小车在真实环境中移动时，RViz 中的 tf 坐标也在随之变化，同时，界面中的地图信息逐渐完整，直至机器人完成探索，输出完整的地图。

完成地图构建后，还需要将建立好的地图保存下来，可以运行以下命令启动 nav2_map_serve 节点，将地图保存为以 "my_map" 命名的文件。

```
$ ros2 run nav2_map_server map_saver_cli -t map -f my_map
```

保存成功后，在命令运行的路径下，就可以看到.pgm 的地图数据文件和.yaml 的地图描述文件了。使用图像编译软件打开 **.pgm** 文件，可以看到如图 8-16 所示的地图，这就是通过 SLAM 算法实现的环境感知，后续自主导航时，可以继续基于这张地图实现导航功能。

```
                                                    ros2@guyuehome: ~
ros2@guyuehome:~$ ros2 run teleop_twist_keyboard teleop_twist_keyboard

This node takes keypresses from the keyboard and publishes them
as Twist/TwistStamped messages. It works best with a US keyboard layout.
---------------------------
Moving around:
   u    i    o
   j    k    l
   m    ,    .

For Holonomic mode (strafing), hold down the shift key:
---------------------------
   U    I    O
   J    K    L
   M    <    >

t : up (+z)
b : down (-z)

anything else : stop

q/z : increase/decrease max speeds by 10%
w/x : increase/decrease only linear speed by 10%
e/c : increase/decrease only angular speed by 10%

CTRL-C to quit

currently:      speed 0.5         turn 1.0
```

图 8-15　启动 OriginBot 机器人键盘控制节点

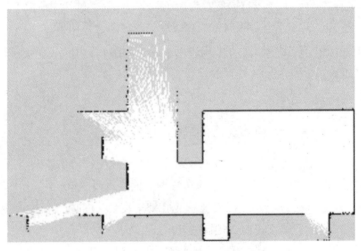

图 8-16　SLAM Toolbox 建图结果

8.3　Cartographer：二维地图构建

Cartographer 是 Google 推出的一套基于图优化的 SLAM 算法，可以实现机器人在二维或三维条件下的定位及建图功能，设计这套算法的主要目的是让机器人在计算资源有限的情况下，依然可以实时获取精度较高的地图，是目前落地应用最广泛的激光 SLAM 算法之一。

8.3.1　算法原理介绍

如图 8-17 所示，Cartographer 算法主要分为两部分。第一部分被称为 Local SLAM，也就是 SLAM 的前端，这部分会基于激光雷达信息建立并维护一系列的子图 Submap，这些子图就是一系列栅格地图。每当有新的雷达数据输入，系统就会通过一些匹配算法将其插入子图的最佳位置。

因为子图会产生累积误差，所以算法的第二部分——Global SLAM，是 SLAM 的后端，它的主要功能是通过闭环检测消除累积误差，每当一个子图构建完成后，就不会再有新的雷达数据插入子图中，算法也会将这个子图加入闭环检测中。

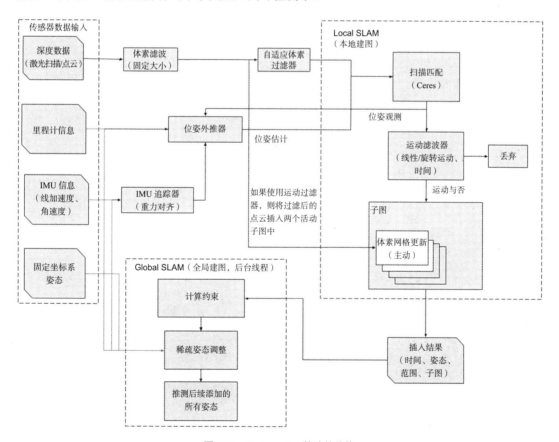

图 8-17　Cartographer 算法的结构

总体而言，Local SLAM 生成一个个的拼图块，而 Global SLAM 完成整个拼图。

8.3.2　安装与配置方法

Cartographer 算法已经集成在 ROS 2 的软件源中，可以通过如下命令安装。

```
$ sudo apt install ros-jazzy-cartographer
$ sudo apt install ros-jazzy-cartographer-ros
```

如果需要学习 Cartographer 的源码，那么需要使用源码安装的方式，具体安装步骤可以参考 Cartographer 社区官网。

安装完成后，还需要针对使用的机器人配置一些参数。Cartographer 算法参数众多，不过也提供了标准化的参数模板，只需要参考修改其中的部分参数即可。

以基于二维激光雷达的 Cartographer 为例，参数配置与详细解析如下。

```
include "map_builder.lua"
include "trajectory_builder.lua"


options = {
  map_builder = MAP_BUILDER,                        -- map_builder.lua 的配置信息
  trajectory_builder = TRAJECTORY_BUILDER,          -- trajectory_builder.lua 的配置信息
  map_frame = "map",                                -- 地图坐标系的名称
  tracking_frame = "base_footprint",                -- 跟踪坐标系，一般是机器人基坐标系的名称
  published_frame = "odom",                          -- 发布定位信息所使用的里程计坐标系名称
  odom_frame = "odom",                               -- 机器人现有里程计坐标系的名称
  provide_odom_frame = false,                        -- 是否需要算法发布里程计信息
  publish_frame_projected_to_2d = false,             -- 是否只发布二维姿态信息
  use_odometry = true,                               -- 是否使用机器人里程计
  use_nav_sat = false,                               -- 是否使用 GPS
  use_landmarks = false,                             -- 是否使用路标
  num_laser_scans = 1,                               -- 订阅激光雷达 LaserScan 话题的数量
  num_multi_echo_laser_scans = 0,                    -- 订阅多回波技术激光雷达话题的数量
  num_subdivisions_per_laser_scan = 1,               -- 将一帧激光雷达数据分割为几次处理
  num_point_clouds = 0,                              -- 是否使用点云数据
  lookup_transform_timeout_sec = 0.2,                -- 查找 tf 坐标变换数据的超时时间
  submap_publish_period_sec = 0.3,                   -- 发布 submap 子图的周期，单位为 s
  pose_publish_period_sec = 5e-3,                    -- 发布姿态的周期，单位为 s
  trajectory_publish_period_sec = 30e-3,             -- 发布轨迹的周期，单位为 s
  rangefinder_sampling_ratio = 1.,                   -- 测距仪的采样频率
  odometry_sampling_ratio = 1.,                      -- 里程计数据采样率
  fixed_frame_pose_sampling_ratio = 1.,              -- 固定坐标系位姿采样率
  imu_sampling_ratio = 1.,                           -- IMU 数据采样率
  landmarks_sampling_ratio = 1.,                     -- 路标数据采样率

}
```

```
-- 是否使用 2D 建图
MAP_BUILDER.use_trajectory_builder_2d = true
-- 激光雷达监测的最小距离，单位为 m
TRAJECTORY_BUILDER_2D.min_range = 0.1
-- 激光雷达监测的最大距离，单位为 m
TRAJECTORY_BUILDER_2D.max_range = 8
-- 将无效激光数据设置为该数值，以便滤波时使用
TRAJECTORY_BUILDER_2D.missing_data_ray_length = 0.5
-- 是否使用 IMU 的数据
TRAJECTORY_BUILDER_2D.use_imu_data = false
-- 是否使用 CSM 激光匹配
TRAJECTORY_BUILDER_2D.use_online_correlative_scan_matching = true
-- 两帧激光雷达数据的最小角度
TRAJECTORY_BUILDER_2D.motion_filter.max_angle_radians = math.rad(0.1)
-- 全局约束当前最小得分 (当前 node 与当前 submap 的匹配得分)
POSE_GRAPH.constraint_builder.min_score = 0.7
-- 全局约束全局最小得分 (当前 node 与全局 submap 的匹配得分)
POSE_GRAPH.constraint_builder.global_localization_min_score = 0.7

return options
```

8.3.3　仿真环境中的 Cartographer 地图构建

讲解完 Cartographer 的基本原理，接下来以机器人仿真为例，带领大家完成 Cartographer 的配置和使用。

OriginBot 的功能包中包含在仿真环境下的 Cartographer 地图构建功能，功能包的名称为 originbot_navigation，其中的启动文件为 cartographer_gazebo.launch.py，详细内容如下。

```
import os
from ament_index_python.packages import get_package_share_directory
from launch import LaunchDescription
from launch.substitutions import LaunchConfiguration
from launch_ros.actions import Node
from launch_ros.substitutions import FindPackageShare


def generate_launch_description():
######### 节点参数配置 #########
    # 导航功能包的路径
    navigation2_dir = get_package_share_directory('originbot_navigation')
    # 是否使用仿真时间，这里使用 Gazebo，所以配置为 true
    use_sim_time = LaunchConfiguration('use_sim_time', default='true')
    # 构建地图的分辨率
    resolution = LaunchConfiguration('resolution', default='0.05')
    # 发布地图数据的周期
```

```
    publish_period_sec = LaunchConfiguration('publish_period_sec', default='1.0')
    # 参数配置文件在功能包中的文件夹路径
    configuration_directory = LaunchConfiguration('configuration_directory',default=
os.path.join(navigation2_dir, 'config') )
    # 参数配置文件的名称
    configuration_basename = LaunchConfiguration('configuration_basename',
default='lds_2d.lua')
    # RViz 可视化显示的配置文件路径
    rviz_config_dir = os.path.join(navigation2_dir, 'rviz')+"/slam.rviz"

  ######### 启动节点: cartographer_node、cartographer_occupancy_grid_node、rviz2 #########
    cartographer_node = Node(
        package='cartographer_ros',
        executable='cartographer_node',
        name='cartographer_node',
        output='screen',
        parameters=[{'use_sim_time': use_sim_time}],
        arguments=['-configuration_directory', configuration_directory,
                   '-configuration_basename', configuration_basename])

    cartographer_occupancy_grid_node = Node(
        package='cartographer_ros',
        executable='cartographer_occupancy_grid_node',
        name='cartographer_occupancy_grid_node',
        output='screen',
        parameters=[{'use_sim_time': use_sim_time}],
        arguments=['-resolution', resolution, '-publish_period_sec', publish_period_sec])

    rviz_node = Node(
        package='rviz2',
        executable='rviz2',
        name='rviz2',
        arguments=['-d', rviz_config_dir],
        parameters=[{'use_sim_time': use_sim_time}],
        output='screen')

    ld = LaunchDescription()
    ld.add_action(cartographer_node)
    ld.add_action(cartographer_occupancy_grid_node)
    ld.add_action(rviz_node)

    return ld
```

以上 Launch 文件将 SLAM 过程涉及的节点和参数都运行起来。整体框架如图 8-18 所示，主要包含两个节点。

图 8-18　Cartographer 功能节点框架

- /cartographer_node 节点：从/scan 和/odom 话题接收数据进行计算，输出/submap_list 数据，需要接收算法配置文件中的参数。
- /occupancy_grid_node 节点：接收/submap_list 子图列表，然后将其拼接成 map 并发布，需要配置地图分辨率和更新周期两个参数。

以上 Launch 文件将加载 Cartographer 的算法参数，参数文件为 lds_2d.lua，内容与 8.3.2 节完全一致。

接下来可以正式开始 Cartographer SLAM。启动第一个终端，使用如下命令启动仿真环境。

```
$ ros2 launch learning_gazebo_harmonic load_mbot_lidar_into_gazebo_harmonic.launch.py
```

启动成功后，如图 8-19 所示，可以看到包含机器人模型的仿真环境。

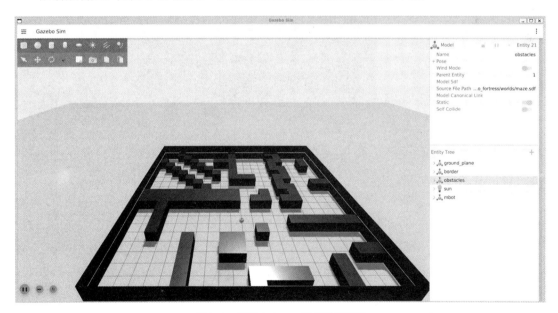

图 8-19　机器人 SLAM 建图仿真环境

接下来启动 Cartographer 地图构建算法和 RViz 上位机。

```
$ ros2 launch originbot_navigation cartographer_gazebo.launch.py
```

如果一切正常，如图 8-20 所示，那么应该可以看到带有地图的 RViz 界面。如果此时没有显示地图信息，那么可以单击"Add"后选择"Map"显示项插件，然后配置订阅地图的话题，就可以看到正在建立的地图效果啦！

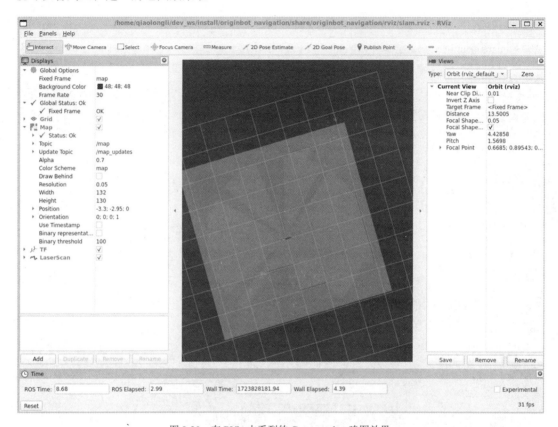

图 8-20　在 RViz 中看到的 Cartographer 建图效果

此时，RViz 中只显示了机器人周边一小片信息，为了让机器人建立环境的完整地图，还需要控制机器人不断探索未知空间。启动一个键盘控制节点。

```
$ ros2 run teleop_twist_keyboard teleop_twist_keyboard
```

在键盘控制的终端中，通过键盘的上下左右键控制机器人探索未知的环境，RViz 中会逐渐出现地图的全貌，如图 8-21 所示。

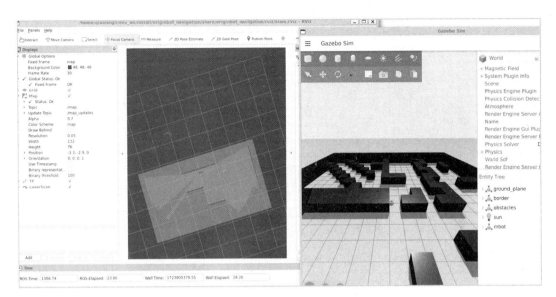

图 8-21　Cartographer 地图构建过程

　　控制机器人完成所有区域的地图构建后，使用 nav2_map_server 工具将地图保存到本地文件夹中，并命名为"cloister"，运行的命令如下。

```
$ ros2 run nav2_map_server map_saver_cli -t map -f cloister
```

　　以上命令会将地图保存到终端的当前路径下，共有两个文件，其中.pgm 是地图的数据文件，.yaml 是地图的描述文件，如图 8-22 所示。

```
ros2@guyuehome:~$ ros2 run nav2_map_server map_saver_cli -t map -f cloister
[INFO] [1723828483.052989387] [map_saver]:
        map_saver lifecycle node launched.
        Waiting on external lifecycle transitions to activate
        See              .ros2.org/articles/node_lifecycle.html for more information.
[INFO] [1723828483.053726817] [map_saver]: Creating
[INFO] [1723828483.064108864] [map_saver]: Configuring
[INFO] [1723828483.128147844] [map_saver]: Saving map from 'map' topic to 'cloister' file
[WARN] [1723828483.128445254] [map_saver]: Free threshold unspecified. Setting it to default value: 0.250000
[WARN] [1723828483.128463175] [map_saver]: Occupied threshold unspecified. Setting it to default value: 0.650000

[INFO] [1723828485.183701416] [map_saver]: Destroying
[ros2run]: Process exited with failure 1
```

图 8-22　使用 nav2_map_server 保存建立好的地图

　　在后续使用导航时，需要将地图的两个文件复制到导航功能包中。

8.3.4　真实机器人 Cartographer 地图构建

　　体验完仿真环境下的建图，接下来可以在机器人上运行 Cartographer。

以 OriginBot 为例，分别启动两个终端，远程 SSH 连接到机器人上，然后在机器人上运行如下命令。

```
# 终端1: 启动机器人的底盘
$ ros2 launch originbot_bringup originbot.launch.py use_lidar:=true

# 终端2: 运行 Cartographer 地图构建算法
$ ros2 launch originbot_navigation cartographer.launch.py
```

此时 Cartographer 已经在机器人端运行起来了，如何看到 SLAM 的动态效果呢？在同一个网络下的计算机上运行如下指令，启动 RViz 上位机。

```
# 计算机端
$ ros2 launch originbot_viz display_slam.launch.py
```

计算机与机器人必须在同一个局域网中。

如图 8-23 所示，在启动成功的 RViz 中可以看到与 8.3.3 节类似的 SLAM 效果。

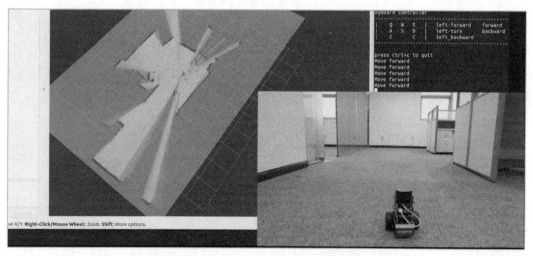

图 8-23　使用 OriginBot 进行 Cartographer 地图构建

当然，如果想构建出完整的房间地图，还要运行如下命令启动键盘控制节点，如图 8-24 所示，启动后控制机器人探索环境。

```
$ ros2 run teleop_twist_keyboard teleop_twist_keyboard
```

键盘控制系统可以在计算机端运行，也可以在机器人端运行。

```
 ⊡                                              ros2@guyuehome: ~

ros2@guyuehome:~$ ros2 run teleop_twist_keyboard teleop_twist_keyboard

This node takes keypresses from the keyboard and publishes them
as Twist/TwistStamped messages. It works best with a US keyboard layout.
---------------------------
Moving around:
   u    i    o
   j    k    l
   m    ,    .

For Holonomic mode (strafing), hold down the shift key:
---------------------------
   U    I    O
   J    K    L
   M    <    >

t : up (+z)
b : down (-z)

anything else : stop

q/z : increase/decrease max speeds by 10%
w/x : increase/decrease only linear speed by 10%
e/c : increase/decrease only angular speed by 10%

CTRL-C to quit

currently:      speed 0.5       turn 1.0
```

图 8-24　启动 OriginBot 机器人键盘控制节点

　　完成地图构建后，还需要将建立好的地图保存下来，可以运行以下命令启动 nav2_map_server 节点，将地图保存为以“cloister”命名的文件。

```
$ ros2 run nav2_map_server map_saver_cli -t map -f cloister
```

　　保存成功后，在运行命令的路径下，就可以看到.pgm 和.yaml 文件了。使用图像编译软件打开.pgm 文件，可以看到如图 8-25 所示的地图，这就是通过 SLAM 算法完成的环境感知。后续自主导航时，可以继续基于这张地图完成路径规划。

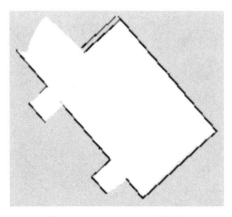

图 8-25　Cartographer 建图结果

8.4 ORB：视觉地图构建

二维 SLAM 建立的地图是一个平面，但我们所在的空间是三维的，是否可以让机器人建立一个和人类看到的环境一样的三维地图呢？当然也是可以的，而且算法也很多。

ORB_SLAM 是基于特征点的实时单目 SLAM 系统，能够实时解算摄像机的移动轨迹，同时构建简单的三维点云地图，在大范围中做闭环检测，并且实时进行全局重定位，不仅可以用于通过手持设备获取一组连续图像，也可以用于在汽车行驶过程中获取连续图像。ORB-SLAM 由 Raul Mur-Artal、J. M. M. Montiel 和 Juan D. Tardos 于 2015 年发表在 *IEEE Transactions on Robotics* 上。

8.4.1 算法原理介绍

如图 8-26 所示，ORB_SLAM 算法系统分为特征追踪（Feature Tracking）、局部建图（Local Mapping）和回环与地图合并（Loop Closing）三大线程，并维护地图及视觉词典两大数据结构。

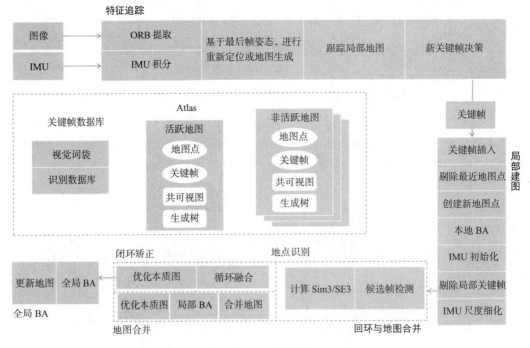

图 8-26　ORB 算法结构

1. 特征追踪

当接收到图像数据时，追踪线程首先在图像上提取角点特征（ORB 特征）。在系统刚启动时，由于单目 VSLAM 系统缺乏尺度信息，需要先利用对极几何进行初始化，这时需要相机在空间中移动一小段距离以保证对极约束的有效性，ORB_SLAM 在初始化中会启动两个线程对本质矩阵和单应矩阵同时进行估计，最后选择效果最好的模型进行初始化。

初始化完成后，系统就获得了带尺度信息的初始地图。对于后面接收到的每一张图像，都利用特征点的匹配关系计算出当前帧的位姿。在获得当前帧位姿后，ORB_SLAM 会在局部地图中将具有共视关系图像上的特征点也投影到当前图像上，以寻找更多的匹配点，并利用新找到的的匹配点再次对相机位姿进行优化，这一步被称为局部地图追踪。在完成这些步骤后，会根据当前图像相对于上一帧运动的距离及匹配到的特征点数量，判断当前图像是否有条件成为关键帧，如果可以，则会进行局部建图；如果不可以，则继续处理下一帧。

2. 局部建图

在每次新生成一个关键帧之后，便会进入局部建图线程。新的关键帧的插入会使 ORB_SLAM 更新其"生成树"（Spanning Tree）、共视图（Covisibility Graph），以及本质图（Essential Graph）。这些数据结构维护关键帧之间的相对位移关系及共视关系。更新完这些数据结构，就完成了关键帧的插入。

接下来是剔除不可靠地图点，如果能观测到某个地图点的关键帧数量少于某阈值，那么这个地图点的作用就不大了，可以剔除。剔除后生成新的地图点，如果新检测到的特征点能够匹配之前未匹配的地图点，就可以恢复深度，并产生新的 3D 地图点。之后对新的关键帧、与其有共视关系的局部地图帧，以及它们能看到的地图点进行局部优化，通过新的约束关系提高局部地图精度。局部追踪和局部优化利用了中期数据关联，是 ORB_SLAM 精度高的一大原因。在完成局部优化后，ORB_SLAM 会对冗余的关键帧（一帧上的大部分地图点，能被其他关键帧看到）进行剔除。这种关键帧的剔除机制在 ORB_SLAM 中被称为适者生存机制，是其能在一个地方长期运行，而关键帧数量不至于无限制增长的关键设计。

3. 回环与地图合并

对于每个关键帧，在完成局部建图后，会进入回环检测阶段。ORB_SLAM 会使用 DBoW 库检索可能的回环帧，对检测结果进行几何一致性检验。通过几何一致性检验后，如果发生了回环，则计算当前帧与回环帧之间的 Sim3 关系，即平移向量、旋转矩阵和尺度向量。利用该信息建立当前帧及其共视图，以及回环帧及其共视图之间的约束关系，这一步被称为回环融合。最后对带回环约束关系的本质图进行优化，完成对整个地图的调整。如果没有发生回环，则把当前帧的特征描述子信息加入视觉词典，与新的关键帧进行匹配。

在整个系统中，特征追踪部分被称为前端，局部建图和地图合并部分被称为后端。前端的主要职责是检测特征，并寻找尽可能多的数据关联。后端则基于前端给的初始估计及数据关联进行优化，消除观测误差及累计误差，生成精度尽可能高的地图。

8.4.2　安装与配置方法

在 ROS 2 中，ORB_SLAM 算法的安装与配置步骤如下。

1. 安装依赖库——Eigen3

```
$ sudo apt install libeigen3-dev
```

2. 安装依赖库——Pangolin

```
# 切换到用户的主目录
$ cd ~
# 复制 Pangolin 的 GitHub 仓库
$ git clone [Pangolin 的 GitHub 仓库地址]

# 使用脚本以运行模式检查推荐的依赖项安装命令
$ cd Pangolin
$ ./scripts/install_prerequisites.sh --dry-run recommended

# 使用脚本安装推荐的依赖项
$ ./scripts/install_prerequisites.sh recommended

# 使用 cmake 配置 Pangolin 的构建系统，将输出目录设置为当前目录下的 build 文件夹
# 这将生成必要的 Makefile（或其他构建文件）
$ cmake -B build

# 使用 cmake 构建 Pangolin，使用 4 个并行作业加速构建过程
$ cmake --build build -j4

# 将 Pangolin 安装到系统中
$ sudo cmake --install build
```

在.bashrc 中添加环境配置。

```
if [[ ":$LD_LIBRARY_PATH:" != *":/usr/local/lib:"* ]]; then
    export LD_LIBRARY_PATH=/usr/local/lib:$LD_LIBRARY_PATH
fi
```

3. 检查 OpenCV 版本

建议使用 OpenCV 4.5 以上版本。

```
$ python3 -c "import cv2; print(cv2.__version__)"
```

4. 编译 ORB_SLAM3 源码

```
$ git clone [ORB_SLAM3 的 GitHub 仓库地址]
```

```
$ cd ORB_SLAM3
$ chmod +x build.sh
$ ./build.sh
```

建议内存在 8GB 以上，否则编译过程中可能发生卡死。

编译完成后可以运行以下两行指令编译算法源码。

```
$ cd ~/ORB_SLAM3/Thirdparty/Sophus/build
$ sudo make install
```

5. 测试 ORM_SLAM3 功能

可以使用官方提供的数据集测试是否安装成功。

```
# 下载 EuRoC 数据集中的一个子集（MH_01_easy）
$ cd ORB_SLAM3
$ wget -c
# 拉取 ETH Zurich ASL dataset for robotics 最新的数据集

# 解压下载的数据集
$ unzip MH_01_easy.zip

# 运行 ORB_SLAM3 的 Monocular 示例来处理 EuRoC 数据集
$ ./Examples/Monocular/run_monocular_euroc.sh ./Vocabulary/ORBvoc.txt ./Examples/Monocul
ar/EuRoC.yaml MH_01_easy ./Examples/Monocular/EuRoC_TimeStamps/MH01.txt output_directory
```

运行后即可看到图 8-27 所示的效果。

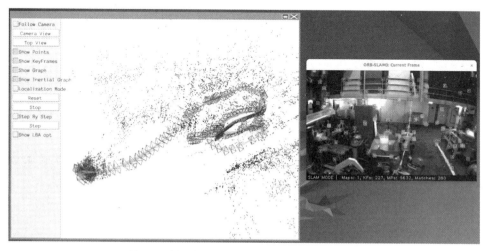

图 8-27　使用官方数据集测试 ORB_SLAM 3 的效果

8.4.3 真实机器人 ORB 地图构建

在本地体验了 ORB_SLAM 的强大之后，接下来就要在真实机器人上运行 ORB_SLAM 了。通常使用深度相机运行 ORB_SLAM 算法，这里将 OriginBot 的单目相机更换为深度相机 RealSense D435i。

此处需要大家自行将机器人上的相机更换为三维相机，使用类似传感器均可。

在 OriginBot 中分别启动两个终端，运行如下指令，第一个终端启动 RealSense D435i，发布图像数据。

```
# 机器人终端1
$ ros2 launch realsense2_camera rs_launch.py enable_depth:=false enable_color:=false
enable_infra1:=true depth_module.profile:=640x480x15
```

第二个终端运行 ORB_SLAM 地图构建算法。

```
# 机器人终端2
$ ros2 run orb_slam3_example_ros2
mono ./ORBvoc.txt ./Examples/Monocular/RealSense_D435i.yaml
```

此时，ORB_SLAM 算法已经在机器人端运行起来了，如何看到 SLAM 的动态效果呢？在连接了同一局域网的计算机上运行如下指令，启动 RViz 上位机。

```
# 同一局域网中的计算机
$ rviz2
```

根据图 8-28 所示的配置加载完成 RViz 的显示项后，ORB_SLAM 的效果会实时显示到 RViz 中。

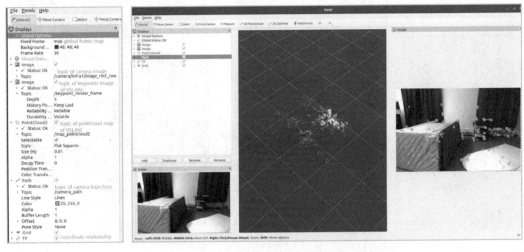

图 8-28　ORB_SLAM 真实地图构建

接下来可以继续启动键盘控制节点，控制机器人不断移动并完成周围环境的地图构建。最后的建图效果如图 8-29 所示，ORB_SLAM 会将视觉画面中的各个特征点表示出来。

SLAM MODE | Maps: 1, KFs: 3, MPs: 518, Matches: 397, + VO matches: 369

图 8-29　ORB_SLAM 建图效果

8.5　RTAB：三维地图构建

虽然 ORB_SLAM 是一种三维 SLAM 算法，但它输出的是稀疏点地图，与周围环境的实际效果不一样，可以用于机器人避障。本节介绍另外一种知名的三维 SLAM 算法——RTAB，可以构建和人眼看上去一样的三维世界，如图 8-30 所示。

图 8-30　RTAB 三维 SLAM

图中只有一个三维相机，放置在房间的中间，三维相机可以获取面前的三维点云，和人类看到的环境效果非常相似，随着相机的旋转，能获取更多环境信息，这些信息会慢慢拼接到一起，最终生成整个房间的三维地图。这个效果看上去是不是相当炫酷？

相比二维 SLAM，三维 SLAM 对算力的要求呈指数级的提升，如果是性能一般的计算机，那么效果可不会这么好。

8.5.1　算法原理介绍

RTAB 发布于 2013 年，是一个通过内存管理方法实现回环检测的开源库，通过限制地图的大小，使得回环检测始终可以在固定的时间内完成，从而满足长期和大规模环境的在线建图要求。

RTAB 也使用了经典的 SLAM 前后端结构，如图 8-31 所示，前端主要通过特征点匹配进行定位，频率相对较高；后端主要通过闭环检测构建地图，复杂度较高，频率低。在后端的回环检测过程中，RTAB 使用离散贝叶斯过滤器来估计形成地图闭环的概率，当发现定位点高概率闭环时，就检测到了一个地图闭环。

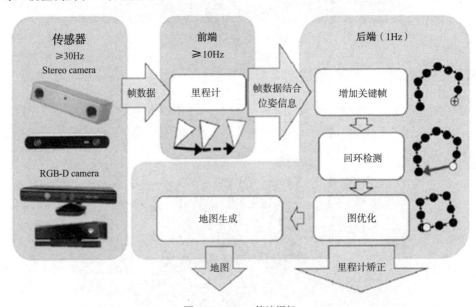

图 8-31　RTAB 算法框架

8.5.2　安装与配置方法

RTAB SLAM 算法已经集成在 ROS 2 的软件源中，可以通过如下指令安装，如图 8-32 所示。

```
$ sudo apt install ros-jazzy-rtabmap-ros
```

图 8-32　RTAB_SLAM 功能包安装

如果希望学习 RTAB SLAM 的源码，那么需要使用源码安装的方式，具体安装步骤可以上网搜索。

安装完成后，如图 8-33 所示，可以在/opt/ros/jazzy/share/中看到 rtabmap 相关的资源包。

图 8-33　RTAB 算法资源包

通过已有的案例不难发现，可以人为选择 RTAB-Map 的传感器，关键是如下代码部分的参数配置，例如帧 ID、是否使用仿真时间、是否订阅深度图像、是否订阅彩色图像、是否订阅激光雷达数据等。这些参数会传递给启动的 RTAB-Map 节点。

```
parameters={
    'frame_id':'base_footprint',
    'use_sim_time':use_sim_time,
    'subscribe_depth':True,
    'use_action_for_goal':True,
    'qos_image':qos,
```

```
    'qos_imu':qos,
    'Reg/Force3DoF':'true',
    'Optimizer/GravitySigma':'0' # Disable imu constraints (we are already in 2D)
}
```

8.5.3 仿真环境中的 RTAB 地图构建

接下来以机器人仿真环境为例，带领大家完成不同传感器下 RTAB 的配置和使用。

1. 激光雷达 SLAM 建图

在计算机端启动三个终端，分别运行如下命令。

```
# 终端 1：启动机器人仿真环境
$ ros2 launch learning_gazebo load_mbot_lidar_into_maze_gazebo_harmonic.launch.py

# 终端 2：启动 RTAB SLAM 算法
$ ros2 launch originbot_navigation rtab_scan_gazebo.launch.py

# 终端 3：启动上位机
$ ros2 launch originbot_viz display_slam.launch.py
```

启动后即可看到图 8-34 所示的画面，在 RTAB 插件的画面中勾勒出了机器人周围的环境。

图 8-34　RTAB SLAM 仿真示例

RTAB 算法后台会不断保存数据，并不需要我们特意保存地图，地图会默认保存在.ros 目录下。三维点云的数据量非常大，完成建图后，可以关闭刚才运行的所有节点，然后看一下保存三维地图的数据库文件，至少也会有几百 MB，如果建图的时间长，那么可能还会达到 GB 级别。那么如何查看三维地图呢？可以使用 RTAB 提供的数据库可视化工具——rtabmap-databaseViewer，如图 8-35 所示，执行以下命令后即可看到构建的地图。

```
$ rtabmap-databaseViewer rtabmap.db
```

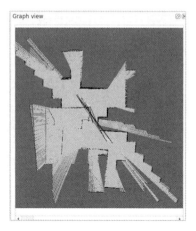

图 8-35　RTAB 使用激光雷达建立的二维地图

在以上核心启动文件 rtab_scan_gazebo.launch.py 中，通过以下参数完成了激光雷达话题和各种算法参数的配置。

```
...
    parameters={
        'frame_id':'base_footprint',
        'use_sim_time':use_sim_time,
        'subscribe_depth':False,
        'subscribe_rgb':False,
        'subscribe_scan':True,
        'approx_sync':True,
        'use_action_for_goal':True,
        'qos_scan':qos,
        'qos_imu':qos,
        'Reg/Strategy':'1',
        'Reg/Force3DoF':'true',
        'RGBD/NeighborLinkRefining':'True',
        'Grid/RangeMin':'0.2', # ignore laser scan points on the robot itself
        'Optimizer/GravitySigma':'0' # Disable imu constraints (we are already in 2D)
    }

    remappings=[
        ('scan', '/scan')]
...
```

2. 视觉 SLAM 建图

尝试了纯雷达的 RTAB SLAM 算法，那么纯视觉的 RTAB SLAM 算法效果又如何呢？实际运行的步骤和纯激光 RTAB SLAM 一致，运行后的效果如图 8-36 所示，左侧可以看到帧间特征点匹配的点位，右侧是三维地图的形态，可以使用以下三个命令运行。

```
# 终端 1：启动机器人仿真环境
$ ros2 launch learning_gazebo_harmonic load_mbot_rgbd_into_maze_gazebo_harmonic.launch.py

# 终端 2：启动 RTAB SLAM 算法
$ ros2 launch originbot_navigation rtab_rgbd_gazebo.launch.py

# 终端 3：启动上位机
$ ros2 launch originbot_viz display_slam.launch.py
```

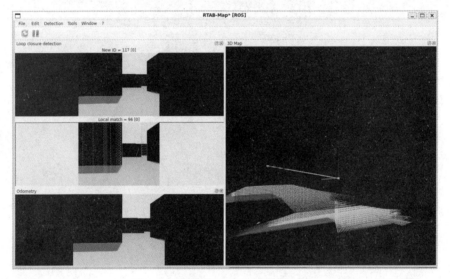

图 8-36　RTAB 使用相机建立的三维地图

最后运行键盘控制节点，让机器人动起来，遥控机器人一边走一边构建三维地图，可以在 RViz 中看到点云逐渐连接到一起，形成了一张三维地图。此外，还可以看到一个映射到地面上的二维地图，可以用于未来的导航功能。

在以上核心启动文件 rtab_rgbd_gazebo.launch.py 中，通过如下参数完成了激光雷达话题和各种算法参数的配置。

```
...
   parameters={
       'frame_id':'base_footprint',
       'use_sim_time':use_sim_time,
       'subscribe_depth':True,
       'use_action_for_goal':True,
       'qos_image':qos,
```

```
        'qos_imu':qos,
        'Reg/Force3DoF':'true',
        'Optimizer/GravitySigma':'0' # Disable imu constraints (we are already in 2D)
    }

    remappings=[
        ('rgb/image', '/camera/image_raw'),
        ('rgb/camera_info', '/camera/camera_info'),
        ('depth/image', '/camera/depth/image_raw')]

...
```

这里使用了深度相机数据，所以对应到仿真环境中也需要为 OriginBot 机器人增加一个深度相机，只需在原有的 XACRO 文件中增加深度相机 rgbd 部分即可。

8.5.4　真实机器人 RTAB 地图构建

继续在真实机器人上应用 RTAB 算法。

远程登录 OriginBot 机器人后，首先在 OriginBot 机器人中启动底盘及深度相机节点。

```
# 启动 OriginBot 机器人底盘
$ ros2 launch originbot_bringup originbot.launch.py use_lidar:=true

# 启动 D435i 相机节点
$ros2 launch realsense2_camera rs_launch.py enable_depth:=false enable_color:=false
enable_infra1:=true depth_module.profile:=640x480x15
```

然后，在同一网络的计算机中，启动 RTAB SLAM 算法和 RViz 实时显示。

```
# 启动 RTAB SLAM 算法
$ ros2 launch originbot_navigation rtab_rgbd_gazebo.launch.py

# 启动上位机
$ ros2 launch originbot_viz display_slam.launch.py
```

由于 RTAB 算力消耗较大，此处通过 ROS 2 的分布式特性，将 RTAB 算法运行在计算机端。

如图 8-37 所示，除了三维地图，还有一个二维地图映射到地面，可以用于未来的导航功能。

控制机器人在房间里走一圈，看看建立好的三维地图和环境是否一致，如果存在和真实场景不一致的地方，则需要考虑传感器数据误差，常见的做法是重新校准里程计，同时在下次建图时放慢速度。

完成地图构建后，可以关闭运行的终端，然后在计算机上使用 rtabmap-databaseViewer 工具查看刚才保存的地图文件，同时导出可用的二维地图，如图 8-38 所示。

```
$ rtabmap-databaseViewer ~/.ros/rtabmap.db
```

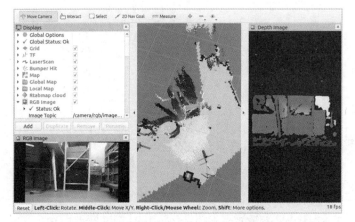

图 8-37　RTAB 真实机器人三维建图

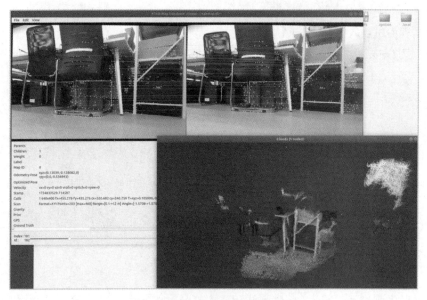

图 8-38　RTAB 真实机器人建图结果

8.6　本章小结

在本章中，我们深入探索了智能机器人领域的关键技术——SLAM。不难发现，SLAM 其实是对本书前面 7 章知识的综合运用，从 ROS 2 的基础原理到实际应用的探索，再到仿真机器人的操作与调试，以及机器人传感器数据的读取与底盘驱动的控制，各部分紧密相连。

第 9 章将基于 SLAM 构建的地图，进一步探索智能机器人的导航技术，让机器人能够在未知环境中自主行走，执行更加智能化的任务。

9

ROS 2 自主导航：让机器人运动自由

我们已经通过 SLAM 技术控制机器人建立了未知环境的地图，不知道现在大家心中是否有一个疑问：建立好的地图有什么用呢？本章就来介绍 SLAM 地图一个重要的使用场景——自主导航。

以扫地机器人为例，当一个扫地机器人第一次来到你家时，它对家里的环境一无所知，所以第一次启动时，它的主要工作是探索这个未知环境，使用的技术就是 SLAM。地图建立完成后，就要正式开始干活了，接下来很多问题摆在机器人面前：如何完整走过家里每一个地方？如何躲避地图中已知的墙壁、衣柜等障碍物？静态的还好说，如果有"熊孩子"或者宠物，还有地上不时出现的各种杂物，机器人又该如何一一躲避？这些问题就需要一套智能化的自主导航算法来解决。

9.1 机器人自主导航原理

机器人自主导航的流程并不复杂，和我们日常使用地图 App 的导航功能非常相似。

首先选择一个导航的目标点，如图 9-1 所示的 Goal，可以在地图 App 里直接输入，也可以在机器人中人为给定，目的是明确机器人"去哪里"。

接下来，在进行路径规划前，机器人还得知道自己"在哪里"，地图 App 可以通过手机中的 GPS 获知定位，机器人在室外也可以用类似的方法。如果在室内，GPS 的精度不够，那么可以使用 SLAM 技术进行定位，也可以使用后面将要介绍的 AMCL——一种全局定位的算法进行定位。

图 9-1　移动机器人的自主导航流程

回想一下地图 App 中的操作，接下来 App 会画出一条连接起点和终点的最优路径，这就是路径规划的过程。规划这条最优路径的模块被称为全局规划器，也就是站在全局地图的视角，分析如何让机器人以最优的路径抵达目的地。

规划出路径后，机器人就开始移动了，在理想状态下，机器人需要尽量沿着全局路径运动，这个过程中难免会遇到临时增加的障碍物等问题，需要机器人动态决策。此时，机器人会偏离全局路径，动态躲避障碍物，这个过程就需要机器人搭载一个局部规划器。

局部规划器除了会实时规划避障路径，还会努力让机器人沿着全局路径运动，也就是规划机器人每时每刻的运动速度，这个速度就是之前频繁用到的 cmd_vel 话题。将速度指令传输给机器人底盘，底盘中的驱动就会控制机器人的电机按照某一速度运动，从而带动机器人向目标前进。

9.2　Nav2 自主导航框架

ROS 2 社区中有一套专业的机器人自主导航框架——Nav2。Nav2 是 Navigation2 的缩写，它是一个专门为移动机器人提供导航功能的软件包集合，支持多种类型的机器人的自主定位、路径规划、避障和运动控制等功能。

9.2.1　系统框架

先来了解一下 Nav2 自主导航框架的系统架构，如图 9-2 所示，该框架需要和外部节点交互的信息较多。首先是路点（waypoints），也就是一系列导航的目标位置，路点可以有一个或多个，例如从 A 到 B，从 B 到 C，再从 C 到 D，这里的 B、C、D 就是路径点的目标信息。

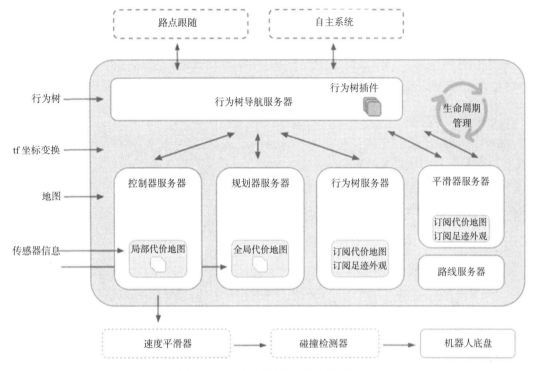

图 9-2　Nav2 自主导航框架的系统架构

为了实现导航，Nav2 还需要一些辅助信息帮助它明确位置和导航信息。例如 tf 坐标转换信息，它表示机器人和里程计之间的关系，可以帮助机器人确定自身在地图中的位置。对于机器人导航而言，只有知道自己在哪里、目标在哪里，才能进行路径规划。另一个重要信息是地图，SLAM 构建的地图可以提供环境中的静态障碍物信息，例如墙壁和桌子等。

此外，机器人还需要通过雷达动态检测环境中的动态障碍物，例如突然出现在前方的人，并实时更新定位信息和避障策略。

有了以上信息，接下来实现 Nav2 框架。框架上方有一个行为树导航服务器，它是一个组织和管理导航算法的机制。行为树通过参数化配置，设置了导航过程中使用的插件和功能，用于组织和管理多个有具体功能的服务器。

1．规划器服务器

类似导航 App 中的路径规划功能，规划器服务器负责规划全局路径。根据全局代价地图

（Global Costmap），服务器规划器计算从 A 点到 B 点的最佳路径，从而绕过障碍物。其中可以选配的规划算法种类较多，常见的如 A*、Dijkstra 算法等。

2. 控制器服务器

在全局路径规划完成后，控制器服务器提供路径跟随（Follow Path）服务，让机器人尽量沿着预定的路径移动。同时，它根据局部代价地图（Local Costmap）和实时传感器数据，动态调整机器人的路径，确保机器人能够避开动态障碍物并沿着全局路径行进。

3. 平滑器服务器

在规划器服务器和控制器服务器输出路径后，平滑器服务器会获取路径，并通过一些处理使之更加平滑，减少大幅度的转角或者加减速变化，确保机器人的运动过程更加顺畅。

这三个服务器通过行为树进行组织和管理。行为树决定了各个功能模块的执行顺序和条件，确保导航过程的正确性和有效性。

行为树就像一位组织者，协调各个模块的工作。

Nav2 框架完成轨迹的规划控制后生成速度控制指令——cmd_vel，包括线速度和角速度。为了提高机器人底盘控制的平稳度，速度平滑器还会对算法输出的速度进行平稳的加减速，然后检测机器人按照该速度运动是否会发生碰撞，最后将结果传递给机器人的底盘控制器，驱动机器人沿着规划的路径移动，完成整个导航过程。

9.2.2 全局导航

全局导航是由规划器服务器负责的，它的主要任务是根据全局代价地图计算从起点到目标点的最佳路径。

那么全局代价地图是什么呢？Nav2 中的代价（Cost）指的是机器人通过某个区域的难易程度。例如，空旷的区域代价低，机器人可以轻松通过；靠近障碍物的区域代价高，机器人需要小心避让。全局代价地图指的就是通过 SLAM 生成的静态地图和传感器提供的动态数据构建的一个详细的环境模型。

所以全局导航的关键在于利用地图信息和传感器数据，确保路径规划的准确性和有效性。其中，地图信息通常通过 SLAM 技术生成，地图中包含环境中的静态障碍物，而传感器数据则实时提供障碍物信息。综合这些信息，规划服务器就能规划出一条安全且高效的路径。

在 Nav2 中，全局规划算法以插件的形式设置于行为树 XML 文件中，常见的算法有 A*和 Dijkstra，两种算法的效果对比如图 9-3 所示。

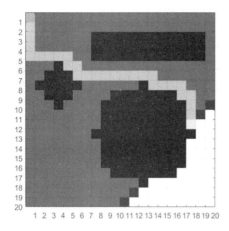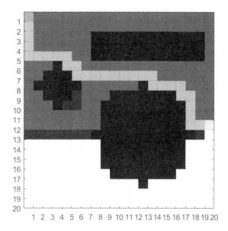

图 9-3 　Dijkstra 与 A*算法

- **Dijkstra 算法**。Dijkstra 可以看作一种广度优先算法，搜索过程会从起点开始一层一层辐射出去，直到发现目标点，由于搜索的空间大，往往可以找到全局最优解作为全局路径，不过消耗的时间和内存资源相对较多，适合小范围的路径规划，例如室内或者园区内的导航。
- **A*算法**。由于加入了一个启发函数，在搜索过程中会有一个搜索的方向，缩小了搜索的空间。但是启发函数存在一定的随机性，最终得到的全局路径不一定是全局最优解。不过这种算法效率高，占用资源少，适合范围较大的应用场景。

考虑到移动机器人的大部分应用场景范围有限，而且计算资源丰富，所以在 ROS 2 导航中，还是以 Dijkstra 算法为主。

9.2.3　局部导航

在 Nav2 框架中，局部导航由控制服务器（Controller Server）负责，它的主要任务是确保机器人在全局路径规划的基础上能够实时地沿着规划好的路径移动，并利用局部代价地图动态避开环境中的障碍物。局部导航类似于手机导航 App 中的实时导航功能，当我们行驶在路上时，App 会不断调整路线，确保不会偏离预定路径。

局部导航的关键在于实时性和灵活性。虽然全局路径规划提供了从起点到目标点的最优路径，但在实际行进过程中，环境可能发生变化，例如突然出现的行人或移动的障碍物。控制器服务器通过不断接收传感器数据（如激光扫描和点云数据），实时更新机器人的位置和周围环境信息，确保机器人能够灵活应对这些变化。

局部代价地图与全局代价地图类似，但它专注于机器人周围的局部环境，更新频率通常高于全局代价地图。

局部路径规划算法与全局路径规划算的原理不同，但是它的设置方式也在行为树的 XML 文件中，Nav2 框架中常见的算法有 DWA、TEB 算法等。

- **DWA 算法**。DWA（Dynamic Window Approaches）算法的输入是全局路径和本地代价地图的参考信息，输出是整个导航框架的最终目的——传输给机器人底盘的速度指令。这中间的处理过程是什么样的呢？如图 9-4 右侧所示。

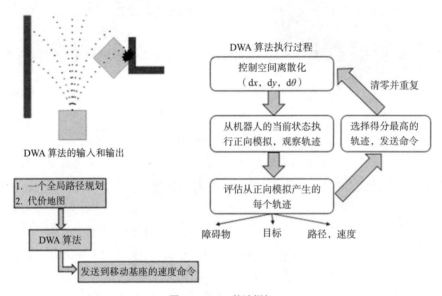

图 9-4　DWA 算法框架

DWA 首先将机器人的控制空间离散化，也就是根据机器人当前的运行状态，采样多组速度，然后使用这些速度模拟机器人在一定时间内的运动轨迹。得到多条轨迹后，再通过一个评价函数对这些轨迹打分，打分标准包括轨迹是否会导致机器人碰撞、是否在向全局路径靠拢等，综合评分最高的轨迹速度，就是传输给机器人的速度指令。

DWA 算法的实现流程简单，计算效率也比较高，但是不太适用于环境频繁发生变化的场景。

- **TEB 算法**。TEB 算法的全称是 Time Elastic Band，其中 Elastic Band 的中文意思是橡皮筋，可见这种算法也具备橡皮筋的特性：连接起点和目标点，路径可以变形，变形的条件就是各种路径约束，类似于给橡皮筋施加了一个外力。

如图 9-5 所示，在 TEB 的算法框架中，机器人位于当前位置，目标点是全局路径上的一个点，这两个点类似橡皮筋的两端，是固定的。接下来，TEB 算法会在两点之间插入一些机器人的姿态点控制橡皮筋的形变，为了显示轨迹的运动学信息，还要定义点和点之间的运动时间，也就是这里 Time 的含义。

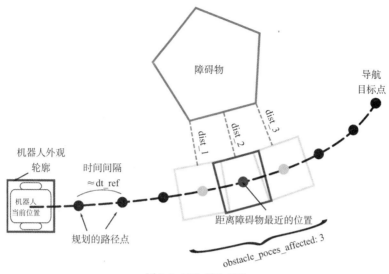

图 9-5　TEB 算法框架

接下来这些离散的位姿就组成了一个优化问题：让这些离散位姿组成的轨迹能实现时间最短、距离最短、远离障碍物等目标，同时限制速度与加速度，符合机器人的运动学。

最终，满足这些约束的机器人状态，就作为局部导航输入机器人底盘的速度指令。

9.2.4　定位功能

在 Nav2 框架中，定位功能是机器人自主导航的基础，主要任务是确定机器人在环境中的准确位置和姿态（位置和方向）。Nav2 通常使用 AMCL 算法帮助机器人进行定位。什么是 AMCL 算法呢？

AMCL 功能包封装了一套针对二维环境的蒙特卡罗定位方法，如图 9-6 所示，算法的核心是粒子滤波器，它使用一系列粒子来表示机器人可能的状态。每个粒子包含了机器人的位置和方向的估计值。在机器人移动时，这些粒子也会根据机器人的运动模型进行更新。同时，通过将机器人的传感器数据（如激光雷达数据）与地图进行比较，算法会评估每个粒子的权重，即该粒子代表的位置估计与实际观测数据匹配的程度。在每次更新中，权重较高的粒子将有更大的机会被保留下来，而权重较低的粒子则可能被淘汰。这个过程被称为重采样。通过这种方式，粒子群逐渐聚焦于最可能代表机器人实际位置的区域，从而实现高精度的定位。

如图 9-7 所示，我们可以形象地描述 AMCL 算法：AMCL 算法会在机器人的初始位姿周围随机撒很多粒子，每个粒子都可以看作机器人的分身，由于这些粒子是随机撒下的，所以这些分身的姿态并不一致。

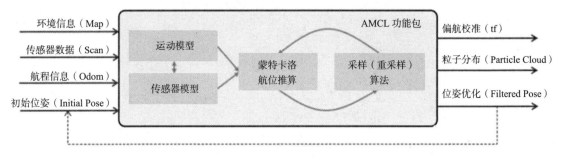

图 9-6　AMCL 算法框架

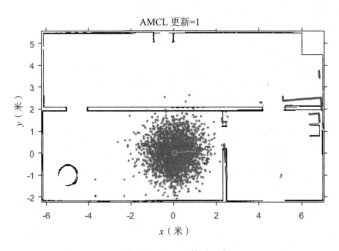

图 9-7　AMCL 算法示例

接下来机器人开始运动，例如，机器人以 1m/s 的速度前进，那么这些粒子分身也会按照同样的速度运动，由于姿态不同，每个粒子的运动方向不一致，也就会和机器人渐行渐远，如何判断这些粒子偏航了呢？这就要结合地图信息了。

例如，机器人向前走了 1m，这时通过传感器我们可以发现机器人距离前方的障碍物从原来的 10m 变为 9m，这个信息也会传给所有粒子，那些和机器人渐行渐远的粒子会被算法删除，和机器人状态一致的粒子则被保留，同时派生出一个同样状态的粒子，以避免最后所有粒子都被删除了。

按照这样的思路，以某个固定的频率不断对粒子进行筛选，基本一致的留下，不一致的删除，最终这些粒子就会逐渐向机器人的真实位姿靠拢，聚集度最高的地方，就被看作机器人的当前位姿，也就是定位的结果。

以上就是 AMCL 算法的主要流程，大家也可以参考《概率机器人》进行更加深入的学习。

9.3 Nav2 安装与体验

了解了 Nav2 框架的结构，相信大家早已经摩拳擦掌了，本节就进入机器人 Nav2 自主导航框架的安装与体验环节。

9.3.1 Nav2 安装方法

在 ROS 2 中，可以通过二进制包直接安装 Nav2。打开一个终端，运行以下命令即可。

```
$ sudo apt update
$ sudo apt install ros-jazzy-navigation2
```

如果需要学习 Nav2 的源码，那么需要使用源码安装的方式，具体安装步骤可以上网搜索。

除了 Nav2，官网还提供了 nav2_bringup 功能包作为启动示例，大家也可以继续通过如下命令安装，本章后续的部署与实践也基于 nav2_bringup 功能包进行二次开发。

```
$ sudo apt install ros-jazzy-nav2-bringup
```

安装完成后，可以在/opt/ros/jazzy/share 下看到如图 9-8 所示的功能包列表，这些都是 Nav2 框架下的子功能模块。

```
                                              ros2@guyuehome: /opt/ros/jazzy/share
ros2@guyuehome:/opt/ros/jazzy/share$ cd nav2_
nav2_amcl/
nav2_behaviors/
nav2_behavior_tree/
nav2_bringup/
nav2_bt_navigator/
nav2_collision_monitor/
nav2_common/
nav2_constrained_smoother/
nav2_controller/
nav2_core/
nav2_costmap_2d/
nav2_dwb_controller/
nav2_graceful_controller/
nav2_lifecycle_manager/
nav2_map_server/
nav2_minimal_tb3_sim/
nav2_minimal_tb4_description/
nav2_minimal_tb4_sim/
nav2_mppi_controller/
nav2_msgs/
nav2_navfn_planner/
nav2_planner/
nav2_regulated_pure_pursuit_controller/
```

图 9-8　Nav2 框架中的功能包列表

9.3.2　Nav2 案例体验

nav2_bringup 中包含 Turtlebot3 和 Turtlebot4 自主导航的官方示例，大家可以选择以下命令中的某一句运行。

```
# Turtlebot3 导航示例
$ ros2 launch nav2_bringup tb3_simulation_launch.py

# Turtlebot4 导航示例
$ ros2 launch nav2_bringup tb4_simulation_launch.py
```

运行成功后，可以看到如图 9-9 所示的界面，界面并中没有机器人和其他元素，只有一张静态地图。

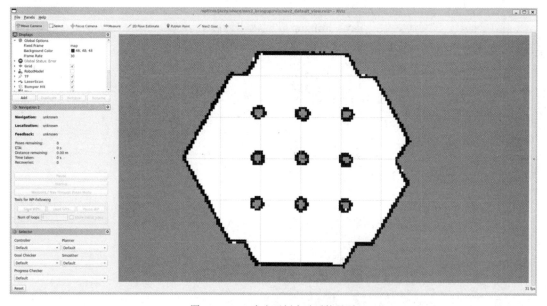

图 9-9　Nav2 官方示例启动后的界面

此时单击 RViz 工具栏中的"2D Pose Estimate"选项，并且在静态地图上单击和滑动，这个动作相当于给了机器人一个参考的初始位姿，然后机器人就会启动 AMCL 算法对自己的位姿进行定位矫正，也就会出现如图 9-10 所示的画面。

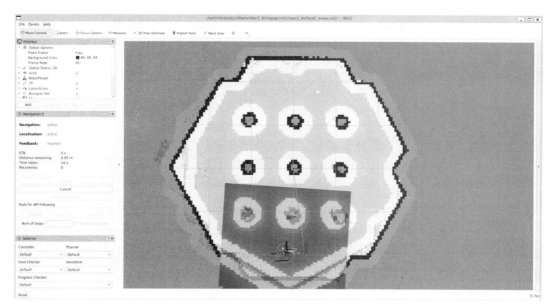

图 9-10 启动定位后的 Nav2 界面

此时可以看到，RViz 界面中已经出现了机器人及对应的代价地图，继续单击工具栏中的导航选项"Nav2 Goal"，并在地图中设定目标点，如图 9-11 所示，此时机器人就会朝着目标位置移动，而 RViz 中也会出现连接机器人和目标点的全局路径。

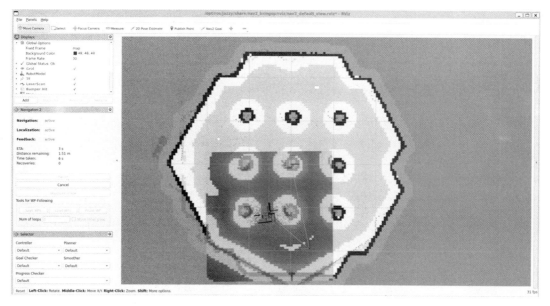

图 9-11 Nav2 机器人导航示例

9.4 机器人自主导航仿真

体验了 Nav2 的官方示例，大家肯定会想在自己的机器人上运行 Nav2。本节继续以 OriginBot 为例，带领大家学习 Nav2 的配置方法，同时在自己的计算机上运行自主导航仿真。

Nav2 的配置方法主要涉及两部分，分别是 Nav2 参数配置和 Launch 启动文件配置。

9.4.1 Nav2 参数配置

Nav2 自主导航框架除了需要数据输入，还需要设置诸如全局路径规划算法、机器人坐标等参数，以便快速适配不同形态的机器人。

9.3 节使用的 nav2_bringup 功能包中包含默认的参数配置，只需要在此基础上进行修改即可。这些参数已经适配并迁移到了 originbot_navigation 功能包的 param 目录下，打开其中的 originbot_nav2.yaml 文件，可以看到四百多行内容，这些内容包含了机器人的尺寸信息、传感器配置、速度限制和行为树配置信息等。内容虽然很多，但大内容是类似的，例如参数名称中带 topic 的都是话题信息，如/scan、/odom 等；带 frame 的都是坐标信息，如 map、base_link 等。

以行为规划器的一段参数设置为例，以下参数列表中使用的里程计话题（odom_topic）是 /odom，全局坐标系（global_frame）是 map。

```
bt_navigator:
  ros__parameters:
    use_sim_time: True
    global_frame: map
    robot_base_frame: base_link
    odom_topic: /odom
bt_loop_duration: 10
---
```

除了一些通用的参数，具体的规划算法还有很多专属的配置参数，合理配置这些参数可以帮助机器人更好地应对不同的场景。以 AMCL 算法为例，可以修改的参数及对应的含义如下。

```
amcl:
  ros__parameters:
    alpha1: 0.2                        # 里程计模型的旋转运动噪声
    alpha2: 0.2                        # 里程计模型的平移运动噪声
    alpha3: 0.2                        # 里程计模型的平移后旋转噪声
    alpha4: 0.2                        # 里程计模型的旋转后平移噪声
    alpha5: 0.2                        # 里程计模型的额外噪声参数
    base_frame_id: "base_footprint"    # 机器人基座的坐标帧 ID
    beam_skip_distance: 0.5            # 光束跳跃的距离阈值
    beam_skip_error_threshold: 0.9    # 光束跳跃的错误阈值
    beam_skip_threshold: 0.3          # 光束跳跃的概率阈值
    do_beamskip: false                # 是否执行光束跳跃优化
```

```
global_frame_id: "map"                              # 全局坐标帧 ID
lambda_short: 0.1                                    # 指数分布率参数（用于短距离命中模型）
laser_likelihood_max_dist: 2.0                       # 激光似然字段模型的最大距离
laser_max_range: 100.0                              # 激光的最大测量范围
laser_min_range: -1.0                               # 激光的最小测量范围
laser_model_type: "likelihood_field"                 # 激光模型类型
max_beams: 60                                        # 每次扫描考虑的最大光束数
max_particles: 2000                                  # 粒子滤波器的最大粒子数
min_particles: 500                                   # 粒子滤波器的最小粒子数
odom_frame_id: "odom"                               # 里程计坐标帧 ID
pf_err: 0.05                                         # 粒子滤波器的误差参数
pf_z: 0.99                                           # 粒子滤波器的 Z 参数
recovery_alpha_fast: 0.0                             # 快速收敛的恢复因子
recovery_alpha_slow: 0.0                             # 慢速收敛的恢复因子
resample_interval: 1                                 # 重采样间隔
robot_model_type: "nav2_amcl::DifferentialMotionModel"    # 机器人运动模型类型
save_pose_rate: 0.5                                  # 保存位姿的频率
sigma_hit: 0.2                                       # 命中模型的标准差
tf_broadcast: true                                   # 是否广播坐标变换
transform_tolerance: 1.0                             # 坐标变换的容忍度
update_min_a: 0.2                                    # 更新阈值（最小角度变化）
update_min_d: 0.25                                   # 更新阈值（最小距离变化）
z_hit: 0.5                                           # 命中概率
z_max: 0.05                                          # 最大测量概率
z_rand: 0.5                                          # 随机测量概率
z_short: 0.05                                        # 短距离测量概率
scan_topic: scan                                     # 激光扫描数据的话题名称
```

在以上参数中，scan_topic、alpha1、alpha2 等参数初看上去可能难以理解，但它们都是机器人真实运动中需要适配的参数。在实际使用中，大家可以根据具体的应用场景和机器人的特性进行调整，从而优化定位的准确性和效率。例如，通过调整粒子数、扫描模型和噪声参数，可以在计算资源和定位精度上找到合适的平衡点。

9.4.2　Launch 启动文件配置

有了基本的参数文件和导航功能包，接下来需要通过 Launch 文件启动 Nav2 中众多导航相关的节点，并加载各个节点所需要的配置参数。

参考 nav2_bringup 中的 Turtlebot3 示例，会发现其中有一个关于 Nav2 启动的关键文件——bringup.launch.py，该文件中会启动 Nav2 需要的各个关键节点，包括参数文件调用、是否使用 SLAM 等。

```
bringup_cmd = IncludeLaunchDescription(
    PythonLaunchDescriptionSource(os.path.join(launch_dir, 'bringup_launch.py')),
    launch_arguments={
```

```
            'namespace': namespace,
            'use_namespace': use_namespace,
            'slam': slam,
            'map': map_yaml_file,
            'use_sim_time': use_sim_time,
            'params_file': params_file,
            'autostart': autostart,
            'use_composition': use_composition,
            'use_respawn': use_respawn,
        }.items(),
    )
```

结合到大家自己的机器人，只需要包含这个 Launch 文件的内容即可。以 OriginBot 为例，完整的启动文件是 originbot_navigation/launch/nav_bringup_gazebo.launch.py，内容如下。

```python
import os

from ament_index_python.packages import get_package_share_directory
from launch import LaunchDescription
from launch.actions import DeclareLaunchArgument
from launch.actions import IncludeLaunchDescription
from launch.launch_description_sources import PythonLaunchDescriptionSource
from launch.substitutions import LaunchConfiguration
from launch_ros.actions import Node

def generate_launch_description():
    # 获取包的共享目录
    navigation2_dir = get_package_share_directory('originbot_navigation')
    nav2_bringup_dir = get_package_share_directory('nav2_bringup')

    # 定义使用仿真时间的配置
    use_sim_time = LaunchConfiguration('use_sim_time', default='true')
    # 定义地图文件的路径配置
    map_yaml_path = LaunchConfiguration('map', default=os.path.join(navigation2_dir, 'maps',
'my_map.yaml'))
    # 定义参数文件的路径配置
    nav2_param_path = LaunchConfiguration('params_file',
default=os.path.join(navigation2_dir, 'param', 'originbot_nav2.yaml'))

    # RViz 配置文件路径
    rviz_config_dir = os.path.join(nav2_bringup_dir, 'rviz', 'nav2_default_view.rviz')

    return LaunchDescription([
        # 声明使用仿真时间的启动参数
        DeclareLaunchArgument('use_sim_time', default_value=use_sim_time, description='如
果为真，则使用仿真(Gazebo)时钟'),
```

```
        # 声明地图文件路径的启动参数
        DeclareLaunchArgument('map', default_value=map_yaml_path, description='要加载的地图
文件的完整路径'),
        # 声明参数文件路径的启动参数
        DeclareLaunchArgument('params_file', default_value=nav2_param_path, description='
要加载的参数文件的完整路径'),

        # 包含 Nav2 启动配置
        IncludeLaunchDescription(
            PythonLaunchDescriptionSource([nav2_bringup_dir, '/launch',
'/bringup_launch.py']),
            launch_arguments={
                'map': map_yaml_path,
                'use_sim_time': use_sim_time,
                'params_file': nav2_param_path}.items(),
        ),
        # 启动 RViz 节点
        Node(
            package='rviz2',
            executable='rviz2',
            name='rviz2',
            arguments=['-d', rviz_config_dir],
            parameters=[{'use_sim_time': use_sim_time}],
            output='screen'),
    ])
```

以上启动文件配置和启动了 Nav2 导航框架，包括设置和使用仿真时间、加载地图文件和参数文件，以及启动 RViz 可视化工具，以便在屏幕上显示导航和机器人的状态。

9.4.3　机器人自主导航仿真

一切准备就绪，现在可以启动机器人仿真环境，并且开始 Nav2 自主导航啦！

启动第一个终端，使用如下命令启动 OriginBot 机器人的仿真环境。

```
$ros2 launch learning_gazebo_harmonic load_mbot_lidar_into_maze_gazebo_harmonic.launch.py
```

稍等片刻，启动成功后，即可看到如图 9-12 所示包含机器人模型的仿真环境。

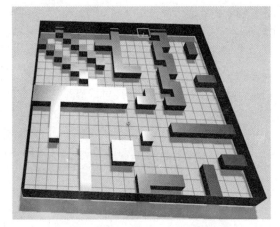

图 9-12　OriginBot 仿真环境下的模型和场景

然后启动第二个终端，在终端中输入如下指令，启动 Nav2 导航功能包。

```
$ ros2 launch originbot_navigation nav_bringup_gazebo.launch.py
```

启动的 RViz 界面如图 9-13 所示，其中的地图就是第 8 章构建的。

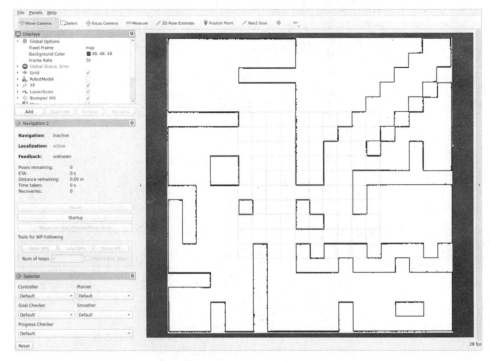

图 9-13　OriginBot 自主导航仿真的地图

此时会在终端中看到不断输出的信息，这是因为没有设置机器人初始位姿，后续设置初始位置后即可解决。

如图 9-14 所示，在打开的 RViz 中配置好显示项目，单击工具栏中的初始状态估计"2D Pose Estimate"选项，在地图中选择机器人的初始位姿，单击确认后，此前终端中的警告也会消除。

图 9-14　仿真环境下完成初始定位

继续单击"2D Goal Pose"选项，在地图上选择导航目标点，如图 9-15 所示，机器人立刻开始自主导航运动。

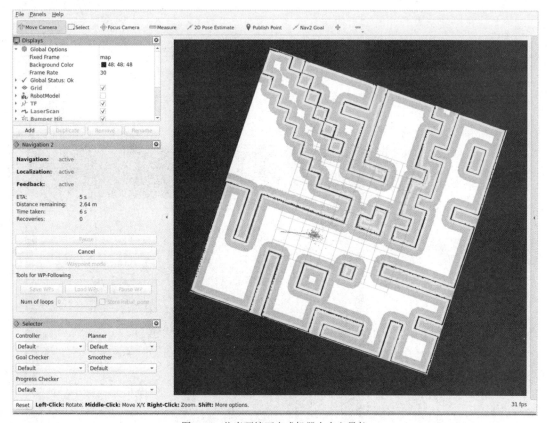

图 9-15　仿真环境下完成机器人自主导航

9.5　机器人自主导航实践

9.4 节已经在仿真环境下实现了机器人自主导航功能，使用仿真机器人和真实机器人做导航的差别大吗？接下来不妨在真实机器人上实践一下吧！

9.5.1　导航地图配置

在自主导航仿真中使用的地图是通过 SLAM 技术构建的，真实机器人的自主导航功能也需要在 SLAM 建立好的地图上完成。

OriginBot 机器人导航功能包中包含一张默认地图，在进行导航前，需要参考以下步骤将其修改为 SLAM 建立的环境地图。

1．拷贝地图文件

拷贝 SLAM 建立好的地图文件（*.pgm）和地图配置文件（*.yaml），放置到 originbot_

navigation/maps 路径下。

2. 修改调用的地图名称

修改 originbot_navigation/launch/nav_bringup.launch 文件中调用的地图名称，确保和上一步拷贝的地图配置文件名称一致，例如以下配置会将调用的地图修改为"my_map"。

```
...

    # 定义地图文件的路径配置变量
    map_yaml_path = LaunchConfiguration('map',
default=os.path.join(originbot_navigation_dir, 'maps', 'my_map.yaml'))
    # 定义参数文件的路径配置变量
    nav2_param_path = LaunchConfiguration('params_file',
default=os.path.join(originbot_navigation_dir, 'param', 'originbot_nav2.yaml'))

    ...
```

3. 重新编译功能包

完成以上修改后，在功能包所在工作空间的根目录下重新编译。至此，地图配置完成，之后就可以使用自己的地图进行导航了。

9.5.2 Nav2 参数与 Launch 启动文件配置

真实机器人 Nav2 参数文件和启动文件的配置方法与仿真一致。

以 OriginBot 机器人为例，在 originbot_navigation/param 中创建 originbot_nav.yaml 文件，并将机器人的尺寸、传感器配置、算法参数、速度限制、行为树配置等信息写入.yaml 文件中，一些核心参数的配置和解析如下。

```
amcl:
  ros__parameters:
    use_sim_time: False                    # 是否使用仿真时间，适用于实际硬件运行
    base_frame_id: "base_footprint"        # 机器人的基础坐标框架
    global_frame_id: "map"                 # 全局坐标框架，用于定位
    min_particles: 500                     # 粒子滤波器中的最小粒子数
    max_particles: 2000                    # 粒子滤波器中的最大粒子数

controller_server:
  ros__parameters:
    use_sim_time: False                    # 是否使用仿真时间
    controller_frequency: 10.0             # 控制器的运行频率，单位为 Hz
    min_x_velocity_threshold: 0.001        # 最小的 x 轴速度阈值，用于确定机器人何时停止
    max_vel_x: 0.22                        # 最大的 x 轴速度，控制机器人的最大前进速度
```

```
local_costmap:
  local_costmap:
    ros__parameters:
      update_frequency: 5.0              # 局部代价图的更新频率, 单位为 Hz
      robot_radius: 0.08                 # 机器人的半径, 用于避障计算
      resolution: 0.05                   # 代价图的分辨率, 单位为 m

global_costmap:
  global_costmap:
    ros__parameters:
      update_frequency: 1.0              # 全局代价图的更新频率, 单位为 Hz
      robot_radius: 0.08                 # 机器人的半径

bt_navigator:
  ros__parameters:
use_sim_time: False                      # 是否使用仿真时间
    # 行为树的默认 XML 文件名, 定义导航任务的行为
    default_bt_xml_filename: "navigate_w_replanning_and_recovery.xml"

recoveries_server:
  ros__parameters:
    use_sim_time: False                  # 是否使用仿真时间
    recovery_plugins: ["spin", "backup", "wait"]   # 定义用于恢复行为的插件
```

类似地, Launch 启动文件的修改方法也与仿真相同, 完整的启动文件 originbot_navigation/launch/nav_bringup.launch.py 内容如下。

```
#!/usr/bin/python3

import os
from ament_index_python.packages import get_package_share_directory
from launch import LaunchDescription
from launch.actions import DeclareLaunchArgument
from launch.actions import IncludeLaunchDescription
from launch.launch_description_sources import PythonLaunchDescriptionSource
from launch.substitutions import LaunchConfiguration
from launch_ros.actions import Node

def generate_launch_description():
    # 获取 originbot_navigation 和 nav2_bringup 包的共享目录路径
    originbot_navigation_dir = get_package_share_directory('originbot_navigation')
    nav2_bringup_dir = get_package_share_directory('nav2_bringup')

    # 定义是否使用仿真时间的配置变量, 默认为'false'
    use_sim_time = LaunchConfiguration('use_sim_time', default='false')
    # 定义地图文件的路径配置变量
```

```
        map_yaml_path = LaunchConfiguration('map',
default=os.path.join(originbot_navigation_dir, 'maps', 'my_map.yaml'))
        # 定义参数文件的路径配置变量
        nav2_param_path = LaunchConfiguration('params_file',
default=os.path.join(originbot_navigation_dir, 'param', 'originbot_nav2.yaml'))

        return LaunchDescription([
            # 声明使用仿真时间的启动参数，用于配置是否使用 Gazebo 仿真时钟
            DeclareLaunchArgument('use_sim_time', default_value=use_sim_time, description='如
果为真，则使用仿真(Gazebo)时钟'),
            # 声明地图文件路径的启动参数，用于指定要加载的地图文件的完整路径
            DeclareLaunchArgument('map', default_value=map_yaml_path, description='要加载的地图
文件的完整路径'),
            # 声明参数文件路径的启动参数，用于指定要加载的参数文件的完整路径
            DeclareLaunchArgument('params_file', default_value=nav2_param_path, description='
要加载的参数文件的完整路径'),

            # 包含 Nav2 启动配置的描述文件，传递地图、仿真时间，以及配置参数文件
IncludeLaunchDescription(
                PythonLaunchDescriptionSource([nav2_bringup_dir, '/launch',
'/bringup_launch.py']),
                launch_arguments={
                    'map': map_yaml_path,
                    'use_sim_time': use_sim_time,
                    'params_file': nav2_param_path}.items(),
            ),
        ])
```

以上启动文件首先通过 get_package_share_directory()函数获取 originbot_navigation 和 nav2_bringup 包的目录路径，然后定义是否使用仿真时间（use_sim_time）、地图文件的路径（map_yaml_path），以及导航参数文件的路径（nav2_param_path）等。最后将这些配置传输给导航节点完成导航节点的启动。

9.5.3　机器人自主导航实践

接下来就可以在机器人上运行自主导航功能了。

通过 SSH 远程连接 OriginBot 机器人，并且分别启动两个终端，运行如下命令，第一个终端启动机器人的底盘，第二个终端运行自主导航功能。

```
# 机器人的终端 1
$ ros2 launch originbot_bringup originbot.launch.py use_lidar:=true

# 机器人的终端 2
$ ros2 launch originbot_navigation nav_bringup.launch.py
```

此时 Nav2 已经在机器人中运行起来了，如何看到自主导航的动态效果呢？可以在计算机端运行如下命令，启动 RViz 上位机。

```
# 计算机端
$ ros2 launch originbot_viz display_navigation.launch.py
```

打开 RViz 后，机器人暂时静止不动，可以选择单目标点导航或多目标点导航模式。

默认是单目标点导航模式。

1. 单目标点导航

在打开的 RViz 中配置好显示项目，单击工具栏中的初始状态估计"2D Pose Estimate"选项，在地图中选择机器人的初始位姿。然后单击工具栏中的"2D Goal Pose"选项，在地图上选择导航目标点。此时实物机器人即可开始自主导航，如图 9-16 所示。

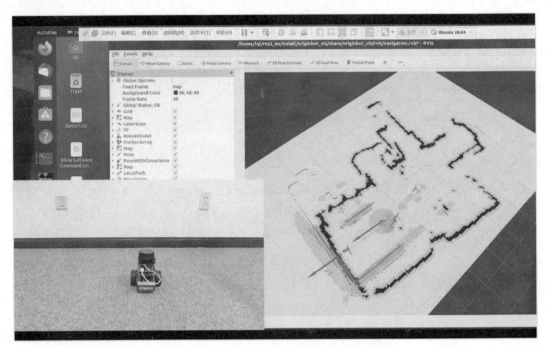

图 9-16　移动机器人单目标点导航

2. 多目标点导航

如图 9-17 所示，单击 RViz 菜单栏中的 Panels 插件选项，从中选择 Navigation2 插件，单击"OK"按钮。

图 9-17　移动机器人多路点导航插件

此处如果找不到 Navigation2 插件，那么请使用 "sudo apt install ros-jazzy-nav2*" 安装。

如图 9-18 所示，在左侧弹出的导航插件窗口中，单击 "Waypoint mode" 按钮，进入多路点选择模式。

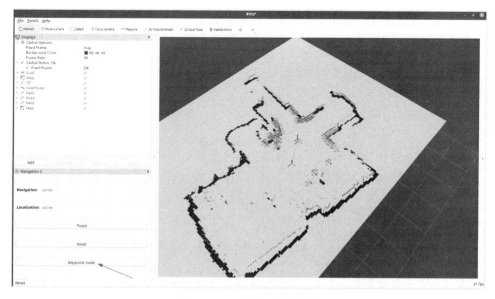

图 9-18　Nav2 多路点选择模式

使用工具栏中的 "Navigation2 Goal" 选项，选择多个需要导航经过的路点。选择完成后，单击插件中的 "Start Navigation" 选项，此时导航运动开始，机器人会依次经过刚才选择的路点，如图 9-19 所示。

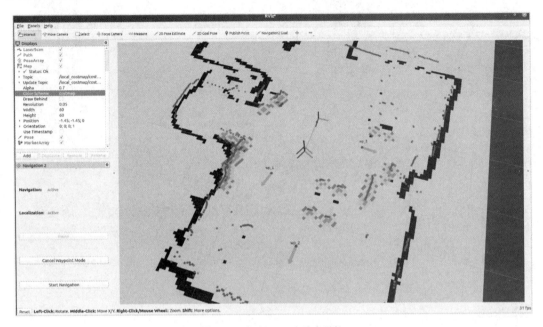

图 9-19　启动 Nav2 多路点导航

9.6　机器人自主导航编程

现在，我们已经学习了 ROS 2 自主导航的基本流程，但是这个过程总是需要手动单击导航目标点，有没有更便捷的方式呢？例如可以通过程序向机器人发布一个目标位置，并且能收到导航结束的执行结果？本节就来讲解 Nav2 的编程方法。

9.6.1　功能运行

先来体验一下通过程序发布目标位置并驱动机器人前往目标点的效果吧！

以自主导航仿真为例，先使用如下命令在计算机端运行仿真环境及导航功能。

```
# 终端 1
$ros2 launch learning_gazebo_harmonic load_mbot_lidar_into_maze_gazebo_harmonic.launch.py

# 终端 2
$ ros2 launch originbot_navigation nav_bringup_gazebo.launch.py
```

然后启动一个新的终端，运行如下节点。

```
$ ros2 run originbot_send_goal send_goal_node
```

运行成功后，如图 9-20 所示，可以看到机器人朝着地图中的（1，1）位置导航前进，同时终端会不断输出到达目标点的剩余距离。

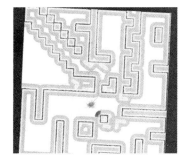

```
[INFO] [1724321400.665857828] [GoalCoordinate]: Remaining Distance from Destination: 2.620710
[INFO] [1724321400.675558922] [GoalCoordinate]: Remaining Distance from Destination: 2.620710
[INFO] [1724321400.685362419] [GoalCoordinate]: Remaining Distance from Destination: 2.620710
[INFO] [1724321400.695283357] [GoalCoordinate]: Remaining Distance from Destination: 2.620710
[INFO] [1724321400.705345815] [GoalCoordinate]: Remaining Distance from Destination: 2.620710
[INFO] [1724321400.715587558] [GoalCoordinate]: Remaining Distance from Destination: 2.620710
[INFO] [1724321400.726017186] [GoalCoordinate]: Remaining Distance from Destination: 2.620710
[INFO] [1724321400.735563162] [GoalCoordinate]: Remaining Distance from Destination: 2.620710
[INFO] [1724321400.744894317] [GoalCoordinate]: Remaining Distance from Destination: 2.595710
[INFO] [1724321400.755342633] [GoalCoordinate]: Remaining Distance from Destination: 2.595710
[INFO] [1724321400.766230712] [GoalCoordinate]: Remaining Distance from Destination: 2.595710
[INFO] [1724321400.775326377] [GoalCoordinate]: Remaining Distance from Destination: 2.595710
[INFO] [1724321400.785746084] [GoalCoordinate]: Remaining Distance from Destination: 2.595710
[INFO] [1724321400.795683643] [GoalCoordinate]: Remaining Distance from Destination: 2.595710
[INFO] [1724321400.805660854] [GoalCoordinate]: Remaining Distance from Destination: 2.595710
[INFO] [1724321400.815935624] [GoalCoordinate]: Remaining Distance from Destination: 2.595710
```

图 9-20　移动机器人自主导航编程示例

如何通过程序发布目标位置并让机器人进行自主导航呢？其实背后就是 Nav2 提供的各种 API。根据 ROS 2 的通信方式，Nav2 的 API 可以分为以下几类。

- 动作：控制机器人执行路径规划和导航任务的完整动作行为。
- 服务：提供特定的服务调用，如地图服务、清除代价地图等。
- 话题：实现发布和订阅传感器数据、状态信息等功能。

如何通过编程调用这些接口实现自主导航功能呢？接下来分别讲解 C++ 和 Python 的编程方法。

9.6.2　编程方法（C++）

本节通过 C++ 语言实现了一个名为 GoalCoordinate 的 ROS 2 节点，该节点使用 Nav2 的 API 发送导航目标并处理导航任务的反馈结果。

完整的代码实现在 originbot_send_goal/src 中，包含三部分，主要利用了 Nav2 的动作接口。

1．初始化动作客户端

```
this->client_ptr_ = rclcpp_action::create_client<NavigateToPose>(this,
"navigate_to_pose");
```

在 GoalCoordinate 类的构造函数中初始化一个动作客户端，可以与 Nav2 的导航动作服务器通信。

2．发送导航目标

```
auto goal_msg = NavigateToPose::Goal();
```

```
goal_msg.pose.header.frame_id = "map";
goal_msg.pose.pose.position.x = 1.0;
goal_msg.pose.pose.position.y = 1.0;
goal_msg.pose.pose.orientation.w = 1.0;

this->client_ptr_->async_send_goal(goal_msg, send_goal_options);
```

在 send_goal()成员函数中构建一个导航目标，并通过动作客户端将这个目标发送给动作服务器。动作服务器在 Nav2 框架启动时已经运行，收到这个目标请求后，就会开始规划全局路径，并且通过局部导航输出 cmd_vel 话题，控制机器人开始向目标位置移动。

3. 处理反馈和结果

```
send_goal_options.goal_response_callback =
std::bind(&GoalCoordinate::goal_response_callback, this, _1);
  send_goal_options.feedback_callback = std::bind(&GoalCoordinate::feedback_callback, this,
_1, _2);
  send_goal_options.result_callback = std::bind(&GoalCoordinate::result_callback, this, _1);
```

Nav2 的动作接口包含多个反馈信息，此外设置了三个回调函数，分别用于处理导航目标是否被服务器响应、导航过程中的实时反馈和导航最终是否到达目标位置的结果。

推荐大家直接阅读源文件了解完整的代码实现。

9.6.3　编程方法（Python）

除了 C++编程，还可以使用 Python 进行自主导航编程，编码思路完全相同，完整的代码实现在 originbot_send_goal_py 功能包中。

1. 初始化动作客户端

```
self.client = ActionClient(self, NavigateToPose, 'navigate_to_pose')
```

在 GoalCoordinate 类的构造函数中，通过 ActionClient 类创建了一个动作客户端，可以与Nav2 的导航动作服务器进行通信。

2. 发送导航目标

```
goal_msg = NavigateToPose.Goal()
goal_msg.pose.header.frame_id = 'map'
goal_msg.pose.pose.position.x = 1.0
goal_msg.pose.pose.position.y = 1.0
goal_msg.pose.pose.orientation.w = 1.0
self.send_goal_future = self.client.send_goal_async(goal_msg,
feedback_callback=self.feedback_callback)
```

在 send_goal 成员方法中，构建了一个导航目标消息，并通过动作客户端异步发送这个目标。

3. 处理反馈和结果

```
self.send_goal_future.add_done_callback(self.goal_response_callback)
```

在发送目标时，为动作客户端设置了反馈信息的回调函数，用于处理在导航过程中接收到的反馈信息及最终的导航结果。

推荐大家直接阅读源文件了解完整的实现代码。

9.7　机器人自主探索应用

我们学习了 SLAM 和 Nav2，那么有没有可能将两门技术融合到一起，实现在导航过程中同时构建地图呢？本节就带你打通"任督二脉"，实现自主探索式的 SLAM 与导航功能！

9.7.1　Nav2+SLAM Toolbox 自主探索应用

回顾 9.4.2 节，其中提到 nav2_bringup 启动文件中关于 Nav2 节点的配置如下。

```
bringup_cmd = IncludeLaunchDescription(
    PythonLaunchDescriptionSource(os.path.join(launch_dir, 'bringup_launch.py')),
    launch_arguments={
        'namespace': namespace,
        'use_namespace': use_namespace,
        'slam': slam,
        'map': map_yaml_file,
        'use_sim_time': use_sim_time,
        'params_file': params_file,
        'autostart': autostart,
        'use_composition': use_composition,
        'use_respawn': use_respawn,
    }.items(),
)
```

这里有一个参数 slam，可以被设置为 True 或者 False。再回到仿真实践的代码 nav_bringup_gazebo.launch.py，它也引用了 nav2_bringup 中的 bringup_launch.py 文件。

```
...
        IncludeLaunchDescription(
            PythonLaunchDescriptionSource([nav2_bringup_dir,'/launch','/bringup_launch.py']),
            launch_arguments={
                'map': map_yaml_path,
                'use_sim_time': use_sim_time,
                'params_file': nav2_param_path}.items(),
        ),
...
```

那么 bringup_launch.py 文件到底是如何启动 Nav2 节点的呢？进入/opt/ros/jazzy/share/ nav2_bringup/launch 文件夹，打开 bringup_launch.py 文件，可以发现这样一段代码。

```python
# 包含 SLAM 启动描述
IncludeLaunchDescription(
    # 指定 SLAM 启动文件的路径
    PythonLaunchDescriptionSource(os.path.join(launch_dir, 'slam_launch.py')),
    # 如果 slam 变量为真，则执行此启动描述
    condition=IfCondition(slam),
    # 传递给 SLAM 启动文件的参数
    launch_arguments={
        'namespace': namespace,                    # 命名空间
        'use_sim_time': use_sim_time,              # 是否使用仿真时间
        'autostart': autostart,                    # 是否自动启动
        'use_respawn': use_respawn,                # 是否在终止后自动重启
        'params_file': params_file                 # 参数文件路径
    }.items()),

# 包含定位启动描述
IncludeLaunchDescription(
    # 指定定位启动文件的路径
    PythonLaunchDescriptionSource(os.path.join(launch_dir, 'localization_launch.py')),
    # 如果 slam 变量为假，则执行此启动描述
    condition=IfCondition(PythonExpression(['not ', slam])),
    # 传递给定位启动文件的参数
    launch_arguments={
        'namespace': namespace,                    # 命名空间
        'map': map_yaml_file,                      # 地图文件路径
        'use_sim_time': use_sim_time,              # 是否使用仿真时间
        'autostart': autostart,                    #是否自动启动
        'params_file': params_file,                # 参数文件路径
        'use_composition': use_composition,        # 是否使用组合节点
        'use_respawn': use_respawn,                # 是否在终止后自动重启
        'container_name': 'nav2_container'         # 容器名称
    }.items()),
```

分析以上代码，如果设定 slam 参数为 True，就会启动 Nav2 中 slam_launch.py，如果设定 slam 参数为 False，就只执行导航功能。

不妨再打开 slam_launch.py 文件，其中包含第 8 章讲解的 SLAM 算法——SLAM Toolbox。

```python
# 检查参数文件中是否有 slam_toolbox 的节点参数
has_slam_toolbox_params = HasNodeParams(source_file=params_file,
                                        node_name='slam_toolbox')

# 如果没有 slam_toolbox 的特定参数，则启动 SLAM 工具箱，但不包含特定参数
```

```
start_slam_toolbox_cmd = IncludeLaunchDescription(
    PythonLaunchDescriptionSource(slam_launch_file),
    # 传递给 SLAM 启动文件的参数，这里只传递了是否使用仿真时间
    launch_arguments={'use_sim_time': use_sim_time}.items(),
    # 仅当没有 slam_toolbox 参数时才执行此启动描述
    condition=UnlessCondition(has_slam_toolbox_params))

# 如果有 slam_toolbox 的特定参数，则启动 SLAM 工具箱，并包含这些参数
start_slam_toolbox_cmd_with_params = IncludeLaunchDescription(
    PythonLaunchDescriptionSource(slam_launch_file),
    # 传递给 SLAM 启动文件的参数，包括是否使用仿真时间和参数文件路径
    launch_arguments={'use_sim_time': use_sim_time,
                      'slam_params_file': params_file}.items(),
    # 仅当存在 slam_toolbox 参数时才执行此启动描述
    condition=IfCondition(has_slam_toolbox_params))
```

通过以上代码的溯源分析可以知道：通过设置 slam 参数就可以控制是否启动 SLAM Toolbox 算法。

这样问题就简单很多，我们可以直接将导航启动文件 nav_bringup_gazebo.launch.py 中的 slam 参数设置为 Ture，就可以在启动 Nav2 导航功能的同时启动 SLAM 算法了。

```
...
    # 定义是否使用 SLAM 的配置变量，默认为'True'
    slam = LaunchConfiguration('slam', default='True')

...

        # 包含 Nav2 启动配置的描述文件，传递地图、仿真时间参数，以及配置参数文件。

        IncludeLaunchDescription(
            PythonLaunchDescriptionSource([nav2_bringup_dir, '/launch',
'/bringup_launch.py']),
            launch_arguments={
                'map': map_yaml_path,
                'use_sim_time': use_sim_time,
                'params_file': nav2_param_path,
                'slam': slam,}.items(),
        ),
```

完成以上修改后，需要回到工作空间中进行编译，然后启动两个终端执行以下命令。

```
#终端1：启动仿真环境
$ros2 launch learning_gazebo_harmonic load_mbot_lidar_into_maze_gazebo_harmonic.launch.py

#终端2：启动 Nav2 导航建图算法
$ ros2 launch originbot_navigation nav_bringup_gazebo.launch.py
```

运行成功后，RViz 中暂时没有完整的地图，通过"Nav2 Goal"选项发布目标位置，如图 9-21 所示，机器人在前往目标位置的同时会不断构建地图。

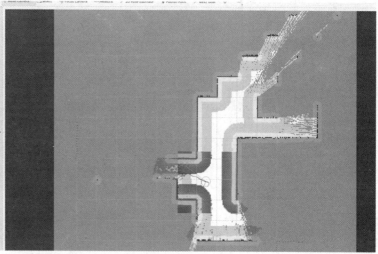

图 9-21　自动导航与 SLAM 同步建图效果

在自主探索的过程中可以发现，当地图未完全建立时，Nav2 全局导航规划的路径几乎都是点到点的直线，随着 SLAM 地图信息的完善，全局路径也在不断调整，控制机器人躲避不断被发现的障碍物，最终到达目标点，同时把导航路径上的地图建立完成。如果导航点可以尽量覆盖环境中的所有位置，那么机器人最终也会建立完整的环境地图，这样就可以实现一个导航+SLAM 的自主探索应用了。

建立完成的地图可以参考第 8 章讲解的方法保存，留作未来导航使用。

9.7.2　Nav2+Cartographer 自主探索应用

除了 Nav2 中自带的 SLAM 算法，还可以将 Cartographer 和 Nav2 进行集成。运行如下命令，看一下效果如何。

```
#终端 1：启动仿真环境
$ ros2 launch learning_gazebo_harmonic load_mbot_lidar_into_maze_gazebo_harmonic.launch.py

#终端 2：启动 Nav2 导航建图算法
$ ros2 launch originbot_navigation nav2_carto.launch.py
```

运行成功后，可以看到如图 9-22 所示的界面，此时机器人周边已经有一小片初步建立的地图。

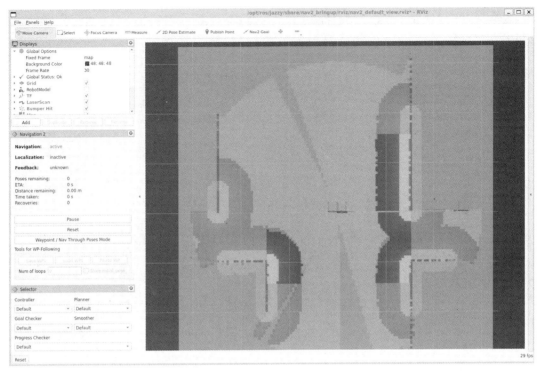

图 9-22　Nav2 与 Cartographer 自主探索应用的初始化界面

通过 "Nav2 Goal" 选项发布目标点，机器人同样会在前往目标位置的同时不断构建地图，如图 9-23 所示。

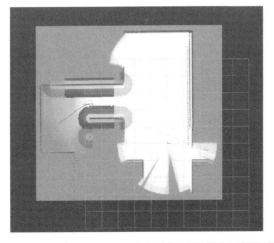

图 9-23　Nav2 与 Cartographer 自主探索应用的导航与建图过程

实现 Nav2 与 Cartographer 功能同时运行的奥秘都在 nav_carto.launch.py 文件中，详细内容如下。

```python
import os
from ament_index_python.packages import get_package_share_directory
from launch import LaunchDescription
from launch.substitutions import LaunchConfiguration
from launch_ros.actions import Node
from launch_ros.substitutions import FindPackageShare
from launch.actions import IncludeLaunchDescription
from launch.launch_description_sources import PythonLaunchDescriptionSource


def generate_launch_description():
################################### 节点参数配置
#######################################################
    # 导航功能包的路径
    navigation2_dir = get_package_share_directory('originbot_navigation')
    # 是否使用仿真时间，这里使用 Gazebo，所以配置为 true
    use_sim_time = LaunchConfiguration('use_sim_time', default='true')
    # 构建地图的分辨率
    resolution = LaunchConfiguration('resolution', default='0.05')
    # 发布地图数据的周期
    publish_period_sec = LaunchConfiguration('publish_period_sec', default='1.0')
    # 参数配置文件在功能包中的文件夹路径
    configuration_directory = LaunchConfiguration('configuration_directory',default=
os.path.join(navigation2_dir, 'config') )
    # 参数配置文件的名称
    configuration_basename = LaunchConfiguration('configuration_basename',
default='lds_2d.lua')
    # 导航相关参数
    nav2_bringup_dir = get_package_share_directory('nav2_bringup')
    map_yaml_path =
LaunchConfiguration('map',default=os.path.join(navigation2_dir,'maps','cloister.yaml'))
    nav2_param_path =
LaunchConfiguration('params_file',default=os.path.join(navigation2_dir,'param','originbot_n
av2.yaml'))
    # rviz 可视化显示的配置文件路径
    rviz_config_dir = os.path.join(nav2_bringup_dir, 'rviz')+"/nav2_default_view.rviz"

################# 启动节点：cartographer_node、cartographer_occupancy_grid_node、rviz2
##################
    cartographer_node = Node(
        package='cartographer_ros',
        executable='cartographer_node',
        name='cartographer_node',
```

```
            output='screen',
            parameters=[{'use_sim_time': use_sim_time}],
            arguments=['-configuration_directory', configuration_directory,
                        '-configuration_basename', configuration_basename])

    cartographer_occupancy_grid_node = Node(
        package='cartographer_ros',
        executable='cartographer_occupancy_grid_node',
        name='cartographer_occupancy_grid_node',
        output='screen',
        parameters=[{'use_sim_time': use_sim_time}],
        arguments=['-resolution', resolution, '-publish_period_sec', publish_period_sec])

    navigation_launch = IncludeLaunchDescription(
            PythonLaunchDescriptionSource([nav2_bringup_dir,'/launch',
'/bringup_launch.py']),
            launch_arguments={
                'map': map_yaml_path,
                'use_sim_time': use_sim_time,
                'params_file': nav2_param_path}.items(),)

    rviz_node = Node(
        package='rviz2',
        executable='rviz2',
        name='rviz2',
        arguments=['-d', rviz_config_dir],
        parameters=[{'use_sim_time': use_sim_time}],
        output='screen')

    ld = LaunchDescription()
    ld.add_action(cartographer_node)
    ld.add_action(cartographer_occupancy_grid_node)
    ld.add_action(navigation_launch)
    ld.add_action(rviz_node)

    return ld
```

　　仔细分析以上内容，其实就是在原本 cartographer_nav2.launch.py 的基础上增加了 Nav2 的节点。不过在启动 Nav2 时，并没有使用 nav2_bringup.py，而是使用了导航启动文件 navigation_launch.py。

　　为什么要这样做呢？这是因为自主导航一般建立在静态地图上，对应到 ROS 2 中的接口就是/map。在自主探索的应用中并没有已知的静态地图，这就需要机器人一边通过 Cartographer 建立地图，一边发布/map 的地图信息，支持 Nav2 完成自主导航时的路径规划和避障。

9.8 本章小结

本章将原理和实践结合，带领大家一起学习了 Nav2 自主导航。我们不仅学习了 Nav2 功能框架中的核心算法原理，还通过仿真或真实机器人体验了自主导航功能；同时练习了 Nav2 中 API 的编程方法，实现了程序调用控制机器人发布导航目标；最后将 SLAM 技术与自主导航功能结合，进一步实现了机器人自主探索应用，可以同时运行 Nav2 和 SLAM 算法。

本书的内容也到此为止。我们从 ROS 2 基础知识开始，学会了话题、服务、动作等通信机制的实现原理和应用场景；了解了 Launch 启动文件、tf 坐标变换、RViz 可视化平台、Gazebo 物理仿真环境等 ROS 常用组件的使用方法；还学习了机器人的定义和组成，熟悉了一款真实机器人的开发过程，即使没有条件，依然可以使用 URDF 文件创建一个机器人仿真模型；在学习原理之后，我们继续机器人应用开发之旅，学会了 ROS 2 中机器视觉、SLAM 建图、自主导航等功能的实现方法。现在，相信大家已经明白如何将 ROS 2 应用于机器人开发了！

本书虽已结束，但 ROS 2 和机器人技术还在快速发展，我们的探索实践也仍在继续。所以这里不是终点，而是一个全新的开始，祝大家都拥有一段愉快而充实的机器人开发之旅！